경험은 어떻게 유전자에 새겨지는가

경험은 어떻게 유전자에 새겨지는가

HE DEVELOPING GENOME

환경과 맥락에 따라 달라지는 유전체에 관한
행동 후성유전학의 놀라운 발견

데이비드 무어 지음 정지인 옮김

DAVID MOORE

아몬드

일러두기

1. 본문 각주 중ㅇ표시는 옮긴이의 것이고, ●표시는 저자의 것이다.
2. 본문 중 굵은 글씨는 원서에서 저자가 강조한 대목이다.

"우주는 어떻게 창조되었나? 물질은 무엇으로 이루어졌는가? 생명의 본질은 무엇인가?"와 같은 보편적 질문 대신 "돌은 어떻게 낙하하는가? 관 속에서 물은 어떻게 흐르는가? 피는 혈관 속에서 어떻게 순환하는가?" 같은 제한된 질문을 던지기 시작한 때를 현대 과학의 출발점으로 잡을 수 있다. 이렇게 질문을 바꾸자 경이로운 결과가 나왔다. 보편적 질문은 제한적 답으로 이어졌던 반면, 제한적 질문은 오히려 점점 더 보편적인 답을 내주는 것으로 드러났다.

— 프랑수아 자코브, 1977년

유전자의 생물학이 20세기 과학자들을 매혹했다면, 지금은 마음의 생물학이 21세기 과학자 공동체의 상상력을 사로잡고 있습니다.

— 에릭 캔델, 2000년 노벨상 수상 연설 중에서

차례

1

이것은 혁명일까

.

1

맥락의 힘

대영제국이 북미 대륙에 처음 자리를 잡는 과정은 험난했다. 캐나다 최동단에 있는 뉴펀들랜드섬의 세인트존스에는 1583년 8월 5일에 "그의 군주 엘리자베스 여왕의 이름으로 새로이 발견한 이땅을" 점유하고 "그럼으로써 이곳에 영국의 해외 제국을 세운" 험프리 길버트 경의 상륙을 기념하는 현판이 있다. 이 현판을 보면 길버트 경이 자신의 업적에 큰 성취감을 느꼈을 것이고 런던으로 돌아가 대대적인 환영을 받고 자신을 떠받드는 사람들 속에서 여생을 보냈으리라 자연스레 상상할 수 있다. 그러나 현판에 기록되지는 않았지만, 길버트 경은 그로부터 35일 뒤 고국으로 돌아가던 중 바다에서 영원히 실종되었다.

영국인들에게는 다행스럽게도, 길버트 경의 어머니에게는 아들이 하나 더 있었다. 바로 이부동생인 월터였다. 이부형이 익사한 당시 월터는 겨우 29세였지만, 이런 젊은 나이도 아랑곳없이 엘리자베스 여왕은 그의 형 길버트가 죽기 전 계획하고 자금을 조달했던 대서양 건너 땅의 탐험을 이어서 완수하도록 그에게 칙허를 내렸다. 길버트가 바다에서 실종된 지 막 여섯 달이 지났을 때, 여왕은 월터에게 "외딴 이교도와 야만인의 땅, 나라, 영토 중 그 어떤 기독교도 군주도 소유하지 않은 곳을 찾아내고 수색하고 발견하고 살펴볼" 권리를 부여했다. 결국 월터는 여왕의 총애를 받는 신하가 되어 1580년대 중반 여왕에게 기사 작위를 받았다. 그가 '월터 롤리 경'으로 알려진 것은 이 때문이다.

엘리자베스 여왕이 롤리에게 맡긴 임무는 식민지를 세우라는 것, 여왕의 표현으로는 "월터 롤리의 재량에 따라 그곳에 거주하거나 남아 있으면서 건설하고 요새를 만들라"라는 것이었다. 롤리가 직접 북미에 간 적은 없지만, 1587년에 그가 보낸 원정대가 식민지를 건설했으니 그곳이 바로 현재 미국의 노스캐롤라이나다. 그러나 원정대는 거기 '남아 있지' 않았다. 남녀노소 총 100명이 넘는 몇몇 가족이 그곳에 정착하여 로어노크 식민지를 세웠지만, 이 개척자 주민들이 비옥한 아메리카 땅에서 먹고살아 보겠다고 떠난 지 채 2년이 지나지 않았을 때, 잉글랜드에서 배를 타고 그곳을 찾아간 이들은 그곳에서 거주 중인 사람을 단 한 명도 발견하지 못했다.[1] 그 땅에는 어떤 고난이나 투쟁의 흔적도 보이지 않았고, 오늘날까지도 그곳 주민들에게 정확히 무슨 일이 일어났는지 아는 사람은 아무도 없다. 이것이 로어노크가 지금도 '잃어버린 식민지'라 불리는 이유다. 식민지 주민들이 사라져버린 이 수수께끼

1 이것은 혁명일까

같은 사실을 설명하려는 여러 가설 중에는 그들이 영국으로 다시 돌아가려고 항해하다가 바다에서 목숨을 잃었다는 설, 혹은 그 지역에 있던 아메리카 원주민들과 함께 살기 위해 다른 곳으로 옮겨 갔다는 설이 있다. 하지만 두 주장을 뒷받침할 고고학적 증거는 거의 없다.

1990년대 말에 로어노크 식민지의 실패 원인을 설명할 만한 흥미로운 증거가 등장했다. 어느 연구팀이 버지니아주 남동부에 있는 몇 백 년 된 사이프러스 나무들의 나이테를 들여다보다가, 로어노크 식민지가 사라진 3년의 기간 동안 그 지역이 800년 만에 찾아온 혹독한 가뭄에 시달렸음을 알게 된 것이다.[2] 그런 시기에는 극단적인 식수 부족 때문에 주민들이 살아남기가 몹시 어려웠을 것이다. 이런 데이터를 확보한 과학자들은 "그동안 로어노크의 식민지 개척자들이 어설픈 계획 수립, 부족한 지원, 자신들의 생명 유지에 대한 놀라울 정도의 무관심으로 비판받았지만, (…) 나이테를 이용한 기후 복원 정보에 따르면 아무리 계획을 잘 세우고 지원을 충분히 받은 식민지라도 1587~1589년 사이에는 기후 조건 때문에 크나큰 어려움을 겪었을 것"이라고 결론지었다.[3]

1960~1970년대에 사회심리학자들은 여러 실험을 통해 외부에서 지켜보는 관찰자는 사람의 행동에 영향을 미치는 상황의 힘을 과소평가하는 경우가 많다는 사실을 알게 되었다. 예를 들어 어떤 사람이 거짓말을 하는 것을 본 관찰자는, **그 사람이 처한 상황에서는** 누구라도 거짓말을 했을 것이 분명할 때조차 그가 거짓말을 한 것은 성격 탓이라고 생각한다. 그 사람의 인격만 비판할 뿐

실제로는 맥락 때문에 거짓말을 할 수밖에 없었다는 사정은 이해하지 못하는 것이다.[4] 로어노크 식민지에서 일어난 일을 평가할 때도 이런 식의 귀인 오류°가 일어나, 식민지 주민들의 죽음은 가뭄이라는 상황 요인 때문으로 보는 게 가장 합리적인데도 주민들 탓으로 돌리는 것이다. 맥락 요인이 행위 당사자의 성격 못지않게 중요할 때조차도, 인류에게는 사람이 처한 **맥락**보다는 사람 혹은 행위 당사자의 영향력을 알아보기가 훨씬 더 쉬운 모양이다.

  물론 로어노크 식민지의 실패를 **순전히** 기후 탓으로만 돌리는 것도 잘못이다. 로어노크 식민지가 생기고 그리 오래되지 않아 건설된 제임스타운 식민지의 주민들 역시 그 지역에 750여 년 만에 닥친 최악의 가뭄을 겪었음에도,[5] 그 식민지는 (비록 가까스로지만) 살아남아 80년 넘게 버지니아 식민지의 수도 역할을 이어갔으니 말이다. 그러니 이 역사적 사건들을 식민지 주민들의 성격 아니면 그들이 처한 상황 중 하나만을 반영하는 것으로 이해하기보다는, 사람들과 그들이 처한 맥락 사이에서 일어나는 상호작용의 관점에서 생각하는 편이 낫다. 어떤 일이 전개된 이유를 이해하려 할 때 여러 요인이 각자 역할을 해서 결과를 만들어냈음을 인지하는 것이 더 도움이 된다는 뜻이다. 아메리카 식민지가 모습을 갖추기까지는 사람과 상황의 어떤 필수적 조합이 필요했던 것이다.

°   歸因誤謬. 어떤 결과의 원인을 엉뚱한 무언가로 돌리는 것. 특히 어쩔 수 없는 상황 요인이 있음에도 사람의 행동 원인을 무조건 그의 기질이나 성격 탓으로 돌리는 것을 '기본적 귀인 오류'라고 한다.

본성 대 양육 대결의 종말

이 책은 인간이 어떻게 현재와 같은 상태가 되었는지에 관한 책이다. 히브리어 성경에는 "매를 아끼면 아이를 망친다"는 말이 있다. 수천 년 동안 우리는 이 말을, 사람은 적어도 부분적으로는 부모 밑에서 한 경험에 따라 어떤 어른으로 성장할지가 결정된다는 의미로 이해했다. 그러다 20세기에 들어서 부모가 물려준 DNA 분자들도 우리에게 매우 지대한 영향을 끼친다는 생물학적 사실이 발견되었다. 이렇게 함께 영향을 미치는 경험과 DNA는 각각 양육과 본성에 해당한다. '본성과 양육'은 이론가들이 늦어도 1582년부터, 그러니까 길버트가 뉴펀들랜드를 영국 국왕의 땅으로 선언한 바로 그해부터 줄곧 논쟁했던 개념이다. 1582년은 당시 영국에서 가장 큰 학교의 교장이었던 리처드 멀캐스터가 교육에 큰 영향을 끼친 《기초 교본Elementarie》이라는 책을 출간한 해이기도 한데, 이 책에서 멀캐스터는 '본성'과 '양육'이라는 단어를 사용하여 어린이의 발달에 영향을 미치는 요인들을 설명했다.[6]

나의 전작 《의존하는 유전자The Dependent Gene》는 어째서 유전자가 우리의 특성을 결정하는 단독 요인일 수 없는지에 관한 책이다. 한마디로 우리가 지닌 특징적 본성은 유전자가 결정한다는 주장인 **유전자 결정론**에 반대하는 책이라고 할 수 있다. 과학자가 아닌 일반인 중에는 우리의 눈동자 색깔을 결정하는 유전자, 특정 질병을 유발하는 유전자, 지능이 뛰어나도록 또는 음악적 재능이 있거나 유머 감각이 있게 하는 유전자가 존재한다고 생각하는 사람들이 많지만, 사실 유전자는 이 모든 것의 절반밖에 설명하지 못한다. 우리가 로어노크 식민지의 운명을 주민들 탓으로만, 혹은 그들이 겪은 가뭄 탓으로만 돌릴 수 없는 것과 마찬가지로, 눈동자가 갈색인 사람이 있고 파란색인 사람도 있는 이유 역시 유전적 요인만 살펴서는 이해할 수 없다(학교 생물 시간에는 그렇다고 배웠을지 모르지만). 사실 얼굴 모양 같은 신체적 형질과 성격 같은 심리적 특징 등 사람의 특징은 생물학적 분자들과 그 사람이 처한 맥락 사이에서 일어나는 상호작용의 결과다.[7] 전에도 이 주제에 관한 글을 읽어본 사람에게는 전혀 새로운 이야기가 아니겠지만, 이 분야를 처음 접하는 사람에게는 놀라운 이야기일지도 모른다. 본성 대 양육 논쟁은 이제 시대에 뒤떨어진 것이 되었다. 왜냐하면 과학자들이 인간의 특징이 발달하는 과정에서 항상 유전적 요인과 상황적 요인이 모두 역할을 하고 있음을 밝혀냈기 때문이다. 따라서 내가 전작에서도 설명했듯이, 두 요인 중 더 중요한 요인은 없다고 보는 것이 유용한 관점이다.

《의존하는 유전자》를 쓰던 1990년대 말에 나는 아버지와 발달의 본질에 관한 대화를 나누었다. 아버지가 처음에 이 문제에 흥미를 느낀 이유는 본인이 의사이기 때문이었지만, 이후에도 동시대 과학자들의 호기심을 자극하는 이 질문에 꾸준히 관심을 기울였다. 하지만 내가 '후성유전'이라는 생물학적 과정에 관심이 있다고 말했을 때, 아버지는 그 용어가 어쩐지 못마땅하다고 하셨다. 'epi'라는 접두사가 그리스어로 '위에', '곁에', '위쪽에'라는 뜻임을 알고 있는데, 유전자 '위에' 뭔가가 있다는 개념을 납득할 수 없

1 이것은 혁명일까

다는 얘기였다. 나는 유전자의 기능에 영향을 미치고, 결과적으로는 발달에도 영향을 미치는 요인들이 존재한다는, 그러니까 **은유적** 의미에서 유전자 '위에' 어떤 요인들이 존재한다는 사실을 제대로 포착한 단어라고 응수했다. 과학자들이 후성유전에 관해 이런 식으로 말할 때는, 한 유기체의 발달에 영향을 주는 비유전적 요인들, 예컨대 호르몬이나 동물이 살아가는 사회적 맥락 등을 염두에 두고 하는 말이다. 그러나 의사인 아버지는 이런 은유적 설명을 부적절하게 여겼고, '후성유전적epigenetic'이라는 단어를 쓰려면 그건 물리적으로 유전자 '위에' 존재하는 것만을 지칭해야 한다고 생각했다. 1990년대 당시 후성유전에 관한 나의 이해는 잘 봐주어도 어렴풋한 수준이었으니, 아버지에게 이 이론을 납득시키기에는 역부족이었다.

그로부터 20년이 채 지나지 않은 지금은 상황이 많이 달라졌다. 이제 후성유전학은 생물학의 한 분야로 자리매김했고, 후성유전학자들의 새로운 발견은 종양학, 영양학, 심리학, 철학 등 여러 다양한 학문 분야에 엄청난 반향을 일으켰다. 우리의 DNA **위에** 있는 혹은 DNA에 달라붙은 뭔가(이를 '후성유전적 표지'라 부른다)가 실제로 **존재하며**, 이들이 DNA가 기능하는 방식에 결정적인 역할을 한다는 것이 밝혀졌다. 이런 이유로 후성유전 과정은 우리의 거의 모든 특징에 영향을 미친다. 아직은 과학자들이 후성유전적 표지에 관해 알아야 할 사실들을 막 알아가기 시작한 단계지만, 지금까지 밝혀진 사실만으로도 확실히 획기적이다. 경험(그리고 우리가 처한 환경 속 여러 상황)이 일부 후성유전적 표지에 영향을 줄 수 있으므로, 일란성 쌍둥이 사이의 차이, 식생활이 건강에 미치는 영향, 어머니의 행동이 성인이 된 자녀의 스트레스 상태에 미치는 영향 등 아주 다양한 것들을 후성유전적 표지로 설명할 수 있다. 후성유전학의 이런 발견들은 본성 대 양육 논쟁을 뿌리째 뒤흔드는 데 일조했다. 요컨대 후성유전적 사건들은 DNA와 환경의 접점에서 발생하므로 이를 알면 우리의 특징들이 언제나 본성과 양육 **두 가지 모두**의 결과라는 것을 더 쉽게 이해할 수 있다. 식민지 주민들과 그들이 처한 상황 **두 가지 모두**가 최초의 아메리카 식민지의 성공과 실패를 판가름했던 것처럼.

심리학과 생물학

발달심리학자인 나에게는 심리적 특성들이 어떻게 생겨나고 발달하는지가 큰 관심사다. 그 발달 과정을 제대로 이해하는 데는 생물학 공부가 아주 유용했다. 심리학에 생물학이 중요한 이유는 우리의 성격, 행동, 감정, 생각이 모두 생물학적 기관인 뇌의 구조와 기능에 달려 있기 때문이다. 다른 기관들도 심리적 특성에 영향을 미친다. 예컨대 내장이 감정에 영향을 주고 행동을 자극하는 데 결정적 역할을 한다는 것은 오래전부터 알려진 사실이다. 물론 한 사람의 심리를 이해하기 위해서는 언제나 그의 신체 기관들을 이해하는 것 이상이 필요하다. 우리의 생각, 감정, 행동은 우리 몸 **외부** 요인의 영향도 받기 때문이다. 생물학은 모든 심리 현상에 **원**

인을 제공하기 때문에, 생물학을 잘 모르면서 심리학을 이해하겠다는 것은 그리 좋은 생각이 아니다(내가 심리학 개론 첫 시간에 이 이야기를 하면 학생들이 질색하기는 하지만 말이다).

이만큼 중요하게 기억해야 할 사실이 또 하나 있다. 바로 우리 몸 외부의 요인들이 생각과 행동뿐 아니라 우리의 생물학적 시스템에도 영향을 미친다는 사실이다. 예컨대 보통의 건강 상태를 지닌 어떤 사람의 심박수 변화를 하루 동안 살펴볼 때, 갑작스레 맥박이 치솟은 것은 요즘 반해 있는 사람의 모습을 우연히 보았기 때문임을 알아차리지 못한다면 그 이유를 몰라 혼란에 빠질 것이다. 우리는 경험이 정신 상태에 영향을 미친다는 것을 안다. 마찬가지로 우울증이 체중 증가에 미치는 영향[8]이나 심리적 스트레스가 심장 건강에 미치는 악영향[9] 등을 공부한 사람이라면, 경험이 신체에도 영향을 미친다는 것을 알 것이다. 이런 일들에 관해 생각하기 시작하면, 우리의 **신체 기관**이 작동할(예컨대 심장이 뛸) 때 일어나는 일과 **우리가** 행동할(예컨대 친구를 보고 미소를 지을) 때 일어나는 일 사이에 근본적인 유사성이 존재한다는 것을 분명히 인식하게 된다. 그러므로 생물학적 특징과 심리적 특징을 완전히 별개로 여겨서는 안 된다.

과학자들이 심리학과 생물학의 관계에 관심을 둔 지는 100년도 더 되었지만[10] 최근에야 세포 속 DNA와 단백질, 기타 분자들이 우리의 심리적 특징에 어떻게 원인을 제공하는지 이해하기 시작했다. 오늘날 명확히 밝혀지고 있는 새로운 지식이 생물학에 뿌리를 둔 것이기는 하지만, 특히 행동 후성유전학behavioral epigenetics이라는 분야의 최근 연구는 우리의 분자 수준의 생물학적 상태가 어떻게 심리에까지 영향을 미치는지 **그리고** 우리의 심리 상태는 어떻게 분자 수준의 생물학적 상태에 영향을 미치는지 밝혀내고 있다. 이 책은 바로 이러한 영향의 양방향 고속도로에 초점을 맞출 것이다.

행동 후성유전학의 통찰에는 우리가 자신과 타인을 대하는 방식을 바꿀 만한 잠재력이 담겨 있다. 그러니 이 학문은 생물학자들만의 영역으로 남겨두기에는 너무나도 중요하다. 모든 사람이 이 지식을 활용할 수 있어야 한다. 후성유전학의 최근 성과에서 도출할 수 있는 여러 결론은 매혹적이고도 매우 중요한 잠재력을 품고 있지만, 정말 중요한 사실들은 분자 수준의 세부 사항에 담겨 있다. 그러므로 한마디로 정리된 메시지를 듣는 것만으로는 이 새롭게 떠오르는 학문 분야가 지닌 저력을 심층적으로 이해하기 어렵다. 후성유전학이 어떤 학문인지 제대로 감을 잡기 위해서는 뚜껑을 열고 내부를 들여다봐야만 한다. 안타깝게도 분자생물학은 대단히 복잡해서 그 뚜껑 밑에 담겨 있는 것을 이해하기가 좀 버거울 수도 있다. 나는 원래 생물학자가 아니니 비교적 전문용어를 남발하지 않으면서 이해하기 쉽게 후성유전학 이야기를 들려줄 수 있지 않을까 하는 것이 나의 희망 섞인 생각이다.

하지만 독자마다 책에서 기대하는 상세함의 정도는 다를 것이다. 그래서 나는 이 책에서 행동 후성유전학 이야기를 두 가지 수준에서 제시하고자 한다. 23개 장 가운데 6개 장에서는 바로 앞 장의 주제를 '더 심층적으로 탐구할' 것이다. 이 부분에는 제목에

'심층 탐구'라고 표기해놓았다. 나머지 17개 장에서 행동 후성유전학 연구에서 나온 주요 메시지를 이해하는 데 필요한 모든 정보를 제공하므로, '심층 탐구' 부분은 그냥 건너뛰고 읽어도 괜찮다. 6개의 '심층 탐구' 장에서는 전 세계 행동 후성유전학 연구실에서 나온 정말로 흥미진진한 분자적 수준의 세부 사항들을 소개할 텐데, 전에 생물학을 공부한 적 없는 독자들도 쉽게 이해할 수 있는 수준이지만, 그런 상세한 정보를 모든 독자가 다 알고 싶어 하지는 않을 듯하다. 하지만 '심층 탐구' 장들은 서로 연결되어 있으므로 다음 번 '심층 탐구' 장의 정보를 이해하려면 그 전 '심층 탐구' 장들을 반드시 먼저 읽어야 한다.

후성유전학의 혁명적 발견들

지난 몇 년 사이 후성유전학 분야는 경이로울 정도로 성장했다. 1999년에 펴낸《의존하는 유전자》에서 당시 나는 '후성유전'이라는 단어를 20여 번 썼으며, 펍메드PubMed°에서 1964년부터 2000년까지 36년 동안 '후성유전'을 언급한 자료를 검색하면 겨우 46건이 나왔다. 그런데 21세기의 첫 10년 동안에 대해서만 같은 검색을 하면 그 수는 40배가 넘는 1,922건이다. 그리고 2010년부

°   미국국립보건원 산하 국립의학도서관의 정보검색 시스템의 일부로 생명과학, 의학, 심리학 등 보건 및 복지 관련 폭넓은 주제의 논문 및 요약본 데이터베이스에 접근하게 해주는 검색 엔진.

터 2014년 사이에는 거의 4배인 7,462건의 결과가 나온다. 펍메드에 따르면 2013년 한 해에만 2,413편의 과학 논문이 후성유전학을 언급하고 있어, 21세기의 첫 10년 동안 나온 논문보다 25퍼센트 많은 수치를 기록했다. 최근 이 분야의 연구가 이렇게 급증한 이유는 후성유전 과정이 엄청나게 많은 현상을 설명하는 데 도움이 되기 때문이다. 얼마나 많은 현상을 설명할 수 있느냐면 (안전띠 단단히 매시길) 정신증, 기억과 학습, 우울증, 암, 하루주기리듬, 비만과 당뇨병, 자폐, 형질 유전, 동성애,[11] 중독, 노화, 곤충의 형태, 운동 및 영양, 환경 독소, 생애 초기 경험 같은 요인들의 영향······. 목록은 얼마든지 더 이어갈 수 있다. 이런 책 한 권으로는 당연히 후성유전학 연구의 모든 내용을 포괄적으로 살펴볼 수 없으므로, 여기서 어떤 부분에 초점을 맞추고 또 어떤 부분에는 맞추지 않을 것인지를 이즈음에서 밝혀두는 게 좋겠다.

내가 주로 집중할 분야는 후성유전학 중에서도 후성유전의 효과가 감정적 반응성, 기억과 학습, 정신 건강, 행동 같은 심리적 과정에 영향을 미치는 방식을 연구하는 분야인 **행동** 후성유전학이다.[12] 나의 강조점이 이렇다 보니, 암이나 노화 같은 주제는 중점적으로 다루지 않을 것이다. 후성유전학적 관점에서 이런 주제에 관해서는 탄탄한 생물학 지식의 기반을 지닌 네사 캐리가 《유전자는 네가 한 일을 알고 있다》에서 잘 소개했다. 또한 이 책은 일부 후성유전적 영향이 조상에서 후손으로 대물림될 수 있다는 발견, 즉 후성유전적 대물림epigenetic inheritance 역시 주요 내용으로는 다루지 않을 것이다. 하지만 후성유전적 상태들의 대물림은 최근 후성유전학 연구 중 유독 흥미로운 동시에 논쟁적인[13] 측면 중 하나이기 때문에 이 책의 3부에서 이 주제를 다룰 것이다. 그전까지 1부와 2부에서는 우리가 살아가는 동안 하는 경험이 후성유전적 상태에 영향을 미치는 방식을 집중적으로 다룰 것이다. 왜냐하면 이 현상은 대물림되든 아니든, 인간 본성에 관한 우리의 생각에 영향을 미치기 때문이다. 후성유전의 대물림이라는 개념은 흥미롭기는 하지만, 거기에만 집중하다 보면 그에 못지않게 혁신적인, 후성유전학이 지닌 다른 의미들을 등한시할 수도 있다.

　　여기서 주의 사항도 언급하는 것이 좋겠다. 행동 후성유전학을 둘러싼 흥분이 워낙 급속도로 커지다 보니 벌써 몇몇 저자들이 "이 뜨거운 새 분야가 너무 성급하게 앞서 나갈지도 모른다"는 걱정을 표현하기 시작했다.[14] 최근 몇몇 논문은 행동 후성유전학을 둘러싼 "들뜸"에 우려를 표했고,[15] 존경받는 과학자 8명은 2010년 〈사이언스〉에 실린 "후성유전체 프로젝트의 과학적 근거에 진중한 유보의 뜻을 표명"하는 서한에 서명했다.[16] 나는 이 분야의 연구가 흥분을 일으키는 건 당연한 일이라고 생각하는데, 이 책을 쓴 내가 이렇게 말하는 건 독자들이 당연하게 여길 듯하다. 하지만 어쨌든 과학의 진보란 서서히 진행되기 마련이며 행동 후성유전학이, 특히 후성유전의 대물림 논쟁에서 완전히 자유로워지려면 시간이 꽤 걸릴 것은 분명하다. 그러나 만약 회의론자들이 옳고 (일부 이론가들이 정의한 대로) 후성유전의 대물림이 엄청나게 드문 일로 밝혀진다고 해도, 후성유전학 연구에서 나온 통찰이 유전적 요인과 경험적 요인이 상호작용해 우리의 심리적·생물학적 특성을 구축하는 방식을 더 잘 이해하도록 도우리라는 나의 확신에는 변함이 없다. 아직도 일부 저자들은 질병이든 재능이든 악한 성품이든, 우리의 특성을 단독으로 결정할 수 있는 유전자가 존재하는 것처럼 글을 써서 유전자 결정론을 계속 퍼뜨리고 있다. 이럴 때일수록 유전적 요인과 비유전적 요인이 항상 **함께** 작용하여 우리의 여러 특성을 만들어낸다는 사실을 부각시키는 후성유전학의 힘에 가치를 두어야 한다. 이런 점에서 후성유전학의 최근 발견들은 확실히 혁명적이다.

2

DNA는 그런 식으로 작동하지 않는다

아카데미상을 수상한 배우 안젤리나 졸리가 양쪽 가슴을 수술로 제거하겠다고 결정했을 때 그는 완전히 건강한 상태였다. 그가 〈뉴욕타임스〉에 발표한 글에 따르면, 자신에게 "유방암과 난소암의 발병 위험을 급격히 증가시키는 '결함 있는' 유전자 BRCA1"[1]이 있다는 사실을 알게 되어 그렇게 결정했다고 한다.

며칠 동안 졸리의 결정에 칭찬부터 비판까지 놀라울 정도로 다양한 의견들이 뒤따랐다. 〈뉴욕타임스〉의 칼럼니스트 모린 다우드는 "절제와 재건의 세세한 내용을 생생하게 대중에게 공개한 용기가 (…) [졸리를] 현실 속 액션 영웅으로 만든다"라고 썼다.[2] 이와 대조적으로 유전학 분야에서 높이 평가받는 책을 여러 권 쓴 한 저자는 졸리의 결정이 '상당히 어리석어' 보인다고 평했다. 이렇게 상반된 반응이 나오는 것은 사람에 따라 같은 상황도 다르게 볼 만큼 아직 우리가 유방암을 명확히 이해하지 못하고 있음을 반영한다.

졸리가 쓴 글을 보면 결정을 내리기 전 자신이 처한 상태를 꽤 상세히 이해했다는 점을 알 수 있다. 문제의 유전자는 BRCA1(브라카-원이라고 읽는다)이라는 두문자어로 지칭하지만, 이는 더 공식적인 '유방암 1(Breast cancer 1)'이라는 단어를 줄여 만든 별칭이다. 이런 이름을 보면 사람들은 대부분 이 유전자가 유방암을 유발하는 비정상적 유전자라고 속단할 것이다. 하지만 그 생각은 두 가지 중요한 면에서 틀렸다. 첫째로 BRCA1은 비정상이 아니다. 이 유전자는 모든 사람의 몸속에 존재할 뿐 아니라 손상된 DNA를 수리하는 필수적인 기능이자 꽤 자주 필요한 임무를 수행하므로, 이것이 우리 몸속에 존재한다는 것은 정말로 다행스러운 일이다. 둘째, BRCA1의 다양한 변이형 중 암과 **연관된** 것들조차 그 이름이 암시하는 것처럼 직접적인 방식으로 암을 **유발**하지는 않는다. 만약 BRCA1 변이 유전자 중 어떤 한 종류가 유방암을 **유발**한다면 그 변이 유전자가 있는 사람은 다 유방암에 걸릴 테지만, 사실 BRCA1 변이 유전자가 있어도 평생 암에 걸리지 않는 사람도 있다.[3] 졸리는 그 유전자에 "결함 있는"이라는 형용사를 붙일 때 따옴표를 씀으로써 그 말이 글자 그대로의 의미가 아님을 표현했고, 그 유전자가 자신에게 확실한 사형선고를 내린 것이 아니라 위험성을 높였을 뿐이라는 점을 밝힘으로써 저변의 사정을 잘 이해하고 있음을 보여주었다.

의사가 환자에게 '위험성'이 있다고 말하는 것은 과거의 관

1 이것은 혁명일까

찰을 근거로 미래에 일어날 가능성이 있는 일의 통계적 정보를 제공하는 것이다. 이는 기상학이든 생물학이든 똑같이 적용된다. 일기 예보를 하는 사람이 내일 비 올 확률이 75퍼센트라고 말하면, 우리는 그 숫자가 앞으로 일어날 일에 관한 가장 그럴듯한 추측임을 안다. 막상 내일 비가 내릴 수도 있고 내리지 않을 수도 있다. 그러니 졸리도 결정을 내리기 쉽지 않았을 것이다. 어떤 사람의 눈에 졸리는 유방암에 걸리지 않을 실질적 가능성이 존재하는데도 과도한 수술의 위험을 감수하기로 결정한 셈이기 때문이다. 〈뉴욕 타임스〉의 과학 및 건강 분야 필진 세 사람이 지적했듯이, 일부 의사들은 졸리가 수술 사실을 "공개한 것이 일부 여성들에게 오해를 일으켜 의학적으로 불필요한 [유방 제거 수술의] 유행을 부추길 수" 있다고 우려했다.[4] 졸리와 같은 입장인 여성이 어떤 선택을 해야 하느냐는 질문에 명망 높은 외과 의사 수전 러브는 "어떤 질병을 예방하기 위해 정상적인 신체 부위를 잘라내야 한다면 그건 대단히 야만적인 일이지요."[5]라고 말했다. 물론 자신에게 BRCA1 변이가 있다는 사실이 밝혀졌을 때 어떻게 반응할지는 그 사람 개인의 결정이며 아무도 왈가왈부할 권리는 없다. 그러나 자신의 결정을 공개적으로 발표하기로 한 졸리의 선택은 곧바로 질병의 유전적 요인이라는 사안에 대중의 이목을 집중시켰다. DNA와 그 작동 방식에 관해 더 많이 알수록, 우리는 미래에 맞닥뜨릴 몇몇 중요한 결정에 더 잘 대비할 수 있을 것이다.

DNA와 표현형의 관계

BRCA1에 관한 연구 결과를 집중적으로 읽으면 얻을 수 있는 더 포괄적인 메시지가 하나 있다. BRCA1 유전자라는 DNA가 유방암을 유발하지 않는 데는 타당한 이유가 있는데, 그건 바로 어떤 DNA도 단독으로는 그 어떤 질병도 유발할 수 없기 때문이다. DNA는 우리의 **그 어떤** 특징도 단독으로 만들어낼 수 없다! 이 말이 놀랍게 들릴 수도 있겠다. 사람들은 대부분 DNA 속 유전자들이 우리의 일부 표현형(우리의 특징이나 성격을 일컬어 생물학자들이 사용하는 단어다)을 **만들어낸다**고 분명히 배웠으니 말이다. 표현형은 신체적인 것일 수도 있고 심리적인 것일 수도 있으며, 눈동자 색과 머리 크기부터 음악적 재능, 주의력 지속 시간, 술에 잘 취하는 성향 그리고 그 사이 모든 것을 포함한다. 하지만 유전자가 표현형을 **결정하지** 않는데도, 세상에 나와 있는 다수의 생물학 교과서는 여전히 유전자가 표현형을 결정하는 것처럼 기술하고 있고, 그렇게 일종의 유전자 결정론을 유포하고 있다. 눈동자 색은 특히 짚고 넘어가는 게 좋겠다. 다수의 생물학 교과서가 학생들에게 눈동자 색이라는 표현형이 유전적으로 단순한 방식으로 결정된다는 인상을 심어주고 있기 때문이다.[6] 게다가 수많은 매체도 머릿결, 성격 특징, 종양 같은 것을 '담당하는' 유전자가 존재하는 듯한 생각에 힘을 실어준다. 내가 이 장을 쓰는 오늘도 〈뉴욕타임스〉 홈페이지에는 "당신은 과체중인가? 잘못은 당신의 유전자에 있을지도 모른다"라는 표제가 떠 있는데, 이는 일상적으로 꽤 자주 보이는 일이다.[7] 그리고 일부 사회과학 및 인문학 저술가, 심지어 생명과학 저술가도 여전히 특정 표현형이 우리가 배아 상태일 때 이미 우리 안에 내재해 있는 것처럼 글을 쓴다. 그들은 발달 과정에서 어떤 경험을 하게 되든 상관없이 그 특징들이 어쩐지 피할 수 없는 운명(정해진 운명이든 미리 결정된 것이든)인 것처럼 이야기한다.

그런 종류의 말과 글이 존재한다는 사실과는 별개로, 어쨌든 DNA는 그런 식으로 작동하지 않는다. 오히려 우리의 형질(뼈든 뇌든 눈이든 그 무엇의 특징이든)[8]은 우리가 한 개체로서 발달하고 생을 살아가는 동안 유전적 요인과 비유전적 요인이 상호작용하는 방식에 의해 만들어진다.[9] 유전자들, 즉 DNA의 분절된 단위들은 항상 맥락의 영향을 받으며, 어떤 유전자가 존재한다는 사실과 최종적으로 그것이 나타내는 표현형 사이에 절대적인 인과관계란 존재하지 않는다. 우리가 현재 어떤 존재인지를 결정하는 것은 유전자가 아니다. 형질이 만들어지기까지는 비유전적 요인들도 결정적인 역할을 하기 때문이다. 유전자가 어떤 작용을 하는 것은 적어도 부분적으로는 그것이 마주한 맥락의 **결과**이다. 의사가 우리 유전자의 구성 방식을 살펴보고 특정 질병이 발생할지 아닐지 **확률** 이상을 알려줄 수 없는 것도 바로 이 때문이다. 우리가 어떤 맥락 속에서 살아가는지가 삶에서 어떤 결과가 생길지에 언제나 일부 역할을 담당하므로, 유전자만으로는 어떤 일이 일어날지 단언할 수 없다.[10] 이게 엄청난 소식으로 들리지 않는다면, 그건 아마 당신이 이미 이에 관한 글을 읽어봤기 때문일 것이다. 하지만 여전히 많은 사람에게 이는 정말로 새로운 이야기다.

우리가 유방암에 관해 아는 것과 모르는 것

위와 같은 사실을 고려하면, 한 여성의 BRCA1 유전자 정보만으로 그가 유방암에 걸릴지를 정확히 예측할 수 없다는 것은 그리 놀라운 일이 아니다. 근본적으로 유방암 발병 여부를 알 수 없다는 사실은, 꽤 자신만만한 태도로 예측치를 내놓는 의사들의 행동과 무척 앞뒤가 안 맞아 보인다. 안젤리나 졸리의 의사는 그의 유방암 발병 위험성이 무려 87퍼센트나 된다고 추정했다. 확률이 그 정도라는 말을 들으면 현재 아무리 건강한 상태라도 경제적 여력이 있는 여성이라면 수술을 받으려 할 것이다. 하지만 저렇게 큰 수, 게다가 유난히 구체적인 수치는 우리가 실제로 유방암에 관해 아는 것보다 더 잘 아는 것 같은 인상을 준다. 미국국립보건원 암 연구소에서 일하는 정상급 유방암 전문가들이 펴낸 BRCA 유전자 변이에 관한 자료 속 다음 구절을 읽어보면, 우리가 그런 종류의 예측치를 대할 때 얼마나 신중해야 하는지 알 수 있다(특별히 주의해서 보아야 할 부분은 강조 표시를 했다).

BRCA1과 BRCA2 변이와 관련하여 유방암과 난소암이 생길 위험의 예측치는 [암에 걸린 사람이 많은 대가족들을 대상으로 한] 연구 결과로 계산한 것이며 (…) 이는 꼭 지적해야 할 중요한 사항이다. 가족 구성원들은 서로 일정 부분 유전자를 공유할 뿐 아니라 환경도 공유하는 경우가 많으므로, **이 가족들에게서 나타난 다수의 암 발병 사례는 어느 정도는 다른 유전 요인이나 환경 요인**

의 결과로도 볼 수 있다. 따라서 [이] 위험 예측치는 (…) 전체 인구에서 BRCA1과 BRCA2 변이 보유자들의 **발병 위험 정도를 정확히 반영한 것이 아닐 수도 있다.** 더욱이 전체 인구에서 [대조군을 제대로 사용하여 암 발병 위험성을 연구한] 장기 연구에서 나온 데이터가 없으므로, (…) 위에서 제시한 확률 수치는 더 많은 데이터가 나오면 달라질 수 있는 추정치다.[11]

이 글을 보면 BRCA1 유전자 변이가 있는 여성들이 안젤리나 졸리를 잠재적 롤모델로 삼는다는 이야기를 들었을 때 일부 의료 전문가들이 경악했던 이유를 잘 알 수 있다. 고통스러운 결정을 더 고통스럽게 만들려는 건 아니지만, 유방암에 관해서는 우리가 사실 아직 상당 부분 잘 모르며, 단지 특정한 유전자 변이가 있다고 해서 그 사람의 미래에 어떤 일이 벌어질지 정말로 아는 것은 아니다.

그래도 몇 가지 알려진 사실은 있다. 첫째로 유방암과 함께 전립선암, 결장암 등 특정 종류의 암은 때때로 가족 안에서 대물림될 수 있고, 이런 경우에는 유전 요인이 발병에 일정한 역할을 한다.[12] 둘째, 예컨대 흡연 같은 몇몇 특정 행동은 암 발병 위험을 상당히 높인다.[13] 암을 유발하는 이 두 종류의 요인은 우리를 현재의 우리로 만든 것에 관한 해묵은 논쟁의 두 기둥인 본성과 양육을 각각 대표한다. 그런데 현재 최전선에서 활동하는 암 연구자들은 또 하나의 요인이 암에서 결정적으로 중요한 위치를 차지한다는 사실을 알고 있다. 그 요인은 바로 후성유전이다. 존스홉킨스

대학 분자의학과 교수인 앤드루 파인버그가 2006년에 썼듯이 "암은 유전적 기반과 후성유전적 기반 둘 다를 지닌 것으로 보인다."[14] 이와 유사하게, 아시아 최대 제약회사에서 암 연구를 이끄는 나카니시 오사무도 2010년에 "후성유전은 무척 많은 것들을 좌우하며 (…) 암을 유발하는 데도 결정적인 힘을 행사한다"라고 말했다.[15] 2004년에 미국식품의약국이 사람 몸속의 후성유전적 요인들에 영향을 줌으로써 특정 유형의 암들과 싸우는 몇몇 신약을 승인하면서 암에서 후성유전이 하는 중요한 역할이 부각되었다. 그런데 이 너무나도 어색한 '후성유전'이라는 단어가 의미하는 바는 대체 무엇일까?

후성유전이란 무엇일까

하루 24시간 내내 뉴스가 방송되는 이 시대에는 정보가 신속히 우리에게 도달한다. 그러니 전에는 들어본 적 없는 가수 이야기가 갑자기 많이 들리기 시작한다면, 아마도 그가 첫 음반을 막 발표했고 그 음반이 새로운 팬들을 빨리 끌어모을 만큼 충분히 좋았을 공산이 크다. 그리고 갑자기 후성유전학에 관한 이야기를 많이 듣게 되었다면, 이 새롭고도 조금은 이상한 이름을 얻게 된 신종 학문 분야가 이제 막 등장했다고 결론짓는 것이 합리적일 것이다. 그러나 '후성유전학'이라는 단어 뒤에는 수백 년을 거슬러 올라가는 상당히 긴 역사가 있다.[16]

‘후성유전’이라는 단어는 시대별로 그 시대의 생물학 지식에 따라 서로 다른 방식으로 정의되었는데, 다음 장에서 그중 비교적 최근의 몇 가지 정의를 살펴볼 것이다. 하지만 이 책 대부분에서 나는 오늘날의 생물학자들이 쓰는 정의를 따를 것이다. 이 정의에 따르면 **후성유전이란 다양한 맥락 또는 상황에 따라 유전 물질이 활성화되거나 비활성화되는, 즉** 발현되는 **방식을 일컫는다.** 이렇게 생각해보자. DNA는 껐다 켰다 할 수 있는 전등 스위치처럼 작동한다고 말이다. 아니, 조명을 약간만 밝히거나 적당한 밝기로 맞추거나 눈이 부실 정도로 밝게도 조절할 수 있는 조광기처럼 작동한다고 보는 게 더 낫겠다. 어떤 DNA 분절DNA segment(유전자)이 얼마나 활성화되는가는 그 분절의 후성유전적 상태에 달려 있고, 그 상태는 그 분절이 처한 맥락 등의 요인에 달려 있다.

　　이런 정의는 유전자 및 유전자의 작용을 바라보던 관점에 상당히 급진적인 변화가 일어났음을 알려준다. 전통적 관점에서는 우리가 어떤 유전자를 **갖고 있는지**가 더 중요하다고 보았다. 이 관점에 따르면 당신의 눈이 파란 것은 파란 눈과 관련된 유전자를 갖고 있기 때문이다. 또한 유방암과 관련된 유전자를 갖고 있다면 유방암이 발병할 위험성이 높다는 뜻이다. 그러나 후성유전의 정의에 따라 생각해보면, 이런 일들을 상당히 다른 방식으로 바라볼 수 있다. 유전자의 활동 정도가 다양한 환경에 따라 변화한다는 점을 감안하면, 정말로 중요한 것은 우리의 DNA가 무엇을 **하는지**다. 유전자의 스위치가 ‘꺼질’ 수 있다면 그 유전자를 **갖고** 있는지 아닌지는 중요하지 않다. 후성유전학의 관점에서 볼 때 특정 유전자를 가진 것은 열쇠 하나를 가진 것과 비슷한 일이며, 딱 맞는 열쇠 구멍이 없다면 그 열쇠는 있어도 무용지물이라는 말이다. 벤저민 프랭클린의 말을 인용해보자면, 그런 유전자는 "광산에 묻혀 있는 은"과 같아서 별 의미가 없다.

후성유전의 작동 방식을 아주 잘 보여주는 예로 '잘 놀라는 쥐들의 사례'를 들 수 있다. 몬트리올의 어떤 과학자들은 아주 주목할 만한 연구에서 어미 쥐의 행동이 새끼 쥐의 스트레스 반응 조절을 담당하는 일부 유전자의 활동에 변화를 일으킨다는 사실을 발견했다.[17] 구체적으로 말하면, 새끼를 핥아주고 털을 다듬어주는 데 많은 시간을 쏟은 어미 쥐는 그 행동으로 새끼 쥐의 특정 유전자들을 효과적으로 '켰고', 이 유전자들이 켜진 결과 새끼 쥐는 스트레스가 심한 일에도 여유롭게 반응하는 성체 쥐로 자랐다. 헌신적이지 않은 어미 쥐의 새끼는 스트레스에 훨씬 건강하지 않은 방식으로 반응했다. 사람의 신경계도 쥐의 신경계와 매우 유사한 방식으로 스트레스에 반응하기 때문에 이 발견이 지닌 의미는 대단히 중요한 것으로 인정된다(사실 이 과학자들의 연구는 너무 중요하기 때문에 나는 이 연구를 설명하는 데 '경험은 어떻게 뇌를 바꾸는가'라는 제목의 장 하나를 통째로 할애할 것이다).

당신이 어떤 유전자를 **갖고 있는지**에서 당신의 유전자가 무엇을 **하는지**로 초점을 옮기는 것은 아주 작은 변화로 보일 수도 있지만 사실 그건 판도를 완전히 바꿔놓는 일이다. 우리가 현재의 우리인 것은 우리가 물려받은 유전자들 때문이라는 관념은 최소한 우리의 표현형 중 일부는 우리가 수정될 때 이미 결정되었다는 생각이다. 이와 대조적으로 후성유전적 과정들이 유전자의 기능에 영향을 미친다는 인식은 경험과 DNA가 **함께** 우리를 현재의 우리로 만들었으므로, 우리가 지닌 특징이 미리 정해진 것일 수 없음을 뜻한다. 우리가 살아가는 맥락, 즉 어떻게 양육되었느냐가 확실히 중요하다. 이는 암 연구자들이 암 발병 사례의 대다수가 환경이나 생활 방식 요인과 관련되었으리라고 믿는 이유 중 하나다.[18]

일반적으로 어떤 개인의 유전체genome, 즉 그 사람의 세포 속에 들어 있는 유전 물질의 총합은 평생 변함없이 유지된다고 여겨진다. 무작위적인 돌연변이를 제외하면 우리가 수정될 때 받은 DNA 염기서열 정보는 죽을 때 몸속에 있는 정보와 똑같다. 그런데 인간이라는 **종**의 유전체에 변화가 일어나는 것은 진화 과정 때문이며, 진화에 의한 변화는 한 **개체군**의 유전체 안에서 여러 세대에 걸쳐 일어나므로 이런 종류의 변화는 한 개인이 살아가는 동안 일어나는 유전체의 변화와는 전혀 다르다는 점을 명심해야 한다. 이 때문에 전통적으로 생물학자들은 **발달**이란 유전체가 아닌 유기체의 특성이라고 여겼다. 사람은 유아에서 성인으로 성장하지만 그들의 유전체는 성장하지 않는다고 생각한 것이다.

하지만 일단 DNA의 일부가 시기에 따라 다르게 행동한다는 사실을 알게 된 뒤로는, 우리의 유전체가 아주 중요한 방식으로 역동적이라는 사실을 받아들일 수밖에 없었다. 이제 우리는 우리 유전체가 기능하는 방식의 차이가 DNA의 화학적 구조 변화 때문이라는 사실을 안다. 즉 사람의 유전체가 살아가는 동안 확실히 변화한다는 점을 더 이상 무시할 수 없게 됐다. 따라서 개인의 몸속에 있는 유전 물질이 평생 변화하지 않는다는 기존 통념은 수정해야 한다. 우리는 모두 **발달 중인 유전체**, 주위 환경의 맥락에 반응하여 변화하는 유전체를 가지고 태어난다.

일단 우리는 DNA가 맥락의 영향을 받으며 환경이 DNA에 중요한 방식으로 영향을 미칠 수 있다는 사실은 알게 됐다. 하지만 DNA와 맥락이 **어떻게**(기계적인 방식으로) 함께 작동하여 현재의 우리를 만들어내는지를 알아내는 것은 또 다른 문제다. 이미 1960년대 중반 즈음 일부 발달생물학자들은 유전자가 환경 요인의 영향을 받는다는 사실을 알고 있었다.[19] 하지만 50년이 지난 지금도 우리는 환경이 **어떻게** 우리 몸속 분자들에 영향을 미치고 유전자와 협력하여 우리를 형성하는지 이제 막 어렴풋이 알아가는 수준이다. 앞으로 이 책에서는 그 모든 일이 어떻게 일어나는지 몇 가지 예를 들어 살펴볼 것이다.

모두가 행동 후성유전학을 알아야 하는 이유

이전에는 상상도 하지 못했던 후성유전 현상들이 발견되면서, DNA와 맥락의 상호작용이 발달 과정 내내 일어난다는 설득력 있는 경험 증거가 마련되었다. 후성유전학자들은 이미 우리의 경험이 유전자의 활동에 어떻게 영향을 주고 미래의 표현형에 기여하는지 그 수수께끼를 푸는 중이다. 미국의 신경생물학자 데이비드 스웨트의 표현대로 "후성유전학이 점점 높은 관심을 받는 것은 그동안 감춰져 있던, 환경과 유전체의 접촉면에서 작동하는 메커니즘의 층위를 드러내기 때문이다."[20] 발달 환경, 즉 '양육'이 사람의 유전체 기능 방식에 영향을 미칠 수 있다는 결론이 나왔다고 해서, 우리가 예전에 생각했던 것만큼 '본성'이 중요하지 않다는 의미는 아니다. 그렇지만 DNA가 운명을 특정하게 결정할 수 없다는 의미이기는 하다. 후성유전학 연구는 엄청난 함의를 품고 있다. 경험이 중요하다는 믿음은 우리가 삶을 어떻게 살아갈지 그리고 우리 곁의 사람들을 어떻게 대할지에 영향을 줄 수 있기 때문이다.

　　　예를 들어 어떤 아이는 극복할 수 없는 학습 장애를 초래하는 유전자를 갖고 태어난다고 믿는 교사는 누구나 배울 수 있다고 믿는 교사에 비해 그런 어려움이 있는 아이들을 가르치는 데 시간과 에너지를 덜 쏟을 가능성이 크다. 특정 인종은 유능함을 '타고난다'라고 생각하는 고용주는 그 인종의 직원을 고용할 가능성이 더 클 것이다. 만약 부모가 둘 다 비만이니 자기도 비만해질 운명이라고 믿는다면, 섭취하는 칼로리를 통제하려는 시도조차 하지 않을지도 모른다. 어차피 뚱뚱해질 운명이라면 무엇 하러 초콜릿 케이크가 주는 즐거움을 마다하겠는가? 하지만 체중, 직업 역량, 공부 적성 같은 특징을 유전자가 단독으로 결정할 수 없음을 안다면, 같은 상황에서 아주 다르게 행동할 것이다. 후성유전학은 또한 약이 효과를 내는 방식을 이해하려는 의사, 주민들을 환경 독소로부터 안전하게 지킬 방법을 모색 중인 정치인, 귀찮은 운동을 굳이 시작해야 할지 고민 중인 사람에게도 중요한 의미를 던져준다. 결국 어떤 식으로든 우리 모두에게 영향을 미칠 수 있다는 점에서 후성유전학은 대단히 중요하다.

상당수의 사람이 후성유전학이란 말을 들어본 적이 없을 것이고 아마 계속 그럴 것 같다. 사람들 대부분은 분자생물학에 딱히 관심이 없으니 말이다. 하지만 겨우 50년 전만 해도 DNA라는 단어를 들어본 적 없는 사람이 대부분이었다. 불과 한 세대 만에 세상은 'DNA'라는 이름의 전화기가 판매되고, 자동차 제조업체들이 자기네 광고에 '자동차의 DNA'라는 말을 써도 소비자들이 그 의미를 이해하리라는 걸 당연시하는 세상으로 변했다. 마찬가지로 후성유전학 역시 미래에는 누구나 아는 단어가 될 것인데, 이렇게 생각하는 데는 몇 가지 이유가 있다.

자신이나 사랑하는 사람이 후성유전적 이상 때문에 생긴 질병에 시달리면서 후성유전에 관해 알게 되는 사람도 있을 것이다. 후성유전 현상은 암 외에도 몇몇 자가면역질환 그리고 프레더윌리증후군과 엔젤만증후군° 등 비교적 잘 알려지지 않은 질환에도 연루된 것으로 알려졌다. 조현병이나 양극성장애(조울증) 등 몇몇 정신장애도 후성유전적 이상과 연관이 있다. 그런가 하면 학습 및 기억 형성, 우리가 잠들고 깨어나게 하는 하루 주기를 만들어내는 것 등 일상적인 기능에서 담당하는 역할 때문에 후성유전을 알게 될 사람도 있을 것이다.

또 어떤 사람들은 후성유전의 **대물림**이 진화에 관한 현재

° 프레더윌리증후군과 엔젤만증후군 모두 15번 염색체의 이상으로 나타나는 유전 질환으로 알려져 있다.

　　　　　　　　　　　　　　1 이것은 혁명일까

생물학자들의 이론, 즉 신다윈주의 혹은 '현대' 종합설이라 불리는 이론에서 갖는 의미 때문에 후성유전을 중요하게 여길 것이다. 지난 60년 동안 생물학에서 진행된 거의 모든 연구의 밑바탕을 이루는 신다윈주의 종합설은 우리가 살면서 획득하는 형질, 즉 경험의 결과로 얻게 되는 형질은 절대 유전될 수 없다는 주장을 견지한다.[21] 하지만 후성유전의 대물림 현상이 발견되면서 그 주장이 사실과 어긋난다는 것이 밝혀졌고, 따라서 생물학의 기본 견해 일부를 재고할 수밖에 없다. MIT의 과학사 및 과학철학 교수인 이블린 폭스 켈러에 따르면 "그 사실이 발견되고 유전학에 통합되면서 주류 유전학의 기반이 흔들리고 있다는 데는 의심의 여지가 없다."[22]

아마도 후성유전학은 질병 **치료법**의 개발, 구체적으로는 후성유전적 표지를 표적으로 하는 식이요법이나 약물요법 개발 분야에서 가장 중요하게 적용될 것이다. 예컨대 현재 후성유전학 분야에서는 아동기에 경험한 트라우마와 관련된 극심한 스트레스 반응을 효과적으로 치료할 '맞춤 의약품'을 만드는 것을 목표로 연구가 진행 중이다. 이런 치료법이 발견된다면 그야말로 획기적이고 기념비적인 일이 될 것이다. 행동 후성유전학의 이런 다양하고 흥미진진한 의미에 관해서는 뒤에서 더 살펴볼 것이다.

3

발달, 세포와 맥락의 상호작용

1880년대 말부터 1890년대 초에 독일 생물학자 한스 드리슈가 한 실험은 발달에 관한 우리의 관념을 송두리째 바꿔놓았다. 드리슈의 연구를 기반으로 이후 과학자들은 줄기세포 이식을 통한 척수 부상 치료[1]부터 포유류 복제[2]까지 시도할 수 있었고, 심장병 환자에게 사용할 인조 혈관을 만들겠다는[3] 생각까지 할 정도였다. 이 모든 것의 토대가 된 드리슈의 연구는 아무리 높이 평가해도 지나치지 않을 만큼 중요하다.

빅토리아 시대 말기 그의 동료들처럼 드리슈 역시 수정된 지 얼마 지나지 않아 수정란이 세포 두 개가 되고 그런 다음 각 세포가 다시 분열하여 순식간에 한 개에서 두 개, 네 개, 여덟 개, 열여섯 개······로 증가하다가 결국 몸의 세포수가 50조 개까지 늘어난다는 사실을 알고 있었다. 19세기가 저물어가는 몇 십 년 동안 우세했던 이론은, 한 개였던 수정란이 두 개의 세포로 분열할 때 그 수정란에서 동물의 머리 부분이 어떻게 발달할지 지정하는 부분들은 모두 머리 쪽 세포로 몰려가고 꼬리 부분이 어떻게 발달할지 지정하는 부분들은 모두 꼬리 쪽 세포로 이동한다는 것이었다. 이런 메커니즘으로 머리와 어깨 등 상체는 몸의 위쪽 절반에 있게 되고, 다리와 성기 등 하체는 몸의 아래쪽 절반에 있게 된다고 당시 생물학자들은 생각했다.

19세기 생물학자들은 대부분 그리 실험을 중시하는 편이 아니었지만, 시대를 앞서간 드리슈는 동물의 몸이 정말로 그 이론에 맞게 발달하는지 증명해보기로 했다. 그 결정적인 실험에서 드리슈는 막 분열한 성게 배아세포 두 개를 각각 분리한 다음 어느 정도 시간을 두고 발생 과정이 일어나기를 기다렸다. 그가 검증하려던 이론에 따라, 얼마 후 돌아와 보면 하나는 성게의 위쪽 절반처럼 생기고 또 하나는 아래쪽 절반처럼 생긴 두 개의 '유기체'가 있을 거라고 예상했다. 그러나 놀랍게도 그가 발견한 것은 완전히 정상적이고 건강한 성게 두 마리였다(사실 이는 정확히 쌍둥이가 만들어지는 과정으로, 사람의 방식도 성게와 똑같다). 더욱더 놀라운 건, 성게 배아가 두 번 분열할 때까지 기다려 네 개가 된 세포를 각각 분리해도 네 개의 세포가 모두 정상적이고 건강한 성게로 발달했다는 것이다. 이리하여 드리슈는 까다로운 질문에 맞닥뜨렸다. 두 개의 세포가 서로 붙은 채로 정상적이고 건강한 유기체 하나로 자라나는데, 어째서 그 두 세포를 각각 분리한 것 역시 각자 정상적이고 건강한 **두개**의 유기체로 자라나는 것일까? 다시 말해서 나눌 수 있는 무언가가 존재하는데, 그 무언가가 나뉜 각 부분이 어찌하여 나뉘지 않은 하나의 전체로 발달할 능력을 여전히 보유하고 있는 것일까?

한 가지는 분명했다. 머리를 만드는 '설명서'와 꼬리를 만드는 '설명서'가 수정란 안에 존재한다면, 그 설명서들은 세포분열 결과로 만들어지는 각각의 세포에 결코 나뉘어 들어가지 않는다는 것이었다. 오히려 그 '설명서들'은 새로 만들어진 세포 **각각**에 온전한 형태로 들어가 있어야만 했다. 하지만 만약 모든 세포가 똑같은 '설명서들'을 갖고 있다면 어째서 그에 따라 만들어진 우리의 머리는 우리의 발과 똑같아 보이지 않는 것일까? 드리슈는 어떻게 그런 일이 가능한지 아직 전혀 감도 잡지 못한 상태였지만, 어쨌든 "성게 배아는 잠재적으로 독립이 가능한 모든 부분이 함께 기능하여 하나의 단일한 유기체를 형성하므로 '조화등능계' 즉, 조화롭고 동등한 능력을 지닌 시스템"이라고 결론지었다.[4]

후성유전학의 등장

새 배아가 어떻게 이렇게 작동할 수 있는지 알아내기까지는 수십 년이 걸렸지만, 오늘날 우리는 드리슈가 발견한 현상을 가능하게 하는 것이 후성유전이라는 것을 알고 있다. 그의 선구적인 연구 이후, 우리는 아주 어린 배아의 세포들이 '다능성' 세포임을 알고 있다. 즉, 이 배아세포들 각각은 간세포, 피부세포, 뇌세포 등

　　　　　　　　　　　　1 이것은 혁명일까

몸을 구성하는 서로 무척이나 다른 다양한 세포 중 어떤 세포로도 발달할 능력을 지니고 있다는 뜻이다. 따라서 머리를 만드는 데 필요한 자원**과** 꼬리(그리고 신체의 다른 모든 부위)를 만드는 데 필요한 자원 모두가 어린 배아를 이루는 **모든** 세포 각각에 분명히 존재하며, 이 세포들을 일컬어 이른바 배아줄기세포라고 한다. 이 세포들이 다능성을 지니고 있다는 것은, 서로 다른 세포 속에서 서로 다른 DNA 분절들(발달 자원들)이 활성화되거나 비활성화됨으로써 그 각각의 세포가 결국 서로 다른 종류의 세포로 발달하게 하는 후성유전 과정이, 생물 발생의 핵심임을 의미한다. 후성유전이 우리 몸속에서 하는 일 가운데 가장 근본적이고도 중요한 역할은, 처음에는 서로 구별되지 않는 똑같은 줄기세포들이 각자 독특한 형태와 기능을 갖춰가며 다양한 세포로 성숙하게 만드는 것이다.

　　드리슈의 연구에서 나온 중요한 통찰 하나를 꼽자면, 세포의 발달은 그것이 처한 맥락과 결부되어 있다는 것이다. 완전히 똑같은 세포라도 다른 상황에 두면 상당히 다른 방식으로 발달할 수도 있다는 말이다. 어느 줄기세포 하나를 그냥 두면 그것이 독립적인 한 사람으로 발달할 수도 있지만, 바로 그 세포를 다른 세포에 붙여 두면 예컨대 우리 뇌 속에서 정보를 처리하는 세포인 뉴런으로 발달할 수도 있다. 태아가 자궁 속에서 발생 과정을 거치는 동안 우리의 뇌와 심장(각자 고유한 뇌세포와 심장세포 들을 지녔다)은 바로 이런 식으로, 원래는 정확히 똑같았던 줄기세포로부터 분화된다.

　　이처럼 발달은 세포와 맥락의 상호작용에 달려 있다. 세포들이 하는 어떤 작용은 그 세포 속에 들어 있는 것 때문이고, 또 어떤 작용은 세포 밖에 있는 것 때문이다. 표현형(이 말이 세포의 특징을 일컫는 것인지 전체 사람의 특징을 일컫는 것인지는 중요하지 않다)을 결정하는 것은 내부에 있는 것 또는 외부에 있는 것이 아니라, 내부와 외부가 **서로 영향을 주고받는** 방식이다. 노벨상 수상자인 크리스티아네 뉘슬라인 폴하르트가 2006년에 잘 요약한 것처럼, '세포질'이라는 세포 속 물질은 "환경으로부터 신호와 정보를 받는데, 이 환경에는 이웃한 세포들도 포함된다. 이 정보는 이어서 유전자로도 전달된다. (…) 이렇듯 한 세포의 운명은 세포질과 외부 영향력 둘 다에 의존한다."[5]

여러 저술가가[6] 현대 후성유전학의 기원을 영국 생물학자 콘래드 워딩턴에게서 찾는다. 워딩턴은 "표현형을 만들어내는, 유전자와 그 산물 사이의 인과적 상호작용을 연구하는 생물학 분야에 적합한 명칭으로서 (…) '후성유전학'이라는 단어를 도입한"[7] 인물이다. 그는 드리슈가 배아세포의 다능성을 증명하고 몇 십 년이 지난 1930년대에 과학자로서 경력을 시작했다. 그러니 그는 배아세포 속 유전자들이 서로 다른 맥락에서는 분명 서로 다른 반응을 보일 수 있음을 알고 있었다. 이는 곧 발생을 이해하려면 유전자가 발현 혹은 조절되는 방식도 이해해야 한다는 것을 그가 인지하고 있었다는 뜻이다. 이것이 바로 워딩턴이 '후성유전'이라는 단어를 사용한 방식이 여전히 중요한 이유다. 그는 그 단어를 써서 우리의 형질들을 만들어내는 **발생상의** 사건들과 유전자 조절을 연결했다.

그러니까 워딩턴은 후성유전을 무엇이든 될 수 있는 줄기세포가 혈액이나 뼈, 근육 등을 구성하는 특정 종류의 세포로 발달하는 과정인 **세포분화**와 관련된 것으로 정의했다. 그는 이미 1968년에 "세포분화와 관련해서는 (⋯) 구조 유전자°의 탈억제(이 말은 스위치 켜기라고도 할 수 있다)가 기본적이고 기초적인 과정이라고 말하는 것이 통상적"이라고 썼다.[8] 현재 우리가 통상적으로 '후성유전학'이라는 용어로 지칭하는 현상, 바로 유전자의 스위치를 켜거나 끄는 현상이 이미 이 진술에서도 보인다. 유전자 **위에** 자리 잡은 분자들이 DNA를 활성화하거나 비활성화하는 현상이므로, 이 분자들은 글자 그대로 **후성**유전적, 즉 유전자 위에 있는 것이다('epi'라는 접두사가 '~의 곁에', '위에', '위에 더해진'을 의미한다는 점에서).°° 이런 의미에서 후성유전학의 초점은 유전자와 그 맥락 사이의 접촉면에 맞춰져 있다고 할 수 있다.

° 유전자 발현을 조절하는 조절단백질 외에 모든 RNA와 단백질에 대한 유전정보를 담고 있는 유전자.

°° 'Epi'가 '위에, 곁에'라는 의미라면 'epigenetics'는 왜 '후성유전'이라고 번역되는 걸까. 이는 전성설(preformism)과 후성설(epigenesis/neoformism)에서 그 기원을 찾을 수 있다. 전성설은 생물 발생에 관한 (18세기에 폐기된) 과거의 학설로, 모든 생물은 생명이 시작할 때부터 온전한 개체의 형태를 아주 작은 크기로 갖추고 있으며 그것이 하나하나 전개되고 커지며 완성된다고 보는 견해였다. 미리 다 만들어져 있다는 의미의 전성(前成)으로, 예컨대 씨앗 속에 아주 작은 나무가 들어 있다는 식이다. 반대로 후성(설)은 씨앗이나 알처럼 미분화된 상태에서 시작된 생명이 분화 단계를 거쳐 형태와 구조가 완성된다는 견해로, 현재 우리는 발생이 이런 식으로 이루어진다는 것을 알고 있다. 최초의 미분화된 세포가 존재하고 이후에 거기에 분화된 부분들이 추가된다는, 즉 나중에 형성된다는 의미의 '후성(後成)'인 셈이다. 'Epigenesis'가 후성(설)로 번역되었으니, 'epigenetics'는 후성유전(학)으로 번역된 것인데, 먼저 존재하는 유전자가 있고 거기 어떤 분자들이 추가로 달라붙어 그 유전자의 발현을 끄거나 켜서 조절하는 것이니, '나중에' 위/곁에 붙은 것이 변화를 가한다는 의미로 이해할 수 있다.

후성유전에 관한 여러 가지 정의

현대 생물학자들은 유전자가 맥락에 의해 조절되는 방식을 가리켜 '후성유전'이라는 단어를 사용하지만, 사실 이 단어는 이전 시대에 글을 쓰던 이론가들에게는 다른 의미였다. 알고 보면 길고 복잡한 역사를 지닌 단어인 셈이다. 그러니 이 단어의 다른 의미들도 함께 살펴보면 후성유전을 더 상세하게 이해할 수 있을 것이다. 비교적 초기의 용법 하나는 발달이 본래 상호적 성격을 띤다는 점에 이목을 집중시키려는 의도로 사용되었다.

우리가 모두 (DNA 가닥들과 그것을 둘러싼 세포질과 약간의 단백질에 지나지 않는) 하나의 수정란으로 삶을 시작한다는 사실을 생각하면, DNA가 지휘권을 휘두르는 우두머리처럼 여겨지기 쉽다. 이 관점에 따르면, DNA는 세포와 기관을 형성하며 그 기관들 덕분에 우리는 바깥을 돌아다니고 먹고 마시고 가족을 이루고 집을 짓는 등의 일을 할 수 있다. 실제로 진화 동물행동학자인 리처드 도킨스는《확장된 표현형》에서 **환경**이란 사실상 우리의 유전자들이 표현된 것에 지나지 않는다고 주장했다.[9] 그러나 발생에 관한 드리슈의 발견은 신체와 행동, 환경이 독재적인 유전자의 일방적 산물이 아니라는 또 다른 관점을 제시했다.

미국의 심리생물학자 길버트 고틀립은 바로 이런 다른 시각을 견지했다.[10] 고틀립에게는 우리의 특징을 만드는 상호작용의 양방향성이 발달의 중요한 한 측면이다. 물론 그는 유전자의 활동이 뉴런에 영향을 주고, 뉴런은 행동에 영향을 주며, 행동은 환경 속 사람과 사물에 영향을 준다는 도킨스의 주장도 어느 정도 옳다는 것을 알고 있었다. 그러나 고틀립에게 이는 전체 이야기 중 일부에 지나지 않았다. 그가 알기로 환경 속 사람과 사물이 행동에 영향을 주고, 행동이 뉴런에 영향을 주며, 뉴런이 유전자의 활동에 영향을 준다는 것 역시 사실이었다. 그러므로 우리의 특징은 다양한 요인이 **상호작용하는** 방식에 따라 생겨난다. 이를테면 유전자가 호르몬 같은 화학물질과 상호작용하고, 호르몬은 뇌와 같은 신체 기관과, 뇌는 부모, 교사, 정치지도자, 경제 제도 같은 외부 세계의 요인과 상호작용하는 것처럼 말이다.

오늘날처럼 '후성유전학'이 유행어가 되기 한참 전인 1998년에도 고틀립은 유전자의 활동이 환경과 행동에서 영향을 받는다는 개념을 전하기 위해 발달을 '후성유전적'이라고 표현했다. 사실 고틀립과 1990년대의 몇몇 이론가들은 '후성유전'을 오늘날 대부분의 과학자들보다 훨씬 더 광범위하게 정의했다. 그러니까 이전의 상태로부터 정말로 새로운 무언가가 나타나는 모든 발달 과정을 일컫는 단어로 사용한 것이다. 이 넓은 정의를 따른다면, 예컨대 우리는 아기가 처음으로 단어를 말하게 된 발전을 묘사할 때도 '후성유전적'이라는 단어를 쓸 수 있다. 전에는 존재하지 않았던 새로운 것이 나타난 상황이기 때문이다. 과학철학,[11] 유전학,[12] 뇌과학,[13] 발달 심리생물학[14] 등 다양한 분야의 이론가들이 여전히 이 넓은 의미로 '후성유전'이라는 단어를 사용하는데 여기에는 그럴 만한 이유가 있다. 이 단어를 이 의미로 쓰면, 발달에는 **양방향**의 상호작용이 수반한다는 사실 그리고 발달을 촉발하는 일에서는 분자적 요인만큼 비분자적 요인도 중요하다는 사실을 상기시킬 수 있기 때문이다.

후성유전이라는 단어를 이와는 또 다르게 정의하는 연구자들도 있다. 예를 들어《사이언스》에 실린 한 논문의 저자들은 '후성유전'을 "유전(대물림)될 수 있으면서도 DNA 염기서열에는 변화를 일으키지 않는 (…) 유전자 기능의 변화에 관한 연구"라고 정의했다.[15] 이 정의는 후성유전의 협소한 한 측면으로, 특정 유형의 대물림에 관해 논할 때 논쟁을 일으키는 '후성유전적 대물림'과 후성유전을 같은 것으로 취급한다는 점에서 아쉬움이 있다. 이러한 대물림되는 후성유전은 3부에서 다룰 텐데, 여러분은 3부에 도달하기 전에 후성유전이 우리 신체에 미치는 '대물림될 수 있는' 영향들 외에도 훨씬 더 많은 것을 의미한다는 걸 분명히 알게 될 것이다. 최근의 한 논문에서 데이비드 스웨트가 썼듯이 이렇게 좁은 정의를 적용하면 뉴런 안에서 일어나는 일 중 어떤 것도 후성유전으로 볼 수 없게 된다. "뉴런은 세포분열을 할 수 없으므로 (…) 그 말의 정의상 성인의 뉴런에서 일어나는 일은 그 무엇도 후성유전에 해당할 수 없기" 때문이다.[16] 그러므로 '후성유전'을 대물림 가능성의 관점에서 정의하는 것은 지나치게 제한적이다.

그런 협소한 정의는 또한 '후성유전'이라는 단어를 이전에 사용되던 의미들과도 멀어지게 하는데, 이를 생물학자인 에바 야블론카와 매리언 램은 2002년에 다음과 같이 설명했다.

[후성유전은] 늘 유전자 및 유전자의 산물, 내적·외적 환경 사이

의 상호작용과 연관된 일로 여겨졌다. (…) 워딩턴이 의미한 후성유전과 오늘날의 후성유전 사이에 연속성이 존재하는 것도 바로 이 때문이다. 둘 다 (…) 환경 여건이 세포와 유기체에서 일어나는 일에 가하는 영향에 초점을 맞춘다는 말이다. 단, 후성유전을 오로지 유전체에서 DNA 자체 이외에 일어난 변화들의 대물림이라고만 받아들이는 경우에는 그러한 원래의 의미가 모호해진다.[17]

이런 이유들로 나는 후성유전에 관한 논의를 대물림될 수 있는 결과에만 국한하지 않을 작정이다. 그보다는 '후성유전'이라는 단어를 오늘날 대부분의 과학자들과 같은 방식으로, DNA가 처한 주변 환경 속 다른 분자들과 DNA 사이에서 일어나 유전자 발현에 영향을 주는 상호작용을 지칭하는 단어로 사용하겠다.[18]

끈질긴 생물학적 결정론

드리슈의 연구가 생물학적 결과들이 맥락에 따라 달라진다는 것을 증명했고, 그로부터 한 세기 뒤 고틀립이 깨달았듯이 생물학적 요인과 환경적 요인은 양방향으로 서로 영향을 주고받는다. 하지만 사람의 일부 특징은 (대부분 팔은 두 개, 발가락은 열 개처럼) 예측 가능한 방식으로 발달하기 때문에 생물학이 모든 걸 결정하지는 않는다는 사실을 놓치기 쉽다. 현대 후성유전학의 등장에도 불구하고 생물학이 지성, 키, 성격 등 형질 발달을 통제한다는 해묵은 생각, 즉 생물학적 결정론은 놀랍도록 끈질기게 남아 있다.

일례로 후성유전학에 관해 네사 캐리가 쓴 책에서 인용한 다음 문구를 살펴보자.

> 유일하게 중요한 것은 우리의 DNA 대본뿐이라는 생각이 지배적 통설로 여겨지던 시절이 있었다. (…) [하지만] 그런 생각이 맞을 리는 없다. 같은 대본도 세포가 처한 맥락에 따라 다르게 사용될 수 있기 때문이다. 현재 강경파 후성유전학자들은 DNA 부호의 중요성을 가능한 한 축소하려 하고 있으니, 이 분야는 그 통설과 반대 방향으로 지나칠 정도로 많이 나아갈 위험에 처해 있는 것 같기도 하다. 물론 진실은 둘 사이 어딘가에 있다.[19]

이 글은 현대 후성유전학이 이끌어낸 상호작용 관점을 훌륭하게 포착했지만, 자세히 보면 여전히 발달을 둘러싼 통제권 싸움을 DNA와 기타 세포 요인들 사이에서만 벌어지는 일로 묘사한다. 이 글을 읽은 사람은 발달을 엄격히 생물학의 관점에서만 이해할 수 있는 것처럼 생각할 수도 있다. 분명 캐리는 외부 환경에서 오는 영향들에 대해서는 언급하지 않았다.

'생물학적 결정론'이 끈질기게 사라지지 않는 것이 우려스러운 이유는, 우리의 형질들은 단지 '선천적'일 뿐이라고 흔쾌히 받아들이는 과학자들은 그 형질들의 발달적 **기원**을 연구해야 할 필요를 느끼지 않을 것이기 때문이다. 어떤 아이가 장난감을 친구들과 함께 가지고 놀지 않으려 하는 것이 단지 '인간 본성'의 반영일 뿐이라고 확신하는 사람이라면 이기심의 발생에 원인을 제공하는 요인들을 연구할 이유가 없다고 느낄 것이다. 1953년에 대니얼 레먼이 말한 것처럼[20] 어떤 특징을 선천적이거나 유전적이거나 본능적인 것으로 결론짓는 것은 발달을 "과학적으로 탐구하려는 시도를 필연적으로 저지하는 경향"이 있다. 그런 단정은 과학자가 발달 과정에서 그 특징이 실제로 어떻게 생겨났는지 전혀 모를 때조차, 자신이 그 특징의 기원을 이해한다고 착각하게 만든다. 진화적 요인이나 유전적 요인만으로는 형질의 기원을 설명하기에 결코 충분치 않다.[21] 과학자들이 이 사실을 항상 유념한다면, 사람들의 특징이 **어떻게** 발달하는지 알아냄으로써 사람들을 도울 방법을 찾고자 하는 실질적인 목표에 계속 초점을 맞출 수 있을 것이다. 그런 발견을 위해 필요한 것은 첫째로 발달이 경험의 영향을 받는다는 사실을 기억하고, 둘째로 경험이 발달에 어떻게 영향을 주는지에 집중하는 것이다. 후성유전학이 중요한 이유 하나는, 발달이 상호적이며 경험에서 영향받을 수 있다는 점에 계속 초점을 맞추게 해주기 때문이다.

4

DNA란 무엇인가

유전자에 관해 말하지 않으면서 후성유전학을 이야기하려는 것
은 물감에 관해 말하지 않으면서 그림 이야기를 하려는 것과 비슷
하다. 그러니 후성유전학 이야기로 더 깊이 들어가려면 그 전에 유
전자에 관해 간단히라도 짚고 넘어갈 필요가 있고, 최소한 그 단어
가 무엇을 의미하는지 정의는 해야 한다. 안타깝지만 이 일은 말처
럼 그리 쉽지 않다. 우리가 유전자라는 단어를 수시로 듣는다는 점
을 생각하면 놀랍겠지만, 생명과학 분야의 이론가들은 아직 '유전
자'가 무엇인지에 관한 합의에 이르지 못했고, 그들이 만들어낸 다
양한 유전자 개념 사이에서 우열을 판가름하기도 어려워 보인다.
그 결과 오늘날의 생물학자들은 몇 가지 다른 유전자 개념 사이에
서 자유롭게 오가는데, 안타깝게도 그 개념들이 서로 그렇게 잘 맞
아떨어지는 것도 아니다.[1] 하지만 이 책에서 나는 유전자라는 단어

1 이것은 혁명일까

를 계속 언급해야 하므로, 우리가 정확히 무엇에 관해 이야기하는 지는 분명히 밝히고 넘어가는 것이 중요하다. 내가 이 책에서 사용할 유전자 개념은, DNA는 염색체를 구성하며 유전자는 그 DNA를 구성하는 요소라는 것이다.

우리의 생명은 모두 수정란으로 시작된다. 인간의 수정란은 하나의 세포이며 모든 세포가 그렇듯 수정란도 몇 가지 요소를 지니고 있는데, 그중에서 우리가 관심을 두고 볼 부분은 세포 내부를 채우고 있는 젤 같은 물질(세포질) 속에 떠 있는 핵이다. 인간 수정란의 핵에는 어머니와 아버지에게서 각각 받은 염색체라는 아주 큰 분자들이 들어 있다. 그리고 수정란이 결국 수조 개의 세포로 된 성체로 발달할 때까지의 전 과정에서, 거의 모든 세포의 핵에는 바로 그 수정란 속 염색체들과 정확히 똑같은 복제본이 담겨 있다.

20세기 전반기에 과학자들은 고전적 분자 유전자 개념 classical molecular gene concept[2]이라는 것을 확립했는데, 이는 유전자가 세포핵 속에 자리하고 있으며 구체적으로 염색체의 일부를 이루고 있다는 생각이었다. 1950년대에 이르자 과학자들은 염색체가 주로 DNA로 이루어져 있음을 알아냈고, 1953년에는 제임스 왓슨과 프랜시스 크릭이 DNA의 구조가 두 가닥의 뒤틀린 나선 구조로 되어 있음을 밝혀냈다.[3] 왓슨과 크릭의 발견이 특히 주목할 만한 이유는 부모에게서 자녀로 **정보**가 전달되는 일이 어떻게 가능한지를 DNA의 구조를 들어 설명했기 때문이다. 다음 장에서 DNA의 구조와 작동 방식에 관해 자세히 알아볼 테지만, 일단 지금은

DNA의 분절들에 단백질을 만드는 데 사용되는 정보가 담겨 있다는 점만 알고 넘어가면 충분하다. 이 책의 목적에 맞게 나는 '유전자'를 단백질 생산에 사용되는 정보를 품고 있는 DNA 분절들이라고 정의한다.[4]

단백질은 실에 꿰어놓은 구슬들처럼 길게 이어져 있는 요소들의 서열로 이루어진다. DNA의 구성 요소들 역시 구슬을 연결한 듯한 서열로 배열되는데, 이 DNA의 서열은 단백질을 만드는 요소들의 서열에 **대응한다**. DNA를 구성하는 요소들의 서열은 저장되어 있는 '서열 정보'를 나타내며, 이 정보를 사용하여 요소들을 올바른 순서로 배열함으로써 단백질이 만들어진다는 말이다.

단백질은 요소들이 선형으로 배열되어 만들어지기 때문에 줄처럼 긴 모양으로 보여도, 이 '줄'들은 각 단백질의 종류에 따라 고유한 방식으로 접히며 단백질이 접히는 이 고유의 방식은 보통 서열에 따라 결정된다. 단백질이 중요한 건 바로 이런 점 때문이다. 그 결과 각 단백질은 종류마다 고유한 삼차원 형태를 띤다. 단백질에서는 이 고유한 형태들이 중요한데, 단백질들이 우리 몸속에서 구체적인 기능을 수행할 수 있도록 하는 것이 바로 이 형태이기 때문이다.

각 세포의 바깥 표면을 이루는 세포막에 박혀 있는 단백질들이 있는데, 바로 이 단백질들 덕분에 세포가 서로를 인지할 수 있다. 무엇보다 이렇게 자리 잡은 단백질들은 우리의 면역계가 박테리아 등 공격해야 할 외래 세포들을 감지하게 해준다. 또 다른 단백질들은 근육세포를 수축시킴으로써 우리가 돌아다니고 생명을 이어갈 수 있게 해준다(우리의 심장도 근육이며, 심장 속 단백질들이 작동하는 방식 덕에 심장이 계속 뛸 수 있다). 또 다른 단백질로는 세로토닌을 비롯한 신경전달물질도 있는데, 세로토닌은 기분 조절에서 담당하는 역할, 따라서 우울증에서 하는 역할 때문에 큰 관심을 받고 있어 단백질계의 대스타라 할 만하다.

하지만 이런 세로토닌도 우리 뇌 속에 있는 특정한 종류의 세로토닌 수용체들과 상호작용하지 못하면 아무 일도 할 수 없다. 이 수용체들 역시 단백질이며, 형태를 기반으로 세로토닌을 감지하는 능력(자물쇠가 적합한 형태의 열쇠를 '감지'할 수 있는 것과 유사하다)을 지니고 있다. 심리적 기능에서 중요한 역할을 맡고 있어 뒤에서 다시 살펴볼 '글루코코르티코이드 수용체'라는 단백질은 스트레스 상황에서 공포 반응을 조절하는 일에 관여한다.

내가 이 책에서 이야기할 '유전자'는 이런 고전적인 분자 유전자[5]이며, 이 유전자들이 맡은 일은 딱 하나, 바로 단백질을 만드는 데 필요한 정보를 제공하는 것이다. 단백질은 우리의 형질에 영향을 주기 때문에, 분자 유전자들은 언제나 우리가 누구이며 어떤 존재인지를 부분적으로 설명한다. 하지만 우리의 표현형은 예컨대 식습관, 호르몬, 스트레스, 감각 등 비유전적 요인에서도 영향을 받으므로, 우리의 완성된 표현형을 오직 유전자만으로 설명할 수는 없다.

곤경에 빠진 유전자

고전적 개념의 분자 유전자란, 세포질 안에서 물리적으로 단백질을 생산하는 세포소기관[6]에게 염기서열 정보를 제공하는 DNA 분절이다. 하지만 이 개념의 유전자도 아직 이론상으로만 존재한다. 최근 연구에 따르면 고전적 분자 유전자 개념은 유용하기는 하지만 실제로는 현실을 그리 잘 포착하지 못하는 듯하다.[7]

구체적으로 말하면, 대개의 경우 DNA 안에는 우리가 콕 집어 가리키며 "○○단백질을 부호화하는 분자 유전자가 여기 있다"고 말할 수 있는 별개의 실체가 존재하지 않는 것처럼 보인다. 이는 미국국립인간유전체연구소와 함께 우리 DNA의 다양한 부분들이 실제로 무슨 일을 하는지 알아내기 위한 ENCODE 프로젝트 ○[8]를 진행하는 과학자들이 내린 결론이다. 결국 이 연구는 기존 유전자 개념들에 도전하는 새로운 가설적 유전자 개념[9] 구상으로 이어졌고, 이 개념 역시 오랜 기간에 걸쳐 다양한 시점에서 채택되었다가 (미흡하다고 여겨진) 다양한 유전자 개념들의 목록에 추가되었다.[10] ENCODE 프로젝트에 참여한 과학자들은 자신들의 연구 결과에 근거하여 "유전자가 유전체 내에 별개의 요소로 존재한다는 관점이 뒤흔들렸다"라고 결론지었다.[11]

'유전자'라는 단어가 얼마나 흔히 사용되는지 생각해보면,

○　　　encyclopedia of DNA elements. 인간 유전체의 염기서열에 존재하는 모든 기능적 구성 요인을 규명하는 프로젝트다.

이 단어는 분명 특정한 무언가를 의미할 것만 같다. 특히 과학적 기원을 지닌 기술 용어이니 더욱 그렇다. 하지만 유전자 개념은 계속 진화하고 있다. 2000년에 이블린 폭스 켈러는 이렇게 썼다. "발견된 내용들이 지닌 그 엄청난 무게감이 (…) 유전자 개념을 붕괴 직전으로 몰고 갔다. 오늘날, 유전자란 무엇일까? 현재 활동하는 생물학자들이 이 용어를 어떻게 사용하는지 들어보면 유전자란 이제 단 하나의 실체가 아니라 여러 가지가 되었음을 깨닫게 된다."[12] 더 최근에는 의학유전학자 알렉상드르 레몽이 "우리는 아직 '유전자란 무엇인가?'라는 질문에 제대로 답하지 못했다"라고 단언했다.[13]

　　그러므로 내가 이 책에서 계속 유전자를 언급은 하겠지만, 그것은 단지 분자생물학의 현대적 개념들을 전달할 다른 편리한 방편이 없기 때문이다. 유전자라는 말을 쓸 때 내가 의미하는 바는, 단백질(또는 어떤 생물학적 기능을 수행하는 산물)을 만드는 데 쓰이는 서열 정보를 품고 있는 DNA의 분절 혹은 분절들이다. 하지만 현대 생물학자들이 '유전자'를 이야기할 때는 어느 특정한 한 가지를 의미하는 게 아니며, 유전자는 오늘날까지도 근본적으로 가설상의 개념으로 남아 있다는 점을 기억해두자. 우리 내부에는 신체와 정신을 구축하는 데 필요한 일련의 안내서, 이를테면 '청사진'이나 '조리법' 비슷한 것이 들어 있다는 흔한 믿음은 의심의 여지없이 틀렸다.[14] 오히려 DNA 분절에는 많은 경우 모호한 정보가 담겨 있으며, 이런 정보를 사용하려면 먼저 맥락에 따른 편집과 재배열을 거쳐야 한다.[15] 다음 장에서는 DNA가 실제로 작동하는 이상하고도 흥미진진한 방식들 몇 가지를 이야기하겠다. 나는 이 내용이 대단히 흥미롭고 중요하다고 생각하지만, 모두가 다음 장에서 소개하는 정도로 상세하게 내용을 이해해야 하는 건 아니다. 하지만 이 책의 다른 '심층 탐구' 장들의 내용도 이해하려면 다음 장을 이해하고 넘어가야 한다. 분자 수준의 세세한 내용에 관심이 없는 독자는 6장으로 바로 건너뛰어도 좋다.

5

심층 탐구: DNA

1860년대에 오늘날 체코 공화국인 곳에서 그레고어 멘델이라는 수도사가 완두로 한 일련의 실험은 궁극적으로 현대 유전학의 문을 열어젖혔다. 멘델은 자기 정원에서 목격한 현상을 이해하려 애쓰다가, 이를테면 완두콩의 쪼글쪼글한 정도, 초록이나 노랑인 콩 색깔 등 식물의 형질을 결정하는 '유전되는 인자'가 존재하리라는 의견을 제시했다. 1900년이 지나고 얼마 후 멘델의 이 이론이 유명해지면서 살아 있는 세포 속에서 그가 말한 '유전 인자'를 찾으려는 탐구가 시작되었다.

어떤 후보 분자가 멘델이 말한 유전 인자로 인정되려면 몇 가지 속성을 갖추어야 했다. 첫째, 그 분자는 부모로부터 자녀에게 전달될 수 있어야 하며, 둘째, 수정란의 세포분열로 만들어지는 두 개의 '딸세포' 각각에 전달될 수 있어야 하고, 셋째, 해당 종에 적합한 특징을 갖춘 유기체가 만들어지도록 딸세포의 구조와 기능에 영향을 줄 수 있어야 한다(예컨대 인간 배아는 인간 아기로 자라나려면 인간의 심장, 뼈, 뇌 등을 발달시킬 수 있어야 한다).

1953년에는 왓슨과 크릭이 DNA의 구조를 밝혀냈고, 그 과정에서 DNA가 멘델의 유전 물질에 부합하는 속성을 지닌 분자라는 것을 증명했다. 알고 보니 DNA에게 스스로 복제할 수 있는 능력을 부여하는 것이 바로 그 구조였고, 따라서 이 발견과 더불어 염색체 전체가 어떻게 세포분열로 만들어진 모든 새 딸세포 속으로 고스란히 들어갈 수 있는지에 관한 의문도 풀렸다. 실제로 왓슨과 크릭도 자신들이 제안한 DNA의 구조가 "상당한 생물학적 관심을 불러일으키는 신기한 특징들을 갖고" 있으며 "우리가 가정한 [구조가] 유전 물질의 잠재적 복제 메커니즘을 즉각적으로 암시한다는 점도 우리는 놓치지 않았다"라고 썼다.[1] 게다가 이 DNA의 복제본들은 모든 정자와 난자 안에 존재하므로, 한 세대에서 다음 세대로 유전자를 전달하는 수단일 가능성도 있었다. 한 유기체의 고유한 특징을 구축하는 데 필요한 정보를 DNA가 어떻게 효과적으로 저장할 수 있는지 확실히 알아내기까지는 시간이 좀 더 걸렸지만, 그로부터 10년 뒤에는 이 저장 능력 역시 DNA의 구조에 기인한다는 것이 분명해졌다. DNA란 참으로 대단한 분자임이 틀림없었다.

이번 장에서 다루는 정보는 생물학 기초 지식을 갖춘 사람에게는 전혀 새롭지 않을 것이다. 하지만 그런 배경지식이 없는 독자들도 DNA와 그 작용을 이해할 수 있도록 입문 단계의 기초 지식을 소개하려 한다. 그런 다음 선택적 스플라이싱(접합/잘라 이음), 비부호화 DNA, 마이크로 RNA와 작은핵 RNA 등에 관해 이야기할 것이다. 뒤의 '심층 탐구' 장들도 읽고자 하는 독자에게는 이 정보가 도움이 될 것이다.

꼬인 사다리, DNA의 기초

각 '염색체'는 기본적으로 아주 긴 DNA 한 가닥이 돌돌 말린 형태로 이루어져 있다. 마치 큰 타래로 감겨 있던 긴 털실 한 올을 풀어서 덩어리 하나로 빽빽이 뭉쳐놓은 것 같다고나 할까. 한편 'DNA 분자' 하나는 아주 긴 화학적 가닥 두 개가 서로 꼬여 있는 구조인데, 이는 실 한 올도 아주 자세히 들여다보면 두 개의 섬유 가닥이 서로 휘감으며 한 가닥의 실을 이루고 있는 것과 비슷하다. 염색체를 이루는, 엄청나게 긴 DNA 가닥을 따라가다 보면 드문드문 현재 우리가 이해하기로는 아무 기능도 하지 않는 것 같은 구간들도 있다. 그러나 그 밖의 다른 구간들은 세포에서 단백질 등의 분자를 만들 때 그 일을 도울 수 있는 방식으로 구조화되어 있다. 지난 장 끝부분에서 말했듯이, 내가 이 책에서 '유전자'라는 단어를 쓸 때는 DNA 가닥 중에서도 바로 이 부분을 지칭하는 것이다.

DNA 분자 두 가닥은 뉴클레오타이드 염기라 불리는 일련의 요소들이 실에 꿴 구슬처럼 각 가닥을 따라 늘어서 있는 방식으로 구성되어 있다. 이 뉴클레오타이드 염기(이하 염기)에는 네 가지 유형이 있으며, 일반적으로 화학명의 머리글자를 따서 A(아데닌adenine), C(사이토신cytosine), G(구아닌guanine), T(티민thymine)라고 부른다. 예컨대 문장이란 단어 같은 의미를 지닌 요소들이 일정 순서로 배열된 서열인 것처럼, 영향력을 발휘할 잠재력을 지닌 DNA 분절들은 DNA 가닥을 따라 일정 순서로 줄지어 선 염기들의 서열이다. 영어 단어들은 철자에 따라 아주 짧은 것도 있고 긴 것도 있지만, DNA 서열의 의미를 지닌 요소들은 'C-A-G'나 'T-A-'T처럼 항상 염기 3개로만 이루어진다. 이렇게 염기 3개로 이루어진 유전부호의 단위를 코돈codon이라고 한다. 물론 아주 많은 단어로 이루어진 긴 문장도 있는 것처럼, 유전자 하나도 아주 많은 수의 코돈으로 이루어질 수 있다. 따라서 한 DNA 분절을 '읽어나가는' 사람은 예컨대 'GATGGCACCTAAACCACCAGTGCCCAAAGTCT GTGTGATGAACTT'처럼 순서대로 길게 늘어선 염기들을 볼 수 있다.

코돈이 중요한 이유는, DNA 가닥의 정보를 사용해 단백질을 만들 때, 이 가닥에 늘어선 각각의 코돈에 따라 그 코돈이 부호화하는 특정 단백질 분자가 단백질 서열에 추가되기 때문이다. 단백질도 DNA와 마찬가지로 일정 서열로 늘어선 요소들이 긴 사슬을 이루는 분자이지만, DNA가 A, C, G, T라는 염기들로 구성되는 반면 단백질은 아미노산이라는 요소들로 구성된다. DNA 분자는 두 가닥으로 되어 있고, 단백질은 아미노산들의 한 가닥 연쇄라는 점도 다르다. DNA 염기서열 중 특정 코돈이 특정 아미노산에 대응한다. 앞 문단에서 예로 든 코돈으로 이야기하자면 C-A-G는

　　　　　　　　　　　　1 이것은 혁명일까

'글루타민'이라는 아미노산에 대응하고, T-A-T는 '티로신'이라는 아미노산에 대응한다. 각 단백질에 고유의 특징을 부여하는 것은 그 단백질의 형태라는 점도 기억하자. 그런데 단백질의 형태는 그것을 구성하는 아미노산들의 서열에서 영향을 받으므로, 또한 유전자 속 염기들의 서열에서도 영향을 받는다고 할 수 있다(유전자 속 염기서열은 그것이 만들어내는 단백질 속 아미노산 서열에 대응하기 때문이다). 단백질을 다른 단백질과 구별하는 것이 단백질의 형태이므로, 이를테면 세로토닌이라는 단백질이 뇌에서 신경전달물질로서 기능하게 하고, 헤모글로빈이라는 단백질이 혈액 속에서 산소 운반 기능을 하게 하는 것은 그 단백질의 아미노산 서열, 즉 그에 대응하는 유전자의 염기서열이다.

단백질은 사실 염색체가 있는 세포핵 안이 아니라 세포질에서 만들어진다. 따라서 단백질이 만들어지려면 염색체에 들어 있는 서열 정보가 핵에서 나와 세포질로 이동해야 한다. 염색체에서 서열 정보를 가져다가 세포질 속의 리보솜이라는 단백질 생산 기구로 운반하는 일은 RNA라는 또 다른 분자가 맡고 있다. RNA는 한데 꿰어져 연쇄를 형성한 뉴클레오타이드 염기들로 구성된다는 면에서 DNA와 유사하지만, 단백질처럼 한 가닥으로 되어 있다. 일련의 DNA 염기를 사용하여 그에 상보적인 일련의 RNA 염기를 만들어내는 과정을 **전사**라고 하며, 이 과정에서 만들어진 RNA 가닥을 **전사물**이라고 한다. 바로 이 RNA 전사물이 핵 속의 DNA에서 서열 정보를 뽑아내 단백질이 실제로 만들어지는 장소로 운반한다. 일단 RNA 전사물이 세포질 속 단백질 생산 기구에

도착하면, 단백질 생산 기구는 그 서열 정보를 사용해 특정 단백질을 만드는데, 이 과정을 **번역**이라고 한다. 번역은 DNA에서 뽑아온 정보를 세포 기구가 효과적으로 '읽고' 그 정보를 사용하여 단백질을 만드는 과정인 셈이다.

단백질을 만드는 데는 1.2퍼센트만 사용된다

방금 내가 한 설명과 직유가 괜찮았다면, 이 시스템이 마치 굉장히 똑똑한 엔지니어가 설계한 단순명료한 시스템처럼 보일지도 모른다. 하지만 어떤 시스템이든 자연선택에 의해 만들어졌다면, 그 시스템에는 그리 효율적이라 할 수 없는 괴상하고 특이한 면이 있을 거라고 예상하는 게 좋다(그 이유는 13장에서 이야기할 것이다). 역시나 지금 우리가 살펴보고 있는 이 시스템에는 엄청난 비효율성이 내재한다. 인간 유전체에서 발견된 모든 뉴클레오타이드 염기 중에서 뚜렷한 생물학적 기능을 지닌 단백질(혹은 다른 산물)을 생산하는 데 사용되는 것은 겨우 1.2퍼센트에 지나지 않는다.[2] 그러니까 방금 내가 우리 유전체의 기능에 관해 한 이야기는 우리 DNA의 98.8퍼센트에는 적용되지 않는다는 말이다. 그러면 당연히 이런 질문이 따라 나온다. 도대체 그 나머지 유전 물질은 무엇 **때문에** 존재한단 말인가?

생물학자들은 단백질을 부호화하지 않는 이런 DNA를 비부호화 DNA라고 부른다.[3] 생물학자들이 비부호화 DNA의 존재를 처음 알아차리기 시작한 40년 전에는 이 물질들이 모두 아무 기능도 하지 않는 것처럼 보였고, 그래서 이걸 '정크 DNA'라 불렀다.[4] DNA 중 일부는 아무 정보를 갖고 있지 않을 **수도** 있지만, 대부분의 비부호화 DNA가 사실은 어떤 기능이든 갖고 있다는 강력한 증거가 존재한다. 실제로 ENCODE 프로젝트에 참여한 과학자들은 최근 "[인간] 유전체 중 대략 80퍼센트 정도는 어떤 기능을 하는지" 밝힐 수 있었다고 보고했다.[5] 경우에 따라서는 정확히 똑같은 비부호화 서열이 서로 관계가 먼 종들에게 존재하기도 한다. 이는 자연선택이 길고 긴 진화의 시간에 걸쳐 그 서열들을 유지해야 할 마땅한 이유를 발견했다는 의미일 것이며, 비록 우리가 아직은 그 기능이 무엇인지 알아내지 못했더라도 그 서열들이 **어떤** 기능인가는 수행하리라는 것을 암시한다. 마치 당신이 여행하는 어느 이국에서 'dagatengolefskinongu'라는 글자가 여러 표지판에 적혀 있는 걸 본 것 같은 상황이다. 뜻 없는 횡설수설처럼 보일 수도 있지만, **정확히 똑같은 문자의 서열**이 자전거, 그네, 스케이트화에 볼록 글씨로 새겨진 것을 보았다면 그 문자열이 **무언가**를 의미할 수도 있다는 결론을 내려도 터무니없지는 않을 것이다. 게다가 우리는 우리 DNA의 98퍼센트 이상이 단백질을 부호화하지 않는다는 사실, 그런데도 이 비부호화 DNA의 대부분이 발달의 어느 시점엔가는 RNA로 전사된다는 사실을 알고 있다. 그러니 그것들에 무언가 기능이 있으리라는 건 거의 확실하다.

마침 분자생물학자들이 비부호화 DNA의 특정 분절들을 해독해냈다. 50여 년 전, 프랑스의 생물학자 프랑수아 자코브와 자크 모노가 대장균 DNA의 특정 구간이 단백질 생산을 위한 서열 정보를 제공하는 데는 쓰이지 않지만 단백질 생산을 **조절**하는 데는 쓰인다고 보고했다.[6] 자코브와 모노는 그들이 촉진유전자, 작동유전자, 종결인자라 부르는 세 가지 DNA **비**부호화 부분들이 단백질 관련 서열 정보를 포함하고 있는 DNA의 특정 부분들과 관련된다고 말했다. 1965년에 그들에게 노벨상을 안겨준 이 발견은, 대장균의 환경 속에 락토스라는 당이 존재할 때 단백질 생산 과정이 시작되어 락토스를 소화할 수 있는 단백질을 만들어낸다는 것이었다. 이 단백질은 대장균의 환경에 락토스가 없을 때는 생산되지 않기 때문에, 그 단백질이 필요할 때는 단백질을 부호화하는 유전자를 켜고 필요하지 않을 때는 꺼두는 식으로 환경 요인이 유전자 발현을 조절하는 것이 명백했다.

그러므로 촉진유전자, 작동유전자, 종결인자는 실제로 단백질을 부호화하지는 않지만 그래도 DNA에서 중요한 기능을 하는 분절들인 셈이다. 대장균의 경우, 환경에 락토스가 존재하지 않을 때는 '억제인자'라는 분자가 DNA의 작동유전자 부위에 달라붙는다. 억제인자는 DNA의 부호화 지역들을 읽힐 수 없는 상태로 만듦으로써, 필요하지도 않은 락토스 소화 단백질을 만드느라 허비될 에너지를 절약한다. 하지만 락토스가 **존재할** 때는 억제인자의 형태가 바뀌어 전사를 개시하고 락토스 소화 단백질을 만들게 한다. 지금은 **사람의** 세포를 둘러싼 환경도 세포 속 유전자 활동을 조절할 수 있다는 것이 명백히 밝혀졌다. 비록 그 메커니즘은 세균에서 발견된 것과 다르지만 말이다(예컨대 사람의 유전자에는 작동유

1 이것은 혁명일까

전자가 없다). 그러나 더 단순한 생물들의 경우와 마찬가지로, 사람에게도 이런 통제를 가능하게 하는 것은, 환경에 따라 DNA **부호화** 부위의 전사를 촉진하거나 종결함으로써 단백질 생산을 촉진하거나 종결할 수 있는 DNA **비부호화** 부위의 존재. 이렇게 우리의 비부호화 DNA 중 일부는 조절 기능을 담당하지만 RNA로 전사되지는 않는 부위라고 해석할 수 있다. 대신 DNA상의 이 부위들에는 단백질 생산을 줄이거나 늘리도록 억제인자나 활성인자가 달라붙을 수 있다.

비부호화 DNA가 유전자 조절에 기여하는 또 다른 방식은 갖고 있는 서열 정보를 전사하여, 단백질로 번역되지는 않더라도 홀로 다른 특정 임무를 수행할 수 있는 비부호화 RNA 분자를 만드는 것이다. 이런 기능을 지닌 RNA 분자를 '부호화'하는 DNA는 단백질을 부호화하지는 않기 때문에 여전히 '비부호화 DNA'라고 불린다.[7] 비부호화 RNA 중에서 마이크로 RNA는 DNA 분절에 달라붙음으로써 유전체의 **다른** 장소에서 일어나는 일에 영향을 미칠 수 있다. 또 작은핵 RNA는 세포들이 단백질을 정확하게 만들어내도록 도우며, 다른 분자들과 함께 단백질 생산 기구를 구성한다. 이 두 유형의 RNA 분자들은 아마 가장 단순한 생물들을 제외한 대부분의 생물에게서 유전자 조절의 극도로 중요한 '층'을 형성할 것이다.[8] 비록 그 기능의 상당 부분이 아직은 밝혀지지 않았지만 말이다.[9] 그래도 일부 암,[10] 알츠하이머병,[11] 프래더윌리증후군,[12] 기타 신경질환[13] 등 여러 질병이 비정상적인 비부호화 RNA와 연관되어 있음이 밝혀졌기 때문에 이 분자들에 대한 관심도 커졌다. 이런 연구 결과들은 7장에서 다룰 것이다. 인간 유전체에는 결국 어떤 목적에도 쓰이지 않는 DNA가 일부 포함되어 있을지도 모른다. 그야말로 '정크'라고 보는 게 걸맞을 이런 DNA들은 진화 과정에서 우리의 생존이나 생식에 불리한 영향을 미치지는 않았다는 이유로 여전히 우리 안에 남아서 축적된 것일 수 있다. 하지만 이들을 제외한 다른 비부호화 DNA들은 유전자 발현 조절에서 아주 중요한 역할을 하고 있다는 것이 지금은 분명히 알려져 있다.

고전적 유전자 개념의 종말

복잡한 동물들의 유전체에서 비부호화 DNA가 존재하는 또 다른 장소가 적어도 하나는 있는데, 이상하게 들리겠지만 이 DNA는 부호화 DNA **안**에 아무렇게나 흩어져 있다. 우리는 보통 의미 **있는** 정보 속에 의미 **없는** 정보를 흩뿌려놓는 것은 이치에 닿지 않는 일이라 생각하므로, 이는 아주 특이한 현상이다. 마치 "돈에게는 여기에 세로토닌 수용체가 필요하다Dawn needs serotonin receptors here"라는 완벽한 문장에 무의미한 '정보'가 불순물처럼 끼어들어 "Dawnkor ampneeds 2 dopamineserotonin recepbi er jawlfioghjtormolecules t here" 같은 문장이 만들어진 것 같은 상황이다. 터무니없고 도저히 말도 안 되는 상황처럼 보인다는 것은 나도 알지만, 사실 이것이 바로 우리의 부호화 DNA 대부분에 '의미 있는' 정보가 저장되는 방식이다. 그리고 이는 이 장을 마무리

할 아주 매력적인 이야기일 뿐 아니라, ENCODE 프로젝트를 이끈 과학자들이 결국 '유전자'라는 단어의 새로운 정의를 또 하나 생각해내야만 했던 이유를 설명해준다.

1977년에 발견된 RNA 스플라이싱splicing°은 DNA에서 무의미해 보이는 분절들 속에 묻혀 있는 유용한 염기 정보를 추려내는 과정으로, 유전자 발현의 흥미진진하고 놀라운 측면이다.[14] 이 과정의 의미를 파악하기 위해 분자생물학자들은 부호화 DNA의 대다수를 차지하는 DNA 분절들을 두 유형으로 나누었다. 한 유형은 발현expressed될 서열 정보를 포함하고 있어서 엑손exon이라 불리며, 또 하나는 엑손과 엑손 사이에in between 자리하되 생산될 단백질(또는 마이크로 RNA)과 관련한 정보는 담고 있지 않아 발현되지 않는 부분인 인트론intron이다.[15] 유용한 산물을 만들려면 인트론을 어떻게든 서열에서 잘라내야 하며, 그래야 엑손에 들어 있는 정보만을 사용해 단백질이나 마이크로 RNA, 기타 분자들을 만들 수 있다.

RNA 스플라이싱은 전사 후에 일어난다. 처음 전사가 끝났을 때는 DNA에 들어 있는 원래의 서열(앞에서 들었던 예의 경우 "Dawnkor ampneeds 2 dopamineserotonin recepbi er jawlfioghj tormolecules t here")로부터 그 DNA 분절 속의 '정보'와 '비정보'

° 전사 단계가 끝나 엑손과 인트론을 모두 포함하고 있는 mRNA를 pre-mRNA라고 하며, 이것이 단백질을 합성할 수 있는 성숙한 mRNA가 되려면 단백질 합성에 관여하지 않는 인트론을 잘라내야 한다. 이렇게 인트론을 잘라내고 남은 엑손들을 다시 이어 붙이는 과정을 스플라이싱(접합, 이어 맞추기, 잘라 잇기 등으로도 표현된다)이라고 한다.

를 모두 포함하는 RNA 가닥이 만들어지기 때문이다. 그다음 단계로 단백질들과 작은핵 RNA들로 이루어진 세포 기구가 이 RNA 전사물에서 의미 없는 인트론들을 잘라내고 남은 엑손들을 이어 붙여 제대로 기능하는 산물을 만드는 데 사용할 성숙한 RNA 가닥을 만든다. 이는 마치 'Dawn' 뒤에 붙은 'kor'과 'needs' 앞에 붙은 'amp'를 제거하고 'Dawn'과 'needs'를 연결하여 의미 있는 연속적 배열을 만들어내는 것과 같다(예시에서는 'Dawn', 'needs', 'serotonin' 등의 단어들이 엑손에 해당하고, 'kor amp', '2 dopamine' 등 말이 안 되는 문자 연쇄는 인트론에 해당한다). 이렇게 사이사이에 다수의 횡설수설이 아무렇게나 끼어 있는 방식으로 유전정보가 저장된다는 사실이 기이하긴 하다. 하지만 상황은 여기서 더 괴상해진다. RNA 전사물들이 여러 다른 방식으로 스플라이싱되어 놀랍도록 서로 다른 산물들을 만들어낸다는 사실이 밝혀진 것이다. 그러니까 같은 DNA 분절로부터 나온 RNA가 최종적으로 아주 다른 산물들이 만들어지게끔 여러 다른 방식으로 스플라이싱될 수 있다는 말이다.

이렇게 하나의 DNA서열은 여러 일을 할 수 있는 잠재력을 지니고 있다. 앞의 비유로 다시 돌아와 보면 "Dawnkor amp-needs 2 dopamineserotonin recepbi er jawlfioghjtormoleculest here"는 스플라이싱하여 "돈에게는 여기에 세로토닌 수용체가 필요하다Dawn needs serotonin receptors here"라고 의미 있게 배열할 수 있지만, 자세히 들여다보면 같은 배열을 달리 스플라이싱하여 "돈에게는 여기에 도파민 수용체가 필요하다Dawn needs dopamine

1 이것은 혁명일까

receptors here"라는 아주 다른 문장으로도 만들 수 있음을 알 수 있다. 사실 저 동일한 '유전자'는 "돈에게는 여기에 세로토닌 수용체 두 개가 필요하다Dawn needs 2 serotonin receptors here"라는 문장이나 심지어 "돈에게는 저기에 도파민 분자가 필요하다Dawn needs dopamine molecules there"라는 문장도 산출할 수 있다. 참으로 놀라운 것이, 내가 자의적으로 '1', '2', '3', '4'라고 부를 엑손들을 포함하고 있는 DNA 분절 하나를 스플라이싱해서 성숙한 RNA를 아주 다양하게 만들 수 있다는 점이다. 요컨대 1234, 134, 234, 14, 13으로도 만들 수 있고 심지어 DNA 분절 내 엑손들의 순서를 뒤집어 4321, 2431, 41 등으로도 만들 수 있다.[16] 그렇다면 이 서로 다른 성숙한 RNA 분자들은 비슷한 일을 하는 단백질을 생산할까? 전혀 그렇지 않다. 2008년에 과학자들이 보고한 바에 따르면 "포유류의 개별 유전자들"이 부호화하는 산물들의 "기능은 서로 관련된 것일 수도 있지만 별개의 것일 수도 있고, 심지어 반대되는 것일 수도 있다"고 한다.[17]

그렇다면 우리가 "receptors here"를 얻을지 "molecules there"를 얻을지를 결정하는 것은 무엇일까? 바로 맥락이다. 초기에 선택적 스플라이싱을 밝혀내던 연구자들은 정확히 똑같은 DNA 분절을 사용하여 한 종류의 세포에서는 칼슘을 조절하는 아미노산 연쇄를 만들 수 있고 또 다른 종류의 세포에서는 아주 다른 일을 하는 산물인 신경호르몬을 생산할 수도 있음을 발견했다.[18] 그런데 대부분의 선택적 스플라이싱이 이렇게 서로 다른 세포에서 서로 다른 산물을 만드는 식으로 작동하는 것 같지만, 이제는 그보다 더 예상치 못한 일도 벌어지는 것처럼 보인다. 좀 어처구니 없지만, 대부분의 서로 다른 스플라이싱 산물은 한 사람의 서로 다른 세포 유형 사이에서 발견되지만, 어떤 차이는 **개인과 개인 사이에서** 나타나는 것처럼 보인다.[19] 정말 믿기 어렵지만 이런 발견은 험프리 보가트와 프랭크 시나트라의 **정확히 똑같은 유전자**가 뭔가 다른 일을 했을 수도 있다는 뜻이다.

최근의 데이터는 선택적 스플라이싱이 경험에 따라 유도될 수도 있음을 보여준다. 예컨대 새로운 환경을 학습할 때 쥐의 뇌세포들은 특정 단백질을 만드는 특정 DNA 분절을 사용하여 그 경험을 기억으로 만든다. 그런데 쥐들이 전기 충격에 노출되면, 마치 징벌 같은 이 경험을 환경과 **결부시켜** 기억을 형성하는 동안 바로 그 전에 사용한 것과 똑같은 DNA 분절을 사용하여 다른 종류의 단백질을 만든다고 한다.[20] 그러니까 DNA 분절 하나, 즉 유전자 하나로 특정 경험에 반응해서는 특정 산물을 만들고, 그와 약간 다른 종류의 경험에 반응해서는 또 다른 산물을 만든다는 말이다. 따라서 후성유전학에 관해 아무것도 모르더라도 맥락과 무관하게 **항상** 특정 표현형만을 초래하는 유전자가 존재한다는 말은 미심쩍어 보일 수밖에 없다.

1999년에 생물학자들은 선택적 스플라이싱이 우리 DNA 가운데 많아야 3분의 1 정도의 전사 과정에서 일어날 거라고 생각했고, 당시에는 그것도 꽤 높은 비율처럼 보였다. 하지만 알고 보니 이건 심하게 과소평가한 수치였다. 2003년에 한 연구팀은 "인간의 멀티 엑손 유전자 중 적어도 74퍼센트에서 선택적 스플라이싱이 일어난다"[21]라고 결론지었고, 그로부터 5년 후의 여러 연구는 선택적 RNA 스플라이싱이 "실제로 인간 유전자의 보편적 특징"[22]임을 보여주었다. 연구소에 따라 인간 유전자의 92퍼센트[23] 내지 95퍼센트[24]에서 선택적 스플라이싱이 일어난다고 밝힌 것이다.

그런데 이게 다가 아니다. 성숙한 RNA 중 어떤 것은 하나의 DNA 가닥 상에서 서로 꽤 멀리 떨어진 DNA 분절들로부터 만들어진 둘 이상의 RNA 전사물이 이어 붙어 만들어지기도 한다. 그보다 더 놀라운 건, 현재 분자생물학자들이 **서로 완전히 다른 두 염색체**에서 추출된 RNA 전사물들을 스플라이싱하여 하나의 단백질 부호화 서열을 만들 수도 있음을 발견했다는 점이다. ENCODE 프로젝트를 이끄는 과학자들은 부분적으로는 이런 현상의 발견 때문에 다음과 같은 결론을 내렸다. "유전체 전체에서 멀리 떨어져 있는 DNA 서열들에 의해 부호화되는 이런 유전자 산물에는, 유전자를 '하나의 위치(즉 염색체상의 특정 자리)'로 보는 고전적 개념이 더 이상 적용되지 않는다."[25]

이 이야기로 최근 '유전자'의 정의를 또 한 번 수정해야 하는 이유가 분명해졌다. 실제로 DNA는 특정한 결과를 의도하는 부호를 담고 있지 않다.[26] 오히려 유전자는 맥락에 따라 다른 방식으로 사용된다. 만약 DNA 분절 하나가 어떤 맥락에서는 신경호르몬을 만드는 데 사용되고 또 다른 맥락에서는 칼슘을 조절하는 아미노산 연쇄를 만든다면, 우리는 이 DNA 서열을 신경호르몬에 대한 '유전자'로 생각해야 하는 것일까? 아니면 아미노산 연쇄에 대한 유전자로 생각해야 할까? 그도 아니면 둘 다에 대한 것일까? (두 산물 모두 만들어지지 않는 맥락도 존재하므로) 둘 다에 대한 유전자가 아닌 것일까? 현재 나와 있는 데이터에 따르면, 때로는 **한** RNA 구간이 **수백 가지** 산물을 만들어내도록 편집될 수도 있다고 한다.[27] 이 여러 산물을 구체적으로 지시하는 서열이 동일한 DNA 구간 속에 들어 있기 때문이다. 어떤 경우에는 한 가지 단백질을 만드는 데 쓰이는 엑손들이, 한 엑손의 끝을 이루는 염기들과 다음 엑손의 시작 부분이 정확히 똑같은 염기들이 되는 식으로 서로 **포개지기도** 한다! 이런 상황에서는 유전자란 한 가지 산물을 구체적으로 지정하는 뉴클레오타이드 염기들의 언제나 변함없이 유지되는 서열이라고 보는 전통적 관념을 수정해야 한다는 것이 명백하다. 나는 지난 장의 끝부분에서 DNA에 담긴 정보가 모호하다고 말했다. 이 말은 편집되지 않은 DNA의 한 구간에서 잘라낸 조각들이 쓸모가 있으려면, 맥락 의존적 방식에 따라 바른 순서로 다시 이어 붙여야만 한다는 점에서 옳다. 그리고 이 모든 일이 먼저 일어나야만 어떤 '유전자'에 들어 있는 정보가 생물학적 기능을 하는 분자를 만드는 데 사용될 수 있으므로, 이런 유전자들은 그것들이 처한 환경과 무관하게 독자적으로 표현형을 결정할 수 없다.

'유전자'를 정의하려는 최근의 시도들은, 유전체가 "생명이 있는 존재를 위한 운영 체제"[28] 같은 것이라는 생각으로까지 나아갔다. 이 직유를 따른다면 유전자를 컴퓨터 과학자들이 사용하는 일종의 '서브루틴'°으로 정의할 수도 있을 것이다. 하지만 이렇게 유전자를 정의하려는 시도 역시 ENCODE 프로젝트 이후에는 사그라들 수밖에 없었다. 물론 ENCODE팀도 자신들만의 (그리 직관적이지는 않지만) 새로운 정의를 내놓았는데, "유전자란 잠재적으로 중첩될 수 있는 기능적 산물들의 일관된 집합을 부호화하는 유전체 서열들의 연합체"[29]라는 것이다. 어쩌면 다소 불명료한 이 정의가 결국…… 최종적인 정의가 될지도 모른다. 하지만 현재로서는 정통한 생물학자들의 공동체에서 모든 구성원을 만족시키는 방식으로 '유전자'라는 단어를 정의하는 것이 과연 가능한 일일지 아직 알 수 없다.

○   컴퓨터 프로그래밍에서 더 큰 프로그램의 한 부분으로 속해 있으면서, 특정 과제를 수행하기 위한 일련의 프로그램 명령어들이 하나의 단위로 묶여 있는 것. 반복적으로 사용할 수 있다.

6

조절, 스위치를 켜거나 끄는 일

사람들 대부분이 그렇겠지만 내 책장에는 한 번도 읽지 않은 책들이 많다. 그 책들에 유용하고 좋은 정보가 가득할 거라 거의 확신하지만, 나는 그 모든 책을 다 읽을 시간이 없었고 따라서 읽지 않은 책들에 담긴 정보는 나에게 아무 영향도 미치지 못했다. 정보는 분명 거기 존재하지만, (지금까지 내게 미친 영향만 따진다면) 존재하지 않는 것이나 별반 다르지 않다. 유전정보 역시 사용되지 않으면 별 의미가 없다.

　20세기 초에 과학자들은 드리슈의 성게 연구를 통해 배아를 이루는 줄기세포들이 '다능성'을 갖고 있다는 것, 즉 서로 똑같은 줄기세포들은 우리 몸속 2백 가지가 넘는 성숙한 세포 중 그 무엇으로든 발달할 수 있다는 것을 알고 있었다.[1] 그러므로 각 배아 줄기세포는 모든 성숙한 세포를 만드는 데 필요한 유전정보를 모

　　　　　　　　　　　　1 이것은 혁명일까

두 포함하고 있는 것이 분명했다. 게다가 20세기 초 과학자들은 배아가 발달함에 따라 배아의 세포들이 분화한다는 것, 즉 그 세포들로부터 여러 성숙한 세포들에 전형적인 변별적 특징들이 발달한다는 것도 알고 있었다. 이윽고 분화가 끝난 정상적 세포들은 다능성을 잃는다. 뉴런이 된 세포는 계속 뉴런으로 남으며, 저절로 간세포나 다른 어떤 세포로 변하는 일은 결코 없다는 말이다.

이 점이 좀 수수께끼다. 예컨대 성숙한 뉴런과 간세포가 둘 다 똑같은 줄기세포로부터 발달한 것이라면, 왜 성숙한 뉴런은 성숙한 간세포로 바뀔 수 없고 성숙한 간세포는 성숙한 뉴런으로 바뀔 수 없는 걸까? 이렇게 잠재력을 상실하는 이유에 관한 한 가지 설명은, 세포들이 성숙하고 분화하는 동안 다른 종류의 세포가 되는 데 필요한 정보를 **잃는다**는 것이었다. 하지만 1958년에 프레더릭 스튜어드가 성숙한 식물에서 채취한 뿌리 세포 하나로부터 새로 완전한 식물이 생성될 수 있음을 증명했다.[2] 그러니 이 식물, 그리고 이후 밝혀진바 모든 생물의 분화된 세포들은 원래의 정보를 전혀 잃지 **않는다**. 이리하여 생물학자들은 우리 서재의 읽지 않은 책들 속 정보처럼, 모든 종류의 세포가 되는 데 필요한 정보가 분화된 세포들 속에도 그대로 존재한다는 것을 알게 되었다. 비록 그 정보가 어떤 식으로인지 갇혀 있어 힘을 발휘하지 못하게 되기는 하지만 말이다.

20세기 중반에 과학자들은 배아줄기세포가 다능성을 갖추려면, 한 세포에서는 한 가지 유전자 무리가 한 가지 종류의 일을 행할 수 있고, 다른 세포 속에서는 다른 종류의 유전자 무리가 다른 종류의 일을 행할 수 있게 하는 모종의 메커니즘이 필요할 것임을 알았다. 다시 말해서 똑같은 줄기세포 두 개가 뇌 속의 세포와 폐 속의 세포처럼 전혀 다른 세포들로 발달하려면, 한 세포는 정보의 한 가지 특정 부분을 사용해야 하고 다른 세포는 (서로 중첩될 가능성은 있더라도) 다른 부분의 정보를 사용해야 한다는 이야기다. 하지만 세포들이 정보를 이렇게 선택적으로 사용하게 해주는 메커니즘이 무엇인지는 아무도 알지 못했고, 그렇게 다능성-분화 문제는 수수께끼로 남아 있었다.

X 더하기 X가 X라고?

한편 연구자들은 얼핏 봐서는 다능성-분화 문제와는 무관해 보이는 또 하나의 당황스러운 문제와 씨름하고 있었다. 1905년 즈음 생물학자들은, 보통 여성은 몸의 거의 모든 세포에 X염색체를 두 개씩 갖고 있고, 남성은 **그들의** 몸에서 그에 대응하는 세포들 속에 X염색체를 하나만 갖고 있다는 걸 알고 있었다. 그런데 특정 유전자의 존재는 특정 단백질의 존재에 대응한다고 여겼으므로, 여성이 X염색체를 두 개 가지고 있다는 것은 X염색체가 지정하는 단백질도 두 배로 갖고 있을 거라는 의미와 같았다.[3] 그러나 남성과 여성의 몸에 있는 X염색체와 관련한 단백질의 양은 거의 같다. 그렇다면 여자들은 그 단백질과 관련된 유전 물질을 두 배나 갖고 있는데, 도대체 왜 만들어진 단백질의 양은 두 배가 **아닌가**

하는 의문이 당연히 떠오른다.

　1961년에 생쥐를 연구하다가 그 힌트가 될 만한 데이터와 놀라운 통찰을 얻은 영국의 유전학자 메리 라이언은 정상적인 여성 배아세포 속 두 개의 X염색체 중 하나는 발달 초기에 효과적으로 차단되고 이후 내내 비활성 상태를 유지한다는 가설을 세웠다.[4] 지금 우리는 라이언의 생각이 옳았음을 알고 있다. X염색체 비활성화를 유발하는 후성유전적 과정은 여성 배아가 자궁에 착상하기도 전에 진행된다.[5] 그러니까 모든 보통 여성의 세포는 두 개의 X염색체(하나는 어머니에게서, 하나는 아버지에게서 온 것이다)를 **갖고** 있지만, 여성이 배아 상태일 때 둘 중 한 염색체는 비활성화되고 그 후로는 나머지 하나만 기능을 유지하는 것이다(X-비활성화에 관한 정보는 다음 장에서 더 볼 수 있다).

　염색체가 비활성화될 수 있다는 발견은 다능성과 분화의 수수께끼에 해답을 제시하는 듯했다. 특히 만약 염색체 중에서 (분자 전체가 아니라) 일부 **분절**만 비활성화될 수 있다면 말이다. 실제로 이는 자연이, 동물의 진화에서 생겨나는 가장 중요한 문제, 바로 다세포 동물의 성체가 자신이 살면서 발달시켰던 다양한 세포 유형을 자식에게 어떻게 전달할 수 있는가 하는 문제를 풀어낸 방식이었다. 이론상 진화는 어머니가 자녀에게 자신의 성숙한 몸속에 있는 다양한 세포 유형을 모조리 전달하는 시스템을 우리에게 남겨주었을 수도 **있었을** 것이다. 하지만 그런 시스템이라면 현재 자연이 우리에게 부여한 시스템보다 훨씬 더 다루기 어려웠을 것이다. 자연은 우리가 단 하나의 다능성 세포만을 효과적으로 전달하고, 그 세포의 세포핵 속 중앙 '데이터베이스'에 들어 있는 정보의 다양한 조각들을 사용하여 모든 세포 유형을 **발달시킬** 수 있게 했다. 일단 어떤 유전자들은 활성화하고 또 다른 유전자들은 비활성화하는 시스템이 자리 잡으면, 일부 줄기세포는 이런 방식으로 발달하게 하고 다른 줄기세포는 저런 방식으로 발달하게 만드는 것은 문제도 아니다. 과학자들은 X-비활성화를 연구함으로써 유전자 발현 '조절'이 발달 과정에서 결정적으로 중요하다는 것을 이해하게 되었다.

1960년대 말에는 워딩턴이 특정 유전자의 "스위치를 켜는 일"이라는 표현을 쓰면서 세포분화 과정을 설명했다. 세포분화 과정은 똑같은 유전자 '데이터베이스'를 서로 다른 세포들이 서로 다르게 **사용**하는 일에 달려 있다는 것이 분명히 밝혀져 있었기 때문이다.[6] 우리가 발달하는 동안 다양한 유전자들은 켜지거나 꺼짐으로써 몸속에 다양한 종류의 세포들을 만들어낸다. 즉, 우리의 여러 세포 유형들이 서로 달라지는 것은 각 세포 유형이 그만의 특별한 유전자 발현 패턴을 지니고 있기 때문이다.[7] 생물의 발달에서 가장 중요한 것은 세포의 분화이기 때문에, 발달에 초점을 맞추는 것은 유전자 발현을 조절하는 과정에 관해 배울 아주 좋은 방법이다. 게다가 이 과정은 후성유전적 과정이므로, 발달을 공부하는 것은 후성유전학을 배울 좋은 방법이기도 하다. 그러니 염색체(혹은 염색체의 분절들)가 어떻게 켜지거나 꺼지는가 하는 질문에서부터 시작해보자. 이 질문에 답하려면 먼저 염색체 자체를 좀 잘 알아야 한다.

DNA의 측근들

우리의 유전 물질을, 좁다란 '허리' 부분에서 네 개의 팔다리처럼 생긴 덩어리들이 뻗어 나와 이상한 'X'자처럼 생긴 염색체들로 표현한 그림을 대부분 보았을 것이다. 그런가 하면 유전 물질이 꼬인 사다리처럼 이중나선을 이룬 DNA로 표현된 그림도 볼 수 있다. 이렇게 두 가지로 표현된다는 점 때문에 사람들은 자주 헷갈려한다. 사실 이 두 그림은 같은 것을 보는 두 가지 관점일 뿐이다. 아주 길고 연속적인 DNA 이중나선 하나가 돌돌 말리고 뭉쳐져, 그 익숙한 X자 모양 덩어리인 염색체를 이루기 때문이다. 생물학을 깊이 배우지 않은 사람들에게 또 한 가지 새로운 사실은, 염색체와 이중나선 사이에 중간 수준의 또 다른 구조가 존재한다는 것인데, 이 구조는 DNA가 **기능하는** 방식에 매우 중요한 역할을 하는 것으로 밝혀졌다.

세포들이 각자 DNA의 서로 다른 분절들을 사용하도록 해주는 메커니즘에는 DNA 자체에 담긴 정보는 바꾸지 않으면서 유전자의 스위치를 켜거나 끄는 분자들이 필요하다. 이는 DNA의 염기서열 정보가 계속 존재하기는 하지만 사용되지는 않도록 만드는 시스템이다. 마치 자물쇠가 채워진 책 속의 단어들처럼 말이다. 여기서 흥미진진한 질문은, 특정 조건이 갖춰질 때를 제외하고 세포가 제 속에 들어 있는 염기서열 정보에 어떻게 접근하지 **못하도록** 했을까 하는 것이다. 세포들은 어떻게 자기 자신이 모르도록 비밀을 지켜낼 수 있는 것일까? 이 물음에 답하려면 이중나선과 염색체 사이 중간 구조에 관해 좀 더 알아야 한다.

만약 우리가 염색체를 이루는 DNA 뭉치에서 *끄트머리*를 붙잡고 한 가닥을 뽑아 올린다면, 이 가닥은 엉켜 있는 털실 뭉치에서 뽑아 올린 2합사 털실처럼 미끈한 일직선 모양이 아닐 것이다. 뽑혀 나온 DNA 가닥은 실패 같은 것에 단단히 감겨 있는 것처럼 뭉친 마디가 보이고, 그런 다음 이어지다가 다시 또 그런 꼬이고 뭉친 마디가 수없이 반복되는 형태일 것이다. 이 '실패'는 다른 커다란 분자들 몇 개가 모여서 만들어진다(그림 6.1). 모든 동물의 DNA는 바로 이런 방식으로 꾸려져 세포 속에 들어 있다.

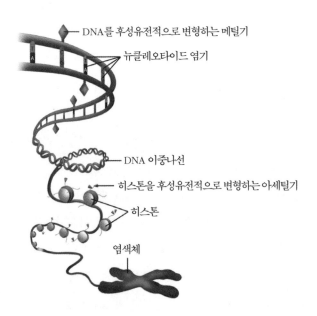

DNA를 후성유전적으로 변형하는 메틸기

뉴클레오타이드 염기

DNA 이중나선

히스톤을 후성유전적으로 변형하는 아세틸기

히스톤

염색체

그림 6.1 염색체에서 풀어낸 DNA의 구조를 보여주는 도해. 뉴클레오타이드 염기와 히스톤을 감싸고 있는 이중나선 그리고 DNA와 히스톤 둘 다에 일어난 후성유전적 변형을 보여준다.

1 이것은 혁명일까

DNA 가닥이 둘둘 감겨 있는 '실패'는 히스톤이라는 큰 분자들로 이루어져 있다. 히스톤 역시 단백질이며, 여덟 개의 히스톤이 모여 하나의 '실패'를 이룬다. 히스톤이 중요한 이유는 DNA가 효율적이고 조직적으로 감겨 염색체를 이루게 하는 데 결정적 역할을 하기 때문이다. 이는 소소한 재주라고 볼 수 없다. 왜냐하면 사람 세포 하나에 들어 있는 DNA를 모두 펼치면 2**미터**가 넘기 때문이다.[8] 이토록 커다란 DNA 분자들을 세포핵이라는 정말로 작은 공간 속에 집어넣어야 하는데, 이 일을 가능하게 하는 것이 바로 히스톤이다.

염색체가 DNA만으로 구성되는 건 아니다. 염색체 안에는 DNA 외에 히스톤(과 뒤에서 이야기할 몇 가지 다른 분자들)이 함께 존재한다. 실제로 염색체를 이루는 '물질', 즉 **염색질**에는 DNA보다 두 배 많은 단백질이 포함되어 있으며, 이 단백질은 주로 히스톤의 형태를 띠고 있다.[9] 그리고 행동 후성유전학 연구가 초점을 맞추는 대상은 염색질 중에서도 DNA가 아닌 이 분자들이다. 염색체의 비DNA 요소들은 실제로 우리의 DNA, 다시 말해 유전자와 물리적으로 접촉하고 있으므로, 글자 그대로 '유전자 **위에** 있다'라는 의미에서 **후성**유전적이다.

그러므로 우리는 유전체를 갖고 있는 것처럼, 우리 세포의 특징을 만드는 모든 **후성**유전적 특징의 총체인 **후성유전체**도 갖고 있다. 그리고 한 사람의 유전체가 지닌 독특한 특성이 그러듯이, 후성유전체의 독특한 특성도 그 사람의 형질에 영향을 미친다. 실제로 한 사람의 후성유전체는 모든 면에서 유전체에 맞먹는 정도의 영향력을 행사한다.

후성유전체가 그토록 강력한 영향력을 갖는 까닭은 히스톤에 꽁꽁 감겨 있는 DNA를 후성유전체가 효과적으로 침묵시키기 때문이다. 따라서 히스톤은 DNA를 잘 꾸려 넣는 역할 때문에도 중요하지만, 유전자 활동에 미치는 영향을 봐도 중요하다. DNA 분절에 담긴 정보는, DNA를 해독하는 생화학적 '장치'가 그 정보를 **읽을**(전문 용어로는 전사할) 때만 **사용될** 수 있다. 히스톤 자체가 DNA의 정보를 읽히지 못하게 하는 힘도 갖고 있다고 말하는 이유는, 어떤 DNA 분절이 '히스톤 실패'에 너무 단단히 감겨 있어서 그 분절 속 정보에 접근할 수 없을 때는 전사가 이뤄지지 않기 때문이다. 한 유전자에 담긴 정보에 접근할 수 없다는 말은 그 유전자와 관련된 단백질들을 생산할 수 없다는 말과 같다. 후성유전체는 바로 이렇게 해당 DNA 속 서열 정보를 실제로 바꾸지 않으면서도 염색질이 하는 일에 영향을 미친다.[10]

유전자를 침묵시키거나 활성화하는 후성유전 메커니즘

DNA를 침묵시키거나 활성화할 수 있는 몇 가지 후성유전 메커니즘이 있는데, 이 메커니즘들은 대부분 히스톤에 영향을 주지만 최소한 한 가지는 DNA와 직접 상호작용한다.[11] 이중 우리가 현재 가장 잘 이해하고 있는 메커니즘이 'DNA 메틸화'이다. DNA 메틸화란 그림 6.1에서 보듯이 DNA 한 가닥에 '메틸기'라는 분자

1 이것은 혁명일까

하나가 달라붙는 과정이다. 마치 스파게티 접시 위에 뿌린 후추 입자가 파스타 가닥에 달라붙는 것과 비슷하다(하지만 메틸기는 후추가 스파게티에 달라붙는 것보다 훨씬 강력한 힘으로 DNA에 부착된다). 일단 메틸기가 DNA 가닥에 달라붙으면 이 메틸화된 부분은 확실히 닫혀버려서, 메틸화되지 않았다면 그 부분과 상호작용했을 생화학적 '장치'와 물리적으로 닿을 수 없게 되며[12] 이 상태에서는 그 부분이 전사될 수 없다. 따라서 **과**메틸화(DNA 가닥에 메틸기들이 추가적으로 더 달라붙는 것)를 일으키는 과정은 그 가닥에 있는 유전자의 발현을 감소시킨다. 반대로 **저**메틸화(DNA 가닥에서 메틸기 일부가 떨어져 나가는 것)로 이어지는 과정은 그 가닥에 있는 유전자가 발현될 가능성을 증가시킨다. 여기서 꼭 챙겨야 할 메시지를 최대한 간단히 정리하면, DNA 메틸화는 유전자를 침묵시킨다는 것이다. 물론 DNA 메틸화가 유전자를 **항상** 침묵시키기만 하는 건 아니지만,[13] 침묵시키는 경우가 상당히 많다. 따라서 이 책의 목적에 맞게 우리는 DNA 메틸화에 항상 침묵시키는 효과만 있는 것처럼 취급할 것이다(메틸기가 실제로 **어떻게** DNA에 영향을 미치는지는 다음의 두 '심층 탐구' 장에서 자세히 다룰 것이다).

또 다른 후성유전적 메커니즘들은 히스톤에 영향을 줌으로써 간접적으로 DNA에 영향을 미친다. 일례로 히스톤도 DNA처럼 메틸화될 수 있다. 하지만 이 두 종류의 후성유전적 표지 사이에는 중요한 차이점이 있다. DNA 메틸화와 달리 **히스톤** 메틸화는 유전자 침묵화와 분명하게 연관지을 수 없다. 히스톤의 메틸화는 다른 다양한 요인들에 따라 근처에 있는 유전자를 침묵시킬 수도 있고

활성화할 수도 있다.[14] 히스톤 메틸화는 결과가 그리 단순명료하지 않기 때문에 나는 이것을 자주 언급하지 않을 것이다. 여기서 언급하는 이유는, 뒤의 여러 장에서 코카인이나 일부 항우울제 등 약물에 대한 반응과 기억 형성에서 히스톤 메틸화가 어떤 역할을 하는지 잠깐 살펴볼 것이기 때문이다.

또한 히스톤은 몇 가지 다른 분자들의 영향도 받을 수 있다.[15] 가장 잘 연구된 히스톤 변형은 아세틸기라는 원자 무리와 연관된다(그림 6.1).[16] 히스톤 메틸화는 히스톤에 메틸기가 부착되는 현상이듯, 히스톤 아세틸화는 히스톤에 아세틸기가 부착되는 과정이다. 히스톤 아세틸화와 DNA 메틸화는 기본적으로 정반대의 효과를 낸다. 히스톤 아세틸화는 아세틸화된 히스톤 근처에 있는 DNA 부분이 열려서 접근 가능해지게 만든다. 따라서 DNA 메틸화가 일반적으로 DNA를 접근 불가능하게 만드는 것으로 여겨지는 반면, 히스톤 아세틸화는 유전자 **활성화**와 관련된다. 이 아세틸화 과정이 직접 영향을 미치는 것은 DNA가 아니라 히스톤이지만, 그래도 히스톤 아세틸화는 유전자의 발현 증가와 연관된다. 그리고 히스톤 아세틸화는 거의 항상 유전자 활성화와 연관되기 때문에, 앞으로 이 책에서 자주 이 과정을 만나게 될 것이다.

DNA 메틸화이든 히스톤 변형이든, 이 과정들은 DNA의 특정 분절에만 영향을 미치고 나머지 다른 분절에는 영향을 주지 않는다. 그러므로 염색질의 서로 다른 각 부분은 각자 독립적으로 '열리'거나 '닫힐' 수 있다. 따라서 어떤 부분들은 읽힐 수 있는 상태가 되는데 다른 부분들은 전사 장치에서 아예 숨겨진 상태로 남기도 한다.[17] 이런 방식으로 후성유전적 변형 시스템은 특정 유전자로부터만 단백질 생산을 증가시키는 식으로 정밀하게 유전자 발현을 조절한다.

아마도 DNA 메틸화와 히스톤 변형 사이의 가장 중요한 차이는 DNA 메틸화가 훨씬 더 안정적이라는 점일 것이다. 히스톤 변형과 달리 DNA 메틸화는 유전체에 표지를 남길 수 있어서 한 세포의 표현형이 그 유기체의 평생에 걸쳐 유지될 수 있다.[18] 이처럼 장기간 지속 가능하다는 점에서 DNA 메틸화는 '후성유전의 프리마돈나'[19]라 불린다. 물론 히스톤 변형도 유전자 조절에서 아주 중요한 역할을 하지만 DNA 메틸화와 비교하면 훨씬 가변적이다. 두 경우 모두 그 과정의 효과는 염색질의 조성을 바꾸고 그럼으로써 유전자 활동에 영향을 주는 것이다.

그밖에도 마이크로 RNA(예컨대 miR-124나 miR-222 같은 분자들)[20]나 특정 단백질(예컨대 CDH1 같은 분자들)[21] 등 유전자 조절을 일으키는 몇 가지 분자들이 더 있지만, 이들은 이 책의 범위를 벗어나므로 더 깊이 다루지는 않을 것이다. 또한 아세틸기와 메틸기 외에도 히스톤을 변형시키고 그럼으로써 유전자 조절을 가능케 하는 분자들이 더 있지만 이것도 자세히는 살펴보지 않을 것이다. 뒤의 몇몇 '심층 탐구' 장에서 히스톤 **메틸화**를 언급은 하겠지만, 그 몇 경우를 제외하면 이 책에서는 현재 과학자들이 가장 잘 이해하고 있는 두 가지 후성유전적 과정인 DNA 메틸화와 히스톤 아세틸화에 관해서만 이야기하고자 한다.

유전자 활동 조정

여러 다른 분야의 학자들도 오늘날 후성유전학 연구를 유심히 지켜보고 있다. 후성유전학은 현재 그만큼 뜨거운 분야다. 최근 연구들이 밝힌바, 후성유전체는 "히스톤과 DNA 변형에 관한 대단히 잘 조직되어 있고 아주 놀라울 정도로 무작위성이 없다"[22]고 하니, 우리의 후성유전체를 구성하는 후성유전적 표지들의 패턴은 어떤 우주적 우연의 결과는 분명 아닐 것이다. 더욱이 이 연구에서 나온 중요한 결론 하나는, 몸속의 특정 유전자들이 영구적으로 활성화되거나 비활성화되지는 않는다는 것이다. 오히려 우리 염색질에는 어떤 유전자들은 활성화하고 다른 유전자들은 침묵시키는 '염색질 리모델링'이라는 변화 과정이 주기적으로 일어난다.[23]

후성유전의 중요성을 파악하려면 유전자의 스위치를 켜거나 끌 수 있다는 것을 이해할 필요가 있다. 하지만 DNA 메틸화는 유전자를 '침묵'시키고 히스톤 아세틸화는 유전자를 '활성화'한다고 단순하게 말할 수 있다고 해서, 후성유전적 조절이 반드시 그렇게 양자택일적으로 켜거나 끄는 방식으로만 작동하는 것은 아님을 알아야 한다. 실제로 유전자가 전등 스위치처럼 항상 '켜진' 상태 아니면 '꺼진' 상태이기만 한 것인지, 조도 조절 다이얼이 전등의 밝기를 조절하는 식으로 유전자의 활동 정도도 조절할 수 있는 게 아닐지에 관한 논쟁이 벌어지고 있다.[24] 어떤 증거들은 유전자가 양자택일 방식으로 작동한다고 암시하지만,[25] 그 논쟁이 완결

된 것인지는 아직 분명하지 않다. 어쨌든 대부분의 인간 표현형이라는 맥락 속에서 후성유전적 효과를 생각할 때는 이 논쟁이 별로 중요하지 않은 것으로 밝혀졌는데, 그 이유는 다음과 같다.

가령 당신에게 천 개의 세포가 있고, 그 모든 세포에는 접근 가능하며 따라서 연관된 단백질을 마음껏 만들 수 있는 특정 유전자가 있다고 상상해보자. 이 경우 세포들은 단백질을 아주 많이 만들어낼 것이다. 마찬가지로 세포들 모두가 유전자를 억제했다면, 단백질을 아주 조금만 만들어낼 것이다. 그러나 만약 5백 개의 세포는 유전자에 접근할 수 있고 나머지 5백 개의 세포는 접근할 수 없다면, 이 세포**군**은 모두가 활성화된 세포군이 만들어낸 것과 모두가 침묵화된 세포군이 만들어내는 것의 중간 정도 되는 양의 단백질을 만들 것이다. 이런 식으로 유전자가 **정말로** '전부 아니면 무'의 양자택일적 방식으로 **작동한다**고 하더라도, 유전자 활성화에는 단계적인 정도의 차이가 존재한다고 생각하는 것이 좋다.[26] 이론상 어떤 유전자군은 정확히 10퍼센트 가능성으로 작동할 수도 있고, 37퍼센트 가능성, 72퍼센트 가능성, 혹은 그 사이 어떤 비율의 가능성으로도 작동할 수 있다. 그러므로 어떤 유전자군의 유전자 활동은 조정될(점증적으로 상향 또는 하향 조절될) 수 있고, 그럼으로써 우리 몸에 유전자들이 생성하는 다양한 단백질의 양을 미세하게 통제할 권리를 부여할 수 있다. 그리고 이러한 단백질 생산 통제로 인해 몸은 자신의 기능을 더 미세하게 조절할 수 있다.[27]

어느 순간에든 염색질 리모델링에 관여하는 과정들은, 어떤 유전자는 끄고 어떤 것은 켬으로써 세포 집단에서 유전자의 활동을 점진적으로 증가시키거나 감소시키는 방법으로 유전자가 하는 일을 조절한다.[28] 따라서 만약 어떤 사람이 왜 현재의 상태인지를 알고 싶다면 그의 유전자 조성에 관해 아는 것만큼이나 후성유전적 상태를 이해하는 것도 중요하다. 어떤 유전자가 읽을 수 없도록 꽁꽁 싸매져 있어 기능할 수 없다면 그 유전자가 존재하는지는 별로 중요하지 않을 것이다.

행동 후성유전학이 특히 흥미진진한 이유는, 일부 세포의 후성유전적 상태가 우리의 경험에 반응하여 변하기 때문이다. 경험이 후성유전적 상태에 영향을 미치므로, 미국의 발달과학자 로버트 릭리터는 후성유전학을 "유전자 발현이 [세포분화 중에] 어떻게 변화하며, **환경 요인들이 유전자의 발현 방식을 어떻게 수정할 수 있는지**에 관한 (…) 학문"이라고 말했다.[29] 20세기 생물학자들은 한낱 삶의 경험이 사람의 DNA 서열에 영향을 미칠 수는 없다고 주장했고, 사람의 형질을 만들어내는 일에서 경험은 부차적인 역할만 한다고 생각했다. 우리가 태어날 때나 죽을 때나 (대체로) 우리 유전 물질 속에 정확히 똑같은 서열 정보가 들어 있는 것은 여전히 사실이다. 하지만 환경 요인에서 영향을 받을 **수 있는** (그러므로 이어서 유전자 활동에 영향을 줄 수 있는) **후성**유전적 부호가 발견되면서, 우리 각자에게 어떤 특성들이 왜 생겨나게 되는지를 이해하는 방식도 달라질 것이다.

1 이것은 혁명일까

7

심층 탐구: 조절

분화가 끝난 성숙한 세포가 다른 유형의 세포로 자랄 수 있는 잠재력을 그대로 보유하고 있다는 최초의 증거는 1950년대에 식물을 연구하는 프레더릭 스튜어드 같은 생물학자들의 연구실에서 나왔다. 이런 발견은 **동물**에서 얻은 성숙한 세포로 그 동물을 복제하는 것도 가능하리라는 의미였지만, 과학자들은 1960년대에 존 거든과 동료들이 개구리 복제(클로닝)에 성공한 후에야 마침내 "세포가 분화해도 (…) 발달에 필요한 유전자에는 (…) 어떤 상실이나 되돌릴 수 없는 비활성화, 영구적인 변화도 일어나지 않는다"라는 것을 확실히 알게 되었다.[1] 그렇지만 **포유동물**이 공여한 성숙한 세포를 다능성 배아줄기세포처럼 행동하도록 만드는 일, 다시 말해 공여자 동물의 클론으로 자라는 세포로 만드는 일이 가능해진 것은 그로부터 30년이 더 흐른 뒤의 일이었다. 1996년에 스코틀랜드의 과학자들은 복제 암양 돌리의 탄생을 목격했는데, 돌리의 전체 유전체는 공여자 암양의 젖샘에서 채취한 성숙한 세포에서 온 것이었다.[2] 이 성공이 이뤄지기까지 수십 년간 실패가 이어졌기 때문에 많은 생물학자가 동물의 분화된 세포는 결코 다능성 상태로 되돌릴 수 없을 것이라 가정했고, 몇몇은 포유류의 복제는 아예 불가능할 거라고 단정하기도 했다.

　　과학자들의 복제 모험에서 배울 점이 몇 가지 있다. 첫째, 포유류가 성체로 발달해도 그 동물의 유전정보에 되돌릴 수 없는 변화는 일어나지 않으며,[3] 식물이나 개구리의 경우와 마찬가지로 분화가 끝난 성숙한 포유류 세포에도 동물 개체로 성장하는 데 필요한 유전정보는 그대로 남아 있다. 이에 못지않게 중요한 깨달음은, 스코틀랜드의 과학자들이 복제에 성공한 이유는 그들이 돌리의 유전체를 (자체의 유전체를 비워낸) 미수정란에 이식했기 때문이라는 점이다. 즉, 발달을 가능하게 하는 매우 특정한 환경에 돌리의 DNA를 집어넣었다는 말이다. 새 역사를 쓴 해당 논문에서 과학자들은 자신들의 결과가 "포유류의 분화란 거의 대부분, 세포핵과 변화하는 세포질 환경 사이 상호작용의 결과 체계적이고 순차적으로 일어나는 유전자 발현의 변화에 의해 이루어지는 것이라는, 일반적으로 받아들여지는 관점과 일치했다"라고 말했다.[4] 언제나 유전자가 처한 맥락이 중요하다는 말이다.

　　둘째로, '클론'이라는 단어 때문에 동물을 똑같이 복제한다는 이미지가 떠오르기는 하지만, 복제 연구는 클론들이 서로 구별할 수 없는 존재는 아니라는 사실도 가르쳐주었다. 클론들은 단지 그들의 부모 및 그 부모에게서 복제된 다른 클론들과 동일한 DNA를 갖고 있을 뿐이다. 그러나 표현형은 유전체가 결정한다기보다 유전자와 환경의 상호작용을 통해 발달하므로, 클론들은 서로 눈에 띄게 다른 모습을 보인다. 송아지 클론들의 놀랍도록 다른 외양과 성격,[5] 또는 최초의 복제된 집고양이와 이 고양이에게 유전체를 공여한 '부모' 고양이의 너무나도 다른 털색 패턴[6] 등에 관해 보도된 이야기에서 알 수 있듯이 유전적으로 똑같은 클론이라도 서로 아주 다른 모습과 행동을 보일 수 있다. 이 클론 고양이와 유전체를 공여한 엄마 고양이 사이의 눈에 띄는 차이점들이 후성유전적 효과 때문임은 연구가 잘 되어 있다. 이에 관해서는 뒤에서 더 살펴볼 것이다.

셋째, 스코틀랜드의 돌리 복제 연구는 성숙한 세포를 배아에서 전형적으로 볼 수 있는 초기 상태로 돌려놓음으로써 생물학적 시계의 바늘을 뒤로 돌리는 방법을 보여주었다. 최근의 연구는 분화한 세포들의 시계를 재설정하는 더 간단한 방법을 밝혀냈다. 일본 교토에 있는 야마나카 신야의 연구실에서 개발된 이 기술[7]은 특정 유전자 산물을 부호화하는 DNA를 뽑아내어 그것을 분화된 세포 속에 집어넣는 것이다.[8] 일단 이 세포에서 그 유전자 산물들이 만들어지면 이 산물들은 세포를 '탈분화'시킨다. 즉, 세포를 다능성 상태로 되돌리는 것이다. 이런 식으로 성숙한 세포가 효과적으로 다시 젊어질 수 있다.

야마나카의 발견은 너무나 중요했기 때문에 그는 존 거든과 함께 2012년 10월에 노벨 생리학·의학상을 받았다. 야마나카 연구팀이 만들어낸 줄기세포는 뉴런도 될 수 있고 췌장의 베타세 포도 될 수도 있으며 우리가 원하는 어떤 종류의 세포든 될 수 있 으므로, 특정 유형의 세포가 부족한 사람들을 도울 거대한 잠재력 을 지녔다. 특정 세포 유형이 부족해지는 이유로는 퇴행성 질환 (예컨대 특정 종류의 뉴런이 사멸하는 파킨슨병)이나 자가면역질환(예 컨대 베타세포가 사멸하는 1형 당뇨병), 기타 세포 사멸과 관련된 의 학적 상태(예컨대 중증 심장마비로 심장근육세포가 죽는 경우) 등이 있다.

이런 종류의 줄기세포를 사람에게 사용하는 것은 2013년 7월에 최초로 승인되었다. 이때 일본 연구자들은 노화로 시력을 잃은 환자 여섯 명에게 환자 본인의 피부에서 유래한 줄기세포를 이식하여° 치료하는 것을 목표로 실험을 계획했다.[9] 이는 아직 혜 택을 증명하기에는 너무 이르지만,°° 이 기술이 구할 생명과 아낄 돈을 생각해보면 그 전망은 어마어마하다. 일례로 1형 당뇨병은 미국 경제에 4년 동안 거의 10억 달러의 경제적 부담을 안기므로[10] 1형 당뇨병 환자들이 자신의 몸 안에서 새로 만들어진 베타세포로 스스로 인슐린을 생산할 수 있게 된다면 그들의 삶이 급격히 개선

°   피부세포를 줄기세포로 만들어 이식했다는 뜻이다. 야마나카 팀의 기술로 만 들어진 줄기세포를 유도 만능줄기세포(iPS, induced pluripotent stem cell)라고 한다.

°° 2014년 9월, 일본 연구팀(다카하시 마사요, 구리모토 야스오)은 황반변성을 앓고 있던 70대 환자의 피부에서 분화된 세포를 추출해 만든 iPS를 망막색소상피세 포로 분화시켜 환자의 눈에 이식하는 수술을 세계 최초로 성공시켰다. 이후 세 계적으로 줄기세포 치료로 시력을 회복하는 여러 성공 사례가 나오면서 이 분야 는 꾸준히 발전하고 있다.

될 뿐 아니라 엄청난 돈도 절약할 수 있게 된다. 잠재적으로 이런 줄기세포로 치료할 수 있을 여러 질병을 생각해보면 야마나카의 연구가 얼마나 중요한지 분명히 알 수 있다.

이런 종류의 혁신은 후성유전이 발달에 미치는 영향을 연구하면서 나왔다. 세포분화는 후성유전적 변화를 수반하는 발달의 과정이기 때문이다. '근거 있는 희망'이라는 제목의 22장에서 살펴볼 내용처럼, 후성유전학 연구는 조현병, 중독, 기분장애, 비만, 암을 비롯한 여러 의학적 상태의 발생에 관한 연구자들의 사고도 바꾸어놓았다. 물론 발달을 연구하는 과정에서 사람의 장애에 관한 귀한 통찰이 나오는 것은 놀라운 일이 아니다. 우리의 표현형은 발달에서 생겨나며, 우리를 괴롭히는 질병 대부분도 발달 과정에 그 뿌리가 있기 때문이다. 우리가 그 뿌리를 찾아낸다면, 애초에 그 병들을 예방하는 방식으로 발달에 영향을 주는 방법도 알아낼 수 있을지 모른다.

모계 DNA와 부계 DNA를 구별 짓는 후성유전적 각인

후성유전과 관련된 것이라고 최초로 밝혀진 병은 프래더윌리증후군이다.[11] 처음 이 병이 식별된 1956년 이후로 많은 것을 알게 됐지만, 아직 그 예방법은 알아내지 못했다. 비교적 드문 장애인 프래더윌리증후군의 특징은 지적장애와 심하게 과식하는 경향이다. 어떤 환자들은 강박 행동을 보이거나 대근육 운동이 서툴고 공격성을 보이기도 한다.[12] 20여 년 전부터 과학자들은 이 병의 3분의 2 정도가[13] 아버지에게서 물려받은 15번 염색체의 유전 물질 결실과 관련이 있음을 알고 있었다.[14] 프래더윌리증후군이 근본적으로 후성유전적 질환이라는 사실을 연구자들이 깨닫게 된 것은 앞 문장에 담긴 아주 이상한 현상에 관해 생각하면서였다. 염색체에 생긴 유전적 이상이 어머니에서 온 것인지 아버지에서 온 것인지가 왜 중요할까? 남자와 여자의 몸에서 서로 상응하는 염색체들(물론 성염색체를 제외하고)은 근본적으로 서로 다르지 않으므로, 염색체의 근원인 부모라는 요인 때문에 **차이가 생긴다**는 것은 아주 놀라운 발견이었다.

알고 보니 포유류는 일부 염색체가 어느 부모에게서 유래했는지를 후성유전적으로 추적할 수 있도록 진화했다. 어떤 경우에는 어머니에게 받은 염색체와 아버지에게 받은 염색체가 실제로 상호교환이 가능하다. 하지만 또 다른 경우에는 후성유전적 표지가 모계에서 유래한 염색체와 부계에서 유래한 염색체를 구별하는데, 이런 표지가 있는 염색체를 가리켜 '각인'된 부위가 있다고 말한다. 각인은 어떤 종에서는 유전자 산물의 발현을 차단하거나 촉진할 수 있지만,[15] 이 책에서는 각인된 부위들이 항상 후성유전적으로 침묵화되고 따라서 발현되지 않는 예만 살펴보려한다. 어쨌든 DNA의 특정 부위에 생긴 각인은 언제나 그 염색체를 제공한 부친 또는 모친하고만 관련된다.

갓 태어난 유기체의 유전체 전체를 보면, 모계에서 온 것과 부계에서 온 것이 서로 똑같이 기능하지는 않는다.[16] 부계와 모

1 이것은 혁명일까

계에서 온 상염색체(성염색체를 제외한 염색체)들이 똑같이 기능하지 않는다는 사실이 분명히 밝혀진 것은 1980년대 생쥐를 대상으로 한 선구적 실험을 통해서였다. 이 연구로 생존에는 부계 염색체와 모계 염색체가 모두 필요하다는 것이 증명되었다. 배아가 모든 염색체를 다 갖추고 있다고 해도, 모든 염색체가 부계에서 왔거나 **또는** 모두 모계에서 왔다면 배아는 태어날 때까지 살아남지 못한다.[17] 염색체 한 벌은 모계에서 또 한 벌은 부계에서 받는 것이 발생에 결정적으로 중요하다는 말이다. 이런 결과는 (특히 부계의 한 염색체와 관련된) 프래더윌리증후군 같은 질병이 각인과 관련되었을 수 있음을 암시한다. 이렇듯 프래더윌리증후군 환자들에게 근원 부모 효과가 존재한다는 사실 때문에 각인에 이목이 집중되었고, 결국 과학자들은 특정한 각인이 사람의 특정 장애와 관련된 것일 수 있음을 알게 되었다.[18]

대부분의 프래더윌리증후군 환자의 DNA 분절 결실이 생긴 곳은 보통 부계 15번 염색체다. 이 부위는 중요한 작은핵 RNA를 만드는 데 쓰이는 분절로, 이 분절이 결실되면 작은핵 RNA를 생산할 수 없다. 상황을 더 복잡하게 만드는 것은, 통상적으로 사람은 **모계** 15번 염색체의 동일 부분이 각인되어 있어 발현되지 않는다는 사실이다.[19] 모계의 분절이 후성유전적으로 침묵화되어 있기 때문에 상응하는 부계 염색체에 생긴 이상을 보완하지 못하는 것이다.

이 이야기는 프래더윌리증후군이 본질적으로 유전적 이상이라는 인상을 줄 수 있다. 어쨌든 내가 앞에서 묘사한 환자들은 모두 보통 사람들에게는 존재하는 DNA 서열 정보 일부가 결실되어 있으니 말이다. 하지만 연구자들이 일부 프래더윌리증후군 환자들에게 정상적인 서열 정보를 **모두** 갖춘 15번 염색체 한 쌍이 있음을 발견함으로써 이 병의 성격이 근본적으로 **후성**유전적이라는 사실이 드러났다. 그러니까 처음에 그렇게 보였던 것과 달리, 프래더윌리증후군은 언제나 유전정보의 결실로 유발되는 병이 아니었다는 말이다. 이 병은 때로 결실이 전혀 없는 사람에게도 나타난다. 이는 우리에게 의문점을 던진다. 정상적인 15번 염색체가 두 개 다 있는 사람에게 어떻게 이 증후군이 생기는 걸까?

이들의 증상은 다른 방식으로 나타난다는 것이 밝혀졌다. 보통은 15번 염색체를 아버지와 어머니에게서 각각 하나씩 받지만, 유전자 결손이 **없는** 프래더윌리증후군 환자는 어째선지 15번 **염색체 두 개를 다 어머니에게서** 받았다(물론 이는 비정상적인 현상이다).[20] 모계 15번 염색체의 해당 부위는 원래 각인되는 것이 **정상**이므로 이들은 15번 염색체가 모두 각인되어(후성유전적으로 침묵화되어) 있고, 따라서 꼭 필요한 작은핵 RNA가 발현되지 못했다. 그 결과 이들에게도 유전자 **결실**이 일어난 부계 15번 염색체를 지닌 환자와 같은 증상이 생긴 것이다. 정상적인 모계 15번 염색체 **두 개**를 갖고 있다고 해도 아예 존재하지 않는 부계 15번 염색체를 보완할 수는 없었다. 벤저민 프랭클린이 말한 "광산에 묻혀 있는 은"처럼, 자신의 유전체 속에 필요한 유전 서열을 갖고 있다고 해도 각인 같은 후성유전적 변형 때문에 그 정보에 접근할 수 없다면 아무 소용이 없다는 말이다.

비교적 최근까지도 프래더윌리증후군을 진단하기가 어려웠던 이유는 엔젤만증후군이라는 전혀 다른 장애도 프래더윌리증후군과 정확히 똑같은 염색체 부위에 생긴 이상과 관련되어 있다고 여겨졌기 때문이었다.[21] 프래더윌리증후군과 달리 엔젤만증후군은 더욱 극심한 발달지체와 동작 혹은 균형 장애, 잦은 웃음, '손을 퍼덕거리는' 돌발적 동작 등이 특징적으로 나타난다.[22] 여기서 의문이 들 수 있다. 똑같은 염색체 부위에 생긴 이상에서 어떻게 전혀 다른 두 장애가 발생하는 걸까?

현재 우리는 **모계** 15번 염색체의 서열 정보가 결실될 때 엔젤만증후군이 생긴다는 것을 알고 있다. 이는 정상적인 부계 15번 염색체의 상응하는 부위가 각인되어 비발현되기 때문이다. 그러니까 프래더윌리증후군과 엔젤만증후군은 서로의 거울상과 같다. 두 병은 전형적으로 각각 **부계**와 **모계**의 15번 염색체에 생긴 DNA **결실** 및 각각 **모계**와 **부계**의 15번 염색체에서 그 결실 부위와 동일한 DNA 분절의 **후성유전적 침묵화**와 연관된다. 최근 여러 연구에서 그 결정적인 서열 정보가 해당 염색체들에서 사실은 동일한 위치가 아니라 가까운 위치에 있을 뿐이라는 견해가 나왔지만,[23] 둘 모두 필요한 분절이 결실되었기 **때문이든** '엉뚱한' 부모가 제공한 15번 염색체상에 존재하기 **때문이든** 어쨌든 각인되어 사용될 수 없는 상태일 때면 발생하는 질병이다. 이렇듯 인간의 정상적인 발달에는 모계와 부계 **모두**의 15번 염색체에서 접근 가능한 DNA 분절들이 필요한 것으로 보인다.

삼색 고양이 사례로 살펴보는 X-비활성화

후성유전적 침묵화는 프래더윌리증후군이나 엔젤만증후군 같은 장애에만 원인을 제공하는 것이 아니다. 오히려 염색질의 후성유전적 변형 대부분은 사실상 건강한 발달에 기여하는 정상적인 현상이다. 정상적 발달에서 후성유전적 침묵화가 하는 역할은 X-비활성화 과정에서 가장 눈에 띈다. 지금은 한 여성이 지닌 두 X염색체 중 하나가 침묵화되는 메커니즘이 잘 밝혀져 있고, 이 현상의 흥미로운 효과는 특정 조건에서 쉽게 관찰된다.

각인과 X-비활성화는 둘 다 염색질의 후성유전적 변형과 관련되지만, 몇 가지 점에서 서로 다르다. 첫째, 남녀 모두 각인되는 것이 정상인 몇몇 염색체 부위들이 존재하지만, X-비활성화는 여성에게만 일어난다. 둘째, X-비활성화는 배아 발달 초기에 일어나지만[24] 이와 달리 각인은 정자와 난자 단계에서, 다시 말해 새로운 배아가 수정되기도 전에 일어난다.[25] 셋째, 각인도 중요한 것이기는 하지만 각인이 영향을 미치는 유전자의 수는 X-비활성화보다 훨씬 적어 보인다.[26] X-비활성화는 천 개 이상의 유전자를 침묵시키는데, X염색체에 있는 **모든** 유전자를 침묵시키는 건 아니지만 그래도 여전히 아주 큰 수다.[27, 28] 마지막으로 각인은 그 말의 정의상 DNA에 부모 특이적 방식으로 후성유전적 변형이 일어나는 것이므로, 특정 염색체가 부계인지 모계인지가 아주 중요하다. 이와 달리 X-비활성화는 X염색체가 모계 기원인지 부계 기원인지에 상관없이 진행되며,[29] X염색체 둘 중 하나가 비활성화되기만 하면 발달은 정상적으로 진행된다.

이런 이유로 어느 X염색체가 비활성화되는지는 항상 무작위로 결정되어[30] 포유류 암컷의 어떤 세포에서든 비활성화된 X염색체는 모계일 수도 있고 부계일 수도 있다. 따라서 모든 정상적인 암컷 포유류는 X염색체에 한해서는 이른바 후성유전적 모자이크°인 셈이다. 즉, 그들의 어떤 세포의 X염색체는 이런 후성유전적 상태인데 또 다른 세포들의 X염색체는 그와는 다른 후성유전적 상태라는 말이다. 삼색 고양이는 이 현상의 좋은 예다. 후성유전적 모자이크화 효과를 실제 **눈으로 볼** 수 있기 때문이다.

삼색 고양이는 항상 몸 전체에 두 가지 색 이상의 털이 무리 지어 반점을 형성하고 있으므로 알아보기 쉽다. 삼색 고양이는 거의 항상 암컷이며, 그 특이한 색깔 구성은 그들의 세포에서 일어난 무작위적 X-비활성화가 시각적으로 드러난 결과다.[31] 고양이 X염색체상의 한 유전자는 멜라닌세포라는 피부세포의 색소를 생산하는 데 사용되며, 이 세포들은 다른 세포들과 협력하여 털색을 만들어낸다. 이 유전자는 어떤 서열 정보가 존재하는가에 따라 검정, 흰색 또는 오렌지색 털의 발달을 유도할 수 있다. 수고양이는 X염색체가 하나뿐이므로 보통 털이 단색이다. 수고양이의 모든 멜라닌세포는 같은 일을 하므로 수고양이의 털이 모두 같은 색인 것이다. 암고양이도 단색 털일 수 있는데, 이는 부모 양쪽 모두에게서 동일한 털색과 관련된 유전자를 물려받았을 때만 가능하다.

°   염색체의 조성이 세포마다 뒤죽박죽된 상태.

하지만 암고양이가 어미에게 물려받은 DNA와 아비에게 물려받은 DNA가 X염색체의 관련 부위에 서로 다른 서열 정보를 포함하고 있으면 삼색 고양이가 탄생한다.

갓 수정된 암고양이 배아가 오렌지색 털과 관련된 서열 정보를 포함한 X염색체 하나와 검정 털과 관련된 서열 정보를 포함한 X염색체 하나를 물려받았다고 해보자. 이 배아의 발달 초기에 배아를 이루는 각 세포들의 X염색체 둘 중 하나에 무작위로 후성유전적 비활성화가 일어날 것이다. 어떤 경우에는 '검정색 유전자'가 있는 X염색체가 비활성화될 것이고, 또 다른 경우에는 '오렌지색 유전자'가 있는 X염색체가 비활성화될 것이다. 그로 인한 최종적 결과로 이 고양이의 멜라닌줄기세포 중 일부에는 활성화된 '검정색 유전자'가 있을 것이고 또 다른 일부에는 활성화된 '오렌지색 유전자'가 있을 것이다. 이 줄기세포들은 분열할 때 자체의 후성유전적 상태도 전달한다. 따라서 활성화된 '오렌지색 유전자'를 지닌 멜라닌줄기세포에서 유래한 딸세포들은 마찬가지로 활성화된 '오렌지색 유전자'를 가질 것(이고 다른 X염색체에는 비활성화된 '검정색 유전자'가 있을 것)이다. 이런 식으로 해서 결국 삼색 고양이는 특정 부위에 모두 같은 색깔 털을 만드는 관련된 세포 무리가 몰려 있게 된다. 그리하여 한 부위의 털들은 모두 같은 색깔이지만, 그 근처에는 다른 종류의 멜라닌줄기세포에서 유래한 세포들이 자리할 수 있고 이 세포들은 다른 색 털을 만들 것이다. 실제로 삼색 고양이를 볼 때 우리는 사실상 그 고양이의 일부 세포들 속 특정 '색소 유전자'의 무작위적 후성유전적 비활성화와 다른 세포 속 다른 '색소 유전자'의 무작위적 후성유전적 비활성화의 결과를 눈으로 **보고 있는** 것이다.

삼색 고양이의 털색 패턴이 나이가 들어도 변하지 않는다는 점은 분명한 사실 하나를 알려준다. 바로 X-비활성화가 대단히 안정적이라는 사실이다. 어느 세포가 둘 중 한 X염색체를 비활성화하기로 일단 선택을 내리고 나면, 그 X염색체는 끝까지 비활성화된 상태로 남는다.[32] 이런 유형의 무작위적이며 영구적인 X-비활성화 과정이 고양이에게서 일어나는 것과 똑같이 인간 여성에게도 일어나지만, 그 결과인 모자이크 상태는 보통 눈에 보이지 않는다. 인간 여성의 색소 형성과 관련된 유전자는 X염색체가 아닌 다른 염색체상에 위치하고 있기 때문이다.[33]

삼색 고양이의 털색 패턴에 관한 이 설명은, 복제로 만들어진 최초의 반려동물(Carbon Copy[먹지 복사]의 머리글자를 따서 'CC'라는 이름이 붙었다)이 주인이 애지중지해서 복제하고 싶어 했던 반려 고양이와 닮지 않았던 이유를 설명해준다.[34] CC를 발생시킨 세포핵은 원래 레인보우라는 고양이에게서 가져온 것으로, 이름이 암시하듯 레인보우는 삼색 고양이였다. 삼색 고양이의 털색 패턴은 **후성유전적** 효과(무작위적 X-비활성화) 때문에 생기는 것이므로, CC가 레인보우와 정확히 똑같은 유전체를 갖고 있음에도 레인보우와 같은 털색 패턴(혹은 전체적인 외양)을 보이지 않았다는 사실은 전혀 놀랍지 않다. 두 개체가 똑같은 유전체를 갖고 있더라도 서로 다른 **후성**유전체를 갖고 있다면 결국 나타나는 표현형은 완전히 다를 수 있다. CC는 이름과 달리 레인보우의 '카본 카피'가 아니었고 주인은 아마 꽤 실망스러웠을 것이다(CC와 레인보우의 모습을 보고 싶다면, 인터넷에 둘을 잘 비교할 수 있는 사진이 많다. 구글에서 'CC and Rainbow'로 검색하면 쉽게 찾을 수 있다).

후성유전적 침묵화의 일반적 특징 몇 가지

X염색체를 비활성화하는 메커니즘은 그 자체로 무척 흥미로우며, 특별히 언급할 가치가 있는 후성유전적 침묵화의 몇 가지 일반적 특징도 잘 드러낸다. 1960년대 초 연구자들은 일부 생쥐의 세포에서 X염색체의 특정 부분이 때때로 떨어져나가 다른 염색체에 달라붙을 수 있음을 알게 되었다.[35] 이런 일이 일어나면 그 다른 염색체는 마치 비활성화된 것처럼(보통의 상황에서는 그 염색체에 절대로 일어나지 않는 일이다) 폐쇄된다. 이 발견은 X염색체에서 떨어져나간 부분이 비활성화 과정에서 어떤 역할을 할 수도 있음을 암시했다. X염색체에서 비활성화를 조절하는 것으로 볼 만한 유력한 후보 부위(나중에 X-비활성화 센터라고 명명되었다)[36]가 발견된 후로 이 부위가 집중적으로 연구되었다.

이 연구를 통해, X-비활성화 센터의 한 부분으로 특정 RNA 전사물을 만들 수 있으며 이를 일부 X염색체들이 발현한다는 것, 그리고 이를 발현하는 X염색체는 **곧 비활성화된다는** 사실이 밝혀졌다. 다시 말해서 X-비활성화 센터는 모든 X염색체에 존재하기는 하지만, 비활성화되지 않는 X염색체는 이 RNA 전사물을 **발현**

하지 않으며, 비활성화될 X염색체들만이 그 분절을 전사한다는 말이다.[37] 이 발견이 강력히 암시하는 바는 X-비활성화 센터가 만든 그 전사물이, 그것이 만들어진 바로 그 X염색체를 비활성화하는 원인이라는 것이었다! 그리고 너무 당연한 말이지만, X-비활성화 센터의 그 결정적인 분절을 어째서인지 상실한 X염색체는 비활성화될 수 없었다.[38] 그뿐 아니라 이 분절이 **다른** 염색체에 **가 있는** 특별한 상황은 그 염색체의 일부를 비활성화하는 결과로 이어질 수 있었다.[39] 이 발견들을 종합하니, X-비활성화 센터가 만들어낸 그 전사물이 어떻게 해서인지 염색체들을 비활성화할 수 있다는 것이 아주 명백해졌다.

X-비활성화 센터가 생성한 전사물을 발견한 과학자들도 그것을 정말 괴상하게 여겼다. 우선 그 RNA 전사물의 가닥 전체에는, 그것을 번역하려 시도하는 모든 단백질 합성 기구에게 번역 과정을 당장 그만두라고 지시하는 신호가 곳곳에 담겨 있었다. 둘째로, 그 전사물은 세포핵을 절대로 떠나지 않는다는 사실도 밝혀졌다. 이 전사물이 발견된 1990년대 초에는 생물학자들이 RNA의 유일한 기능은 단백질 합성과 관련된 것이라고 믿었음을 명심하자. 단백질은 세포핵 속에서 만들어지지 않으므로 핵 속에 머무는 RNA 전사물은 단백질 합성에 사용될 수 없다. 그러니 이 새로 발견된 전사물이 얼마나 불가사의하게 보였을지 상상이 될 것이다. 이것이 단백질 합성과 무관하다면 도대체 그 쓸모는 무엇일까? 하지만 X-비활성화에서 뭔가 중요한 역할을 한다는 건 분명했으므로 그 전사물에 대한 연구는 더 많이 진행되었고 X-비활성 특이

전사물 XIST(X-inactive specific transcript)°이라는 이름을 얻었다(일단 발견된 뒤로는 XIST가 '존재한다exist'는 것은 당연했고, 그러니 그 약자는 아주 적절한 명칭이었다.) 그 후로 다른 비부호화 RNA도 많이 발견되었지만, XIST는 번역되지 않는 RNA가 DNA의 후성유전적 조절에서 아주 중요한 역할을 할 수 있음을 알린 최초의 비부호화 RNA 중 하나다.

XIST는 한 X염색체에서 발현되면 곧바로 그 X염색체에 달라붙어 염색체를 덮어버림으로써 거기 담긴 서열 정보에 전사 기구가 접근하기 어렵게 한다. 그러나 XIST 혼자서 X염색체를 침묵시키는 것은 아니다. 그보다는 XIST의 존재 자체가 다른 분자들을 근처 히스톤들에게로 끌어들이고, 그 분자들이 전사를 점점 더 어렵게 하는 다른 후성유전적 변형을 일으키는 것으로 보인다. 결국 X염색체에 있는 유전자의 촉진유전자들이 메틸화되고, 이는 전사 가능성을 더욱 낮추는 억제 단백질을 끌어들임으로써 해당 X염색체를 비활성 상태로 유지한다. 이 분야를 활발히 연구하는 한 과학자 그룹은 이렇게 표현했다. "XIST RNA의 확산은 그 염색체를 침묵화 (…) 조성으로 전환되게 이끈다. 이러한 X-비활성화에는 다수의 후성유전적 변화가 관여한다."[40]

특정한 후성유전적 사건이 다른 후성유전적 사건을 유도하고, 이것이 또 다른 후성유전적 사건을 유발하는 식으로 이어지는 이런 과정은 후성유전적 조절의 특징이다. 예를 들어 DNA 메틸화

° 존재한다는 뜻의 exist와 발음이 같다.

는 단순히 전사 기구가 DNA에 접근하는 능력을 방해하는 것만으로도 유전자를 침묵시킬 수 있다. 그런데 메틸화에 의한 침묵화에는 또 다른 메커니즘이 있는 것으로 보인다. 이는 유전자 발현이 비교적 역동적인 뇌 같은 기관에서 흔히 사용되는 다단계 과정을 따른다.[41] 이 방식에서는 메틸기가 특정 단백질들을 끌어들이는 역할을 하고, 이어서 그 단백질들이 보조억제인자 복합체라는 단백질과 여러 효소를 포함한 다른 단백질들을 끌어 모은다.[42] 이 효소들은 아세틸기를 제거하고 메틸기를 더 붙여 히스톤을 변형함으로써 그 염색질을 최종적으로 폐쇄하고 유전자를 비활성화하는 방향으로 이끈다.[43] X-비활성화의 경우, 그 X염색체상의 유전자들(전부는 아니지만) 대부분을 침묵시키는 것은 DNA 메틸화와 히스톤 변형의 조합이다.[44] 마침내 XIST를 발현한 X염색체는 세포핵의 한구석으로 비척비척 이동하면서 작게 뭉쳐져 아무런 기능을 하지 않는 침묵화된 염색질 덩어리로 변한다.

　　DNA와 히스톤, 메틸기 등에 관해 기본적 이해를 갖춘 사람이라면 행동 후성유전학이라는 새로운 과학에 놀랍도록 쉽게 접근할 수 있다.

2

후성유전학의 기본 개념들

8

몸과 행동을 바꾸는 후성유전

고등학교 졸업반 시절, 내가 가고 싶었던 대학 중 한 곳은 일리노이주 에번스턴에 있는 노스웨스턴대학교였다. 그 학교의 실제 분위기를 알아보고 싶었던 나는 차로 여섯 시간이 걸리는 에번스턴까지 직접 운전해서 다녀오게 해달라고 부모님을 설득했다. 하지만 그때까지 내가 혼자서 그렇게 먼 여행을 한 적이 없었기 때문에 부모님은 함께 갈 친구를 찾아보라고 하셨다. 다행히 같은 반 친구중 몇 명도 노스웨스턴에 관심을 두고 있어서 그 친구들과 함께 다녀오기로 했다.

　　그해 봄 여행의 길동무 중에는 스펜서 파인이라는 친구도 있었다. 스펜서는 우리 학교에서 아주 유명했는데 일란성 쌍둥이라는 점도 큰 이유였다. 일란성 쌍둥이들이 대개 그렇듯 스펜서와 스콧 쌍둥이는 반 친구들에게 끝없는 흥미를 일으켰다. 많은 사람이 쌍둥이를 만날 때 깜짝 놀라는 건 아마도 각자 유일무이한 존재인 개인을 만나는 데 너무 익숙해졌기 때문일 것이다. 하지만 나에게 스콧과 스펜서가 놀라웠던 점은 그들이 똑같지 **않다는** 점이었다. 물론 둘은 일란성 쌍둥이가 아니라고 착각할 사람은 아무도 없을 만큼 아주 비슷하게 생겼다. 그들을 처음 볼 때는 눈을 떼지 못하고 외적인 특징들을 하나하나 비교해볼 수밖에 없었다. 하지만 고등학교에서 몇 년 동안 알고 지낸 뒤로는 지금 자기와 대화하는 상대가 둘 중 누구인지 헷갈리는 친구는 아무도 없었다. 내 경험상 거의 항상 그랬다. '일란성' 쌍둥이들은 대부분의 그냥 형제자매 사이보다 훨씬 더 많이 닮았지만, 그들을 잘 아는 사람들이 둘의 정체를 착각할 가능성은 매우 낮다. 물리적 유사성이 너무 두드러지기 때문에 우리는 그들의 유사성에 초점을 맞추지만, '일란성identical' 쌍둥이가 서로 똑같지identical **않다**는 사실은 부인할 수 없다. 똑같은 쌍둥이라는 명칭으로 불리기는 하지만 말이다.°

과학적으로 이런 유형의 쌍둥이는 **일란성monozygotic**(MZ) 쌍둥이라고 하는데, 정자 하나와 난자 하나가 수정되어서 생기는 하나의 수정란(접합자)에서 발달하기 때문이다. 일란성 쌍둥이는 이런 역사를 공유하기 때문에 백 퍼센트 동일한 DNA를 공유하며, 이 점은 (적어도 부분적으로는) 그들이 서로 그렇게 비슷한 이유를 설명해준다. 현재 우리는 대부분의 경우 무엇이 쌍둥이 발생을 초

°   우리말에서는 '일란성 쌍둥이'라는 세포생물학에 기초한 말만 쓰이지만, 영어에서는 똑같은 쌍둥이(identical twin)와 일란성 쌍둥이(monozygotic twin, 더 글자 그대로 옮기면 단일접합자 쌍둥이)라는 두 가지 말이 쓰인다.

래하는지 이해하지 못하지만, 쌍둥이들의 존재는 일종의 '자연 실험'을 제공한 셈이었고 심리학자들은 대대로 '본성'과 '양육' 중 인간의 특징에 더 중요한 요인이 무엇인지 알아내려는 과정에서 쌍둥이를 적극적으로 활용했다. 쌍둥이 연구로 그 질문의 답을 찾으려 애쓰는 가내 수공업이 아직도 존재하기는 하지만, 최근 후성유전학 및 기타 학문 분야들의 연구를 통해 전통적인 쌍둥이 연구로는 결코 그 질문에 제대로 된 답을 얻을 수 없다는 것이 분명해졌다. 애초에 질문이 틀렸기 때문이다. 본성과 양육 둘 다 우리의 형질을 형성하는 데 핵심적으로 기여한다. 이제는 더 새로운 유형의 쌍둥이 연구들이 우리가 어떻게 우리일 수 있는지에 관한 실마리들을 제공해주기 시작했다.

2005년, 마드리드 소재 스페인 국립암센터는 (전 세계의 공동연구자들과 함께) 일란성 쌍둥이 40쌍의 후성유전적 상태에 관한 중요한 연구 보고서를 발표했다.[1] 연구자들은 이 쌍둥이들의 유전체 전체에서 일어난 DNA 메틸화와 히스톤 아세틸화를 모두 검토하여 **젊은** 일란성 쌍둥이들이 서로 극히 유사한 후성유전적 표지 패턴을 지니고 있음을 발견했다. 하지만 쌍둥이들이 나이 들면서 각자 삶에서 서로 다른 경험이 쌓일수록 그들의 후성유전적 상태도 서로 달라졌으며, "나이가 더 많고, 서로 다른 생활방식을 영위하며, 함께 보내는 시간이 줄어든"[2] 쌍둥이에게서는 유전체 전체에 나타난 DNA 메틸화와 히스톤 아세틸화에서 현저한 차이의 증거가 보였다. 이 연구에 담긴 의미는 살면서 겪은 경험들이 DNA에 '표시'를 남기며 이 표시들이 우리의 유전체가 발현되는 방식에

영향을 미친다는 것이다.[3]

2005년 이후로 다른 일란성 쌍둥이 연구들도 진행되었지만, 모두 같은 결론을 내놓은 것은 아니다. 예를 들어 두 건의 연구는 일란성 쌍둥이들이 서로 다른 후성유전 프로필을 갖고 태어나며, 어떤 경우에 그 차이는 쌍둥이의 태내 환경의 차이를 반영하는 것이라고 보고했다.[4] 게다가 한 연구는 마드리드 연구와 달리, 출생 시점에 존재한 후성유전의 차이가 나이가 들수록 증가하지 않았다고 보고했다. 하지만 최소한 다섯 건의 연구는 DNA 메틸화 패턴이 나이가 들면서 분명 변화했음을 발견했다.[5] 그러므로 일란성 쌍둥이의 후성유전 프로필이 출생 시 정말 다르다고 하더라도 스페인 국립암센터의 연구가 제시했던, 경험이 유전자가 하는 일에 영향을 미친다는 견해는 여전히 유효하다.

후성유전적 변형이 유전자의 발현 방식을 변화시키므로 일란성 쌍둥이를 포함한 모든 개인이 각자 유일무이한 존재라는 사실은 놀랄 일이 아니다. 우리는 모두 각자 서로 다른 여러 경험을 하며 그러한 경험은 몸을 이루는 세포의 조성과 화학을 변화시키는(그럼으로써 몸 자체의 구조와 기능을 변화시키는) 유전자 활동에 영향을 준다. 두 사람이 똑같은 DNA를 공유하는 드문 상황에서조차 각자 유일무이한 개인의 모습과 행동을 보인다. 이것이 바로 똑같아야 할 '일란성' 쌍둥이가 실제로는 똑같지 않은 이유다.

이러한 후성유전적 차이는 일란성 쌍둥이가 조현병[6]을 포함한 특정 질병에서 불일치하는, 즉 쌍둥이 중 한 사람만 발병하는 사례에서도 주목을 받았다. 이러한 불일치는 비교적 흔히 발생하

2 후성유전학의 기본 개념들

지만, 우리가 후성유전의 중요성을 이해하기 전까지는 설명하기 어려웠던 현상이다. 지금은 그러한 불일치 중 적어도 일부는 후성유전적 차이 때문이라고 설명되고 있다.[7]

후성유전의 놀라운 효과

일란성 쌍둥이의 데이터가 흥미롭기는 하지만, 그래도 그들의 차이는 사실 **상대적으로** 미묘한 편이다. 사람을 대상으로 한 여러 연구와 대조적으로, 다른 생물을 대상으로 한 실험들은 후성유전의 효과가 유전의 효과만큼 뚜렷할 수 있음이 증명되었다. 앞 장에서 본 삼색 고양이의 털색 패턴도 후성유전의 효과가 얼마나 눈에 띄게 나타날 수 있는지를 보여준다.

후성유전의 효과가 겉모습으로 명백히 드러나는 사례에 관한 연구는 우리에게 새로운 깨달음을 준다. 대개 사람들은 경험이 생각과 감정, 행동에 영향을 미친다는 개념은 편하게 받아들이지만, 몸의 형태나 얼굴 구조 등 신체적 외양에 나타나는 분명한 차이는 기본적으로 유전적 요인에서 기인한다고 단정한다. 어쨌든 고양이와 개가 서로 그렇게 달라 보이는 건 유전체가 서로 다르기 때문임은 부인할 수 없으니까. 하지만 식물과 동물의 후성유전적 효과(정의상 유전자 서열 정보에는 변화를 주지 않는 효과)에 관한 여러 연구는 후성유전적 표지가 물리적 구조에 깊은 영향을 줄 수 있다는 것을 증명했다.

그림 8.1 야생형 좁은잎해란초 꽃과 펠로리아 변인형 좁은잎해란초 꽃의 전면을 보여
주는 사진.●

1999년에 주목할 만한 증거가 하나 나왔는데 영국의 과학
자 세 사람이 공개한 좁은잎해란초toadflax 사진이었다.[8] 좁은잎해
란초 꽃은 보통 자연 상태에서는 노란색 금어초와 비슷하게 생겼
다. 연구자들은 보통 좁은잎해란초 꽃 사진 옆에 완전히 다른 종처
럼 보일 수도 있는 이른바 '펠로리아 변이'○ 좁은잎해란초 꽃의 사
진을 나란히 배치했다(그림 8.1). 사실 현대 생물 분류학의 아버지
인 린나이우스가 1749년에 이 자연발생 변이의 특징을 설명한 바
있으므로, 이 변이형이 좁은잎해란초가 어딘지 잘못된 결과라는

● 　엔리코 코엔 박사, 필라 큐바스 박사, 맥밀런 출판사의 허락을 얻어 실었다.
　　Cubas, P., Vincent, C., & Coen, E.(1999) 꽃의 대칭성에 나타난 자연적 변형
　　의 원인으로서 후성 유전적 변이(An epigenetic mutation responsible for natural
　　variation in floral symmetry). *Nature*, 401, 157-161.

○ 　펠로리아(peloria)는 린나이우스가 '괴물'이라는 뜻의 그리스어 펠로르(πέλωρ)
　　를 가져다 이 변이형에 붙인 이름이다.

것은 그 누구에게도 새로운 사실이 아니었다. 이 논문이 유럽의 저명한 과학 저널인 《네이처》에 실릴 만큼 놀라움을 자아냈던 이유는 좁은잎해란초의 일반형과 변이형 사이의 차이가, 유전적 차이가 아니라 엄밀히 **후성**유전적 차이였다는 사실 때문이다. 이 변이형 꽃의 특이한 형태는 정상적으로는 일반형 꽃을 발달시킬 유전자가 메틸화되어 있음을, 즉 침묵화되어 있음을 반영한다. 후성유전적 변형이 한 유기체의 형태에 근본적 영향을 미쳐 유전자 변이로 보일 만큼 현저한 효과를 낼 수 있는 것이 분명했다.

몇몇 동물 종에서도 이처럼 뚜렷한 후성유전적 효과가 신체 형태에 미친 영향을 볼 수 있다. 예를 들어 현생 인류와 네안데르탈인의 외양 차이를 후성유전적 차이로 설명할 수 있는지 **확실히** 단언하기는 아직 이르지만, 최근의 흥미로운 연구는 그것이 사실일 수도 있다는 의견을 내놓았다. 예루살렘의 히브리대학 과학자들은 (전 세계의 공동 연구자들과 함께) 네안데르탈인의 DNA와 현생인류의 DNA로 만든 메틸화 지도를 비교하여 서로 다르게 메틸화된 DNA 영역들을 수천 군데 발견했으며 그중 일부로 두 인류 종 사이의 해부학적 차이를 설명할 수 있으리라고 보았다.[9]

꿀벌은 해부학적 구조와 행동에서 중요한 후성유전 효과를 관찰할 수 있는 또 하나의 동물 종이다. 꿀벌들은 한 군체에 속한 다수의 암컷 애벌레들이 유전적으로 똑같다는 점에서 특히 더 흥미로운 예다. 놀랍게도 한 군체 내 꿀벌 자매들은 모두 서로의 클론인데도 똑같은 운명을 공유하지는 않는다. 대부분은 일벌로 발달하고 소수는 여왕벌이 되는데, 여왕벌들은 일란성 쌍둥이 자매들인 일벌들과는 생긴 것도 행동하는 것도 무척 다르다. 짝짓기한 후의 여왕벌은 일벌과 비교하면 복부가 더 길고 몸집은 두 배이며 수명은 스무 배 길다. 게다가 일벌과 여왕벌이 하는 행동은 확연히 다르며 심지어 신체 기관도 다르다.[10] 일벌은 궁둥이에 벌침이 있고 뒷다리에 꽃가루 바구니가 있지만 여왕벌에게는 둘 다 없다. 반대로 여왕벌에게는 성숙한 난소가 있어서 번식을 할 수 있고 일벌은 난소가 없어 생식능력이 없다. 여왕벌과 그 자매들은 똑같은 유전자를 공유하기 때문에 이런 차이는 환경 요인으로 설명할 수밖에 없는데 실제로 여왕벌은 일벌과 다른 먹이를 먹으며 이것이 모든 차이를 만들어낸다.

여왕님의 식사와 그 후성유전적 효과를 논하기 전에 우선 '어떤 결과를 초래하는 일'이라는 말과 '결과의 차이를 설명할 수 있는 요인'이라는 말 사이의 차이를 짚고 넘어가는 게 좋겠다. 이런 상황, 그러니까 A 먹이를 먹으면 일벌이 되고 B 먹이를 먹으면 여왕벌이 되는 상황에 직면하면, 먹이 하나만으로 일벌에게 꽃가루 바구니와 벌침이 발달하는 것이 분명하다고 생각하고 싶어진다. 결국 모든 벌은 유전적으로 동일하고 벌들의 환경에서 **유일한** 차이는 먹이뿐이니 말이다. 하지만 A 먹이가 단독으로 꽃가루 바구니를 발달시킨다는 말이 사실일 가능성은 없다. 만약 **내가** 갑자기 암꿀벌 애벌레를 일벌로 키운 먹이를 먹기 시작한다고 해도 내 다리에 꽃가루 바구니가 발달할 리는 없으니 말이다! 꽃가루 바구니가 생기는 것은 먹이와 꿀벌의 유전체 사이의 **상호작용** 때문이다. 그러므로 여왕벌과 일벌의 **차이**는 먹이의 차이로 **설명할 수 있**

2 후성유전학의 기본 개념들

지만, 그 먹이 자체가 단독으로 벌들의 행동이나 표현형을 초래하는 것은 아니다.

내가 여기서 이 점을 짚고 넘어가는 게 좋겠다고 생각한 이유는, 차이를 만드는 것이 이 예시의 먹이처럼 환경 요인일 때 **어떤 특징을 초래한다는 것**과 **특징의 차이를 설명할 수 있는 요인이라는 것**이 서로 다른 일임을 머릿속에 새겨두기가 더 쉬울 듯해서다. 상황이 반대여서 차이를 만드는 것이 유전자라면, 우리는 이 상황의 차이를 놓치고서 유전자만이 원인을 제공할 능력을 지녔다고 가정하기 쉽기 때문이다. 예를 들어 한 유전학자가 X라는 질병이 있는 모든 사람에게는 존재하지만 그 병이 없는 사람에게는 존재하지 않는 유전자 하나를 발견했다고 상상해보자. 이 경우, 많은 사람이 단독으로 그 병을 초래하는 유전자가 발견되었다고 결론지으려 할 것이다. 하지만 새롭게 발견된 이 유전자가 그 병의 표현형을 **설명할** 수 있다고 해서 이 유전자가 환경 요인과 무관하게 그 표현형을 **초래한다**는 의미는 아니다. 사실 섭식이 단독으로 한 표현형의 발달을 초래할 수 없듯이 유전자 역시 그럴 수 없다. 정말 복잡하지만, 유전 요인도 환경 요인도 **독립적으로** 표현형을 초래할 수 없는 것이 현실이다. 먹이가 꿀벌의 몸에 미치는 영향 연구에서 우리가 얻을 수 있는 전반적인 교훈은, 각각의 특징들이 현재와 같은 상태를 갖춘 것은 환경적 원인과 유전적 원인 **둘 다** 때문이라는 것이다.

먹이가 꿀벌에게 중요하다는 건 분명하다. 암벌의 생애 중 애벌레 초기 단계에, 일벌은 각자의 머리 꼭대기에 있는 샘에서 분비되는 로열젤리라는 물질을 애벌레들에게 먹인다. 이렇게 사흘을 먹인 뒤 보모 벌들은 대부분의 발달 중인 꿀벌의 먹이를 다른 '일꾼 먹이'[11]로 바꾸지만, 여왕이 될 애벌레들에게는 엄청난 양의 로열젤리를 계속 공급한다. 계속 로열젤리를 먹는 암컷 애벌레는 여왕벌로 분화하고, 이들은 남은 긴 생애 동안, 자신들의 쌍둥이 자매들이 (그리고 대부분의 자손까지) 죽은 뒤로도 오랫동안 계속 로열젤리를 먹는다.

이 과정에 관해서는 아직 우리가 이해하지 못하는 부분이 많지만,[12] 계속되는 연구로 그 이야기가 더 명확히 규명되기 시작했다. 로열젤리 안에 들어 있는 어떤 단백질이 암컷 애벌레가 여왕벌로 분화되는 데 이바지하는 호르몬 농도를 높이는 것으로 보인다.[13] 하지만 어떻게 특정 동물이 먹는 한 가지 단백질이 그것을 먹지 않는 경우와 그토록 다른 모습으로 발달하게 만드는 것일까? 10년 전, 발달 중인 여왕벌과 일벌의 유전자 발현을 검토하던 연구자들은 암벌들이 동일한 유전체를 공유하지만 여왕벌이 될 운명인 애벌레들은 일벌이 될 애벌레들과는 매우 다른 방식으로 자신들의 유전체를 **사용한다**는 것을 발견했다.[14] 이 발견은 섭식 요인이 애벌레에게 유전자 발현을 바꾸는 영향을 미쳤을 수 있고, 그럼으로써 다른 경로를 따라 발달이 추진되도록 했을 가능성을 암시했다.

사실 지금은 거기서 놓치고 있던 고리가 **바로 후성유전이라는** 것이 명백해졌다. 과학자들이 특수하게 설계한 분자들을 직접 주입함으로써 후성유전적 상태를 조작하자 애벌레들은 꼭 로열젤리가 풍부한 먹이를 먹은 것처럼 확실히 여왕벌로 발달했다.[15] 결정적으로 이 연구가 증명한 사실은 여왕벌이 되려면 일반적으로 일벌들에게서 메틸화되어 있는 DNA가 탈메틸화되어야 한다는 것이다. 현재 이 꿀벌 퍼즐에는 아직도 다 맞춰지지 않은 조각들이 남아 있다.[16] 예컨대 로열젤리에 들어 있는 특정 단백질이 만들어내는 후성유전 효과가 직접적인 방식인지 간접적인 방식인지는 여전히 분명하지 않다. 하지만 확실한 한 가지는 섭식이 후성유전 메커니즘을 통해 유전자 발현에 영향을 미침으로써 꿀벌의 몸과 행동을 근본적으로 변화시킨다는 것이다.

환경을 몸속으로

섭식 경험이 꿀벌의 유전자 발현을 바꾸는 것처럼 **우리의** 유전자 발현 방식도 바꿀 수 있을까? 섭식이 후성유전을 통해 꿀벌의 몸을 바꾸는 것처럼 포유류의 몸도 분명히 바꿀 수 있다는 가장 강력한 증거는 특정 품종의 생쥐에 관한 연구[17]에서 나왔는데, 이에 관해서는 영양을 다루는 15장과 16장에서 살펴볼 것이다. 다른 중요한 증거들도 꽤 **광범위한** 여러 경험이 포유류의 유전자 발현에 영향을 줄 수 있다고 암시한다. 섭식 외에도 환경 화학물질,[18] 흔한 남용 약물,[19] 운동,[20] 특정 양육 행동[21] 등이 그 환경 요인에 포함된다(뒤에서 간단하라도 모두 살펴볼 것이다). 포유류의 경험이 후성유전적 상태에 영향을 미친다는 데이터가 많이 모이기 전인 10년

전, 당시 떠오르던 이 새로운 분야의 두 선구자인 루돌프 예니시와 에이드리언 버드는 육감을 언어로 옮겨 "후성유전 메커니즘은 유기체가 환경에 대해 유전자 발현 변화로 반응하도록 하는 듯하다"라고 추측했다.[22] 이어서 그들은 앞으로 이뤄질 연구를 통해 우리가 "유전체가 경험으로부터 학습하는 방식을 이해하고, 어쩌면 조작도 할 수 있게" 되리라고 예측했다.[23] 2014년 현재 우리는 아직도 이렇게 유전체를 조작하는 수준과는 거리가 멀지만, 그래도 지금 과학자들은 환경이 포유류의 유전자 기능에 널리 영향을 미친다는 점은 인정하고 있다.

환경이 후성유전체에 영향을 준다는 발견은 중요한 질문 하나를 제기한다. 바로 환경 요인이 어떻게 '우리 내부로' 들어와 유전자 활동에 영향을 주는가 하는 질문이다. 꿀벌의 예는 작동 가능한 방식 하나를 알려준다. 꿀벌의 경우 로열젤리 속 특정 단백질이 꿀벌의 몸속 호르몬 농도를 높인다. 이와 비슷하게 포유류의 경험, 그러니까 우리의 경험은 몸속 호르몬 방출을 부추기고, 그 호르몬 분자들이 DNA 근처로 이동해 후성유전 효과를 일으킬 수 있다.

또한 환경은 감각기관을 자극함으로써 우리 내부 상태에 영향을 주기도 한다. 예를 들어 보는 것과 듣는 것은 둘 다 우리 몸속에 후성유전적 효과를 이끌 수 있는 변화를 만들어낸다(어떻게 그렇게 되는지는 잠시 후 명료히 알게 될 것이다). 환경에서 생겨난 자극은 감각기관의 뉴런, 혈류 속 호르몬, 세포핵 속 유전자 등 여러 측면에서 생물학적 활동에 영향을 줄 수 있다. 따라서 우리가 어떻

2 후성유전학의 기본 개념들

게 현재와 같은 상태가 되었는가 하는 질문에서 핵심적인 문제는 언제나 우리가 무엇을 경험했는가, 다시 말해 우리의 마음, 몸, 세포, 기관, 유전자가 어떤 맥락에 처해 있는가다. 이러한 관점은 여러 요인이 어떻게 **상호작용**하여 우리의 특징들을 만들어내는가에 관해, 더 구체적으로는 비유전적 요인이 유전자 발현에 어떻게 영향을 주는가에 관해 생각해보게 한다. 이러한 상호작용은 꿀벌 애벌레가 먹이 속 로열젤리의 존재에 영향을 받을 때나 갓 태어난 생쥐가 어미 생쥐의 양육 방식에서 영향을 받을 때처럼 생애 초기에 자연스럽게 일어난다. 그런데 축적되는 증거들에 따르면 우리가 성인기에 하는 경험도 우리의 유전자가 작동하는 방식에 영향을 미친다고 한다.

특별한 일이 없으면, 나는 캘리포니아에서 깨어나 그날 할 일을 처리하고 마지막에는 집에서 하루를 마무리하고 밤에 잠든다. 다음 날 잠에서 깨면 거의 전날과 비슷하게 하루가 흘러간다. 이 사이클은 하루에 한 번씩 반복되는 시간 패턴인 하루주기리듬을 반영한다. 우리의 수면 각성 사이클을 만드는 것에 더해, 이 리듬은 우리 몸의 심부 체온과 호르몬 농도 같은 특성들도 주기적으로 변하게 한다. 놀랍게도 이 리듬은 사람이 시간에 관한 신호에서 차단되어 있을 때조차 계속 유지된다. 이는 주변에서 벌어지는 일과는 별개로 우리 몸속에 독립적으로 움직이는 생물학적 시계가 있는 것 같은 느낌이 드는 이유다. 이 리듬을 유지하는 일이 중요한 것은 분명하다. 리듬이 교란되면 건강이 심각하게 손상될 수 있으며, 우울증, 불면증, 심혈관질환, 암 등 다양한 병의 원인이 될 수 있다.[24] 그리고 하루주기리듬의 영향력이 이렇게 큰 이유는 우리 유전자의 10퍼센트 이상이 하루 24시간 중 특정한 시기에만 전사됨으로써 하루주기에 맞춰 발현하기 때문이다.[25]

생물학적 시계는 DNA가 결정하는 것일까? 흥미롭게도 과학자들은 40여 년 전부터 초파리에게 하루주기리듬 유지에 일조하는 DNA 분절이 존재한다는 것을 알고 있었고,[26] 지금은 포유류에게도 비슷한 DNA 분절들이 있음을 알고 있다. 이 유전자들은 우리 몸 전체에 고루 분포하는, 하루주기리듬에 관여하는 생물학적 시계를 이루는 메커니즘의 구성 요소다.[27] 개별 세포들은 각자 시계와 유사한 자체의 리듬을 지니고 있지만,[28] 전체 리듬은 시상하부라는 뇌 영역의 특정 뉴런에 의해 규칙적으로 동기화된다. 이 뉴런은 24시간마다 규칙적으로 정해진 시간에 세포 속 특정 단백질의 수치를 정점으로 끌어올리는 식으로 박동조율기 같은 기능을 한다.[29]

생쥐 실험에서 밝혀진바 포유류의 하루주기리듬은 다양한 유전자를 켜고 끄는 일을 통해 유지되며, 이로써 하루 24시간이 정확히 돌아가는 시간 패턴이 만들어진다. 요컨대 유전자를 켜고, 단백질이 만들어지고, 단백질 농도가 높아지고, 유전자를 끄고, 단백질 농도가 떨어지는 과정을 매일 새로이 반복하는 것이다.

만약 나의 일상이 매일 평범하게 흘러간다면 이 시스템은 시간의 흐름을 잘 따라가고 있을 것이다. 하지만 평소와 다른 특별한 날에는 내가 캘리포니아에서 일어나 짐을 싸 공항으로 가서 파리행 오후 1시 비행기를 탈 수도 있다. 내가 탄 비행기가 착륙할 때

프랑스는 오전 9시겠지만 나에게는 자정처럼 느껴질 것이다. 실제로 그 순간 로스앤젤레스는 **자정일 테니** 말이다. 그러니 내 몸은 잠들 준비를 하겠지만 파리에 있는 다른 모든 사람은 막 그날 아침의 크루아상을 먹기 시작할 것이다. 이것이 바로 시차증이다(이는 일부 사람들이 생각하는 것처럼 비행기 여행으로 인한 일반적인 피곤함은 아니다. 동쪽에서 서쪽으로 3시간 비행하면 시차증이 생기지만, 북쪽에서 남쪽으로 3시간 비행할 때는 시차증이 생기지 않는다). 만약 내 하루주기리듬이 시상하부 뉴런들 속에 있는, 무엇에도 반응하지 않는 DNA들의 활동에 의해 고정되어 있다면 내 상황은 무척 암담할 것이다. 파리에 아무리 오래 머물러도 나는 언제나 밤 11시에 정신이 말짱히 깨어나고 해가 뜨면 쓰러져 잠들 준비가 될 테니 말이다. 다행히 어느 정도 시간이 지나면 우리는 그 지역의 시간에 적응한다. 그렇다면 여기서 의문이 생겨난다. 우리는 어떻게 적응할 수 있는 걸까? 특별한 일이 없으면 평생 24시간 사이클로 돌아갈 생물학적 시계를 과연 무엇이 **재설정**할 수 있는 것일까?

그 답은 '빛'인 것 같다.[30] 연구자들은 사람과 상당히 비슷한 하루주기 시계를 지닌 햄스터를 이용해 이 질문의 답을 탐색했다. 햄스터가 밤이라고 **여기고 있는** 시간대에 햄스터를 빛에 노출하면 시상하부 박동조율기 뉴런들에서 유전자 활동이 일어난다. 그러므로 이 뉴런들이 눈으로부터 빛 노출에 관한 정보를 받는다고 결론지을 수 있다.[31] 이와 비슷하게 사람이 비정상적인 시간대에 빛을 보면(관광객이 햇빛을 보고 있지만 자기가 사는 곳에서는 이미 해가 진 시간이므로 뇌는 어둠을 예상하는 경우처럼) 그 빛이 눈으로 들어가 망막의 세포들을 때리고, 이 세포들은 시상하부의 박동조율기 뉴런들에게 신경 신호를 보낸다. 이 뉴런들 속 유전자는 그 신호를 받자마자 단백질을 대량으로 생산하기 시작하고 이것들이 쌓여 연쇄효과를 일으켜 하루주기 시계를 재설정하는 결과로 이어진다. 그런데 이게 후성유전과 무슨 상관인 걸까?

몸이 자체의 리듬을 지역 시간대에 맞추기 위해서는 빛을 감지하고 빛에 반응하며 그런 다음 그 반응의 효과를 감지하는 되먹임 메커니즘이 존재해야 한다. 이런 메커니즘은 생물이 융통성 있게 자신의 행동을 태양의 맥락에 맞추도록 돕는다. 그리고 후성유전적 변화도 그 메커니즘의 일부일 수 있기 때문에 뇌과학자들은 후성유전이 생물학적 리듬과 천문학적 리듬을 조화시키는 일에서 어떤 역할을 하고 있는지 탐구했다. 실제로 우리에겐 하루주기 시계와 관련된 유전자들의 활동을 조절하는 DNA 분절들이 존재하며, 이 분절들과 관련된 히스톤 아세틸화가 그 시계 관련 유전자들의 활동에 영향을 준다. 그뿐 아니라 포유동물이 평소와 다른 빛파동에 노출되면 시계 관련 유전자의 발현에 관여하는 히스톤들이 아세틸화되는데, 이를 보면 후성유전 메커니즘이 우리의 하루주기 시계 조절에 일익을 담당한다는 점은 분명하다.

교토의 한 연구팀은 히스톤 아세틸화가 하루주기 시계의 기능을 조절하는 데 어떤 역할을 하는지 밝혀내기 위해 생쥐들의 뇌에 실험 약물을 주입했다.[32] 히스톤 아세틸화를 촉진하고 그럼으로써 유전자들을 활성화하는 약물이었다. 예상대로 그 약물은 시간과 관련된 유전자의 활동을 증가시켰고, 이 결과로 연구팀은

"시계 유전자의 주기적 전사 및 빛에 의해 유도되는 전사는 히스톤 아세틸화와 탈아세틸화가 조절한다"라고 결론지었다.[33] 또 다른 연구팀이 발견한, 시계 재설정 자극에 반응하여 히스톤을 메틸화하는 단백질[34]의 존재는 하루주기리듬을 유지하는 일에서 그리고 어쩌면 그보다 더 중요할지도 모를, 환경에서 일어나는 사건들과 하루주기리듬을 동기화하는 일에서 후성유전의 역할을 더욱 부각한다(히스톤의 후성유전적 변형의 상세한 내용은 다음 장에서 볼 수 있다).[35]

　　　포유동물은 매일 자신의 후성유전적 상태를 조절함으로써 유전자 발현 리듬을 자연 세계의 리듬에 맞출 수 있고, 그럼으로써 자기 신체 활동이 행동, 생리, 유전자 발현의 관점에서 조화를 유지하게 한다. 후성유전 메커니즘이 이렇게 사용된다는 발견은, 우리의 후성유전적 상태들이 거의 항상 유동적이며 자극에 반응하여 신속한 생물학적 변화를 일으킬 수 있음을 의미한다. 실제로 뉴런에 들어가는 입력(다른 뉴런들에서 온 입력이든 환경에서 직접 들어온 입력이든 상관없이)은 뉴런 속 DNA의 후성유전적 상태를 변화시키고 그럼으로써 결국 뉴런이 기능하는 방식을 바꾼다는 것이 분명히 밝혀졌다.

　　　이는 경험이 뇌의 작동 방식을 바꾸는 한 방법이 되므로 너무나도 중요하다. 물론 우리는 누구나 경험이 정신에 영향을 주고 따라서 뇌에도 영향을 미칠 수 있음을 알고 있다. 그렇지만 후성유전학 연구는 우리가 학습한 것과 환경의 정보를 우리 뇌 속에 통합하는 **기계적** 방식을 밝혀낸 것이다. 그 덕에 현재 우리는 후성유전 메커니즘이 학습과 기억에서 결정적인 역할을 한다는 것을 알고 있다.[36] 학습과 기억은 환경에서 일어난 사건에 반응하여 뇌에 변화를 일으키는 심리적 과정(기억을 다루는 13장과 14장에서 더 자세히 알아볼 것이다)이다. 그러니 후성유전적 변화는 아이와 어른 모두의 뇌에, 따라서 정신에 영향을 줄 수 있고 그 변화는 환경에서 일어나는 사건에 특정하게 반응함으로써 일어난다.[37] 행동 후성유전학이 그토록 흥미로운 이유는, 바로 이렇게 유전자와 환경 사이의 연결을 밝혀내는 학문이기 때문이다. 경험이 우리 뇌를 형성하고 우리를 우리로 만드는 메커니즘을 밝혀내는 학문인 것이다.

여기서 주의할 점을 하나 짚고 넘어가자. 지난 몇 년 사이 《타임》[38]과 《뉴스위크》[39] 등 몇몇 인기 있는 잡지가 후성유전학에 관한 글을 실었다. 행동 후성유전학 분야가 "뜨거운 논쟁의 대상"[40]이며 "과하게 부풀려진"[41] 주제이자 "유혹적인 매력"을 지녔지만 이는 "실제보다 더 성급히 앞서 나가고" 있는 듯한 그 분야의 무책임함의 산물[42]이라 주장했다. 행동 후성유전학에 그동안 의구심을 표했던 몇몇 저술가들은 그 글들을 읽고 깊은 염려에 빠졌다. 어떤 경우에는 확신하지 않는 것이 타당하다. 일례로 경험이 우리의 후성유전적 상태를 역동적으로 변화시키는 물리적 방식을 우리가 완전히 이해하기까지는 시간이 더 필요하다. 특히 연구자들은 DNA가 경험의 결과로 **탈**메틸화되는 메커니즘에 대해서는 아직 합의된 결과를 얻지 못했다(하지만 다음 장에서 나는 그 후보가 되기에 충분한 메커니즘 한 가지를 소개할 것이다).[43] 또 후성유전적 변형이 어떻게 그리고 어떤 조건에서 자손 세대로 대물림될 수 있는

　　　　　　　　　2　후성유전학의 기본 개념들

지 이해하기까지 아직 엄청난 양의 연구가 더 필요하다. '경계해야 할 것들'이라는 제목의 장에서 나는 회의적으로 행동 후성유전학을 바라봐야 하는 영역에 관해 살펴볼 것이다. 하지만 행동 후성유전학 연구에서 나온 핵심 메시지에 관해서는 전혀 의심할 필요가 없다. 그것은 바로 유전자 결정론에 관한 메시지다. 유전자는 환경과 후성유전 등 다른 비유전적 요인들과 **협력하여** 우리의 표현형을 만들어내기 때문에 유전자에 담긴 정보가 단독으로 우리 특징들의 성격을 결정**할 수 없다**. 행동 후성유전학을 접할 때 이전에는 본 적 없는 이야기를 듣게 되면 당연히 주의해야 한다. 하지만 유전자 결정론을 거부하는 문제에서는 주의할 필요가 없다. 유전자 결정론을 받아들일 수 없다는 것은 이미 수십 년 동안 명백한 사실로 밝혀졌기 때문이다.

9

심층 탐구: 후성유전

나는 너드다. 이걸 인정하는 건 고통스럽다. 나의 성장기는 아직 너드들이 모욕감을 떨치고 일어나 기를 펴기 전이었고, 고등학교 동창들이 나도 친구로 삼을 가치가 있는 사람이라는 걸 알아줬더라면 얼마나 좋았을까 싶으니까. 나는 너드가 아닌 사람들이 좋아하는 온갖 것에도 관심이 많았지만, 그래도 과학도 멋지다고 생각했다. 지금도 여전히 그렇게 생각한다. 내가 너드임을 고백하며 현재형을 쓴 것은 그 때문이다. 내가 후성유전학을 중요하게 여기는 이유는, 우리가 누구이며 삶을 어떻게 살아가야 하는지 같은 큰 그림에 관한 철학적 질문에 대해 후성유전학이 들려주는 내용 때문이지만, 동시에 나는 그 모든 것이 작동하는 세부 사항에도 관심이 많다. 그 상세한 이야기를 읽기 시작했을 때 내 머리는 어질어질해졌다. 나로서는 상상도 할 수 없을 만큼 복잡한 내용이었기 때문

2 후성유전학의 기본 개념들

이다. 후성유전 시스템의 복잡미묘함 자체 때문에 내 정신은 혼미해졌고, 그 시스템을 만든 디자이너를 향한 경외심이 절로 들었다. 나는 생물학적 지식에 경도된 너드로서 우리가 이 경이로운 시스템에 감사를 표할 대상이 자연선택이라고 확신한다. 하지만 진화론을 공부한 적 없는 사람이 이 모든 작동 방식을 살펴본 후에, 이렇게 아름다운 뭔가가 존재한다면 분명 그걸 만들어낸 지적인 디자이너가 존재할 거라고 결론 내린다 해도 나는 그 사람의 생각도 충분히 용납해줄 수 있을 것 같다.

6장에서 DNA 메틸화를 유전자 침묵화 메커니즘으로, 히스톤 아세틸화는 유전자 활성화 메커니즘으로 소개했다. 거기서 내가 사용한 후추가 묻은 스파게티 은유는 어떤 면에서는 유용하지만 다른 여러 수준에서는 많이 부족하다. 우선 그 은유는 후성유전 과정이 실제로 작동하는 방식에 관해서는 전혀 힌트를 주지 않는다. 물론 대부분의 사람은 그 작동 방식을 몰라도 되지만, 과학자들이 사람들의 삶을 실제로 개선할 수 있는 의약품이나 기타 조작법을 어떻게 개발하는지 이해하고 싶은 사람이라면 어느 정도 구체적인 사항을 알 필요가 있다. 하지만 시작하기 전에 두 가지를 알아두자. 첫째는 연구자들이 이 퍼즐을 이제야 막 풀기 시작한 단계라서 우리가 아직 거의 이해하지 못하는 영역도 있다는 것이다. 둘째는 우리가 현재 전체 중 작은 조각 하나에 대해 **감을 잡은** 정도에 지나지 않는데도, 그 작은 조각에 담긴 시스템이 **너무** 세밀해서 이 책에서 내가 할 수 있는 설명은 그저 겉핥기에 지나지 않으리라는 것이다. 이 장이 끝날 즈음이면 독자는 히스톤 탈아세틸화, 유비퀴틴화, 수산화메틸시토신 같은 불가사의한 것들에 관해 읽었을 것이고, 그 세세한 내용 때문에 머리가 빙빙 도는 듯한 느낌이 들지도 모른다. 그렇다고 해도, 이는 정말로 표면을 살짝 건드리는 정도일 뿐이다. 하지만 다행히 이 장에 담긴 정보의 복잡성은 다른 장들과 비슷한 수준이므로 이 책의 결론까지 여러분을 무사히 데려다줄 것이다.

후성유전적 변형의 중요성을 제대로 이해하려면 먼저 유전자 전사가 어떻게 일어나는지를 알아야 한다. 전사는 '전사인자'라는 분자들이 DNA의 '조절 부위'라는 곳에 달라붙을 때 시작된다. 조절 부위 자체도 DNA 분절이므로 조절 부위는 전사인자와 '결합'할 수 있는, 다시 말해 전사인자가 부착될 수 있는 특별한 뉴클레오타이드 염기서열로 이루어져 있다. 전사인자가 조절 부위에 결합하면 그 부위와 관련된 유전자의 전사가 시작된다. 그러므로 조절 부위라는 이름은 아주 적절하다. 각 조절 부위가 특정 유전자의 발현을 조절한다는 점에서 그렇다. 물론 조절 부위들이 항상 자신이 조절하는 유전자들 근처에 있기만 하다면 상황이 훨씬 단순하겠지만, 현실은 그렇지 않다. 어떤 조절 부위들은 조절하는 유전자 가까이에 있지만 일부는 DNA 가닥 상에서 한참 떨어진 곳에 있기도 하다. 놀랍게도 어떤 염색체에 있는 유전자들은 **다른** 염색체상의 조절 부위와 짝을 이뤄 조절되기도 한다. 그러니까 때로는 한 염색체에 있는 조절 부위가 완전히 다른 염색체에 있는 유전자의 활동을 조절하기도 한다는 말이다.[1]

이 정도로는 충분히 복잡하지 않다는 듯, 자연선택은 전사

2 후성유전학의 기본 개념들

인자와 조절 부위를 단순한 열쇠와 자물쇠와 같은 방식으로 만들지 않았다. 즉, 하나의 열쇠가 단 하나의 유일한 자물쇠를 열 수 있고 하나의 자물쇠가 단 하나의 유일한 열쇠로만 열리는 식과는 **다르다**는 말이다. 오히려 상황은 몇 개의 열쇠가 몇 가지 자물쇠를 열 수 있고 몇 개의 자물쇠가 여러 종류의 열쇠로 열리는 것과 더 비슷하다. 현재 생물학 교과서는 이를 다음과 같이 기술하고 있다.

> 하나의 유전자는 다양한 전사인자들과 결합하는 여러 DNA 조절 부위에 의해 조절될 수 있다. 반대로 하나의 전사인자는 유전체의 여러 부위에 부착될 수 있고, 그럼으로써 여러 유전자의 발현을 조절한다.[2]

문제를 더 복잡하게 하려는 건지, 일부 전사인자들은 어떤 DNA 가닥 위에서 서로 가까이 있을 때 상호작용하기도 하는데, 이 상호작용은 유전자가 전사되는 방식에 한층 더 영향을 미친다. 다시 한번 교과서에서 쉽게 이해할 수 있는 힌트를 찾아보자.

> 유전자의 조절 부위는 유전자 발현을 위한 일종의 통합 센터로 생각할 수 있다. 세포들은 서로 다른 자극들에 노출되면 서로 다른 전사인자들을 합성함으로써 그 자극에 반응하며 (…) 특정 유전자가 전사되는 정도는 추정컨대 [그 유전자의 조절 부위 혹은 부위들에 존재하는] 전사인자들의 특정 **조합**에 달려 있는 듯하다.[3]

이렇게 일부 DNA 분절들은 서로 다른 신호들을 효과적으로 입력받아 유전자 발현의 증가 혹은 감소로 반응하므로, 일종의 정보 처리기라고 볼 수 있다.[4]

특정 염색체 위치에서 이뤄지는 전사가 다른 위치에서 일어나고 있는 일에 의해 조절될 수 있기 때문에, 유전자 발현 조절은 DNA 가닥 중 **어디서** 후성유전적 변형이 일어나는가에 달려 있다. 이는 히스톤 변형이든 DNA 자체의 변형이든 상관없이 다 적용된다. 전반적으로 이 책에서 논의할 후성유전적 변형은 DNA에서 실제로 염기서열 정보를 포함하고 있는 부위가 아니라 조절 부위에 일어나는 변형이다. 후성유전적 요인들은 유전자의 활동을 조절하는 조절 부위에 달라붙을 수 있는 전사인자의 능력에 변화를 가함으로써 유전자의 발현에 영향을 준다.

염색질 리모델링의 기본 작동

6장에서 말했듯이, 메틸화는 DNA 자체에 후성유전적 변화를 가하는 것으로 알려진 가장 주요한 과정이지만, 다양한 화학물질에 의한 히스톤 변형 역시 유전자 발현에 영향을 준다. 히스톤은 메틸화되거나 아세틸화될 수도 있지만, 인산기를 붙이거나 유비퀴틴 단백질을 붙임으로써 인산화되거나 유비퀴틴화될 수도 있다. 하지만 인산화와 유비퀴틴화를 비롯한 다른 종류의 히스톤 변형들은 아직 히스톤 아세틸화나 히스톤 메틸화만큼 잘 연구되지

2 후성유전학의 기본 개념들

않았기 때문에 이 책에는 대부분 DNA 메틸화와 히스톤 메틸화,[5] 히스톤 아세틸화만을 중점적으로 다룰 것이다.

자, 이제 히스톤 아세틸화가 어떻게 작동하는지를 간략히 살펴보자. DNA는 음전하를 띠는 반면, 히스톤은 양전하를 띤다. 반대 전하끼리는 서로 끌어당기므로 DNA는 자신이 감고 있는 '히스톤 실패'에 대체로 단단히 달라붙게 된다. 우리는 DNA와 히스톤을 서로 강력하게 끌어당기는 구불구불하면서도 탄력적인 자석으로 생각할 수 있다. 이런 방식으로 꾸려진 결과 DNA와 히스톤 사이는 빈틈없이 밀착되고 이 때문에 전사인자들은 DNA 속 정보에 접근하기가 어려워진다.[6] DNA가 둘둘 감고 있는 '실패' 하나하나는 서로 다른 히스톤 네 쌍으로 이루어져 있고 이 히스톤들은 서로 밀접한 관계가 있다(그림 9.1). 히스톤 여덟 개로 구성된 히스톤 팔합체를 하나의 단단한 실패로 간주하는 것은 그럭저럭 합리적이지만(내가 계속 '실패'라는 단어를 써서 이 구조물을 지칭하는 이유이다), 이런 이미지는 두 가지 중요한 면에서 잘못됐다.

첫째, 하나의 실패를 이루는 히스톤들이 모두 같은 종류는 아니다. 유토 여덟 덩어리(빨강 둘, 초록 둘, 노랑 둘, 파랑 둘)를 가지고 모두를 둥글게 뭉쳐 하나의 실패 모양으로 만들면 결국 실패 하나가 만들어지기는 하겠지만 이 실패는 분명히 달라 보이는 여덟 부분으로 이루어져 있을 것이다. 생물학자들이 특정 히스톤을 H3나 H4처럼 숫자를 붙여서 지칭하는 이유가 바로 이것이다. 이 숫자들은 히스톤 팔합체 가운데 어느 히스톤을 지칭하는지를 알려준다.

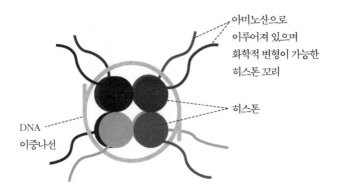

아미노산으로
이루어져 있으며
화학적 변형이 가능한
히스톤 꼬리

히스톤

DNA
이중나선

그림 9.1 DNA가 감싸고 있는 히스톤들의 배열을 보여주는 도해. 히스톤에는 DNA 밖
으로 뻗어나간, 아미노산으로 된 꼬리가 있다.

둘째로, 유토 한 덩어리와 달리 히스톤 하나는 한 가지 물질
로 이루어지지 않았다. 히스톤은 단백질이기 때문에 긴 아미노산
사슬이 특징적인 형태로 뭉쳐져서 이루어진다. 그리고 히스톤을
이루는 아미노산 대부분은 동그란 구와 비슷한 형태로 실패의 한
부분을 형성하지만, 실패 속 히스톤 여덟 개 각각에는 꼬리가 달려
있고 이 꼬리들은 실패를 감고 있는 DNA 가닥 바깥으로까지 한참
길게 뻗어 나와 있다. 이 여덟 개의 꼬리가 중요한 이유는, 각각의
꼬리가 다양한 아미노산으로 구성되어 있으며, 이 아미노산들이
아세틸기나 메틸기, 인산기 같은 다른 화학물질들과 강력하게 결
합할 수 있기 때문이다.

히스톤 아세틸화는 앞에서도 언급했듯이 일반적으로 유전
자 발현을 활성화하지만,[7] 어떻게 그런 일을 해내는지에 관한 논
쟁은 아직 계속되고 있다. 한 가지 가설은 특정 히스톤의 꼬리에

있는 특정 아미노산에 아세틸기가 더해지면 그 히스톤의 양전하가 감소한다는 것이다. 그 결과 그 히스톤과 가까이 있는 DNA는 그 히스톤에 '자기적으로' 덜 끌리게 되고, 이렇게 DNA가 히스톤으로부터 자유로워지면서 전사인자들이 접근하기가 더 쉬워져 RNA/단백질 생산 과정이 개시된다는 것이다.[8] 또 다른 가설은 아세틸기가 일종의 도킹 스테이션처럼 작용하여 그 부위로 또 다른 단백질들을 끌어들이고 그 단백질들이 염색질 리모델링에 기여한다는 것이다.[9]

아세틸기를 정확한 히스톤 꼬리에 있는 정확한 아미노산에 붙인다는 것이 내가 말한 것처럼 쉬운 일은 아니다. 우선 히스톤은 네 가지 종류고, 히스톤 꼬리를 이루는 아미노산도 라이신, 아르기닌, 세린 등 여러 종류이기 때문이다. 게다가 하나의 히스톤 꼬리에 있는 아미노산의 종류도 다양하다. 하나의 꼬리에 특정 종류의 아미노산이 **여러 개** 포함되어 있을 수도 있는데, 같은 종류라도 어떤 아미노산을 아세틸화하느냐에 따라 다른 결과가 나올 수도 있다. 예를 들어 H3 히스톤의 꼬리에는 아세틸기가 붙을 수 있는 라이신이 최소한 일곱 개 있으며,[10] 각 라이신은 서로 똑같기는 하지만 각자 다른 **위치**에 있다는 사실도 큰 의미를 지닌다. 그리고 라이신이 **몇 개** 변형되는가 하는 문제 못지않게 **어느** 라이신이 변형되는가도 중요하다. 현재 우리는 메틸화되는 라이신이 하나인가 둘인가 셋인가에 따라 서로 다른 생물학적 결과가 만들어질 수 있다는 것도 알고 있다.[11]

그러므로 후성유전 표지들이 만들어내는 구체적인 효과는,

어느 히스톤이 변형되는가(H3인가, H2A인가), 어느 화학물질기가 일으키는 변형인가(아세틸기인가, 메틸기인가), 어느 아미노산에 결합되는가(H3의 꼬리 9번 위치에 있는 라이신인가, 같은 꼬리의 27번 위치에 있는 라이신인가) 그리고 얼마나 많은 아미노산이 변형되는가(우리가 보고 있는 것은 단메틸화인가, 삼중메틸화인가) 등에 따라 결정된다. 그리고 분명 우리가 알고 있는 것보다 더 많은 일이 벌어지고 있을 것이다. 다양한 변형의 조합에서 다른 결과가 나올 수 있다는 사실은, 아세틸화 같은 과정들이 닥치는 대로 일어나게 그냥 두어서는 안 된다는 것을 의미한다.

과학자들은 히스톤을 질서정연한 방식으로 아세틸화할 수 있는 단백질 부류가 존재한다는 사실을 발견했다. 이 단백질들은 아세틸기를 히스톤에 전달하기 때문에 지극히 논리적이게도 '히스톤 아세틸 전이효소histone acetyl-transferases'라 불리며, 다행히도 그냥 'HAT'라는 머리글자로도 자주 불린다. 히스톤 아세틸 전이효소로 작용하는 단백질들은 매우 특수한 기능을 수행할 수 있고, 그럼으로써 아주 작은 변형의 차이로도 다른 결과가 나올 수 있는 너무나도 복잡한 시스템에 내재한 일부 문제들을 극복하게 해준다. 예를 들어, 어떤 HAT는 H3의 9번 위치에 있는 라이신을 우선적으로 변형하며, 또 다른 HAT는 같은 히스톤의 14번 위치에 있는 라이신을 우선적으로 변형한다.[12] 연구자들은 이 모든 일이 어떻게 이루어지는지 아직 탐구하는 중이지만, 매우 구체적인 역할들을 해낼 수 있는 히스톤 아세틸 전이효소의 존재만으로도 상황이 어느 정도는 명료해졌다.

비행기를 타고 시간대를 넘어간 뒤로도 우리의 생물학적 시계를 재설정할 수 있다는 사실 그리고 식생활 및 기타 경험들이 유전자 발현에 영향을 줄 수 있다는 사실은, 우리의 세포들이 필요한 때와 장소에 따라 유전자 활동을 시작하거나 끝낼 수 있음을 의미한다. 그러므로 HAT들이 히스톤을 아무리 열심히 아세틸화했더라도 그것은 분명 뒤집힐 수도 있을 것이다. 아니나 다를까, 히스톤을 아세틸화하는 효소가 존재하는 것처럼 그 모든 작업을 원 상태로 **되돌릴** 수 있는 단백질 무리도 존재한다. 이 단백질들은 히스톤 **탈**아세틸화 효소histone *de*acetylases라고 부르며 'HDACs'라는 약어로 알려져 있고 'H-댁스'라 발음한다.

히스톤 아세틸 전이효소와 히스톤 탈아세틸화 효소는 반대로 작용한다. 전자는 유전자 활성화와 관련되고 후자는 유전자 억제와 관련된다. 하지만 히스톤을 매우 특정적인 방식으로 아세틸화하는 히스톤 아세틸 전이효소들과 달리, 대부분의 히스톤 탈아세틸화 효소는 비교적 불특정적이어서 히스톤의 종류와 위치를 가리지 않고 아세틸기를 제거한다. 경우에 따라 까다롭게 굴 때도 있어서 특정 히스톤 꼬리에 있는 특정 라이신에서만 아세틸기를 제거하기도 하지만,[13] 대체로는 특정한 표적을 갖고 있지 않다. 이는 후성유전적 상태에 관해 정확한 효과를 내는 의약품을 설계하려는 제약회사들에게 중요한 문제가 된다(22장에서 이에 관해 알아볼 것이다). 그러나 특정 방식으로 작용하는 히스톤 아세틸 전이효소 및 탈아세틸화 효소의 능력과는 무관하게, 히스톤 아세틸화와 탈아세틸화 두 과정 다 역동적이며 환경 속 요인들에 의해 조절되

기 때문에 심리학자들에게 큰 관심을 불러일으킨다.[14]

히스톤 부호 가설

일반적으로 말하면 히스톤 **메틸**화는 히스톤 **아세틸**화와 꽤 비슷하다. 하지만 부분적으로는 메틸기가 히스톤의 양전하를 중화하지 않는다는 점 때문에, 히스톤 메틸화는 아세틸화만큼 유전자 발현의 특정 효과들과 그리 명확히 연관되지는 않는다.[15] 실제로 히스톤 메틸화는 유전자 활성화**와도** 억제**와도** 연관될 수 있다.[16, 17] 하지만 라이신의 단메틸화나 이중메틸화나 삼중메틸화가 서로 다른 결과를 만들 수 있기 때문에, 그리고 어떤 단백질들은 한 히스톤의 특정 위치에서 메틸기가 하나인지 둘인지 셋인지를 아주 잘 구별할 수 있기 때문에,[18] 히스톤 메틸화는 흔하면서도 중요한 현상으로 여겨진다.

메틸기는 아세틸기와는 다른 효과를 낸다는 사실 그리고 한 메틸기는 세 메틸기와 다른 효과를 내며, 히스톤3의 넷째 라이신 변형은 히스톤3의 아홉째 라이신 변형과는 무언가 다른 일을 하며,[19] 히스톤3을 변형하는 것은 히스톤4를 변형하는 것과 다르다는 사실은 히스톤 변형에는 어마어마하게 많은 수의 다양한 조합이 존재하며 이를 이용해 유전자 활동이 미세하게 조정된다는 것을 의미한다. 또한 이는 유전자 조절에 극도로 복잡한 **시스템**이 관여한다는 의미이기도 하다.[20] 39가지 히스톤 변형(이미 최소한 50가지가 발견되었으니 이것도 알려진 히스톤 변형 가운데 일부일 뿐이다)[21]에 관한 최근의 연구에서는 4339가지 조합을 탐지했는데,[22] **이것도 단지 한 종류의 세포에서만 찾아낸 것이다.** 그리고 세포 유형에 따라 서로 다른 유전자들이 발현되므로 인체에서 사용되는 히스톤 변형의 조합 수는 아마 무수히 많을 것이다.

이게 어떤 상황인지 감을 잡아보려면, 히스톤 변형이 유전자 발현에 영향을 미치는 방식에 관해 네사 캐리가 들려준 아주 괜찮은 은유를 살펴보면 도움이 될 것 같다.

염색체가 아주 큰 크리스마스트리의 줄기라고 상상해보자. 트리 전체에서 뻗어 나온 가지들은 히스톤 꼬리들인데 이 가지들을 후성유전적 변형으로 장식할 수 있다. 우리는 보라색 방울을 집어서 몇몇 가지에 하나나 두 개 또는 세 개를 건다. 우리에게는 초록색 고드름 장식도 있고, 몇몇 가지에 이 고드름 장식을 하나나 두 개 걸 수 있다. 이미 보라색 방울이 걸려 있는 가지에도 걸 수 있다. 그다음에는 빨간 별을 달려고 하는데, 근처 가지에 보라색 방울이 걸려 있으면 빨간 별을 달면 안 된다는 말을 들었다. 금색 눈꽃과 초록 고드름은 같은 가지에 있을 수 없다고 한다. 이런 식으로 계속되며 점점 더 복잡한 규칙과 패턴이 생겨난다. (…) 마지막으로 우리는 전구들이 달린 줄 모양 조명을 트리에 둘둘 감는다. 전구들은 개개의 유전자를 나타낸다. (…) [이제는 어떻게 해서인지] 각 전구의 밝기는 주변 장식의 정확한 배치에 따라 결정된다[고 상상하자]. 장식 패턴이 너무도

복잡하니 전구들 대부분의 밝기를 예측하는 일은 아마 몹시 어려울 것이다.[23]

그리고 사실 현재 우리는 특정 히스톤 변형의 조합이 유전자 발현에 어떻게 영향을 미치는지도 아주 조금밖에 이해하지 못한다.

그래도 히스톤 변형의 **잠재적** 조합의 수가 엄청나다는 점 때문에 일부 생물학자들은 '히스톤 부호' 같은 것이 존재하리라는 의견을 제시했는데,[24] 만약 존재한다면 그 부호는 우리의 형질에 미치는 영향력을 두고 DNA 부호와 경쟁하게 될 것이다. 현재 히스톤 부호의 존재는 아직 가설 상태이며 분자생물학자 캐서린 딜락이 이 '몹시 논쟁적인' 가설을 논하며 지적했듯이 "하나의 히스톤 표지 또는 히스톤 표지들의 특정 조합(조차), 특정 전사 결과를 단순히 예측하게 하지는 않는다".[25] 그럼에도 우리 염색질 속에 아직 발견되지 않은 부호가 존재할 수도 있다는 가능성이 설렘을 안겨주는 것은 사실이다.

후성유전의 프리마돈나

이 책에서 내가 자주 언급할 또 한 가지 후성유전적 변형은 바로 DNA 메틸화다. 앞에서도 말했듯이 DNA 메틸화는 보통 유전자 침묵화와 연관된다. 이는 한 유전자의 조절 부위에 있는

DNA에 메틸기가 달라붙을 때 일어나는 결과다. 더 구체적으로 말하면 'C(사이토신)'라는 뉴클레오타이드 염기에 메틸기 하나가 붙으면 새로운 종류의 염기가 만들어진다. 그러므로 어떤 DNA 분절들은 사실상 'A', 'C', 'G', 'T' 그리고 '메틸화된 C'까지 **다섯** 가지 염기로 이루어진다고 볼 수 있고, 이 메틸화된 사이토신은 'mC'로 표기한다.[26] 우리가 DNA의 특정 영역이 매우 메틸화되어 있다고 말할 때 이는 그 영역의 'C' 염기 몇몇이 'mC' 염기로 바뀌었다는 의미다. 그리고 아주 많은 경우, 한 유전자의 조절 부위에 'mC' 염기들이 많을 때 그 유전자는 상대적으로 덜 발현된다.

인간 유전체의 메틸화된 영역 대부분은 모든 사람에게서 비슷하게 나타나지만, 그 영역들의 비율은 다를 수 있다.[27] 즉, 어떤 사람들은 그 영역들에 메틸화된 DNA가 있지만 어떤 사람들은 그렇지 않다는 말이다. 이런 영역들이 특히 행동과학자들의 관심을 끄는데, 이는 그 차이로써 사람들의 행동 표현형에서 나타나는 차이를 설명할 가능성이 있기 때문이다. 12장과 16장에서 각각 살펴보겠지만, 특정 영역의 메틸화 정도는 개인의 경험에서 영향을 받기도 하고[28] 무작위적인 결과로 보이기도 한다.[29] 때로는 DNA 메틸화가 유전자 돌연변이[30]나 개인의 DNA 염기서열에 일어난 다른 자연적 변이에서[31] 영향을 받기도 한다. 즉, 한 DNA 분절의 메틸화 상태에 영향을 줄 수 있는 서열 정보가 그 분절 속에 담겨 있을 수도 있다는 말이다.[32] 그 결과 한 사람의 후성유전적 상태에는 유전자와 환경의 상호작용이 반영될 가능성이 있으므로, 미래의 과학자들은 각 동물의 후성유전체가 그들의 경험에 모두 똑같은 방식으로 반응하지는 않는다는 것을 발견하게 될 수도 있다.

DNA 메틸화는 히스톤 아세틸화보다 훨씬 안정적이다. 히스톤 아세틸 전이효소와 히스톤 탈아세틸화 효소 같은 분자들이 존재한다는 사실 자체가 히스톤 변형이 역동적인 과정이라는 증거이기도 하다. 변형이 일어날 수도 있고 또한 뒤집힐 수도 있다는 뜻이니 말이다. 이와 달리 DNA 메틸화는 매우 안정적이기 때문에 그 기능이 유전자를 '끄는' 것보다는 이미 비활성화된 유전자의 침묵 상태를 유지하는 일과 관련된 것이라고 믿는 연구자들이 많다.[33]

우리는 이런 일이 어떻게 일어나는지 보여주는 예 하나를 7장에서 살펴보았다. 포유류 암컷 배아가 X염색체 둘 중 하나를 비활성화할 때 배아는 먼저 XIST라는 비부호화 RNA를 만든다. 이것이 염색체를 덮어 그 염색체를 이루는 대부분의 유전자에 전사 기구가 접근하는 일을 상대적으로 어렵게 한다. 그런 다음에는 다양한 억제성 히스톤 변형이 일어난다.[34] 하지만 이러한 변화들은 다시금 없던 일로 되돌려질 가능성이 있기 때문에, 이어서 시스템은 DNA 자체를 메틸화할 수 있는 단백질을 불러들인다. 이 메틸화로 그 염색체상의 유전자들을 한층 더 영구적으로 침묵화시킬 수 있다.[35] 메틸기들은 DNA에 붙은 뒤에 히스톤 탈아세틸화 효소 및 다른 단백질들을 끌어들여 그 염색체 대부분을 더욱더 효과적으로 폐쇄한다.[36, 37]

DNA 메틸화가 매우 안정적이기는 하지만 그렇다고 아예 되돌릴 수 없는 것은 아니다.[38] 생각해보면 이는 그럴 수밖에 없다.

　　　　　　　　　　　　2　후성유전학의 기본 개념들

성별을 표시하는 각인이 DNA에 메틸기를 붙이는 일로 이루어진다는 점을 감안하면 말이다. 그렇지 않다면, 내 어머니의 DNA 중 특정 유전체 영역이 어머니의 아버지(남성 부모)로부터 온 것임을, 그리고 그 영역이 다시 어머니로부터 나에게 넘어올 때는 그것이 나의 어머니(여성 부모)에게서 기원했음을 어떻게 표시할 수 있겠는가? 이에 대해서는 18장에서 더 이야기할 테지만, 지금은 메틸 표지가 어떻게든 제거될 수 있어야만 한다는 사실만 이해하고 넘어가면 충분하다.

실제로 DNA는 생애 주기 동안 두 번 탈메틸화되는데, 그중 한 번은 수정 직후에 일어난다. 수정 이후 후성유전적 표지들이 광범위하게 지워지는 현상은 수십 년 동안 후성유전 표지의 대물림이 불가능하다고 여겨진 이유 중 하나다. 하지만 DNA가 탈메틸화 **될 수 있다**고는 해도 DNA 메틸화는 대개 매우 안정적이어서 그 생물의 생애 전체에 걸쳐 분열하는 세포에서 그 세포의 모든 '딸세포들'에게 충실히 전달된다. 네사 캐리에 따르면 "메틸기와 DNA 사이의 화학적 결합은 (…) 너무나 강력해서 여러 해 동안 그 결합을 되돌리는 건 완전히 불가능하다고 여겨졌다."[39]

나는 여기서 행동 후성유전학을 둘러싼 한 가지 논쟁을 인정하는 것으로 마무리하고자 한다. 우리는 히스톤 아세틸화와 탈아세틸화가 둘 다 환경 요인에 의해 역동적으로 조절된다는 것을 알고 있는데,[40] 이 점이 널리 받아들여지는 이유 중 하나는 히스톤을 아세틸화하는 단백질과 탈아세틸화하는 단백질이 존재하기 때문이다. 이와 달리 우리는 DNA에 메틸기를 전달하는 단백질들의 존재는 알고 있지만, 포유류에서 DNA를 **탈**메틸화할 수 있다고 모두가 동의하는 효소는 아직 발견되지 않았다.[41] 그래서 어떤 영역에서는 우리의 경험이 DNA 탈메틸화를 일으킬 수도 있다는 관념이 의심의 눈길을 받는다.[42]

내가 방금 넌지시 말했듯, 탈메틸화는 수정 얼마 후 진행되는 능동적인 과정으로 분명히 일어난다.[43] 게다가 탈메틸화는 또 다른 수동적인 과정을 통해서도 일어날 수 있다. 세포분열 중 DNA가 복제될 때 새로 만들어진 DNA는 보통 '부모' DNA 가닥과 똑같은 방식으로 메틸화되는데, 이러한 새 DNA 가닥의 메틸화가 **실패**하는 경우 사실상 이는 수동적으로 탈메틸화되는 것이나 마찬가지다.[44] 그래도 이후 삶에서 일어나는 탈메틸화는 여전히 논쟁적인데,[45] 그 이유는 생물학자들이 성숙한 뉴런처럼 분열하지 않는 세포에서는 **수동적** 탈메틸화가 불가능하다고 여기기 때문이다. 게다가 뉴런이야말로 행동 후성유전학자들이 가장 큰 관심을 기울이는 세포다. 특정 약물[46]이나 환경 독소[47]에 노출된 후 **비정상적**인 탈메틸화가 일어날 수는 있지만, 아직 우리는 일반적인 경험에 반응하여 DNA가 능동적으로 탈메틸화되는 메커니즘은 알지 못한다.[48, 49]

지난 5년 사이 후성유전학자들을 꽤 흥분시킨 보고가 있었다. DNA의 새로운 '제6' 염기에 관한 보고였는데, 이 염기는 능동적 DNA 탈메틸화에서 중요한 역할을 할 가능성이 꽤 있어 보인다.[50] 메틸화된 C 염기에 또 다른 화학물질기가 부착될 때 형성되는 이 새로운 염기는 수산화메틸사이토신, 줄여서 'hmC'라고 한

　　　　　　　　　　　　2　후성유전학의 기본 개념들

다. hmC의 기능은 아직 밝혀지지 않았지만,[51] 이 염기는 뉴런[52]과 배아줄기세포[53]에 비교적 높은 농도로 존재하며, DNA의 직접적 변형과 관련된 또 다른 후성유전 메커니즘을 반영하는 것으로 보인다.[54] 더 중요해 보이는 점이 있는데, 일부 연구자들의 추정이 맞는다면 hmC 염기는 DNA 분절에 어떤 **표시**를 남기고, 이 표시는 이어서 세포 기구가 능동적으로 그 분절을 탈메틸화하게끔 한다.[55] 이 추정을 뒷받침하는 증거 하나는, 포유류의 세포에 hmC 염기를 포함하도록 실험적으로 만든 DNA를 집어넣으면 이 DNA에 능동적 탈메틸화가 일어나고, 시간이 지나면 그 hmC 염기들이 메틸화되지 않은 C 염기들로 대체된다는 발견이다.[56] 게다가 hmC는 인간 태아의 뇌에서 성인 뇌가 되었을 때 최종적으로 탈메틸화될 (따라서 활성화될) 유전체 영역에 존재한다는 사실도 밝혀졌다.[57] 마지막으로 최근의 여러 연구에서 드러난 점인데, 원숭이를 생애 초기에 어미와 떼어놓는 일은 자라서 성체가 된 후 그 원숭이의 뇌에서 채취한 DNA의 조절 부위에서 hmC의 농도가 변해 있는 결과와 연관된다. 중요한 것은 그 조절 부위들이 심리적 이상과 관련된 것으로 알려진 부위라는 점이다.[58] 그러므로 능동적 DNA 탈메틸화는 두 단계로 이루어지는 과정일 수 있다는 생각을 많은 과학자가 점점 더 편안히 받아들인다. 요컨대 먼저 메틸화된 사이토신 염기를 수산화메틸사이토신 염기로 전환하고, 그런 다음 수산화메틸사이토신 염기를 메틸화되지 않은 보통 사이토신 염기로 대체함으로써 DNA 분절의 메틸화 수준을 이전보다 낮춘다는 것이다.

경험에 의한 DNA 탈메틸화는 행동 후성유전학의 가장 흥미진진한 발견으로 꼽히지만, 일상적 경험이 능동적인 DNA 탈메틸화를 어떻게 일으키는지 정확한 **메커니즘**이 규명되지 않았다는 점은 행동 후성유전학에 관한 논쟁을 촉발시켰다. 생물학자들이 아직 그 메커니즘을 발견하지 못했다는 것은 인정해야겠지만, 그렇다고 해서 그런 메커니즘이 존재하지 않는다는 뜻은 아니다. 현재 행동 후성유전학 분야를 이끄는 연구자 중 한 사람인 뉴욕 컬럼비아대학교의 프란시스 샹파뉴는, 실험적으로 통제한 경험들이 DNA의 특정 지역들에 저메틸화를 일으켰다는 사실 자체가, 행동 후성유전학 분야에 근본적으로 잘못된 것이 없음을 의미한다고 본다. 오히려 그는 경험이 **어떻게** DNA에서 메틸기가 떨어지게 하는지 우리가 모른다는 사실은 아직 그 퍼즐에서 우리가 발견하지 못한 조각이 많이 남아 있다는 뜻이라고 강변한다. 나는 샹파뉴의 주장이 설득력이 있다고 생각한다. "어떤 화학반응이 존재한다. DNA 메틸기가 떨어져 나온다. 그렇다면 그런 일을 하는 (…) [메커니즘이] 존재하는 것일 수밖에 없다."[59] 그러므로 누군가가 수수께끼의 이 부분을 푸는 것은 시간문제일 뿐이다.

2 후성유전학의 기본 개념들

10

경험은 어떻게 뇌를 바꾸는가

내가 교수로 재직 중인 학교의 학생들은 마음이 참 따뜻하다. 거의 모든 학생이 지역에서 자원봉사 활동을 하며 어려운 사람들을 돕는다. 내가 가르치는 수업 다수가 아동 발달에 관한 내용이기 때문인지 학생들 다수가 어린이를 돕는 일에 관심이 있다. 그들은 아이들을 가르치는 일과 관련된 실습을 하거나 소년원에 있는 청소년들과 함께 작업하거나 불행한 결과를 초래할 위험에 처한 아이들을 어떻게든 도우려 애쓴다. 가끔씩 학생들이 내게 들려주는 이야기는 정말 참혹하다. 어떤 아이들이 당한 방임과 학대는 나로서는 상상하기도 어려운 정도이며, 자기 자녀를 그렇게 방임하고 학대한다는 것이 도저히 이해가 안 되지만, 그래도 우리 학생들이 만난 아이들의 이야기를 통해 어떤 아이는 아주 힘든 삶을 살아간다는 것을 분명히 실감하게 된다.

발달기에 겪는 끔찍한 경험이 특정한 결과를 초래하리라는 생각은 우리 대부분에게 상식으로 여겨진다. 그렇다고 방임과 학대가 반드시 그리고 항상 심리적 상처를 영구적으로 남긴다는 말은 아니다. 내가 아는 사람 가운데는 정말 나쁜 부모 밑에서 자랐지만 건강한 성인으로 자란 이들이 있다. 그리고 이런 현상에 관한 경험 증거는 많다. 심리학자들은 예상 밖의 회복탄력성을 집중적으로 연구했다. 이런 연구는 어떤 조건에서는, 발달 초기에 위험 요인들이 존재했음에도 건강한 결과를 성취한 사람이 존재하고 있음을 확인시켜준다.[1] 하지만 '위험 요인'이 허투루 만들어진 단어는 아니다. 위험 요인에 노출된 아이들은 그렇지 않은 아이들에 비해 성인기에 잘 살아가지 못하는 경우가 더 많기 때문이다. 일례로 생애 초기에 학대나 방임을 당한 아이는 나중에 불안증이나 우울증 같은 정신장애를 겪을 가능성이 더 크다.[2]

나에게는 어렸을 때 어떤 대우를 받았는지가 나이 들어 행동하고 느끼는 방식에 영향을 준다는 것이 언제나 상식처럼 느껴졌기 때문에, 1950년대 말과 1960년대 초에 해리 할로의 유명한 연구에서 발견된 효과들이 그리 대단치 않아 보였다. 이 고전적인 심리실험에서 할로는 붉은털원숭이들을 어미와 떼어놓고 아무것도 없는 철창 우리에서 길렀다. 그 결과 그 원숭이들은 "환경에 무관심하고, 외부로는 다른 존재들을 향하고 내부로는 자기 몸을 향하는 적개심을 품고 있으며, 사춘기 이전이나 사춘기, 성숙기에 그럴 기회가 생기더라도 다른 존재와 적절한 사회적 애착 혹은 이성애적 애착을 형성하지 못한다"는 사실을 발견했다.[3] 인간과 영장류는 진화적으로 가까운 관계이므로, 할로의 실험이 사람 엄마와 자녀 간 상호작용의 어떤 측면들이 아이의 발달에 중요한 역할을 한다는 증거임을 누구나 이해했다. 하지만 정말 솔직히 말해서, 그 누구라도 이 실험에서 과연 다른 결과를 예상할 수 있을까?

물론 이건 할로에게는 부당한 말이다. 할로의 연구는 단순히 뻔한 사실을 증명한 것이 아니다. 오히려 그는 엄마가 아기에게 영양 공급의 원천이라는 사실보다 '접촉 위안'의 원천이라는 사실이 더 중요하다는 걸 증명하는 데 일조했다.[4] 정상적 발달에 접촉이 갖는 중요성은 여러 연구자가 인간 신생아 연구로 확실히 증명했다. 예를 들어 티파니 필드는 조산아에게 마사지 치료를 하면 체중이 더 늘고[5] 스트레스 행동이 감소하며[6] 통증 반응도 줄어드는[7] 등 여러 효과가 있다는 것을 반복적으로 증명했다. **내**가 사람과의 접촉이 아기에게 중요하다는 건 자명한 일이라고 생각하든 말든 상관없이, 사람의 접촉이 내는 효과에 관한 과학적 연구가 큰 가치를 지닌다는 것은 명백하며 그 연구는 수많은 조산아의 삶을 개선했다.

생애 초기의 경험이 특정한 발달상의 결과와 관련된다는 것을 증명하는 일도 가치 있지만, 그 경험이 **어떻게** 그 결과를 만들어내는지를 밝혀내는 일은 더욱더 중요하다. 나는 사회과학자이기 때문에 어린 시절 가난에 노출되는 것이 이후 삶에서 신체적 건강[8]과 심리적 건강의 손상[9]과 연관된다는 점이 의미 있고 중요하다고 생각하지만, 그런 점들이 밝혀진 것이 특별히 놀랍지는 않다. 이런 연구 결과들은 정말로 중요한 질문들에는 답하지 않은 채

남겨두었다. 생애 초기에 경험한 상황이나 사건은 **어떻게** 수년 후 우리에게 영향을 주는 것일까? 이런 일이 일어나는 방식을 우리가 이해하게 해줄, 우리가 식별할 수 있는 어떤 메커니즘이 있을까? 다시 말해, 어려서 한 경험이 실제로 몸속에 새겨지도록 우리 내부에 물리적 변화를 초래하는 어떤 방식이 존재할까?

내가 이런 질문들이 정말로 결정적이라고 생각하는 이유가 있다. 예컨대 아동기의 방임이 성인기의 불안과 관련이 있다는 걸 알았을 때, 우리가 할 수 있는 일은 부모들에게 자녀를 방임해서는 안 된다고 설득하는 것뿐이다. 하지만 만약 방임이 **어떻게** 불안으로 이어지는지 안다면 그 외에도 의지할 수단들이 많을 것이다. 발달상 결과의 **기계적** 원인을 추적하는 일이 중요하다는 것은 추상적으로 생각해보면 더 명확하다. N(방임)이라는 조건이 A(불안)라는 달갑지 않은 결과와 연관된다는 것을 안다면, 할 수 있는 일은 N에 영향을 주려 노력하는 것이다. 그러나 만약 N이 D를 초래하고, D는 W를 초래하며, W는 P를 초래하고, 이것이 A라는 결과를 초래한다는 사실을 알아냈다면, 앞선 네 단계 중 어느 단계에 개입하더라도 그 좋지 않은 결과를 피할 가능성이 생긴다.

이런 식의 연쇄적 인과, 그러니까 한 사건이 다음 사건을 초래하며 아주 긴 연쇄를 이루는 일은 생물계에서 너무나 흔하기 때문에 생물학자들에게는 이를 가리키는 단어가 따로 있을 정도이다. 바로 '캐스케이드cascade'다. 우리의 생물학적 형질과 심리적 형질은 사건들의 캐스케이드에 의해 초래되기 때문에, 미국의 발달과학자 린다 스미스는 발달이 "미리 정해진 결과에 따라 결정되는

2 후성유전학의 기본 개념들

것이 아니라 (…) 각 전 단계의 변화에 따라 뒤이은 각 변화가 좌우되는, 다단계의 연쇄적 원인들cascading causes이 이어진 역사의 산물로 결정될" 수 있다고 썼다.[10] 경험이 **어떻게** 발달상 결과에 요인으로 작용하는지 알아내는 것이 대단히 가치 있는 일인 이유는, 대개 그런 종류의 발견은 결과에 영향을 줄 수 있는 여러 방법을 밝혀주기 때문이다.

생애 초기 경험의 물리적 결과

　　몬트리올에 있는 맥길대학교에서 무척 특별한 연구가 진행되었는데, 이 연구팀은 우리의 초기 경험이 유전자 발현에 영향을 미치고 그럼으로써 이후 행동에 영향을 미치는 한 가지 방식을 발견했다.[11] 발달 심리생물학자인 마이클 미니와 생화학자 모셰 스지프가 이끄는 연구팀이 발견한 시스템은 거의 가늠조차 할 수 없을 만큼 복잡해 보였다.[12] 그 시스템이 놀랍도록 복잡한 것은 **사실이지만**, 시스템의 바탕이 되는 기본 개념들은 충분히 설명할 수 있다.

　　이 획기적인 연구는 모두 쥐를 대상으로 했다. 대체로 사람과 쥐 사이에 공통점이 별로 없다고 생각하고 싶어 하지만, 같은 포유류로서 우리는 사실 쥐와 꽤 가깝다. 가장 중요한 사실 둘을 보자. 첫째, 갓 태어난 쥐들은 우리와 마찬가지로 더디게 성장한다. 그러니까 스스로 자신을 보호할 능력이 없는 상태로 태어난다는 말이다. 둘째, 쥐의 신경계는 사람의 신경계와 매우 비슷하다. 그러므로 인간 어머니의 다양한 행동이 자녀의 행동으로 나타나는 결과들에 어떻게 영향을 미치는지 알고 싶을 때 쥐를 연구하는 일은 합리적이다.

20세기 말까지 스트레스의 신경생물학이 광범위하게 연구된 것은 부분적으로 할로와 미니 같은 이들의 노력 덕분이다. 그 무렵 우리는 원숭이 및 기타 영장류의 갓 태어난 새끼가 어미의 방임이나 가혹하고 예측할 수 없는 훈육 같은 스트레스 요인에 노출되면 성장 후 비정상적 행동을 보이는 결과가 나올 수 있음을 알고 있었다.[13] 그뿐 아니라 그 영향의 바탕이 되는 신경계와 신경생화학에 관해서도 꽤 잘 이해하고 있었다. 게다가 쥐와 영장류는 초기 스트레스 경험이 이후 삶의 기능 이상 상태로, 즉 질병으로 이어지게 하는 메커니즘이 서로 유사하다고 확신할 이유도 충분했다.[14] 이는 곧 연구자들이 설치류를 연구함으로써 유전자가 그 과정에 어떻게 관여하는지 알아낼 시도를 할 수 있다는 의미였다.

1997년에 미니 연구팀은 어미 쥐들이 갓 태어난 새끼 쥐와 상호작용하는 방식을 자세히 관찰하다가 어미 쥐들 사이에 자연스레 나타나는 상호방식 차이를 발견하고 그 결과를 보고했다. 모든 어미 쥐는 양육 과정에서 간헐적으로 새끼를 핥아주고 털을 다듬어주는 행동을 하는데, 그 행동을 하는 정도가 모두 같은 건 아니다. 새끼와 접촉한 채 보내는 시간의 양이 똑같을 때도[15] 일부 어미들은 새끼를 핥고 다듬어주는 데 더 많은 시간을 쏟았다(미니와 동료들은 핥기licking와 털 다듬기grooming 행동을 LG라고 표현했다). 이 연구가 미국의 저명한 과학 학술지《사이언스》에 실린 이유는, 생애 첫 10일 동안 낮은 수준의 LG에 노출된 새끼 쥐들이 스트레스 반응 수준이 높은 어른 쥐로 성장한다는 결과 때문이었다. LG를 적게 하는 어미가 기른 새끼는 LG를 많이 해주는 어미가 기른 새끼에 비해 약한 스트레스도 잘 견디지 못했다. 구체적으로 말하면 열린 공간에 두었을 때 공포에 질린 듯 행동했고, 놀람 자극에 크게 깜짝 놀라는 반응을 보일 가능성이 더 컸으며, 새로운 환경에서 먹이를 주었을 때 먹기 시작하기까지 더 오랜 시간이 걸렸다.[16] 쥐의 초기 경험은 이렇게 이후의 행동에 영향을 주었다. 게다가 스트레스에 대한 신경과 호르몬의 반응에도 영향을 주었는데, 이 이야기는 다음 장에서 자세히 살펴볼 것이다.

어미의 행동 차이가 새끼의 표현형 차이와 관련되는 모든 경우, 우리는 어미의 행동이 새끼의 표현형을 초래한 직접적인 원인이 아닐 수도 있음을 바로 인정해야만 한다. 만약 어미가 자신의 행동에 영향을 줄 수 있고 **동시에** 새끼에게 유전될 수도 있는 유전적 요인을 갖고 있다면, 새끼의 표현형은 어미의 행동 자체가 아니라 그 유전적 요인의 존재를 반영하는 것일 수도 있다. 그러므로 새끼 쥐의 이후 발달에 영향을 주는 것이 LG 자체임을 확인할 유일한 방법은 교차 양육 연구다. 교차 양육 연구를 하려면 갓 태어난 새끼 쥐를 양어미 쥐에게 입양시켜야 한다.

이를 위해 미니 연구팀은 LG 행동을 많이 하는 어미 쥐가 낳은 암컷 새끼 쥐를 태어난 지 12시간 안에 LG를 잘 안 해주기로 유명한 암컷 쥐의 우리에 넣었다.[17] 마찬가지로 LG 정도가 높은 어미 쥐들에게는 낮은 LG 어미들이 낳은 암컷 새끼 쥐의 양육을 맡겼다. 그 결과 결국 중요한 것은 LG 경험이었다는 가설이 옳다는 게 확인되었다. LG 정도가 높은 어미에게서 태어났더라도 갓난 쥐 시기에 핥아주고 털을 다듬어주는 보살핌을 많이 받지 못하면 더 겁이 많은 어른 쥐로 자랐다. 반대로 LG가 낮은 어미가 낳은 새끼 쥐도 양어미가 많이 핥고 다듬어주면 그 결과 겁이 별로 없는 어른 쥐로 자랐다.

흥미롭게도 새끼 쥐의 초기 경험은 공포를 잘 느끼는 성질에만 영향을 준 것이 아니었다. LG가 높은 어미에게 양육된 암컷 쥐들은 **비록 자신의 생물학적 어미는 LG가 낮다고 해도**, 일단 자라서 새끼를 낳으면 자신도 LG가 높은 어미가 되었다. 이런 종류의 초기 경험이 이후의 양육 행동에까지 영향을 미치게 만드는 복잡한 시스템에 관해서는 이제 겨우 알아가기 시작하는 단계지만,[18] 마이클 미니는 이 연구가 "어미로서 하는 행동의 개체 차이가 어미로부터 암컷 새끼에게로 비유전적으로 전달되는" 과정이 존재할 가능성을 보여주었다고 말했다.[19] 다시 말해 이 연구가 암시하는 바는 우리가 유전자 이외의 방식으로도 부모의 특징 일부를 '물려받을' 수 있다는 뜻이다. 조상 세대에서 후손 세대로 전달될 수 있는 것은 유전자 정보뿐이라는 것이 생물학자들의 전통적 입장이었음을 감안하면,[20] 비유전적 방식의 대물림은 무척 중요한 발견이다.[21]

물론 이 실험 결과는 매우 흥미롭지만, 진화적으로 사람과 설치류가 가까운 사이임을 이미 알고 있던 사람들은 내가 할로의 새끼 원숭이 고립 실험 결과를 처음 들었을 때처럼 깊은 인상을 받지 못했을 수도 있다. 부모의 행동이 자녀에게 장기적 영향을 주는 것은 **당연한** 일 아닌가! 하지만 미니의 연구가 중요한 것은 연구팀이 한 단계 더 나아가 **어떻게**에 관한 질문을 던졌기 때문이다. 유아기의 초기 경험은 새끼의 뇌에서 탐지할 만한, 그리고 많은 시간이 흘러 성장한 후에도 행동의 변화를 초래할 만한 **물리적** 결과를 남길까? 여러분도 짐작했을지 모르지만 이 질문에 대한 답은 '그렇다'였고, 그 결과를 초래하는 메커니즘은 후성유전이었다. 미니의 연구팀은 아주 훌륭하게 실마리들을 따라가, 새끼 쥐의 LG 경험이 유전자 침묵화로 이어지고 성장 후의 행동을 변화시키게끔 뇌에 새겨지는 방식을 아주 꼼꼼하게 설명했다.

엄마의 양육이 만드는 유전자 침묵화

미니 연구팀의 데이터는 생애 초기 특정 발달 기간의 경험이 DNA 메틸화에 영향을 줄 수 있음을 암시한다. 그들은 이 연구 결과가 품고 있는 메시지를 분명히 전달하기 위해 이후 큰 영향을 미치게 될 논문의 제목을 〈어미의 행동에 의한 후성유전 프로그래밍Epigenetic Programming by Maternal Behavior〉이라고 지었다.[22] 나로서는 그들이 여기에 '프로그래밍'이라는 단어를 쓴 점이 마음에 걸린다. 맥락과 무관하며 불가피한 방식으로 전개되는 어떤 자동적 과정 같은 인상을 주기 때문이다. 실제로는 초기 경험이 이렇게 시멘

트를 굳히듯 운명을 결정하지는 **않는다는** 설득력 있는 근거들이 존재하며, 이후 살면서 하는 경험들도 뇌를 형성한다.[23] 말꼬리를 잡긴 했지만 이 점만 제외하면, 확실히 미니 연구팀이 발견한 후 성유전적 효과들은 아주 오래 제기되었고 흥미진진하며 너무나도 중요한 질문, 즉 초기 경험이 발달상 결과에 영향을 주는 **메커니즘** 은 무엇인가 하는 바로 그 질문에 답을 제시한다.

구체적으로 말하면, 태어난 후 낮은 수준의 LG를 경험한 쥐 들은 뇌의 특정 영역에 있는 세포들의 유전체 영역에 메틸화가 더 많이 일어났다. 그 결과 이 쥐들의 뇌 속에서는 특정 종류의 단백 질이 더 적게 생산된다. 이 단백질은 스트레스 상황에 반응하도록 도와주는 것으로 글루코코르티코이드 수용체glucocorticoid receptor 단백질, 줄여서 GR 단백질이라고 부르며, 낮은 LG 경험에서 영향 을 받는 세포는 바로 해마 영역에 있는 세포들이다. LG가 어떻게 해마 속 GR 단백질 생산에 장기적 영향을 미치는지에 관한 상세 한 내용은 다음 장에서 볼 수 있다. 지금은 미니가 연구한 쥐들이 생후 첫 열흘 동안 LG를 적게 경험하면 스트레스를 조절하는 GR 단백질 생산과 관련된 DNA 분절에 메틸화가 증가한다는 것, 따라 서 그 분절의 유전자 발현이 줄어든다는 점만 알고 넘어가면 충분 하다. 그러므로 LG 행동을 적게 하는 어미들이 키운 새끼 쥐들은 성체가 되었을 때 GR 단백질을 더 적게 생산하게 되며, 이는 해마 세포들 속 GR 유전자가 후성유전적으로 침묵화되었기 때문이다. 중요한 것은 이런 효과가 양어미 쥐들에게서 생물학적 어미와 다 른 방식으로 양육을 받은 새끼 쥐들에게서도 명백히 나타난다는

2 후성유전학의 기본 개념들

점이다. 그러니까 메틸화 효과를 초래한 것은 어미 쥐가 핥아주고 털을 다듬어주는 행동 자체였으며,[24] 그 효과는 성장한 후의 행동까지 변화시켰다.

　　이후의 연구들로 어미가 핥아주고 털을 다듬어주는 행동의 영향이 성체가 된 쥐들의 스트레스 반응 방식에만 국한되지 않는다는 사실도 밝혀졌다. 어미 쥐의 LG 행동은 주의력[25]과 공간학습[26] 테스트 등의 인지 검사에서 보이는 수행에도 긍정적 영향을 주었다. LG 행동은 또한 해마의 시냅스 형성, 즉 신경 연결도 촉진하는 것으로 보인다.[27] 아직까지는 인지에 미치는 이런 효과가 후성유전에 의해 매개된다는 것이 증명되지는 않았지만, 추가 연구로 그 증거가 나올 가능성이 크다. 나중에 13장에서 살펴보겠지만, 또 다른 연구 분야에서는 후성유전 시스템이 학습과 기억에 관여한다는 증거가 이미 제시되었다.[28] 하지만 이런 인지 과정들을 살펴보기에 앞서 12장에서 미니 연구팀이 처음부터 했던 예상, 그러니까 쥐들에게 LG 행동으로 인한 효과를 만드는 것과 같은 종류의 후성유전적 사건들이 인간의 뇌와 행동 발달에도 영향을 미칠 것이라는 예상을 뒷받침하는 최근 발견들을 살펴보자.[29]

11

심층 탐구: 경험

미국인들은 4년마다 대통령을 뽑는데, 선거를 앞둔 시기에는 후보들의 모습을 아주 많이 보게 된다. 그리고 그중 한 후보는 4년 전 더 젊은 나이로 당선되었던 현직 대통령인 경우가 많다. 나는 백악관에서 4년 임기를 보내는 대통령이 심하게 늙는 것에 늘 놀란다. 특히 빌 클린턴은 비교적 젊고 혈기 왕성했는데 1990년대 말에는 훨씬 피로에 지친 모습으로 변했다. 다른 사람들도 이런 현상을 눈여겨보고 어쩌면 대통령직이 주는 스트레스 때문일지 모른다는 의견을 제시했지만, 데이터에 따르면 대통령들이 나머지 사람들보다 수명이 더 짧지는 않아 보이고,[1] 버락 오바마가 더 쉬운 직업을 구했다면 흰머리가 적었을 거라는 가설을 증명하는 믿을 만한 과학적 증거도 존재하지 않는다.[2] 하지만 만성적 스트레스가 대통령들의 외모와 수명뿐 아니라 (장기적으로 볼 때) 목숨까지 앗아갈

2 후성유전학의 기본 개념들

수 있다는 것은 상당히 명백하다.[3]

　스트레스 반응은 아주 이상하다. 적당한 때에 적당한 정도로 일어나면 생명을 구하기도 하지만 엉뚱한 때에 잘못된 강도로 일어나면 위험해질 수 있기 때문이다. 우리는 누구나 평범한 삶을 살아가다가도 갑작스럽게 예상하지 못한, 잠재적 위협을 내포한 사건들을 만나게 된다. 이럴 때면 깜짝 놀라 긴장하며 바짝 경계하는 상태가 된다. 이런 상태는, 스트레스 시스템이 위협에 직면한 우리에게 맞서 싸우거나 달아나는 데 필요한 생리적 자원을 제공하려는 처리 과정의 결과다.[4] 위협하며 다가오는 회색곰에게서 달아날 자원이 필요할 때 그 자원을 얻을 수 없다면, 그야말로 정말 곤란한 상황이 벌어질 것이다. 그런데 스트레스 요인이 있을 때 일어나는 심박수, 혈압, 호흡수 증가라는 대처 자원이 위협이 **없는** 상황에서도 지속된다면 안타깝게도 이는 문제가 될 수 있다. 이런 식의 만성 스트레스는 우리의 심혈관계에 큰 피해를 입힌다.[5] 일상의 번거로운 문제에 대처할 때 가장 중요한 건 항상성이다. 즉 일단 위협이 처리되고 나면 차분한 기본 상태로 효과적으로 돌아갈 수 있어야 한다.[6]

　다른 많은 생물과 마찬가지로 인간도 내적으로나 외적으로나, 실제이든 단지 느낌일 뿐이든, 우리의 안녕을 위협하는 것에 반응하게 해주는 극도로 복잡한 시스템을 갖추도록 진화했다.[7] 이 시스템에는 행동적 요소와 생리적 요소가 포함되며 이 둘은 서로 연결되어 있다.[8] 신체 기관은 저마다 스트레스 반응에서 역할을 담당하는데, 이 과정에서 가장 중심이 되는 기관은 바로 뇌다.[9] 여러 호르몬과 신경전달물질도 신체의 여러 기관과 각종 시스템의 상태에 관한 정보를 전달하는 핵심 기능을 담당한다.

스트레스 반응 고리

스트레스 요인을 감지하여 반응하는 과정은 신경계의 특정 가지들과 신장 바로 위에 위치한 부신에서 신경전달물질들이 방출되며 시작된다.[10] 이 신경전달물질 중 하나가 에피네프린이며, 부신adrenal gland에서 분비되기 때문에 아드레날린adrenaline이라는 이름으로 더 잘 알려져 있다. 사람이 회색곰을 만났을 때 아드레날린이 분비된다면 그건 놀라운 일이 아니다.

아드레날린이 분비되면 이에 반응하여 시상하부의 한 부분이 코르티코트로핀 방출호르몬corticotropin-releasing hormone(줄여서 CRH)을 분비한다.(그림 11.1) 시상하부는 우리의 하루주기 시계 기능에 관여하는 뇌 영역이다. 주요 스트레스 호르몬의 수치는 하루주기리듬에 따라 변하므로, 여기서 시상하부가 다시 등장한 것은 우연이 아니다. 코르티코트로핀 방출호르몬은 작은 단백질인데,[11] 이 호르몬을 뇌에 주입하면 동물이 자연에서 위협에 직면했을 때 보이는 것과 같은 스트레스 반응을 초래한다.

그러므로 CRH는 우리 몸이 스트레스 반응을 일으킬 때 사용하는 주요 도구 중 하나다.[12] 그러니 마이클 미니가 초기 경험이 성인기의 스트레스 반응에 어떤 영향을 미치는지 알아보고자 했

2 후성유전학의 기본 개념들

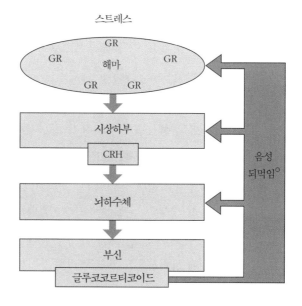

그림 11.1 도해로 표현한 시상하부-뇌하수체-부신(HPA) 축. HPA 축은 스트레스 반응 (과 몇 가지 다른 신체 과정)을 조절하며 음성 되먹임을 사용한다. 해마를 나타내는 타원 형 안의 GR은 글루코코르티코이드 수용체를 나타내는데, 글루코코르티코이드가 특정 방식으로 이 수용체를 활성화하면 신체의 스트레스 반응이 떨어진다.

을 때, 갓 태어난 설치류에게서 어미를 박탈하면 CRH 유전자 발현 증가와 스트레스 반응성 증가를 특징적으로 보이는 성체로 성장 한다는 이미 확인된 결과에서부터 시작했던 것은 아주 합리적인 일이다.[13]

　　1990년대 말 미니 연구팀은 LG 수준이 낮은 어미 쥐가 기

○　　어떤 원인에서 나온 결과가 다시 그 원인을 조절하는 것을 되먹임이라고 하며, 이때 결과가 원인을 촉진하는 것을 양성 되먹임, 억제하는 것을 음성 되먹임이 라고 한다.

른 새끼 쥐들이 LG 수준이 높은 어미 쥐가 기른 새끼 쥐들보다 성체가 되었을 때 CRH를 더 많이 만든다고 보고했다.[14] 그러니까 다 자란 후 그 쥐들을 검사해보니, 생애 초기에 자주 LG를 받지 못한 일이 쥐들의 신경내분비적(신경과 호르몬에 나타나는) 스트레스 반응에 영향을 주었다는 말이다. 그뿐 아니라 낮은 LG를 받고 자란 쥐들이 더 겁 많은 **행동**을 보인 이유도 CRH 분비량 증가 때문이었다.[15] 낮은 LG 어미가 기른 쥐의 CRH 분비가 증가했다는 것은 (시상하부hypothalamus와 뇌하수체pituitary gland와 함께 이른바 HPA 축을 이루는) 부신adrenal gland의 활동이 증가했다는 의미다. 미니와 동료들의 말처럼 "새끼 시절에 어미가 핥고 털을 골라주는 빈도가 높을수록 어른이 되었을 때 스트레스에 대한 HPA의 반응성이 낮다."[16]

시상하부가 CRH를 분비하는 것은 부신에게 **코르티솔**이라는 스테로이드 호르몬을 혈류 속으로 방출하라고 신호를 보내는 것이다. 스트레스가 더 많을수록 뇌에서 CRH가 더 많이 만들어지고 그에 따라 부신은 코르티솔을 더 많이 만든다. 코르티솔에는 몇 가지 기능이 있는데, 혈당(포도당)의 형태로 몸이 쓸 수 있는 에너지를 증가시키는 것도 그중 하나다. 어쩌면 당연한 말이겠지만, 위협적인 상황에서는 우리 몸이 에너지를 더 잘 꺼내 쓸 수 있게 해주는 시스템이 매우 유용할 것이다. 그럴 때는 에너지를 얻는 일이 생존을 좌우할 수도 있으니 말이다. 하지만 코르티솔에는 면역계를 억제하는 기능도 있으므로 만성 스트레스는 바이러스성이나 세균성 질환 등의 달갑지 않은 일에도 우리 몸을 더 취약하게 만든다.

이것이 바로 계속 스트레스를 받는 상태가 동물에게 해로운 이유다. 건강을 유지하려면 위협이 사라진 뒤에는 더 이상 스트레스 반응이 일어나지 **않아야** 한다. 그러니까 효율적인 HPA 축이라면 스트레스 요인에 재빨리 반응할 수 있어야 할 **뿐 아니라** 위협이 사라지면 재빨리 차분한 기본 상태로 돌아갈 수**도** 있어야 한다.[17] 우리가 이 일을 해내기 위해 진화를 통해 갖춘 메커니즘을 '음성 되먹임 고리'라고 한다. 이론적으로 생각해보자면 음성 되먹임 고리는 자동 온도 조절 장치처럼 작동한다. 이 장치는 온도가 올라가면 온도를 다시 내리도록, 온도가 내려가면 다시 올리도록 작동한다. HPA 축의 경우, 코르티솔은 음성 되먹임 연쇄 중에서 위협이 제거된 후 몸이 다시 정상으로 돌아가도록 돕는 고리에 해당한다. 시상하부는 코르티솔이 너무 많다는 걸 감지하면 CRH의 생산을 줄이고 그럼으로써 부신에게 코르티솔을 그만 만들라고 '지시'한다. 바로 이런 방식으로 뇌는 스트레스 수준을 감지하고 일단 진정해도 될 상황이라 판단하면 우리를 진정시킨다. 코르티솔이 **어떻게** 이런 일을 하는지는 아주 복잡하지만 알아둘 가치가 있다. 어미 쥐의 '좋은 양육'이 새끼 쥐에게 장기적 영향을 미치는 것은 바로 이 복잡한 시스템의 작동 방식에 영향을 줌으로써이고, 이는 사람의 경우에도 그럴 가능성이 매우 높기 때문이다.

없어서는 안 될 글루코코르티코이드 수용체

코르티솔은 스테로이드 호르몬의 한 종류인 글루코코르티

코이드glucocorticoids에 속한다. 생물학 용어에 대한 감각이 있는 사람이라면 이름만 들어도 짐작했겠지만, 글루코코르티코이드는 혈중 포도당glucose 농도 조절에 관여하며, 부신의 피질cortical 부분에서 만들어지는 스테로이드steroid 호르몬이다. 우리 몸의 글루코코르티코이드 중 가장 중요한 것은 코르티솔이지만, 글루코코르티코이드라는 호르몬 종류의 이름을 알아두면 도움이 된다. 코르티솔이 시상하부에 음성 되먹임을 제공하려면, 앞에서 GR 단백질이라고 표현했던 글루코코르티코이드 수용체라는 단백질이 있어야 하기 때문이다.

글루코코르티코이드 수용체는 코르티솔을 포함한 글루코코르티코이드들과 맞물릴 수 있는 형태로 된 단백질이다. 이 수용체들은 시상하부와 해마의 뉴런까지 포함해 우리 몸의 거의 모든 세포 안에 존재하며, 바로 이 수용체가 있기 때문에 세포들은 코르티솔(과 기타 글루코코르티코이드들)에 반응할 수 있다. 해마는 이 이야기에서 아주 중요한데, 해마에서 일어나는 활동이 시상하부가 스트레스에 반응하는 방식에 영향을 미치기 때문이다. 평소에 글루코코르티코이드 수용체는 세포의 젤 같은 내부에 '불활성' 상태로 그냥 둥둥 떠 있다가, 일단 글루코코르티코이드를 만나면 거기에 걸쇠를 걸듯이 맞물려 결합하여 하나의 단위를 형성한다. 이렇게 '활성화된' 글루코코르티코이드-GR 복합체에는 두 가지 놀라운 속성이 있다. 첫째, 복합체가 형성되면 세포는 이 복합체를 적극적으로 세포핵 안으로 옮긴다. 둘째, 이 복합체는 일단 핵 안으로 들어가면 DNA에 결합하여 전사인자로 작용할 수 있다. 이것

　　　　　　　　　　　　　　2　후성유전학의 기본 개념들

이 바로 모든 스테로이드 호르몬이 그토록 강력한 힘을 발휘하는 이유이다. 다시 말해 수용체들과 손잡고 직접 유전자 발현을 바꿀 수 있기 때문이다.

글루코코르티코이드-GR 복합체는 어떤 세포 속에 있느냐에 따라 여러 다양한 일을 하는데, 그중에는 우리가 아직 그 작동 방식을 밝혀내지 못한 것도 있다.[18] 아무튼 이 복합체는 다양한 유전자의 전사 과정에서 어떤 역할을 하는 것으로 보이는데,[19] 그 유전자 중에는 알려진 기능이 전혀 없는 것도 있다.[20] 최근 한 연구는 이 복합체가 인간 유전체에서 4300 군데가 넘는 유전자 위치에 결합되어 있음을 발견했다.[21] 이중 어떤 위치에서는 글루코코르티코이드-GR 복합체가 전사를 **활성화**하지만, 또 어떤 위치에서는 전사를 **억제**한다. 그보다 더 혼란스러운 점은, **같은** 글루코코르티코이드라고 해도 모든 사람이 거기에 항상 같은 식으로 반응하지는 않는다는 것이다.[22] 이처럼 이 분자들이 우리 몸속에서 하는 활동은 믿을 수 없을 만큼 복잡하다. 영국의 약리학자 줄리아 버킹엄이 최근 글루코코르티코이드에 관한 리뷰 논문에서 썼듯이 "전체적인 그림은 명확한 것과는 거리가 아주 멀다. (…) 해독하기가 어렵긴 하지만 그 데이터는 (…) 글루코코르티코이드 작용의 경이로운 복잡성과 그로 인해 스테로이드가 갖게 된, 광범위한 생리 및 병리생리적 기능을 매우 상세하게 조절할 수 있는 감탄스러운 능력을 보여준다."[23]

상황이 이렇다 보니 해마에서 글루코코르티코이드-GR 복합체가 **어떻게** 시상하부로 하여금 CRH 생산을 줄이도록 하는지를 정확히 설명할 수는 없지만, 그 복합체가 그런 일을 한다는 것만은 확실히 알고 있다. 해마의 세포 속에서 이 복합체가 만들어지면 CRH 유전자의 발현이 감소하고 시상하부에서 CRH 분비가 감소하는 것을 볼 수 있다.[24] 그리고 이렇게 시상하부의 CRH 분비 감소가 행동으로 나타나는 결과는 스트레스 반응이 가라앉는 것이다(그림 11.1).

이러한 배경지식을 갖추었으니 이제 여러분은 코르티솔과 GR 단백질의 상호작용이, 우리의 스트레스 반응 시스템을 억제하는 데 필요한 음성 되먹임을 어떻게 가능하게 하는지 이해할 수 있을 것이다. 늦은 밤 집 안에서 뭔가가 삐걱거리는 오싹한 소리를 듣고 온몸에 아드레날린과 코르티솔이 쏟아져 나오면(그럼으로써 당신을 고도의 각성 상태로 만들고 마룻널을 밟은 게 무엇이든 그놈을 상대할 수 있도록 근육에 필요한 에너지를 마련해주면), 당신은 침대에서 벌떡 일어나 앉아 무슨 소리가 또 들리지는 않는지 조심스레 귀를 기울인다. 더 이상 아무 소리도 들리지 않으면(어쨌든 집들도 결국엔 '진정'하는 법이니까), 당신의 스트레스 반응 시스템은 정상으로 돌아간다. 코르티솔이 혈류를 타고 시상하부로 가서 시상하부 세포들 속의 GR과 결합하여 함께 세포핵으로 들어가면, GR-코르티솔 복합체가 거기서 CRH의 생산을 하향 조절하고 그럼으로써 부신에게 코르티솔의 대량 생산을 그만두라고 지시하기 때문이다. 그리고 결국 사실 집 안에는 아무도 없었고 고로 다시 잠을 자도 안전하기 때문이기도 하다.

양육의 후성유전적 메커니즘

미니 연구팀의 중요한 발견은 쥐가 생애 초기에 핥기와 털 고르기를 받는 것이 이후 삶에서 스트레스 반응성을 낮춘다는 것 그리고 이 결과를 낳는 메커니즘에 GR이 관여한다는 것이었다. LG 수준이 높은 어미 쥐의 새끼가 성장하면 이들의 해마 세포에 GR이 **더 많이** 만들어져 글루코코르티코이드 되먹임 민감성을 더욱 높이는 것으로 밝혀졌다.[25] 이런 식으로 초기 경험은 이 쥐들이 자기 몸속에 존재하는 코르티솔에 더 민감하게 만들고, 그럼으로써 위협이 제거되면 곧바로 스트레스 반응을 더 효과적으로 가라앉힐 수 있게 한다. 우리는 핥기와 털 고르기가 이런 효과를 만드는 방법이 해마 속 GR 생산에 변화를 주는 것임을 확신할 수 있다. LG를 많이 받은 쥐들과 적게 받은 쥐들이 성장한 뒤, 실험을 통해 그들의 GR 수준 차이를 없앴을 때 스트레스 반응에 나타나던 차이도 사라졌기 때문이다.[26]

이는 초기 경험이 이후 삶의 심리적 특징에 영향을 주는 정교하고 기계적인 방식에 대한 훌륭한 설명이다. 많은 과학자는 성장 후 뇌의 차이를 생애 초기의 경험 차이로 역추적할 수 있음을 알게 된 것만으로도 충분히 만족할 것이다. 하지만 미니와 그 연구팀은 한 걸음 더 나아가 다음 질문을 던졌다. 생애 초기에 어미 쥐가 핥고 털을 골라준 것이 **어떻게** 자란 뒤 새끼 쥐의 해마에서 GR을 많이 만들도록 유도하는 것일까? GR 수가 증가했다는 것은 분명 GR 단백질을 부호화하는 유전자의 **발현** 증가를 반영하므로, 살펴봐야 할 곳은 당연히 후성유전일 터였다.

그래서 미니 연구팀은 실험한 쥐들의 해마 세포에서 DNA 를 추출하여 그중 GR 유전자의 촉진유전자 역할을 하는 DNA 영역을 살펴보았다. 이를 통해 연구팀은 이 연구 계통에서 지금까지도 최고로 인정되는 성취를 이뤄냈다. LG가 낮은 양육을 받은 쥐들이 LG가 높은 양육을 받은 쥐들에 비해 DNA 메틸화가 유의미하게 더 많이 일어났음을 발견한 것이다.[27] 그 결과, 새끼 시절에 핥기와 털 고르기를 많이 받지 못한 쥐들은 해마에 GR이 더 적은 어른 쥐로 자라는데, 이는 후성유전적 변형(DNA 메틸화) 때문에 GR 생산에 관여하는 유전자의 촉진유전자 부위가 접근 불가 상태가 되었기 때문이다. 해마에 GR이 적은 쥐는 스트레스를 겪을 때 혈류 속 코르티솔에 반응하는 능력이 떨어져 있고, 따라서 시상하부가 계속해서 CRH를 쏟아내는 바람에 스트레스 상황에서 회복하기가 훨씬 더 어렵다.

앞 장에서 언급했듯이 미니 연구팀은 스트레스 반응성 증가가 낮은 LG 때문인지를 확인하기 위해 교차 양육 연구도 진행했다. 이 연구로 그들은 낮은 LG 양육을 받은 쥐들은 스트레스 행동뿐 아니라 GR 촉진유전자 메틸화도 증가했다는 것을 알아냈다. 이 쥐들의 **생물학적 어미가 높은 LG 양육을 하는 쥐라고 해도** 말이다. 실제로 이 '입양된' 쥐들의 해마 세포 속 메틸화 수준은 낮은 LG 어미들이 낳고 기른 쥐들의 메틸화 수준과 전혀 다르지 않았다. 그러니까 DNA 메틸화 차이를 만든 것은 정말로 핥고 털을 골라주는 어미 쥐들의 행동이었다는 뜻이다.

2 후성유전학의 기본 개념들

메틸화의 **시점** 분석도 이 결과를 뒷받침했다. 태어나기 전에는 이 쥐들이 모두 비슷한 후성유전적 상태를 갖고 있었다. 성체가 되었을 때 보이는 후성유전적 차이가 처음으로 나타난 것은 태어난 이튿날부터 생후 6일 사이였고, 따라서 결정 요인은 생후 첫 주에 쥐들이 한 경험이었다. 구체적으로 말하면, 핥고 털을 골라주는 어미의 행동은 새끼 쥐들을 자극하여 아드레날린을 분출시켰고, 이 아드레날린은 갑상선 호르몬이 분비되어 새끼 쥐들의 뇌로 들어가도록 유도했다. 갑상선 호르몬은 뇌의 해마 세포에서 세로토닌 활동을 촉발하는데,[28] 이는 유전자의 기능에 영향을 준다고 알려져 있다.[29] 일단 낮은 LG 경험이 생후 7일 된 쥐의 GR 유전자 촉진유전자를 심하게 메틸화시키는데, DNA 메틸화는 꽤 안정적이므로 그 촉진유전자들은 어른 쥐가 된 뒤에도 계속 메틸화된 상태로 유지된다. 따라서 연구팀은 생애 첫 주 동안 어미의 돌봄은 "GR 유전자 촉진유전자의 (…) 메틸화 상태를 직접 변화시킬 수" 있다고 결론지었다.[30]

DNA 메틸화는 보통 히스톤 아세틸화 감소와도 연관되는데, 미니 연구팀은 이 측면에서도 경험의 후성유전적 효과를 관찰했다. 모두 종합해볼 때 연구팀이 발견한 후성유전적 효과는, 새끼 쥐 시기의 핥기와 털 고르기 경험이 DNA 메틸화에 영향을 주고, 이것이 다시 장기적으로 염색질 구조를 변화시켜 쥐의 DNA의 GR 생산 능력에 영향을 주며, 그럼으로써 성장한 쥐의 스트레스 반응성을 형성한다는 결론을 뒷받침한다. 이 발견을 일반화할 수 있다면, 이는 **인간의** 초기 경험이 성인기까지 이어지는 유전자 발현에 영향을 줄 수 있다는 의미일 것이다. 이러한 결론은 또한 우리가 오랫동안 알아내고자 했던, 우리를 현재의 우리로 형성하는 데 초기 경험이 어떻게 기여하는지에 관한 메커니즘도 밝혀줄 것이다.

스트레스가 설치류에 미치는 효과

최근의 연구들은 이런 종류의 효과가, 다른 종들과 다른 내분비계에서도 그리고 생애의 더 이른 시기의 경험에 대한 반응에서도 감지될 수 있음을 뒷받침하는 증거를 제시했다. 디트마르 슈펭글러가 이끄는 독일 연구팀은 쥐 대신 생쥐를 실험 대상으로 삼고, 동물이 스트레스를 경험할 때 시상하부에서 CRH와 함께 분비되는 AVP(아르기닌 바소프레신)라는 또 다른 호르몬을 연구했다.[31] 분비된 AVP는 연쇄적 사건들을 촉발하고 이는 부신의 코르티솔 분비로 이어진다. 미니 팀처럼 어미 양육의 개체 차이를 연구하는 대신, 슈펭글러 연구팀은 새끼 생쥐 중 일부를 생애 초기에 하루 세 시간씩 어미에게서 떼어놓아 스트레스를 주었다. 이 분리 경험은 유의미한 연구 주제다. 할로가 몇 달 동안 어미를 박탈하는 것이 원숭이에게 상당한 영향을 미쳤음을 발견했듯이,[32] 사람 역시 아동기의 '정서적 방임'과 성인기의 스트레스 호르몬 농도가 상관관계가 있기 때문이다.[33] 그렇게 어미를 박탈당했던 생쥐들이 자란 뒤 다시 검사하자 기억 결손을 비롯해 스트레스를 암시하는 다양한 행동상의 영향들이 드러났다. 생리적 관점에서 보자면 분리

　　　　　2　후성유전학의 기본 개념들

스트레스는 HPA 축의 과잉 활성과 잠재적 스트레스 요인에 대한 반응성 증가로도 이어졌는데,[34] 이는 시상하부 세포에서 AVP 유전자의 발현이 증가한 결과였다.

시상하부 세포의 DNA를 자세히 살펴보니 생후에 주기적으로 어미와 떨어졌던 생쥐들은 대조군 생쥐들에 비해 AVP와 연관된 DNA 메틸화 정도가 더 낮았다. 예상할 수 있듯이 이러한 저메틸화는 그 결과 더 **많은** AVP가 만들어진다는 것을 의미하며, 이는 새끼 시절 어미와 떨어졌던 생쥐가 자란 뒤 스트레스 상황에서 과잉 반응을 보인다는 발견과도 일관된다. 여기서 관찰된 저메틸화는 생쥐가 어린 시절 어미와 분리되었던 당시 시상하부의 뉴런들이 행동한 방식과 관련된다는 것이 추가 연구에서 드러났다. 이렇게 우리는 여기서도 생애 초기 경험의 장기적 영향에 관한 상세한 메커니즘을 알게 되었다. 슈펭글러 연구팀은 생애 초기 스트레스가 "AVP 발현에 변화를 일으키도록 뉴런들의 (…) DNA 메틸화를 역동적으로 조절할 수 있으며, 이러한 AVP 발현은 우울증에서 자주 나타나는 특징인 신경내분비적(예컨대 코르티솔 분비) 변화와 행동 변화를 촉발할 수 있다"라고 결론지었다.[35]

또 다른 연구에서는 임신한 생쥐를 임신 초기에 스트레스에 노출하면, 이 생쥐가 낳은 수컷 새끼 생쥐는 스트레스를 받을 때 비적응적 방식으로 행동하는 성체로 자란다는 결과를 얻었다.[36] 이들은 스트레스에 부적절하게 대처할 뿐 아니라 해마 속 GR이 더 적다는 사실도 드러났는데, 이는 이 수컷 생쥐들의 스트레스 민감도 상승과도 일관되는 결과였다. 게다가 해마 조직의 후성유전

분석 결과, 이들은 태내에서 스트레스에 노출되지 않았던 생쥐와 비교해서 GR 유전자와 관련된 DNA 분절들이 예상대로 더 많이 메틸화되어 있었다. 그러므로 설치류의 출생 **이전** 경험도 후성유전적 상태와 다 자란 뒤의 행동에 영향을 주는 것으로 보인다.

여기서 짚고 넘어갈 중요한 점은, 미니의 쥐 연구와 임신한 생쥐 연구에서는 메틸화 **증가**가 스트레스 증가와 연관되지만, 슈펭글러팀의 연구에서는 메틸화 **감소**가 스트레스 증가와 연관된다는 것이다. 생각해보면 이는 그리 이상한 일이 아니다. 앞 연구들에서 메틸화된 DNA는 GR 유전자와 연관된 반면, 뒤 연구의 메틸화된 DNA는 AVP 유전자와 연관되었기 때문이다. 시스템에 AVP가 더해지면 부신에서 코르티솔의 생산과 분비를 **증가**시키지만, GR이 더 많아지면 부신에서 코르티솔의 생산과 분비를 **감소**시킨다는 것을 잊지 말자. 그러니까 이 이야기에는 일관성이 있지만, 여기서 얻을 수 있는 교훈 하나는 메틸화를 단순명료하게 평가할 수 없다는 점이다. 메틸화(와 그에 수반하는 유전자 발현 변화) 자체는 본질적으로 좋은 것도 나쁜 것도 아니며, 모든 것은 메틸화의 영향을 받는 DNA 분절이 무엇이냐에 달려 있다.[37] 물론 이 교훈은 매우 광범위하게 적용할 수 있다. 코르티솔 역시 좋은 것도 나쁜 것도 아니다. 위협에 직면했을 때는 우리에게 큰 도움이 되지만, 더 이상 필요하지 않을 때도 몸속에 높은 농도로 남아 있으면 해가 될 수 있기 때문이다.

마지막으로, 초기 경험의 후성유전 효과는 시상하부나 해마에만 국한되지 않으며, GR 단백질과 AVP 단백질에만 영향을 주는 것도 아니다. 스스로 너무 심한 스트레스를 받은 바람에 갓 태어난 새끼를 학대한, 그러니까 자주 밟거나 떨어뜨리거나 끌고 다니거나 거칠게 다룬 어미 쥐들에 관한 연구도 이 결론을 뒷받침한다. 이렇게 막 다뤄진 결과, 성체가 된 이 새끼 쥐들의 뇌에서 메틸화 패턴의 변화가 관찰되었다.[38] 구체적으로 말해서 생애 초기 첫 일주일 동안 하루에 단 30분씩 학대적 양육에 노출된 쥐들은 학대받지 않은 쥐들에 비해 뇌유래신경영양인자brainderived neurotrophic factor라는(다행히 과학자들이 BDNF라고 줄여서 부르는) 단백질과 관련된 DNA 분절에 훨씬 많은 메틸화가 일어났다. 이 단백질은 새 뉴런의 성장을 돕고 기존 뉴런들의 지속적인 생존에 이바지한다. DNA 메틸화는 유전자를 하향 조절하므로 학대받은 쥐의 뇌에서는 이 중요한 단백질이 더 적게 생산된다.

우리는 이 연구로부터 세 가지 중요한 결론을 내릴 수 있다. 첫째, 학대적 양육의 영향은 학대 행동이 끝난 이튿날에도 새끼 쥐에게서 관찰되었을 뿐 아니라, 미니의 연구에서처럼 쥐들이 성장하여 청소년이 되고 어른이 된 뒤에도 관찰되었다. 다시 말해 초기 경험이 메틸화 패턴에 미치는 평생에 걸친 영향을 감지할 수 있었다. 둘째, 초기 경험은 BDNF처럼 스트레스 반응과 별로 관계가 **없는** 단백질들과 연관된 DNA의 메틸화에도 영향을 줄 수 있다. 셋째, 초기 경험은 시상하부와 해마 이외의 다른 세포들 속의 DNA 메틸화에도 영향을 줄 수 있다. 쥐들에게 나타나는 **학대**의 후성유전적 영향은 복잡하고 목표지향적인 행위의 계획 같은 고차원적 인지 행동 및 사회적 행동에 관여하는 뇌 영역인 **전전두피질에서**

도 발견되었다.[39]

　　현재 행동 후성유전학자들 사이에서는 생애 초기 경험이 다양한 뇌 영역 속 광범위한 유전자의 발현에 영향을 미치며, 그 경험을 한 이후 여러 해가 지난 뒤에도 영향을 감지할 수 있다는 합의가 형성되고 있다. 쥐의 스트레스 반응에 관한 미니 연구팀의 발견은 빙산의 일각일 뿐이라 해도 과언이 아니다. 우리와 포유류 친척들이 진화를 통해 갖춰온 스트레스 반응 시스템은 매우 복잡해서, 그 모든 것이 작동하는 방식에 관해서는 아직 알아내야 할 부분이 많기 때문이다. 하지만 이제는 경험이 몸과 뇌, 마음에 미치는 영향에 관한 우리의 생각을 후성유전학 연구가 바꿔 놓으리라는 것은 분명하다.

　　우리의 스트레스 시스템이 경험에 반응한다는 것이 당연한 일로 여겨진 지도 수십 년이 되었고, 경험에 반응하는 것은 애초에 스트레스 시스템이 존재하는 이유다. 이 장에서 논한 설치류 연구는, 경험의 영향이 꼭 실시간으로 나타나지는 않는다는 새로운 증거를 제공했다는 점에서 중요하다. 오히려 삶의 어느 시점에 한 경험이 이후 다른 시점에서 유전자 발현에 영향을 줄 수도 있다. 이는 어떤 후성유전적 변화들이 사실상 이전 경험을 간직한 **기록** 역할을 할 수도 있다는 뜻이다.[40] 그러니 경험은 우리 몸속으로 들어올 수 있을 뿐 아니라, 좋은 쪽으로든 나쁜 쪽으로든 그 안에 새겨질 수도 있다.

12

영장류 연구

몇 년 전 어느 저녁, 집에서 손님 몇 명을 맞이할 준비를 하던 중 나는 커다란 초코볼 과자 봉지를 여는 과제에 맞닥뜨렸다. 나도 안다. 대부분의 사람에게는 이게 사실 어려운 문제가 아니라는 걸. 하지만 나는 평범하게 포장을 뜯는 일이 왠지 따분하게 느껴졌다. 봉지를 꽉 움켜쥐어서 그 속의 공기가 봉지 윗부분을 터뜨리며 속에 든 초코볼의 달콤한 냄새를 뿜어내게 하면 더 재미있겠다는 생각이 들었다(솔직히 털어놓자니 좀 민망하긴 하다). 아니나 다를까, 터진 부분은 봉지의 아래쪽이었고 한순간에 부엌 바닥은 초코볼로 뒤덮였다. 하지만 내가 이 일을 생생히 기억하는 건 우리 집 덩치 큰 털북숭이 개 제임스 테일러가 나의 이 멍청한 짓을 보고 보인 반응 때문이다. 방 저쪽에 앉아 있던 녀석은 자리에서 펄쩍 뛰어 일어서지 않았다. 그냥 내 눈을 빤히 쳐다보며 꼬리로 바닥을 툭툭 쳤다. 마치 그게 자기가 본 가장 한심한 장면이라는 듯이.

분명 나는 때때로 의인화하는 경향이 있다. 사람이 아닌 동물에게 사람 같은 특성을 부여하는 것 말이다. 몇몇 철학자들은 이런 게 행동과학자들의 직업적 위험이라고 주장했다. 동물의 내적이고 주관적인 상태에 관해 인간이 확실히 알 수 있는 것은 없으므로, 예컨대 인간과 동물이 유머 감각 같은 정신적 특징을 공유한다고 가정하는 것은 나쁜 습관이라고 그들은 경고했다. 그런데 최소한 브라이언 킬리라는 과학철학자만은 그 말에 동의하지 않는다. 그는 "의인화가 죄라는 주장은 대체로 착각이며, 인간이 아닌 동물에게 인간의 속성을 부여하는 것에 원론적으로 잘못된 점은 없다"라는 설득력 있는 주장을 펼쳤다.[1] 그래도 일반적으로 비교심리학자들은 인간 이외의 동물이 인간과 같은 정신세계를 갖고 있다고 **추정하는** 것은 되도록 피하려 한다. 2004년에 길버트 고틀립과 로버트 릭리터는 동물 발달 연구가 인간의 발달에 관해 말해줄 수 있는 것을 다룬 논문에서 이렇게 썼다. "동물 모델의 한 측면에 관해서는 분명히 짚고 넘어가는 것이 좋겠다. 우리가 동물 모델이라는 말을 인간의 심리적, 사회적, 행동적 현상과 (…) **똑같은** 모델을 만들고 있다는 의미로 쓴다면, 인간의 심리 및 행동 발달을 이해하는 일에 동물 모델이 유용하다는 말은 **지지할 수 없다.**"[2] 즉, 우리가 포유류 친척들과 비슷할 수는 있겠지만 그들과 똑같은 심리를 공유한다고 가정할 수는 없다는 뜻이다. 사람은 원숭이가 아니며, 쥐는 사람이 아니다.

그러나 동물과 우리가 똑같은 심리 상태나 행동 상태를 공

2 후성유전학의 기본 개념들

유한다고 가정할 수 없다고 해서 우리와 동물 사이에 똑같은 생리적 상태나 분자적 상태가 없다는 뜻은 아니다. 사실 생쥐와 쥐 같은 설치류, 원숭이·유인원·인간 같은 영장류를 포함하여 모든 포유류는 공통의 조상에서 진화했기 때문에, 영장류와 설치류 모두에게 해당하는 특징 중 일부도 '보존'되어 있다. 여기서 '보존'이란 생물학자들이 진화의 시간을 거치면서도 변하지 않고 남아 있는 특징들을 가리킬 때 사용하는 용어다.

예를 들어 인간이 스트레스를 받을 때 뇌에서 분비되는 호르몬(앞 장을 읽은 독자는 알겠지만 코르티코트로핀 방출호르몬)은 쥐가 스트레스를 받을 때 쥐의 뇌에서 분비되는 호르몬과 **똑같다**.[3] 이는 이 단백질을 생산하는 데 사용되는 유전자 서열이 쥐와 인간의 마지막 공통 조상에게 존재했던 7500만 년 전부터 보존되었다는 뜻이다.[4] 위에서 인용한 글의 다음 문장에서 고틀립과 릭리터는 심리 수준의 분석과 분자 수준의 분석에는 차이가 있음을 인정한 뒤, 동물의 행동적 특징과 달리 "유전적, 생리적, 해부적" 특징은 우리와 훨씬 더 유사할 수 있다고 지적한다. 그러고도 그들은 적절한 경고와 함께 그 구절을 마무리한다.

행동 이외의 수준에서도 주의는 필요하다. 예를 들어 같은 유전자도 종에 따라 다르게 발현되므로 동일 유전자를 다루고 있다는 이유만으로 유사한 표현형 혹은 발달 결과를 살펴볼 때 서로 다른 종 사이에 엄밀히 근원적인 일치점이 존재한다고 보장할 수는 없다.[5]

쥐에게서 발견한 경험의 후성유전적 영향을, 우리에게도 똑같은 메커니즘이 작동하리라는 증거로 받아들일 수는 없다. 미니 연구팀의 발견이 인간에게도 적용되는지 아닌지 판가름하려면 인간을 연구해야 한다.

자살 연구, 인간의 행동 후성유전학으로 들어가는 입구

안타깝게도 인간을 대상으로 경험의 후성유전적 영향을 연구하는 것은 그리 녹록지 않다. 가장 먼저 기억해야 할 것은 유전자 발현의 후성유전적 조절이 처음으로 인지된 것은 분화의 문제, 즉 새 배아가 우리를 이루는 다양한 종류의 세포들로 변해가는 방식과 관련해서였다는 점이다. 우리가 후성유전에 관해 확실히 아는 한 가지는 세포마다 후성유전적 상태가 다르다는 것이다. 후성유전 메커니즘은 자연이 분화의 문제를 풀기 위해 마련한 해법이었기 때문이다.° 수년 동안 과학자들은 사람들의 볼 안쪽에서 면봉으로 채취한 볼세포(협측 세포)의 DNA를 살펴봄으로써 인간 유전

° 초기 배아의 배아줄기세포가 분화하여 우리 몸의 온갖 부분을 형성하려면, 어떤 세포는 머리카락 세포로 어떤 세포는 뇌세포로, 어떤 세포는 혈액이나 심장이나 간의 세포 등으로 분화해야 한다. 이렇게 분화한 각각의 세포는 그 세포가 아닌 다른 세포로 발현될 여지가 있는 유전자들은 모두 침묵화되어 있는 상태라고 볼 수 있다. 좀 괴상망측한 상상을 해보자면, 하나의 세포에 담긴 모든 유전자가 전부 발현된다면 세포 하나가 개체 하나로 자랄 것이다. 그렇게 되면 우리 몸은 세포 크기의 작은 사람 60조 개가 뭉쳐진 모양이 될 것이다. 이렇게 각각의 세포가 한 가지 역할만 맡도록 조절하는 것이 바로 '침묵화'라는 후성유전 과정이다.

체를 검토했다. 우리의 모든 세포에는 동일한 유전정보가 들어 있으므로 유전정보에 접근하고 싶다면 **아무** 세포나 들여다보면 된다. 하지만 **후성유전정보**에 관해서 만큼은 볼 안쪽에서 가져온 세포와 뇌에서 가져온 세포가 서로 다른 그림을 보여줄 것이다.

그렇다면 어떤 세포가 경험의 후성유전적 영향을 잘 보여줄 수 있을까? 답은 뻔할 수도 있다. 이전 경험에 반응하여 자체의 구조와 기능을 변경함으로써 경험을 '**학습할**' 수 있는 세포일 것이다.

어떤 종류의 세포에 이런 능력이 있을 가능성이 가장 클까? 그럴듯한 답이 하나 떠오를 것이다. 바로 뉴런이다. 어쨌든 학습에 관해서라면 뇌가 가장 좋은 출발점 아니겠는가. 그리고 실제로 미니 연구팀의 획기적인 연구에서도 연구자들이 선택한 세포는 뇌세포였다. 하지만 미니 팀의 연구를 사람에게도 적용할 수 있는지 확인하려는 순간, 곧바로 어려운 문제, 즉 어떻게 사람에게서 뇌세포를 얻을 것인가 하는 문제에 봉착할 것이다. 물론 그런 일은 불가능하다. 건강한 사람은 대개 자기 뇌의 표본을 채취하도록 허락하지 않는다. 그렇다고 사람의 볼에서 가져온 세포를 연구하는 것은 목적에 도움이 안 될 것이다. 그 세포들이 경험의 영향을 받아 제 기능을 바꿀 것이라고 생각할 근거는 없으니 말이다.

그러나 과학자들은 한다면 하는 사람들이다. 사실은 사람에게서, 심지어 신경질환이 없는 사람에게서도 뇌 표본을 채취하는 일이 가능하기는 하다. 하지만 그러려면 어디로 눈을 돌려야 할지 창의력을 발휘해야 한다. 2000년대 말, 두 무리의 과학자들이 똑같이 이 문제를 놓고 해결책을 마련했다. 바로 자살한 사람들의 뇌를 검토하는 것이었다.[6] 연구팀들은 뇌에서 가장 최근에 진화한 가장 바깥쪽 층이자, 고도의 인지 기능에 관여하는 대뇌피질의 세포에서 추출한 DNA를 조사했다.

두 연구 모두 자살자들이 다른 (질병 이외의) 원인으로 갑자기 사망한 사람들과 메틸화 프로필이 다르다는 것을 발견했다. 구체적으로 말하면, 두 연구가 살펴본 자살자들은 이론상 자살 행동과 관련 있다고 여겨지던 특정 DNA 영역에 더 많은 메틸화가 일어나 있었다. 각각 주로 캐나다에 적을 둔 연구자들과 유럽 연구자들인 두 팀은 피질의 서로 다른 영역에서 가져온 세포의 DNA를 연구했는데도, 흥미롭게도 비슷한 후성유전적 효과를 보고했다. 이는 자살과 관련된 유전자와 뇌 영역이 다수 존재한다는 점을 시사한다(자살은 꽤 복잡한 행동이니 그리 놀라운 일은 아니다). 두 팀 모두 자신들이 발견한 결과는 상관관계를 보여주는 것일 뿐이라고 인정했지만, 그중 캐나다 연구팀은 "상궤에서 벗어난 이 DNA 메틸화 패턴은 주요 우울장애와 자살의 기저에 깔린 원인일 수 있다"[7]라고 결론지었고, 유럽 연구팀은 자신들의 연구가 "DNA 메틸화가 정신질환과 관련이 있다는, 점점 힘을 얻고 있는 가설을 한층 더 뒷받침하며 (⋯) 인간 뇌에서 일어나는, 유전자 특정적 DNA 메틸화의 변화가 자살 행동과 관련 있다는 최초의 증거 중 하나"[8]라고 결론지었다.

그런데 두 연구의 결과가 흥미롭기는 하지만, 거기서 드러난 것은 후성유전적 상태와 자살 사이의 관계에 관한 것이지 **경험이** 어떻게 후성유전적 상태에 영향을 주는지에 관한 것은 아니었다. 미니 연구팀이 쥐들에게서 발견한 유형의 결과가 인간에게도 적용되는지 알아보기 위해서는 다른 접근법이 필요했는데, 결국 그 접근법도 미니 연구팀이 내놓았다. 2009년에 미니 연구실의 패트릭 맥가원과 동료들은 세 범주의 사람들의 뇌에서 추출한 DNA 연구에 관해 보고했는데, 그 세 범주는 어렸을 때 학대(성적 접촉, 심한 신체적 학대 그리고/또는 심한 방임)[9]를 경험한 자살자들과, 아동기에 학대를 경험하지 않은 자살자, 학대를 전혀 경험하지 않았으며 자살이 아닌 사고로 갑자기 사망한 대조군이었다.[10] 중요한 것은 맥가원과 동료들이 해마 세포를 검토했다는 점인데, 해마는 쥐들이 갓 태어난 시기에 핥기와 털 고르기를 받는 경험이 영향을 미치는 바로 그 뇌 영역이다. 게다가 이 연구자들은 원래의 쥐 연구에서 마이클 미니와 모셰 스지프가 검토했던 쥐들의 DNA 분절에 상응하는 사람 DNA 분절의 메틸화를 연구했다. 그것은 GR 촉진유전자라고 알려진 분절, 그러니까 GR 유전자의 전사를 개시하는 데 관여하는 분절이다.

이 연구를 통해 생애 초기 경험이 사람의 후성유전적 상태와 관련이 있다는 증거가 나왔다. 구체적으로 말하자면, 아동기에 학대받은 자살자들은 사망 원인과는 무관하게 학대당한 적이 없는 사람들에 비해 GR 촉진유전자가 심하게 메틸화되어 있었다. 그러니까 여기서 나온 데이터는 쥐 연구에서 얻은 데이터와 유사했다.[11] 다시 말해서 오래전 나쁜 양육을 경험한 사람들은 뇌에서 스트레스를 조절하는 단백질들이 덜 발현되어 있었다. 연구 대상이 자살자라는 사실 때문에 혼동하지는 말자. 왜냐하면 캐나다 및 유럽 팀의 연구와 달리 맥가원의 연구에서는 관찰된 효과가 자살 자체로 인한 것이 아니기 때문이다. 그 효과는 아동기의 학대로 인한 것이다. 연구팀은 자신들이 얻은 결과가 "이전에 쥐들에게서 얻은 결과를 사람들에게 (성공적으로) 적용하게 해주며, 부모의 양육이" 사람의 스트레스 반응에 관여하는 유전자들의 "후성유전적 조절에 쥐들과 공통된 효과를 미침을 시사한다"라고 결론지었다.[12] 그러므로 아동기 경험이 유전자 발현에 미치는 "영향은 후성유전 과정에 의한 것일 수 있으며, DNA 메틸화와 같은 안정적인 후성유전적 표지들은 성인기까지 그대로 유지되어 정신병리(즉, 정신질환)에 취약하도록 영향을 미칠 수" 있다.[13] 그러니까 이 결과에 따르면 **인간의** 초기 경험 역시 뇌세포 속 DNA의 후성유전적 상태에 영향을 줄 수 있고, 그럼으로써 여러 해가 지난 뒤 행동에 영향을 줄 수 있다는 것이다.

혈액이라는 유망한 후보

이 결과들이 아주 놀랍기는 하지만 몇 가지 면에서는 여전히 만족스럽지 못하다. 왜냐하면 연구 대상이 자살자이므로, 우리는 이들이 어린 시절에 경험한 학대가 덜 가혹하고 덜 나쁜 양육을 받은 사람들의 뇌에서는 찾아볼 수 없는 결과를 만들어낼 정도로 극단적이었는지는 알 도리가 없다. 더 전반적인 문제는 이러한 상관관계 연구, 그러니까 실험자들이 사람들의 경험을 분명한 의

　　　　　　　　　2 후성유전학의 기본 개념들

도를 갖고 조작(설계)하지 않은 연구로는 특정 경험이 특정 후성유전적 결과를 **초래했다**는 결론을 내릴 수 없다는 점이다. 그렇다고 데이터를 수집하겠다는 명목으로, 연구 참가자들이 죽을 때까지 기다릴 수는 없는 노릇이다. **살아 있는** 사람에게 초기 경험이 어떻게 영향을 미치는지 알아내려면 뭔가 다른 연구 방식이 필요하다. 다행히 우리 몸에는 뇌 말고도 행동 후성유전학과 관련하여 연구해볼 만한 것들이 존재하는데, 그중 꽤 얻기 쉬운 한 가지가 혈액이다.

1980년대 말, 오하이오주립대학교의 연구자들은 시험 스트레스가 학생들에게 어떤 영향을 주는지 연구했다. 당시에도 스트레스가 감염에 맞서 싸우는 신체 능력을 떨어뜨릴 수 있다는 사실은 이미 알려져 있었다.[14] 혈액에는 면역계의 일부인 특수한 백혈구들이 포함되어 있으므로, 연구자들은 학생들이 느긋한 상태일 때 채취한 백혈구와 한 달 뒤 사흘간의 시험으로 스트레스를 받고 있을 때 채취한 백혈구를 비교했다.[15] 이 비교로 학생들이 시험을 치르고 있을 때는 백혈구에서 세균과 바이러스를 인지하고 공격하도록 도와주는 단백질들이 덜 발현되었다는 사실이 드러났다. 스트레스를 받을 때는 백혈구가 면역 기능을 수행하는 능력이 떨어졌다는 의미다.

이 발견은 스트레스가 유전자 활동에 영향을 줄 가능성이 있음을 시사했고, 오하이오주립대학교의 과학자들은 스트레스와 면역반응의 상호작용을 "유전자 발현 수준에서 관찰할 수 있을 것"이라고 결론지었다.[16] 1980년대 말이나 1990년대 초의 연구는 아직 이런 효과를 이끌어내는 후성유전 메커니즘을 주제로 삼지는 않았지만, 이 발견 덕분에 백혈구는 경험을 **후성유전적으로** 기록하는 세포를 찾고자 할 때 살펴보면 좋을 유망한 후보로 떠올랐다. 백혈구 안의 DNA는 쉽게 얻을 수 있을 뿐 아니라, 맥락이 달라지면 DNA의 행동도 달라진다. 이는 오늘날의 연구자들이 혈액세포 중 적어도 일부는 일종의 뇌세포 대역이 될 수 있다고 여기는 이유다.[17] 뇌세포와 혈액세포가 경험에 똑같은 방식으로 반응하지 않을 수는 있지만 말이다.[18] 백혈구는 특정한 경험이 살아 있는 사람의 특정한 후성유전적 상태에 영향을 주는지 밝혀줄 수 있을까?

지배 서열이 유전자 발현에 미치는 영향

이 문제를 공략할 가장 좋은 방법은 한 사람의 경험을 조작한 다음 그 경험이 과연 그 사람의 혈액세포 속 DNA의 후성유전적 상태에 영향을 주는지를 살펴보는 것이다. 하지만 윤리적인 문제 때문에 사람을 대상으로 한 연구에서는 설치류 연구자들이 사용한 것과 같은 방식으로 조작하는 것은 금지되어 있다. 예컨대 어머니를 박탈하는 것 같은 **파괴적** 경험이 살아 있는 사람의 후성유전적 상태에 영향을 미치는지를 증명할 방법은 없다. 경험의 후성유전적 영향이 혈액세포에 나타난다는 것을 **증명**하기 위해 사용할 수 있는 최선의 방법은, 원숭이 등 영장류 중에서 우리와 가까운 친척들의 경험을 조작하는 것이다. 원숭이는 사람이 아니므로

2 후성유전학의 기본 개념들

완벽한 접근법은 아니다. 그래도 이런 종류의 연구에서 나오는 결과가 어느 정도 답을 줄 수는 있을 것이다.

어머니를 박탈하는 것이 DNA 메틸화에 미치는 영향에 관한 너무나도 중요한 연구가 있다. 네이딘 프로벤살과 모셰 스지프가 이끄는 연구팀과 스티븐 수오미가 공동으로 진행한 연구다. 수오미는 수십 년 전 해리 할로의 연구에 보조 연구원으로 참여했고, 현재는 워싱턴 DC 외곽에 있는 국립 아동건강 및 인간발달연구소의 비교행동학 연구실을 이끌고 있다. 이들의 목표는 어미를 박탈하는 것이 붉은털원숭이에게 미치는 후성유전적 영향을 **실험적으로** 조사하는 것이었다.[19] 연구자들은 할로 스타일의 어미 박탈 상황에서 몇 마리의 원숭이를 기르며 스트레스 상황을 유발했다. 또한 같은 수의 '대조군' 원숭이들을 평범한 사회적 무리 안에서 친어미가 기르게 두었다. 연구 대상 원숭이들은 태어난 시점에 어미 박탈 그룹과 어미 양육 그룹에 무작위로 배정되었기 때문에 이 연구는 실험적 통제가 상당한 수준으로 이루어졌다.

원숭이들이 일곱 살이 되어 막 성숙기에 도달했을 때, 연구자들은 원숭이들의 혈액세포와 뇌세포의 DNA를 조사했다. 맥가원 연구팀의 자살/학대 피해자 연구 결과 및 미니 연구팀의 설치류 연구 결과와 일관되게, 이 연구에서도 양육 방식에 따라 서로 다른 DNA 메틸화 패턴이 드러났다. 이 연구팀은 유전체 **전체**에서 후성유전적 영향을 추적하여 혈액 DNA 수백 군데와 뇌 DNA 수천 군데의 메틸화 수준이 어미 박탈과 연관된다고 보고했다. 어미 박탈의 경험은 혈액세포와 뇌세포 양쪽 모두에서 어떤 DNA 위치에서는 과메틸화를, 또 어떤 위치에서는 저메틸화를 **초래하여** 다음과 같은 피할 수 없는 결론으로 이끌었다. "서로 다른 양육이 (뇌의) 전전두피질과 (특정 백혈구인) T세포 모두에서 서로 다른 DNA 메틸화를 일으킨다."[20] 주목할 점은 혈액세포와 뇌세포에서 영향을 받은 유전체 영역들이 일부 겹치기는 하지만, 박탈 경험이 혈액세포 속 DNA 메틸화 패턴을 바꾼 방식과 뇌세포 속 DNA 메틸화 패턴을 바꾼 방식이 정확히 같지는 않다는 것이다. 그러므로 이 실험은 혈액 표본을 사용한 오하이오주립대학교 연구의 타당성을 증명하기는 했지만, 혈액 DNA에서 발견한 영향이 뇌의 DNA가 받은 영향을 거울처럼 그대로 반영한다고 가정할 수는 없음을 시사한다. 오히려 두 세포 유형은 같은 경험에 서로 다른 방식으로 반응하는 것처럼 보인다.[21, 22]

다른 연구에서는 또 다른 종류의 경험으로도 붉은털원숭이들에게 후성유전적 효과가 나타날 수 있음이 드러났다.[23] 일부 암컷 붉은털원숭이는 **어른**이 되었을 때 특별한 종류의 사회적 스트레스를 경험한다. 붉은털원숭이는 일반적으로 지배 서열을 형성하므로 한 군집 내에는 경쟁적 대치 상황에서 지위가 더 높은 개체에게 양보하는 지위 낮은 개체들이 언제나 존재한다. 환경에 따라 지위가 낮은 개체들은 만성 스트레스에 시달리기도 한다.[24] 여기서 다음과 같은 질문이 떠오른다. 혹시 지배의 사다리에서 서로 다른 지위에 놓인 원숭이들을 연구하면, 혈액에서 스트레스의 후성유전적 영향을 감지할 수 있지 않을까?

시카고대학교와 에모리대학교 공동연구팀은 개별 원숭이

가 군집 내 지배 서열에서 차지하는 지위를 통제함으로써 이 질문에 답하고자 했다.[25] 영장류의 경험이 미치는 후성유전적 영향을 더 탐구하기 위한 방법이었다. 연구자들은 각각의 원숭이를 무작위로 선정해 특정한 시기에 특정 그룹 안으로 들여보냄으로써 개체마다 효과적으로 지위를 할당했다. 그런 다음 다른 환경 변수들을 통제하면서 지위가 유전자 조절에 미치는 영향을 추적했다. 중요한 점은 과학자들이 일부 원숭이들에게서는 서로 다른 시기에 혈액을 두 차례 이상 채취할 수 있었고, 그럼으로써 한 단계에서 다른 단계로 지위가 **바뀐** 일이 가져온 후성유전적 영향을 검토할 수 있었다는 점이다.

실험 결과는 아주 놀라웠다. 첫째, 시카고/에모리 연구팀은 특정 종류의 백혈구에서 약 천 개에 달하는 유전자들의 발현을 살펴보는 것만으로 그 혈액을 제공한 원숭이의 지위를 아주 잘 예측할 수 있음을 알게 되었다. 둘째, 지위와 연관된 다양한 유전자의 **기능**을 분석했을 때, 그중 많은 기능이 면역계 활동과 연관되었음을 발견했다. 셋째, 새로운 지위로 옮겨갔을 때 원숭이들의 유전자 발현 프로필 역시 변화한 것을 발견했는데, 이는 유전자 발현 패턴이 **가소적**이라는, 다시 말해 사회 지위의 변화에 반응할 수 있다는 점을 시사한다. 그리고 마지막으로 연구팀은 지위가 높은 원숭이와 낮은 원숭이 사이에 DNA 메틸화 패턴이 다르다는 것을 발견했는데, 이는 유전자 발현 프로필의 차이와도 일치했다. 이에 따라 연구자들은 후성유전적 변화로 지배 서열과 유전자 발현의 연관성을 일부 설명할 수 있다고 결론지었다.

이 실험은 프로벤살 팀의 연구와 더불어, 우리와 가까운 관계인 동물들에게 경험이 후성유전적 상태와 유전자 발현에 영향을 줄 수 있다는, 그때까지 나온 것 중 특히 강력한 증거를 제시했다. 시카고/에모리 연구팀은 다음과 같이 결론지었다.

우리의 결과는 사회적 환경에 대한 민감성이 면역계의 유전자 발현 변화에 반영된다는 개념을 강화하며, 점점 더 널리 인지되고 있듯이 신경과 내분비[호르몬], 면역 기능이 서로 연결되어 있음을 더욱 탄탄히 뒷받침한다. 나아가 이 결과는 이 연관성들이 대단히 가소적으로 보인다는 점도 알려준다. 유전자 발현 데이터가 상대적인 지위를 정확히 예측하게 해줄 뿐 아니라, 유전자 발현 프로필 역시 시간의 흐름에 따라 동일 개체가 어떤 다른 지위를 차지했는지 우리가 맞출 수 있을 정도로 지위의 변화를 충분히 면밀히 추적하게 해주었다. 이러한 관찰 결과는 지위와 유전자 조절 사이의 인과관계가 지위에서 시작될 가능성이 있음을 시사한다.[26]

다시 말해서 이 원숭이들에게는 사회적 지위가 유전자 발현 패턴의 원인이지 그 반대가 아니라는 말이다.

이 연구에서는 **어른** 원숭이들의 경험이 유전자 발현에 영향을 주었는데, 이는 **생애 초기** 경험만이 DNA 메틸화에 영향을 주는 것은 아니라는 의미이다. 지금은 오히려 어른이 되어서 한 사회적 경험이 후성유전적 상태에 영향을 줄 수 있는 것으로 여겨지며,

이러한 영향에는 "지배 서열 같은 사회구조적 요소도 포함되는 것 같다."[27] 이는 우리가 사회적 스트레스를 줄이기 위해 하는 일들이 유전자 활동에 영향을 줄 가능성이 있다는 점을 시사하므로 아주 중요하다. 만약 이것이 원숭이들에게 적용된다면 아마 사람들에게도 적용될 가능성이 있다. 실제로 우리가 안녕감을 높이기 위해 시도하는 방법들이 우리의 유전자 활동에도 영향을 줄 수 있다는 증거들이 이미 어느 정도 나와 있다.[28]

인간 혈액 연구의 가능성

요약하자면, 자살자 연구는 사람의 생애 초기 경험이 뇌세포 속 DNA의 후성유전적 상태에 영향을 줄 수 있음을 보여주었고, 원숭이 연구는 경험이 뇌와 혈액 속 일부 DNA의 후성유전적 상태에 영향을 준다는 것을 보여주었다. 어떤 종류의 실험은 사람에게 실시하는 것이 윤리에 어긋나기 때문에, 우리는 생애 초기의 파괴적 경험이 사람의 후성유전적 영향을 초래한다는 것을 **증명할** 수는 없지만, 경험이 원숭이 혈액세포의 후성유전적 상태에 영향을 줄 수 있다는 증거를 확보했으니 최소한 사람의 후성유전적 상태도 경험과 **상관관계**가 있는지 알아볼 수는 있을 것이다. 현재까지 사람의 혈액에서 채취한 DNA로 상관관계 연구가 몇 건 진행되었고, 여기서 나온 데이터가 원숭이 실험 연구에서 나온 데이터와 일치하므로, 경험이 후성유전적 표지에 미치는 영향에 관해 비교적 명료한 그림이 그려지는 중이다.

사실 혈액 연구의 가능성은 인간 집단을 연구하는 행동 후성유전학자들에게는 이미 아주 좋은 기회를 마련해주었다. 예를 들어 8장에서 이야기한 스페인 국립암센터의 일란성 쌍둥이 연구를 실시한 과학자들은 참가자들의 사두근에서 채취한 근육세포, 볼 안쪽에서 채취한 협측 세포뿐 아니라 특정 유형의 백혈구도 분석했다.[29] 세 종류의 세포 모두에서 결과는 동일했다. 쌍둥이들이 나이가 들고 서로 다른 삶을 살아간 시간이 늘어남에 따라 그들의 후성유전적 프로필은 서로 점점 더 달라졌다.

최근 이와 유사한 연구들이 봇물 터지듯 쏟아져 나오며 쌍둥이의 세포를 연구함으로써 후성유전에 관해 많은 것을 알아낼 수 있음을 증명하고 있다.[30] 예를 하나만 들자면, 최근 오스트리아의 한 연구팀이 **신생아** 쌍둥이의 탯줄과 태반에서 채취한 세포 속 네 개의 DNA 분절을 살펴보는 동시에 협측 세포도 분석했다.[31] 흥미롭게도 쌍둥이들 각자 이미 **출생 시점에** DNA 분절의 후성유전적 상태가 다소 달랐고, 그 차이는 이란성 쌍둥이가 일란성 쌍둥이보다 더 컸다.[32] 그러므로 유전적 요인과 태내 환경 모두가 신생아의 후성유전적 상태에 영향을 입히는 것으로 보인다. 게다가 스페인 연구와는 대조적으로, 오스트리아 연구팀은 분석한 탯줄 세포, 태반 세포, 협측 세포에서 메틸화가 일어난 정도가 달랐다고 보고하며, 연구에 적합한 세포를 고르는 것이 중요한 이유(와 후성유전학자들이 뇌 조직 세포와 혈액세포, 협측 세포의 DNA 메틸화 사이의 관계가 어떤 성격을 띠는지 계속 논쟁하는 이유)[33]를 강조했다. 그러나 이런 발견들은 유의미하기는 하지만 살아 있는 사람에게서 **특정** 경험이 특정 DNA 분절의 후성유전적 상태에 영향을 줄 수 있는지를 이해하는 데는 별 도움이 되지 않는다.

다른 두 연구는 신생아의 탯줄에서 추출한 혈액세포 DNA를 분석함으로써 이 목적에 더 가까이 다가갔다. 두 연구 모두 임신 중 어머니가 우울증을 겪은 일과 아기의 DNA 메틸화 사이에서 상관관계를 발견했다. 한 연구는 임신 후기에 우울증을 겪은 어머니가 낳은 아기들은 GR 촉진유전자에서 아기의 스트레스 반응과 연관된다고 여겨지는 특정 위치에 메틸화가 심하게 일어나 있음을 발견했다.[34] 이 아기들은 생후 3개월에 검사했을 때 예상대로 우울증이 없는 엄마가 낳은 아기들에 비해 더 심한 스트레스 반응을 보였다. 또 한 연구는 특히 세로토닌 시스템에 관심을 가졌는데, 이는 사람들에게 불안증이나 우울증이 생기는 과정에 세로토닌과 상호작용하는 세로토닌 수송체 분자가 관여한다고 여겨지기 때문이다.[35] 이 연구자들이 세운 가설대로 임신 4~6개월 시기에 우울증을 겪은 산모가 낳은 아기는 세로토닌 수송체 촉진유전자의 메틸화 수준이 더 **낮다**는 것이 밝혀졌다.[36] 이 두 연구를 진행한 과학자들은 자신들의 연구가 상관관계를 보여줄 뿐 경험이 아기의 DNA 메틸화에 영향을 준다는 것을 **증명할** 수는 없다고 인정했지만, 그래도 산모의 기분과 신생아의 후성유전 상태에 이런 종류의 상관관계가 발견된 것이 "생애 초기 경험과 유전자형, 후성유전 과정이 발달에 기여하는 방식에 관한 더욱 완전한 이해로 나아가는 첫걸음"이라고 말했다.[37]

특정 경험과 사람의 혈액세포 속 후성유전 상태의 연관성에 관한 연구는 더 많이 진행되었고, 이런 연구들이 모여 경험이 유전체가 하는 일에 영향을 줄 수 있다는 과학적 합의를 이끌어내는 데 힘을 보탰다. 학대당한 자살자의 뇌 조직을 연구한 맥가원 팀의 뒤를 이어, 살아 있는 사람의 혈액에서 아동기 학대의 후성유적 상관물을 찾은 연구들도 있다. 그중 한 연구에서는 16세 이전에 성적 학대나 신체적 학대를 당한 적 있는 성인들이 학대당하지 않은 성인들에 비해 세로토닌 수송체 촉진유전자에 유의미하게 더 많은 메틸화가 일어나 있음을 발견했는데, 이는 아동 학대가 전반적인 메틸화 수준에 장기적 영향을 줄 수 있음을 시사한다.[38] 아동기 학대와 혈액에서 추출한 DNA의 **GR** 촉진유전자 메틸화 사이의 관계를 검토한 또 다른 연구에서도 비슷한 결과가 나왔는데, 아동기에 더 많이 학대당했을수록 성인기에 GR 촉진유전자에서 훨씬 더 많은 메틸화가 관찰되었다.[39] 마지막으로 또 다른 두 건의 연구는 전체 인간 유전체에서 아동 학대의 후성유전적 상관물을 검토했고, 두 연구 모두 아동기에 학대당한 성인에게서 비정상적으로 메틸화가 일어난 DNA 영역 **수백** 군데를 발견했다.[40] 나와 있는 데이터를 모아 보면, 아동기에 당한 학대가 DNA 메틸화에 영향을 주어 학대 경험을 사실상 인체에 기록한다는 것을 알 수 있다.[41]

중요한 점은 이런 종류의 영향에는 기능상의 결과가 따르리라 예상할 수 있다는 것이다. 실제로 최근 한 연구팀이 보고한 바에 따르면, 살아 있는 사람의 혈액과 타액에서 추출한 DNA의 세로토닌 수용체 촉진유전자의 메틸화는, 위협적인 얼굴 사진을 보여주었을 때 그 사람의 해마(감정적 사건을 처리하는 데 관여하는 뇌 영역)가 반응하는 방식과 상관관계가 있다고 한다.[42] 만약 미래의 연구들에서도 DNA 메틸화와 뇌 기능의 연관성을 발견한다면, 메틸화는 해로운 생애 초기 경험이 물리적으로 이후의 정신질환을 초래하는 메커니즘에 포함된다고 볼 수 있을 것이다.[43]

비극적인 일이지만, 학대는 심지어 태어나기 전에 일어났다고 해도 한 사람의 후성유선 상태에 영향을 주는 것으로 보인다. 독일의 한 연구팀은 여성이 임신기에 겪은 가정폭력과 여러 해 뒤 그 자녀의 후성유전 상태 사이의 관계를 분석했다.[44] 연구자들은 실험에 자원하여 참가한 여성들과 십 대 자녀의 혈액 표본을 채취했을 뿐 아니라, 어머니들에게 아이가 태어난 시기를 전후하여 파트너에게 당한 폭력적 경험의 기억을 들려달라고 요청했다.[45] 어머니들의 가정폭력 경험은 **본인의** GR 촉진유전자 메틸화와는 관계가 없었지만, 자녀들의 GR 촉진유전자의 메틸화와는 양의 상관관계가 있었다. 따라서 연구자들은 "자녀의 메틸화는 임신기 동안 어머니가 겪은 부정적 경험에서 직접적인 영향을 받는다"라고 결론지었고,[46] 그 영향은 아마도 폭력에 대한 어머니 본인의 스트레스 반응으로 만들어진 태내 환경 변화로 인한 것이라 여겨진다. 다만 가정폭력에 관한 객관적 척도가 아니라 기억에 의지한 이런 연구를 평가할 때는 주의해야 한다. 그러나 반복 실험을 통해서도 동일한 결과가 나온다면, **태아**일 때 경험한 엄마의 스트레스가 출생 당시뿐 아니라 여러 해 후에도 아이의 유전자 발현에 영향을 줄 수 있다는 가설이 입증될 것이다.

외로움, 가난, 억압

몇몇 종류의 경험은 사람에게 분명히 후성유전적 영향을 준다. 아동 학대 경험은 GR 촉진유전자와 세로토닌 수송체 촉진유전자의 메틸화 증가에 영향을 미치고, 태내에 있을 때 가정폭력에 노출된 것은 GR 촉진유전자의 메틸화 증가와 연관이 있는 것 같다. 자궁 속에 있을 때의 다른 경험들, 예컨대 태내에서 엄마의 우울증을 겪은 일도 GR 촉진유전자의 메틸화 증거와 연관되는 것으로 보인다. 게다가 현재 우리는 아동기의 학대(혹은 성인기의 사회적 스트레스)가 사람 이외 영장류의 메틸화 패턴 차이를 **초래할** 수 있다는 실험 증거도 확보하고 있다. 이 모두를 종합해볼 때 드러나는 증거는 다양한 사회적 스트레스 요인이 우리의 후성유전 상태에 영향을 줄 수 있으며,[47] 그 영향이 때로는 수년간 지속될 수도 있음[48]을 암시한다.

25년 전에도 과학자들은 사회적 관계와 건강이 서로 연관되었음을 알고 있었다. 1998년에 쓰인 한 영향력 있는 논문은 가까운 인간관계가 없는 사람, 그러니까 외로운 사람이 **사망** 위험이 더 크며, 사회적 관계의 결여가 "흡연, 혈압, 혈중지질, 비만, 신체 활동처럼 명확히 밝혀진 건강 위험 요인의 효과에 필적하는 주요 위험 요인"이라고 결론지었다.[49] 외로움이나 가난, 억압 같은 스트레스 요인들이 유전자의 활동에 영향을 준다고 생각할 만한 근거가 존재할까?

이 질문에 확답은 아직 나오지 않았지만, 관련 데이터는 쌓이기 시작했다. 한 연구에서는 만성적으로 외로움을 느끼는 사람들의 백혈구 세포가 사회적으로 잘 융합되어 살아간다고 느끼는 사람들의 백혈구 세포와 유전자 발현 패턴이 서로 다른 것으로 드러났다.[50] 이 연구자들은 DNA 메틸화나 히스톤 변형에 나타난 차이를 살펴보지는 않았지만, 변화된 유전자 발현 패턴이 면역계 세포의 GR 활동 감소에 기인한 것임을 추적해 알아냈다. 따라서 외로움이 후성유전적 활동을 촉발함으로써 생물학적 효과를 일으킬 가능성은 상당히 크다.

또 다른 연구팀은 건강한 성인 참가자들의 생애 초기 사회경제적 지위가 그들의 유전자 발현 패턴과 상관관계가 있다고 보고했다.[51] 구체적으로 이 연구자들이 발견한 것은, 생애 첫 5년 동안 가난하게 살았던 일과 20~35년 후 백혈구 속 백 개 이상의 유전자 발현 사이의 관계였다. 연구 당시 모든 참가자의 사회경제적 지위와 스트레스 수준은 비슷했다. 여기서도 데이터는 분석한 세포들에서 GR 활동이 감소했음을 보여주었다. 이런 연구들은 DNA 메틸화 같은 구체적인 후성유전적 변형이 GR 활동의 감소로 이어진다는 확실한 증거를 제시하지는 않았지만, 유전자 발현의 차이가 사회적 지원이나 경제적 자원 같은 요인과 관계가 있음을 밝혀주었다.[52]

여기서 더 나아가, 2012년에 발표된 한 논문은 불리한 사회경제적 조건에 노출된 것이 실제로 일으킨 후성유전적 결과를 발견했다.[53] 사람들이 이러한 조건에 후성유전적 변형으로 반응할지도 모른다는 가능성을 탐색하기 위해, 모셰 스지프가 이끄는 연구팀은 45세 남성들의 혈액에서 채취한 DNA를 분석했다. 연구자들은 참가자들의 현재 메틸화 프로필과 현재 사회경제적 지위 사이의 관계를 발견했을 뿐 아니라, 현재 메틸화 프로필과 그들이 어렸을 때의 사회경제적 지위 사이에서도 관계를 발견했다. 구체적으로 말하면 1200군데 가까운 DNA 영역에서 **아동기**의 사회경제적 지위와만 연관된 메틸화 수준을 발견했는데, 이는 아동기가 끝나고 그렇게 오랜 시간이 지난 뒤에도 발견되었다는 점에서 더욱 주목해야 한다. 연구팀은 이렇게 결론지었다. "우리가 발견한, 성인의 혈액 DNA에 메틸화로 남은 초기 삶[의 사회경제적 지위]의 흔적(⋯)은 초기 삶[의 사회경제적 지위]과 성인기 건강 사이의 연관성에 기여하는 후성유전 메커니즘과 일치한다."[54] 물론 이런 연구 사례 한 건은 예비 연구로 간주해야겠지만, 생물학적 근거를 추구하는 행동과학자들 사이에서는 아동기의 사회경제적 지위가 심리, 생리, 신경, 유전자 기능에 장기적인 영향을 미칠 수 있다는 확신이 점점 커지고 있다.[55]

사회경제적 지위는 인종과도 상관관계가 있으므로 이 계통의 연구는 서로 다른 인종 집단 사이에서 특징적으로 드러나는 건강 격차가 가난한 환경에 노출된 결과로 일어난 후성유전적 변형을 반영하는 것은 아닐지 의문을 제기한다. 실제로 미국의 인류학자 크리스토퍼 쿠자와와 엘리자베스 스위트는 미국의 흑인과 백인 사이의 심혈관질환에서 끈질기게 나타나는 격차는 그 원인을 아동기 환경의 후성유전적 영향으로 추적할 수 있을 것이라고 주장했다.[56] 백혈구 속 DNA 메틸화는 소속 인종 자체와 상관관계가 있는 것처럼 보이지만,[57] 미국의 흑인과 백인은 출생 시 저체중률과 조산 발생률도 다른 것으로 알려져 있는데, 이는 사회적 스트레스를 반영하며 신생아의 메틸화 수준과도 연관이 있을지 모른다.[58] 쿠자와와 스위트의 주장은 상황 증거에 근거한 것이기는 하지만, 그들은 스트레스의 후성유전적 영향이, 사회적 영향력들을 영구적으로 우리 몸속에 통합하는 메커니즘을 반영한다는 자신들의 가설을 설득력 있게 풀어놓았다.[59] 결국 그들의 수장은 이러한 "발달 및 후성유전 과정을 통해 사회적·물질적 환경이 몸속에 새겨지는 일이 (…) 인종 간 [심혈관질환] 격차가 지속되는 현상을 설명하는 데 도움이" 된다는 것이다.[60]

경험이 인간 집단에 미치는 후성유전적 영향에 관한 연구는 아직 초기 단계지만,[61] 지금까지 나온 결과들도 충분히 고무적이다. 초기 데이터를 조사해보면 이 영향들이 분명 광범위하게 퍼져 있는 것 같다는 인상을 받게 되며, 이는 우리가 왜 현재와 같은 사람이 되었는지 그 이유를 이해하려 노력하는 과정에서 상당히 중요한 의미를 띤다. 실제로 많은 과학자가 후성유전의 중요성을 인식하고 있으며, 이런 공통된 인식이 큰 영감을 불어넣어 인간 후성유전체의 지도를 만드는 일에 전념하는 대규모 국제 연구 프로젝트를 출범시켰다.[62] 프로젝트의 웹사이트에는 다음과 같은 설명이 나온다.

인간 후성유전체 프로젝트Human Epigenome Project는 사람의 주요 조직에 있는 모든 유전자에서 전체 유전체의 DNA 메틸화 패턴을 밝혀내고 분류하고 해석하는 것을 목표로 한다. 메틸화는 외생적 영향[환경의 영향]을 받아 유전체의 기능을 변화시킬 수 있는, 신축적인 유일한 유전체 변수다. 메틸화는 유전과 질병, 환경 사이에서 지금까지 놓치고 있던 주요 연결 고리로서, 인간의 거의 모든 병[의 기원]에서 결정적 역할을 하는 것으로 널리 여겨지고 있다.[63]

언젠가 이 프로젝트는 복잡성과 범위, 중요성의 측면에서 인간 유전체 프로젝트에 필적할 것이다.[64]

물론 아직 알아내야 할 것이 많다. 2012년에 나온 한 추정에 따르면 "심층적 측면에서 유전체가 하는 모든 일을 규명하는 일은 겨우 10퍼센트 정도 마무리되었을 것"이다.[65] 하지만 오늘날 우리가 활용할 수 있는 데이터는 흥미진진하며, 유전자와 환경이 우리 생애 내내 계속해서 서로 대화를 나누고 있음을 알려준다. 기질부터 질병까지, 우리가 갖게 된 여러 특징은 유전 요인과 환경 요인이 협력한 결과물이다. 그리고 이제 우리는 이 협력자들이 소통할 때 사용하는 언어 중 하나가 후성유전이라는 것은 꽤 분명히 확신할 수 있다.

2 후성유전학의 기본 개념들

13

기억의 과학

2004년 아카데미 각본상은 경이로우면서도 아주 이상한 영화《이 터널 선샤인》이 받았다. SF 분위기가 가미된 코믹 드라마인 이 작 품의 핵심 전제는 '라쿠나'라는 회사가, 연애에 실패한 후 마음 아 파하는 사람들이 잊고 살아갈 수 있도록 특정 기억을 삭제해주는 기술을 개발했다는 것이다. 영화는 기억이 아무리 고통스럽더라 도 그 기억을 파괴하는 것이 그리 좋은 생각은 아니라는 점을 아주 잘 전달한다. 하지만 그 문제를 그리 깊이 생각할 필요는 없다. 선 택적 기억 파괴라는 개념은 그저 SF일 뿐이니 말이다.

그런데 정말 그럴까? 놀라운 사실이지만, 지난 20년간 기억 의 과학은 워낙 빠른 속도로 발전해서 일부 뇌과학자들은 특정 기 억의 선택적 삭제가 실제로 가능할 수도 있다고 생각하기 시작했 다.[1] 사실 뉴욕대학교의 조지프 르두와 함께 일하는 연구자들은 특정 실험 프로토콜의 맥락 속에서 특정 시간에 쥐의 특정 뇌 영역들에 특정 약물을 주입한 후, 나머지 기억은 그대로 남기고 특정 기억만 지운 것처럼 보이는 결과를 얻었다.[2] 물론 그렇다고 현실에서 실제 라쿠나가 곧 뇌 스파 치료 마케팅을 벌이리라는 의미는 아니지만, 뇌과학이 벌써 SF에 이만큼 가까이 다가섰다는 건 무척 경탄스러운 일이다. 만약 2004년에 누군가 나에게 《이터널 선샤인》처럼 정신의 나머지 모든 부분에는 아무 손상도 입히지 않고 특정 기억을 '지울 수 있을' 거라고 생각하는지 물었다면 나는 딱 잘라 아니라고 답했을 것이다.

그 시절에 내가 그럴 가능성이 없다고 생각했을 이유 중 하나는, 기억이 내게는 언제나 아주 **정신적**인 것으로, 그 어떤 심리적 경험보다 실체 없는 무형의 것으로 (따라서 그 어떤 물리적, 전기적, 화학적 '수술'에도 그리 적합하지 않은 것으로) 여겨졌기 때문이다. 시각적 주의나 공포, 맛의 감각 같은 몇몇 다른 심리 현상은 아주 분명하게 신체를 사용하기 때문에, 그 현상들이 몸속에서 일어나는 **물리적** 사건을 반영한다고 판단하는 것은 직관적이고 논리적인 것 같다. 하지만 기억은 그와는 전혀 다른 일처럼 느껴진다. 기억에 관해 조금만 깊이 생각해보아도, 데카르트식 심신이원론도 그리 얼토당토않은 말은 아니라고 느껴질 것 같다.

오늘날 뇌과학자들은 기억의 물리적 기반에 관해 깜짝 놀랄 정도로 상세한 지식을 갖추고 있다. 다음 장에서는 그 세밀한 내용 몇 가지를 살펴볼 텐데, 거기서 나눌 이야기조차 겨우 겉핥기 정도일 것이다. 현재 확보한 지식을 밝혀낸 연구자들의 수는 어마

2 후성유전학의 기본 개념들

어마한데, 그럼에도 기억에 관한 뇌과학의 가장 중요한 연구가 일부나마 인정받은 것은 2000년에 에릭 캔델이 (아르비드 칼손, 폴 그린가드와 함께) 노벨 생리 및 의학상을 받았을 때였다.

노벨재단에서 한 수상 연설에서 캔델은 처음에 자신의 주의를 끈 것은 "포유류 뇌에서 복잡한 기억의 양상에 가장 직접적으로 관여한다고 여겨지는 해마"였다고 설명했다.[3] 하지만 그는 사람의 해마가 너무 복잡하기 때문에 "아주 다른 접근법, 급진적인 환원주의적 접근법을 취할 필요"가 있다고 판단했다. 그래서 내린 결론에 따르면 그에게 필요한 것은 "기억 저장의 가장 복잡한 사례가 아니라 가장 단순한 사례를 연구하는 것 그리고 실험적으로 가장 다루기 쉬운 동물로 연구하는 것이었다."

> (…) [이 확신은] 기초적 학습 형식은 진화한 신경계를 지닌 모든 동물에게 공통된 것[이므로] 세포와 분자 수준에서 학습의 메커니즘 속에 보존된 특징들이 분명히 존재할 것이고, 그 특징들은 심지어 단순한 무척추 동물에게서도 효과적으로 연구할 수 있다[는 그의 신념을 반영한 것이었다].[4]

캔델의 이러한 환원주의적 접근법은 결국 바다달팽이의 일종인 군소 연구로 이어졌다. 그 후 학습과 기억에 관한 연구는 우리를 기억 연구의 새 시대로 안내할, 분자 수준의 이해를 근거로 한다. 이 새로운 시대에는 기억의 선택적 삭제가 더 이상 생각할 수 없는 일이 아니며, 후성유전이 그 일에서 중요한 역할을 한다는 걸 누구나 이해하는 그런 시대다. 캔델은 급진적인 환원주의적 접근법으로 기억을 연구하기로 한 자신의 결정을 "나의 가장 커다란 희망마저 뛰어넘는 보상을 안겨준 믿음의 도약"이었다고 표현했다.[5] 결국 그의 생각대로 기억의 몇몇 핵심적 특징은 사람이든 달팽이이든 그리 다르지 않았기 때문이다.

유전자와 장기기억의 내밀한 관계

기억 형성에서 후성유전이 하는 역할에 관해 질문하려면 그 전에 먼저 기억 형성에서 유전자가 하는 역할이 있는지부터 물어야 한다. 이 가능성도 직관적으로 명백해 보이는 것은 아니니 말이다. 하지만 캔델 연구실은 기억이 형성될 때, 다시 말해 신경계가 어떤 동물의 과거 경험을 기록할 때, 유전자가 결정적 역할을 한다는 것을 분명히 밝혀냈다.

달팽이의 기억을 평가한다는 것은 쉬운 일이 아니다. 이를테면 지난번 당신이 데리고 나가 아이스크림콘 사준 일을 기억하느냐고 달팽이에게 물을 수는 없지 않은가. 대신 캔델은 동물의 기억을 연구하기 위해 군소가 (대부분의 복잡한 동물들이 그러하듯) 보통은 반응하지 않을 중립적 자극에 반응하도록 학습시킬 수 있다는 사실을 활용했다. 이런 종류의 학습을 할 때는 먼저 해로운 자극을 주고 잠시 후 중립적 자극을 준다. 예를 들어 캔델의 연구에서는 군소의 몸 한 부분에 전기 충격을 주고 잠시 후 다른 부분을

2 후성유전학의 기본 개념들

건드렸다. 전기 충격을 받은 적 없는 군소라면 건드려도 놀람 반응을 일으키지 않지만, 먼저 전기 충격을 **받은 적 있는** 군소는 그냥 건드려도 놀람 반응을 보인다. 캔델은 이런 점이 "그 동물이 전기 충격을 기억"한다는 뜻이라고 주장한다.[6]

이런 현상이 부모의 얼굴이나 따뜻한 여름 오후, 비극적 사고로 이어진 사건에 관한 의식적 기억과 유사하다는 캔델의 말에 버럭 화를 낼 사람도 있을 것이다. 하지만 원시적인 학습을 위해서도 군소의 신경계가 이전 경험을 기록으로 보유하고 있어야만 한다는 점을 근거로, 캔델은 그러한 학습과 인간의 의식적 기억 사이에 중요한 공통 요소가 있다고 믿는다. 최소한 이러한 공통점이 존재한다는 사실은, 캔델이 한 것과 같은 단순한 종류의 '정보 보유'에 관한 연구가 인간의 기억을 구성하는 복잡한 '정보 보유'와도 관련성 있는 광범위한 의미를 품고 있을 것임을 시사한다.

노벨상 수상 연설에서 캔델은 그의 가장 중요하다고 할 수 있을 초기 발견을 들어 '기억된 충격' 현상을 설명했다. "이 기억의 지속 기간은 해로운 경험의 반복 횟수와 함수관계다."[7] 구체적으로 말해서, 군소에게 한 번 전기 충격을 주면 몇 분간 지속되는 일종의 '단기기억'이 만들어지지만, 4**일** 연속 매일 짧게 네 번씩 전기 충격을 주면 다음 3**주** 동안 만질 때마다 놀람 반응을 일으킨다. 그러므로 좀 더 장기적인 경험이 해당 사건에 관한 일종의 '장기기억'을 만드는 셈이다.[8]

캔델의 연구가 좁게는 특정 종류의 학습, 넓게는 기억 전반에 적용되는지 아닌지와는 별개로, 그의 연구실에서 나온 발견들은 아주 경이로웠다. 연구팀은 단백질 합성을 억제하는 항생제를 사용하여 **군소의 뉴런이 새로운 단백질을 만들 수 없게** 되었을 때조차 군소가 1회의 충격 경험에 관한 단기기억을 형성한다는 것을 보여주었다. 그러나 반대로 이 항생제는 군소가 여러 차례의 충격에 반응하여 장기기억을 형성하는 것은 방해했는데, 이는 장기기억을 확립하는 데는 새로운 단백질의 생산이 **필요하다는** 것을 의미한다.[9] 1960년대 중반 무렵 다수의 행동과학자들은 이미 **사람**의 단기기억 역량과 장기기억 역량을 서로 다른 것으로 판단하고 있었다.[10] 또한 그때는 일부 항생제가 생쥐에게서 기억을 지울 수 있다는 점도 알려져 있었다.[11] 그러므로 캔델 연구팀의 연구는 포유류에서 단기기억 및 장기기억 형성의 기반이 되는, 서로 구별되는 메커니즘을 발견한 것일 수도 있다는 가능성을 제시하며 영감을 불러일으켰다. 게다가 장기기억의 경우에는 유전적 요인도 중요한 역할을 하는 것으로 보였다.

유전적 요인이 어떤 식으로 역할을 하는지 보자. 군소에게 전기 충격을 1회 가하는 행위는 그 충격을 감지하는 군소의 감각 뉴런에 생화학적 변화를 일으키고, 이 변화는 그 뉴런들(과 군소 자체)이 충격 이후 짧은 시간 동안 달리 행동하도록 유도한다. 구체적으로 말하면, 한 번의 충격은 다음번에 군소가 자극을 받을 때 감각 뉴런이 분비할 신경전달물질의 양을 증가시킨다. 이런 종류의 기억에는 새로운 단백질 생산이 필요하지 않은데, 이는 감각 뉴런 속에 이미 존재하는 단백질이 그 일에 필요한 생화학적 변화를 일으키기 때문이다.

이와 달리 군소에게 더 긴 기간에 걸쳐 4~5회 충격을 가하는 행위는 군소의 감각 뉴런이 주위의 다른 뉴런과 **새로운 연결을 맺도록**, 즉 새로운 시냅스를 형성하도록 이끈다.[12] 새로운 단백질 생산이 있어야만 일어나는 이러한 변화는, 강화되지 않더라도 몇 주 동안은 지속될 수 있으므로 이를 장기기억의 물리적 예시로 이해할 수 있다. 이런 종류의 '행동 기억'이 명시적이고 의식적인 기억과 관련이 있다는 주장을 우리가 받아들인다면, 여기에 내포된 의미는, 1998년 여름 월든 호수에 수영하러 간 기억이 당신의 뇌 속에 들어 있는 이유는 그날의 일들을 **물리적으로 표상하도록** 뇌의 미세 구조가 **변화했기** 때문이라는 것이다. 명시적 기억과 행동 기억의 관계가 어떤 성격인지와는 무관하게, 현재 뇌과학자들 사이에서는 우리 뇌의 시냅스 연결은 고정된 것이 아니며 환경과 상호작용하는 동안 역동적으로 리모델링될 수 있다는 합의가 형성되어 있다.[13]

장기기억이 형성되려면 새로운 단백질이 만들어져야 한다는 발견은, 우리 뇌에 장기기억을 새기는 메커니즘에 관한 중요한 뭔가를 알려준다. 그건 바로 그 메커니즘에서 유전자가 중심적 역할을 한다는 것이다. 실제로 군소에게 4~5회 전기 충격을 가하면 군소의 감각 뉴런 속 특정 분자들이 활성화되며, 이어서 이 분자들이 뉴런의 핵 안으로 들어가 DNA에 달라붙어 전사 기구를 작동시키면서 유전자 발현(과 결국에는 단백질 생산) 과정을 개시한다. '기억 저장의 분자생물학: 유전자와 시냅스의 대화'[14]라는 제목으로 캔델이 노벨재단에서 한 강연이 의미심장한 이유는 바로, 장기기

억을 뇌에 새기려면 새로운 단백질이 생산되어야 하며 따라서 특
정 유전자가 활성화되어야 한다는 점 때문이다.

기억과 후성유전

　캔델의 강연 내용에서 이미 우리는 장기기억 형성을 후성
유전 과정으로 설명해야 한다는 것을 알 수 있다. 왜냐하면 새로
운 장기기억을 뇌에 새기는 데 필요한 단백질을 만들기 위해서는
이런저런 분자들이 DNA에 달라붙어야 하기 때문이다. 이 관점에
서 보면, 기억 형성에는 일종의 유전자 - 환경 상호작용이, 즉 경험
이 초래한 생리적 변화가 유전자 발현에 영향을 주는 과정이 관여
한다. 그러나 이를 '후성유전'으로 보는 것은 비교적 광의의 정의
를 따르는 것이다. 아직 나는 기억 형성에서 DNA 메틸화나 히스
톤 아세틸화, 또는 그 밖의 어떤 종류의 후성유전적 메커니즘이 역
할을 한다고는 말하지 않았다. 그렇지만 이제는 우리 뇌에서 후성
유전적 과정(우리의 생체시계를 조절하는 것과 유사한 효과)이 학습
에 그리고 최소한 일부 유형의 기억 형성에 관여**한다**는 것은 분명
하다.[15]
　생각해보면 후성유전적 과정이 기억에 관여한다는 것은 이
치에 잘 맞는다. 기억과 후성유전의 관계에는 어디에나 자연선택의
지문이 묻어 있기 때문이다. 프랑수아 자코브(5장에서 노벨상을 수상
한 그의 유전자 조절 연구에 관해 이야기했다)는 1977년에 한 아름다

운 에세이에서 자연선택의 지문을 알아보는 방법을 설명했다.

> 자연선택은 인간 행동의 어떤 측면과도 유사한 점이 없다. 하지만 꼭 비교해보자면, 자연선택이 작동하는 방식은 공학자가 일하는 방식은 아니라고 말해야 할 것이다. 그것은 실험 삼아 뭔가 뚝딱뚝딱 만들어보는 사람, 자신이 정확히 무엇을 만들어내게 될지는 모르지만 끈이 되었든 나무토막이 되었든 낡은 판지가 되었든 주변에서 찾을 수 있는 아무거나 활용해 뭔가를 해보는 사람, 한마디로 자기가 쓸 수 있는 모든 걸 써서 무언가 작동할 수 있는 물건을 만들어내는 사람처럼 일한다. (…) 이 실험가는 (…) 항상 잡동사니들로 일을 처리해낸다. (…) 그가 쓸 수 있는 재료들에는 그 어떤 것에도 엄밀하게 한정된 기능이 없다. 각 재료는 모두 다양한 방식으로 활용될 수 있다. 공학자의 도구와 대조적으로 이 아마추어 실험가의 도구는 프로젝트에 의해 정의되지 않는다. 이 물건들의 공통점은 "아마 어딘가 쓸모가 있겠지"라는 것이다. 무슨 쓸모일까? 그건 어떤 기회를 만나느냐에 달려 있다.[16]

공학자는 이런 식으로 닥치는 대로 시도하지 않기 때문에, 공학으로 만들어진 물건은 계획에 따라 논리적으로 조립되고 용도에 완벽하게 걸맞은 요소들로 만들어졌다는 인상을 준다. 반대로 만약 어떤 생물학적 특징이 다른 맥락에서는 다른 기능을 했을 법한 잡동사니로 만들어진 것처럼 보인다면, 그 이유는 바로 자연선택의 산물이기 때문이다.

후성유전적 변형은 자연이 기억 시스템을 창조할 때 선택했을 법한 바로 그런 종류의 메커니즘이다. 어찌 보면 후성유전적 변형에서 가장 중요한 것은 항상 기억이기 때문이다. 앞에서 살펴보았듯이, 분화된 세포가 다른 세포들과 구별되는 특징을 갖는 이유는 후성유전 상태가 반영된 특유의 유전자 발현 프로필을 갖고 있기 때문이다. 그리고 이렇게 분화된 세포들이 분열할 때는 항상 그 특유의 후성유전 상태를 각자의 '딸세포'에게 전달함으로써 딸세포들도 모세포와 동일한 **유형**의 세포가 되도록 한다.[17] 예컨대 간세포가 분열하여 두 개의 새로운 간세포를 만들 때, 간세포 안에서는 어떤 유전자들이 활성화되어야 하고 어떤 유전자들은 활성화되면 안 되는지에 관한 **정보를 보존하는** 방식으로 세포분열이 이루어진다.[18] 이는 바로 간에서 새로 만들어진 세포는 모두 반드시 간세포가 되고, 우연히라도 위 내벽에서 위산을 분비하는 세포를 만드는 일이 (이건 계획에서 대단히 어긋난 일일 테니까) 절대 벌어지지 않도록 하기 위함이다. 이렇게 새 세대 세포들 속 후성유전적 표지는 앞 세대 세포 속에 존재하던 정보를 그대로 보유하게 된다. 그리고 이러한 세포의 '정보 보유'는 일종의 세포 '기억'으로 볼 수 있다.

물론 후성유전적 표지가 운반하는 세포 '기억'과, 우리 뇌가 사실 정보와 자전적 정보를 유지하는 데 사용하는 심리적 기억 사이에는 중요한 차이점들이 있다. 하지만 자연선택은 아마추어 실험가라는 사실을 기억하자. 자연선택은 세포분열의 맥락에서 정보를 보유하기 위해 쓸 수 있는 시스템을 이미 갖고 있었기 때문에, 그 점을 잘 활용해 다른 맥락에도 그 시스템을 가져다 쓸 가능성이 있었을 것이다. 이런 식의 전략은 자연선택에서는 워낙 전형적이어서, 진화생물학자들은 이 전략에 따라 굴절적응exaptation이라는 이름을 붙여주었다. 이제는 고전이 된 한 논문에서 스티븐 제이 굴드와 엘리자베스 브르바는 굴절적응을 현재는 적응에 유리한 특징이지만 "자연선택이 현재의 역할을 위해 만든 것은 아닌" 특징이라고 정의했다.[19] 그들이 제일 먼저 제시한 예는 깃털이다. 오늘날의 새들에게 날개는 날 수 있게 해주므로 적응에 유리하다. 하지만 깃털은 날지 않는 일부 공룡들에게도 있었다. 그래서 어떤 이론가들은 깃털이 원래는 비행이 아닌 **다른** 용도를 위해, 아마도 공룡의 체온 조절을 돕기 위해 진화했으리라고 주장했다. 깃털은 다른 이유로 나타났지만 이후에는 비행을 위한 용도로도 사용될 수 있으니 굴절적응의 전형적인 예가 되었고, 자연선택이 한 가지 문제를 해결하기 위해 진화한 특징을 전혀 다른 문제에 직면했을 때도 재사용하는 방식의 실례를 보여주었다.

진화의 작동 방식이 이러하므로 세포 '기억'과 인지 행동적 기억은 단순히 유사한 것 이상일지도 모른다. 실제로는 동일한 세포 시스템에서 진화한 결과 중요한 특징을 공유하게 된 것일 수도 있다는 말이다. 사실 세포분화를 조절하는 일에 관여하는 몇 가지 분자 메커니즘은 기억의 저장에서도 사용되기 때문에,[20] 어쩌면 기억을 정말로 굴절적응 중 하나로 보는 게 가장 적합할 것 같다는 생각도 든다. 그래서 신경생물학자 데이비드 스웨트는 동료 조너선 레븐슨과 함께 기억 형성의 후성유전 메커니즘을 다룬 2005년 논문에서 단도직입적으로 이렇게 말했다. "우리는 [뇌가] 장기기억을 형성할 때 유전체의 후성유전 표지 붙이기 메커니즘을 가져다 썼다는 결론을 제안한다."[21] 그 개념을 자세히 풀어 설명하는 와중에 그들은 이런 질문을 던졌다.

> 발달 과정에서 정보를 저장하는 데 중요한 기본적 후성유전 메커니즘은 성인기에 행동으로 표출되는 기억들을 저장하는 데도 중요할까? 우리는 이 메커니즘이 성인의 신경계에 보존되어 있으며, 신경계가 그 메커니즘들을 행동 기억의 형성에 활용하기 위해 가져다 쓴 것이라고 생각한다.[22]

그들이 그런 가정을 내놓은 후 몇 년 사이, 기억에 후성유전 메커니즘이 관여한다는 개념을 뒷받침하는 데이터가 점점 빠른 속도로 쌓였다. 기억에서 후성유전이 하는 역할을 암시하는 초기 데이터 일부는 컬럼비아대학교의 캔델 연구소에서 나왔다. 구체적으로 말하면, 군소의 감각 뉴런들이 자극을 받아 장기기억을 형성할 때 그 뉴런들의 핵 속 염색질이 히스톤 아세틸화에 의해 후성유전적으로 변형된다는 것을 발견한 것이다.[23] 뒤이어 유전자 조작 생쥐로 한 연구에서는 히스톤 아세틸화가 포유류의 장기기억 형성에서도 중요한 역할을 한다고 볼 수 있는 결과가 나왔다.[24]

그 후 앨라배마대학교 버밍엄 캠퍼스의 스웨트 연구팀은 유전자 조작을 하지 않은 일반 설치류의 후성유전 및 기억에 관한 연구를 수행했다. 그중 한 실험에서는 일반 쥐의 장기기억 형성 과정 초기에 히스톤 아세틸화가 활성화된다는 것이 발견되면서,[25] 포유류의 기억 형성에서 후성유전 과정이 지니는 중요성을 또다시 확인해주었다. 이 앨라배마의 뇌과학자들은 쥐의 뇌에서 장기기억 형성에 관한 후성유전의 효과를 보려면 어디를 들여다봐야 하는지 잘 알고 있었는데, 그건 바로 해마였다. 해마라는 뇌 구조물은 이미 50여 년 전부터 장기기억 형성에 관여하는 것으로 알려져 있었으니 말이다.[26]

해마, 기억의 대장간

1950년대에 윌리엄 스코빌과 브렌다 밀너가, 29세에 받은 뇌수술의 역효과에 시달리던 헨리 몰레이슨이라는 남자에 관해 보고한 이후로 해마는 당시 기억을 연구하던 이들 사이에서 아주 중요한 위치를 차지하게 되었다. 그 보고서에는 헨리가 고등학교를 졸업한 후 '모터 감는' 일을 했다고 적혀 있었는데, 닥터 스코빌의 진료소에 도착했을 때 그는 심한 간질 발작에 시달리고 있었다. 무엇이 간질을 일으키는지 아무도 확실한 답을 내놓을 수 없었지만, 그 병은 헨리가 10세 때 자전거에서 떨어져 5분 동안 의식을 잃은 사고가 있고 얼마 후 비교적 가벼운 발작으로 시작되었다. 안타깝게도 발작은 시간이 갈수록 점점 더 악화되었고 16세가 되었을 때는 경련과 혀를 깨무는 일, 의식 상실 증상까지 나타났다. 처음에 의사들은 다량의 항경련제로 증상을 치료하려 했지만, 헨리의 상태는 점점 나빠지다가 마침내 거의 아무것도 할 수 없는 지경이 되었다.

1953년에 헨리는 간질의 강도를 낮추기 위해 급진적이고 실험적인 수술을 받기로 마음먹었다. 당시에는 그가 선택할 수 있는 다른 유망한 치료법이 존재하지 않았다. 수술은 발작의 강도를 줄였다는 점에서는 성공이었다. 하지만 애석하게도 매우 심각한 부작용도 낳았다. 최근의 기억을 잃는 부작용이었다.[27] 이 부작용 때문에 헨리는 50년 넘게 계속 이어진 기억 연구에 참여하며 살았다. 2008년에 그가 사망하기 전까지 과학자들은 그의 익명성을 보호하기 위해 'H.M.'이라는 약자로만 그를 칭했고, 20세기 말 심리학을 공부하는 학생들 사이에서 이 별명은 아주 유명했다.

H.M.이 심리학자들에게 중요한 존재가 된 이유는 간질을 완화하기 위해 한 수술이 그의 뇌와 기억 체계 둘 다를 대단히 독특한 방식으로 손상시켰기 때문이다. 그 수술로 그의 양쪽 해마가 **둘 다** 제거되었다. 수술 후 20개월이 지났을 때부터 H.M.은 일련의 심리 검사를 받았는데, IQ는 평균 이상이었고 비정상적인 성격 특징은 없었으며 지각장애도 전혀 없었다. 수술의 부작용은 기억상실에만 국한되었다.

하지만 그의 기억상실증은 아주 특별했다. 수술 후에도 그는 유년기와 청년기는 여전히 기억했고, 학습으로 배운 기술은 고스란히 남아 있었다. 사라진 건 **새로운** 기억을 형성하는 능력이었다. 1957년에 스코빌과 밀너는 이렇게 묘사했다.

수술 후 이 젊은이는 병원 직원을 알아보지도 못했고 화장실을 찾아가지도 못했으며, 병원 생활에서 하루하루 일어난 일들을 전혀 기억하지 못하는 것 같았다. (…) 10개월 전에 그의 가족이 전에 살던 집에서 같은 동네의 몇 블록 떨어진 집으로 이사했는데 이전 주소는 완벽히 기억하는데도 새 주소는 아직 외우지 못했고, 그가 혼자 집에 찾아갈 수 있으리라고 믿고 맡길 수도 없다. 그뿐 아니라 그는 항상 사용하는 물건도 어디에 보관되어 있는지 알지 못한다. 예를 들어 그의 어머니는 그가 바로 전날 잔디 깎는 기계를 썼더라도 어디에 가야 그 기계를 찾을 수 있는지 아직도 매번 말해줘야만 한다. 또 그의 어머니는 그가 같은 직소 퍼즐을 매일 반복하는데도 연습의 효과는 전혀 보이지 않으며, 처음 보는 내용인 것처럼 같은 잡지를 읽고 또 읽는다고 말한다. 이 환자는 점심을 먹고 나서도 (…) 30분만 지나면 자기가 먹은 음식의 이름을 단 하나도 대지 못한다. 사실 점심을 먹었다는 사실 자체도 기억하지 못한다. 그렇지만 그는 그냥 지나가는 사람의 눈에는 비교적 정상적인 사람처럼 보인다. 이해력과 추론 능력은 멀쩡하기 때문이다.[28]

H.M.은 방금 당신과 대화를 나누었다 해도 그 사실조차 기억하지 못하며, 하물며 당신이 누구인지는 더더욱 기억하지 못한다. 그리고 이 결손은 세월이 가도 계속 그대로였기 때문에 H.M.은 결국 수술 후 55년 세월에 관해 거의 아무런 기억이 없는 노인이 되었지만, 어린 시절 기억은 '생생하고 온전히'[29] 남아 있었다.

이 안쓰러운 이야기는 해마가 왜 기억 형성에서 중심 역할을 한다고 알려졌는지를 분명히 말해주지만, 또 다른 이야기도 들려준다. H.M.이 초기 기억을 잃지 않았다는 사실은 새로운 기억 **형성**에 관여하는 뇌 영역과 기억 **저장**에 관여하는 뇌 영역이 다름을 의미한다. 그러니까 해마는 새로운 기억의 형성에서 결정적으로 중요하지만, 기억이 장기적으로 저장되는 장소는 아니라는 말이다. 오히려 해마에 의지해 형성된 기억은 응고화라는 별도의 과정을 거치면서, 최종적으로 저장되는 장소인 대뇌피질의 영역들에서 장기적인 의탁 상태로 넘어가며,[30] 몇 주 뒤에는 기억을 유지하는 데 해마의 참여는 필요하지 않다.

생쥐의 기억 만들기

이러한 사실을 알고 있었으므로 스웨트와 동료들은 쥐들의 장기기억 형성에 히스톤 아세틸화가 관여하는지 알아보려 했을 때, 해마 세포의 핵 속에 존재하는 히스톤을 살펴봐야 한다는 걸 알았다. 하지만 기억 형성 과정을 연구하기 위해서는 그 전에 쥐의 뇌에 새 기억을 심는 효과적인 기술을 갖춰야 했다. 군소나 쥐나 마찬가지다. 쥐들에게 자기 할아버지의 기억에 관해 그냥 물어볼 수는 없는 노릇이니까.

연구자들이 설치류의 기억을 평가하는 데 사용하는 주된 방법은 '맥락적 공포 조건화 패러다임'이다. 듣기에는 끔찍해도(그

2 후성유전학의 기본 개념들

리고 나처럼 동물을 사랑하는 사람에게는 실제로도 끔찍하다), 목적을 달성하는 데는 아주 유용하다. 이 실험 패러다임의 기반이 되는 개념은 파블로프의 고전적 조건화에서 파생된 것으로 비교적 단순하다. 쥐 한 마리를 중립적이고 무섭지 않은 '훈련실'에 집어넣고 그 안을 탐색하게 둔 다음 몇 분 뒤 전기 충격을 가한다. 이 쥐의 기억을 검사하려면 24시간 뒤 훈련실에 다시 들여보내기만 하면 된다. 만약 훈련실(맥락)에 들어갔을 때 쥐가 공포를 암시하는 경직 반응을 보이면, 이 쥐는 그 훈련실과 전기 충격을 연관 짓는 일종의 기억을 형성한 것이 분명하다. 레븐슨과 동료들은 실험한 쥐들의 해마 세포 속 염색질을 검토하여, 이런 종류의 연상 기억을 형성하는 과정에 히스톤 아세틸화 및 그와 연관된 염색질의 구조 변화가 수반된다는 것을 발견했다.[31] 그러니까 후성유전적 사건은 생애 초기 경험을 기록으로 남기는 일과 생체시계를 조절하는 일에 관여하는 것처럼 기억 형성 과정에도 관여한다는 이야기다.

연구자들은 또 다른 두 가지 방법을 사용해 설치류의 학습과 기억의 후성유전적 효과를 테스트했다. 한 방법은 쥐들에게 미로 속을 달리게 하는 것인데, 이를 통해 과학자들은 쥐들의 **공간** 기억을 연구할 수 있다. 또 하나는 잠재적 억제라는 방법이다. 여러 면에서 이 방법은 맥락적 공포 조건화와 아주 비슷해 보인다. 동물들을 중립적인 공간에 집어넣고, 충격을 가하고, 그런 다음 그 공간에 재노출한다. 하지만 잠재적 억제에서는 쥐들이 뭔가 다른 것을 학습한다.

잠재적 억제 패러다임은 쥐가 한 번도 들어가 본 적 없는 훈

런실에 몇 분만 있게 하지 않는다. 대신 충격을 주지 않은 채 방에서 60분 정도 돌아다니게 한다. 그런 다음 충격을 가하면, 쥐는 보통 그 방과 충격을 연상 짓는 기억을 형성하지는 **않는다**. 그 전에 방에서 충격 없이 보낸 한 시간이 기억 형성을 억제하기 때문이다. 그래서 쥐는 그 방이 기본적으로 안전하다고 기억하게 된다. 이는 우리가 하룻밤을 침대에서 몇 시간 동안 뒤척이며 보냈을 때 일어나는 일과 아주 비슷하다. 그렇게 잠을 못 자는 경험을 했다 해도 침대와 불면을 영원히 결부시켜 앞으로 계속 잠자리에 들 시간을 두려워하게 되지는 않는다. 오히려 침대에서 잘 잤던 **이전의** 경험들이 그 새로운 '배움'을 억제할 것이고, 덕분에 다음 날 밤 다시 침대로 가서 푹 잘 수 있다. 잠재적 억제는 모든 포유동물에게서 이런 방식으로 작동하는 것처럼 보이는데, 이는 아마 근거 없는 연상을 형성하지 않게 하려고 진화한 메커니즘일 것이다.

이 분야에서 더욱 시사하는 바가 큰 연구 결과 하나는, 다양한 종류의 학습과 기억에는 서로 다른 여러 종류의 후성유전적 변형이 수반된다는 발견이다. 예를 들어 맥락적 공포 조건화와 잠재적 억제는 둘 다 장기기억을 형성하기는 하지만, 각자 특정 히스톤 팔합체 '실패'에서 서로 다른 히스톤의 아세틸화와 연관된다.[32] 이 발견으로 레븐슨과 스웨트는 "기억 형성을 위한 히스톤 코드 같은 것이 존재할지 모르며, 이에 따라 기억의 특정 유형마다 연관되는 히스톤 변형 패턴도 다를 것"이라고 추측했다.[33] 이 히스톤 코드는 서로 다른 기억 유형에 따라 서로 다른 히스톤만 변형하는 것이 아니라서 활용하는 변형의 유형도 하나가 아니다. 이제는 기억 형성에 히스톤 아세틸화뿐 아니라 히스톤 **메틸화**도 관여한다는 것이 분명히 밝혀졌기 때문이다.[34] 현재는 그런 히스톤 코드의 작동 방식에 관해서 이해하는 바가 매우 적다. 하지만 최근의 한 리뷰 논문에서 제러미 데이와 데이비드 스웨트는 다음과 같이 결론지었다. "압도적으로 많은 증거가 [뇌 속의] 히스톤 변형이 기억 형성과 응고화의 필수 요소임을 시사한다. 실제로 여러 유형의 행동 경험이 뇌의 몇몇 영역에서 히스톤 변형을 유도할 능력을 지녔다."[35]

DNA 메틸화도 역동적일 수 있다

앞에서 말했듯 생물학자들은 전통적으로 히스톤 변형이 DNA 메틸화보다 훨씬 더 역동적이라고 생각했다. 경험이 DNA 메틸화에 영향을 줄 수 있음을 증명한 미니의 연구에서도 관찰된 변화들은 비교적 영구적이었다. 하지만 더 최근의 연구는 DNA 메틸화가 **일반적으로는** 영구적이지만, 이 일반 원칙에 어긋나는 아주 중요한 예외가 특히 신경계에 몇 가지 있음을 알려준다.[36] 실제로 시냅스 활동도 DNA 메틸화에 영향을 미치고, 그에 따라 우리 뇌 속에서 그러한 메틸화가 **역동적으로** 조절되는 모습이 보이기 시작했다.[37] 뉴런으로 들어가는 **모든** 입력이 뉴런 속 DNA의 행동을 바꿀 수 있는지, 그럼으로써 세포의 기능 방식에 변화를 유도할 수 있는지 확실히 알기에는 아직 너무 이르지만, 이것이 하나의 가능성임은 분명하다.

이 계통의 연구에서 나온 또 하나의 흥미진진한 발견은 뉴런이 서로 다른 뇌 영역에서 서로 다른 목적에 후성유전적 변형을 사용할 수 있는 듯이 보인다는 것이다. DNA 메틸화는 **비교적** 안정적이므로, 기억을 대뇌피질에 장기적으로 보관하는 일에 관여하리라는 것이 직관적으로 그럴듯해 보인다. 그리고 예상대로 피질 세포들 속에서 기억을 매우 오래 유지하려면 DNA 메틸화가 필수적이다.[38] 하지만 놀랍게도 DNA 메틸화는 히스톤 변형이 그런 것처럼, 해마에서 초기 기억을 **형성**하는 일에도 관여하는 것으로 보인다.[39] 해마는 기억 형성에는 관여하지만 그 기억들이 최종적으로 보관되는 장소는 아니므로, DNA 메틸화가 해마에서 일어나는 경우에는 내내 안정적이라는 평판과 달리 분명 일시적일 것이다. 데이와 스웨트는 이를 다음과 같이 요약했다.

> 맥락적 공포 조건화는 해마 속 DNA 메틸화에는 **일시적인** 변화를 일으키지만, 피질 속 DNA 메틸화에는 **장기적인** 변화를 일으킨다. 우리가 추측하기로는 응고화에 참여하는 [해마] 메커니즘과 저장에 참여하는 [피질] 메커니즘으로 두 가지 다른 메커니즘이 존재하는 것 같다. 이렇게 두 메커니즘이 협력함으로써 해마 회로에서 신속한 응고화를 가능하게 하는 **가소성**과, 피질 회로에서 기억의 장기적 유지를 촉진하는 **안정성**이 마련된다. 해마는 이후의 새로운 기억을 만드는 데 필요하므로, 해마의 후성유전 메커니즘은 해마가 제 역할을 다한 후에는 시스템이 재설정될 수 있게끔 가소적인 것이 적합할 터이다.[40]

그런 다음, 데이와 스웨트는 솔직히 추측이라는 점을 인정하면서 기억 연구자들이 앞으로 어떤 것을 기대할 수 있을지 다음과 같이 짐작해보기를 제안하며 논의를 마무리한다. 내게는 그 추측이 아주 흥미진진하고도 좀 놀라웠다.

> (⋯) 변화한 DNA 메틸화에 의해 해마 회로가 후성유전 표지들을 해마에서 피질로 다운로드한다는 의미에서, 그리하여 (⋯) 해마에서 생겨난 일시적인 메틸화 표지가 피질에서 지속적 메틸화 표지의 설정을 추동한다는 넓은 의미에서 (⋯) 해마에서 만들어진 DNA [메틸화] 표지는 '유전[대물림]이 가능한'지도 모른다. 우리는 이를 후성유전 표지의 '시스템 유전가능성'이라 부를 수 있을 것이다.[41]

이 추측이 언젠가 옳은 예언으로 밝혀지든 아니든 간에, 이제는 생물학자들이 DNA 메틸화의 안정성에 관한 독단적인 가정을 재고할 필요는 있는 것 같다.[42] 데이와 스웨트에 따르면, DNA 메틸화는 "장기기억의 형성과 유지 둘 다에서 결정적인 분자적 요소"로 여겨지며,[43] "어린 동물과 나이 든 동물에게서 경험에 의한 행동 변화를 만들고 유지하는 일"에서도 일정 역할을 하는 것으로 보인다.[44] 이런 방식으로 DNA 메틸화는 우리가 수정될 때부터 사망할 때까지 하는 경험들을 반영할 수 있는 듯하다.

후성유전과 기억에 관해 얻을 수 있는 데이터를 종합해보면, "장기적인 행동 기억은 후성유전체를 조절하기도 하고 후성유전체에 의해 조절되기도" 한다는 것을 알 수 있다.[45] 이러한 결론은 발달 이외의 과정에서는 후성유전의 역할을 인지하지 못했던 앞 세대 생물학자들에게는 놀라운 일일 것이다. 기억에 관한 연구 데 이터를 살펴보면, 후성유전 표지들이 성숙한 개체로서 우리가 하 는 경험들에 반응한다는 것, 동시에 후성유전 메커니즘이 기억 형 성에서 역동적이고 중요한 역할을 한다는 것을 알 수 있다.[46] 그러 므로 후성유전체는 유전체와 마찬가지로 현재 우리의 모습에도 기여하지만 유전체와는 달리 역동적이어서, 살아가는 동안 우리 가 하는 경험에서 영향을 받기도 하는 것으로 보인다.

아직은 기억에 관해 더 알아가야 할 것이 많다. 현재 심리학 자들은 내가 이 장에서 제시한 여러 구분(장기기억 대 단기기억, 행 동 기억 대 명시적 기억과 의식적 기억, 기억 형성 대 기억 저장, 맥락적 공 포 기억 대 공간 기억) 외에도 자전적 기억, 사실 기억, 자전거 타기 와 같은 기술에 관한 무의식적 기억 등의 차이점도 인지하고 있다. 우리는 또한 기억 **인출**이 기억 형성이나 저장 둘 다와는 다른 과정 이라는 것도 알고 있으며, 인출 과정 연구도 진행되고 있다. 분명 '기억'이란 매우 광범위한 용어다. 하지만 지난 30년 사이 이 분야 에서는 경탄스러운 큰 진전들이 있었고, 밝아오는 후성유전 시대 는 앞으로 더 많은 돌파구를 맞이하리라는 거대한 가능성을 품고 있다.[47] 우리가 라쿠나처럼 누군가의 마음에서 트라우마 기억을 체계적으로 삭제할 수 있으려면 꽤 시간이 걸리겠지만, 그동안 우 리의 기억 체계를 구성하는 과정에 관한 상세한 지식들이 쌓이고, 과학자들이 평범한 동물들에게서 기억을 강화하고,[48] 알츠하이머병 같은 신경퇴행성 질환에서 보이는 기억 손상을 제거하며,[49] 잃어버린 기억을 되찾도록 돕는[50] 등 놀라운 효과를 낼 수 있는 후성유전적 방법들을 시험하기 시작했다. 물론 이런 일들이 어떻게 작동하는지 이해하려면 기억의 상세한 내용에 초점을 맞추고 더 유심히 들여다봐야 한다. 이것이 바로 다음 장의 주제다.

14

심층 탐구: 기억

대학의 심리학 수업은 아주 쉽다고 알려져 있는데 이는 대부분 당치않다. 학생들 개개인에게 정신적 삶이 **존재한다**는 이유만으로, 사람이 생각하고 느끼고 행동하는 방식과 이유를 저절로 통찰할 수 있는 것은 아니다. 타인은 둘째 치고, 사람은 자신의 행동과 감정 반응조차 이해하지 못할 때가 많다. 사실 정신의 현재 상태는 어느 정도 뇌의 현재 상태의 결과다. 따라서 흔히들 말하는 대로, 인간의 뇌가 우주에서 가장 복잡한 것이라는 말이 진실이라면 정신을 이해한다는 건 당연히 매우 어려운 일일 것이다. 나라면 내 전공 분야가 만만치 않기로는 로켓 과학과도 견줄 수 있다는 데 내기를 걸겠다. 바로 앞 장 끝에서 인용한 논문의 첫 페이지에서 발췌한 다음의 단어들과 문구들을 살펴보자.

2 후성유전학의 기본 개념들

HDAC2 (…) 전뇌 특이적으로 *p25*를 과잉발현하도록 유도한 CK-p25 생쥐 (…) 엉뚱하게 사이클린 의존성 인산화효소 5(CDK5)를 활성화 (…) 베타아밀로이드 축적, 반응성 별세포화 (…) 5XFAD 생쥐 (…) *GluR1*, *GluR2*, *NR2A*, *NR2B*(*Gria1*, *Gria2*, *Grin2a*, *Grin2b*라고도 함), *Nf1*(미세신경섬유경쇄, *Nefl*이라고도 함), *Syp*(시냅토파이신), *Syt1*(시냅토태그민1) (…) 염색질 면역침전 (…) 베타액틴, 베타글로빈, 베타튜불린.[1]

그야말로 아무 글자나 집어넣고 만든 문자 샐러드(혹은 잘 봐줘야 루이스 캐럴이 정신 나가서 쓴 시) 같지 않은가! 게다가 이건 그냥 표면만 살짝 건드린 정도에 지나지 않는다. 오직 기억 연구에 관련된 정보만도 그 깊이를 알 수 없을 정도이니, 전체 심리학 연구는 가장 우수한 학생들에게도 무척 어렵다.

그렇지만 다행히 이 책은 기억의 과학을 다루는 포괄적인 학술논문이 아니고 심리학 교과서도 아니다. 그리고 이미 기억의 후성유전학과 관련해 찾아볼 수 있는 정보만도 그 양이 엄청나고 서로 복잡하게 얽혀 있지만, 이 분야의 연구가 흥미로운 이유를 아는 데 필요한 정도의 정보는 앞 장에서 다 소개했다. 이번 심층 탐구 장에서는 어떤 새로운 실험적 조작이 왜 그리고 어떻게 설치류의 기억에 성공적으로 영향을 주었는지를 집중적으로 살펴볼 것이다. 그 조작이 언젠가는 사람의 치료에도 도움이 된다고 밝혀질 수도 있다. 알츠하이머병이나 외상 후 스트레스 장애PTSD를 앓는 사람, 또는 팔십 대에 접어들며 노화로 인한 기억 결손이 생긴 사람이라면 그런 혁신에서 잠재적으로 혜택을 얻을 수 있을 것이다.

기억을 개선하는 화학작용

앞 장에서 군소에게 몇 차례 충격을 주는 것이 유전자 발현과 단백질 생산을 초래했다는 캔델의 발견을 이야기했고, 어떻게 이런 일이 일어났는지도 상세히 설명했다.[2] 신경전달물질이 감각 뉴런을 자극하면 뉴런의 수용체들이 긴 연쇄 작용을 개시하면서 수용체 단백질들이 다른 화학물질에 영향을 주고, 이 물질들이 또 다른 단백질에 영향을 주는 식으로 계속 영향이 이어진다. 이 연쇄 작용의 말단 쪽에 자리한 단백질들은 뉴런의 핵 안으로 들어가, 거기서 또 다른 단백질들과 상호작용하여 장기기억 형성에서 핵심 역할을 하는 전사인자를 활성화한다. 이 전사인자는 일단 DNA에 달라붙고 나면 CREB 결합단백질CBP이라는 또 다른 단백질을 불러와서 CBP와 함께 장기기억 형성에 필요한 유전자 전사를 시작한다.[3]

CBP가 장기기억에서 필수적인 이유는 두 가지 독특한 능력을 지니고 있기 때문이다. 첫째로 CBP는 전사 기구를 DNA로 끌어올 수 있다.[4] 둘째로 CBP는 HAT, 즉 히스톤 아세틸 전이효소이기 때문에[5] 히스톤을 아세틸화할 수 있고 그럼으로써 유전자 발현을 촉진하는 식으로 염색질을 수정할 수 있다. CBP 단백질은 장기기억 형성에 참여하는 것 외에 몸속에서 또 다른 중요한 기능을 한다. 정상적인 CBP 생산을 방해하는 유전자 돌연변이가 있는 사람에게는 골격 이상과 인지 결손을 특징으로 하는 루빈스타인-테이비증후군이라는 병이 생긴다.[6] CBP를 만드는 데 쓰이는 유전자의 정상 대립유전자 중 **하나만** 없어도 아예 생존이 불가능해지는데,[7] 이것만 봐도 CBP는 매우 중요한 단백질임이 틀림없다.

과학자들은 CBP 이상이 어떻게 루빈스타인-테이비증후군의 전형적인 인지 결손을 초래하는지 연구하기 위해, CBP 유전자가 **하나**뿐인 생쥐를 유전자 조작으로 만들어냈다(건강한 생쥐는 이 DNA 분절의 복제본이 두 개다).[8] 예상대로 이 돌연변이 생쥐들에게서 골격 이상과 발육 지연 등 루빈스타인-테이비증후군이 있는 사람과 비슷한 신체적 특징 몇 가지가 나타났다.[9] 결정적으로 이 생쥐들은 활동 수준, 불안, 동기 면에서는 정상이었지만 맥락적 공포 조건화에서 장기기억 결손을 보였다. 이런 점 때문에 이 생쥐들은 장기기억 형성의 기반이 되는 분자 메커니즘을 연구하는 과학자들에게 유용하다. 연구를 통해 이 생쥐들의 해마 뉴런에서 특정 히스톤의 아세틸화가 감소했음이 드러났는데,[10] 이 발견은 CBP가 HAT라는 사실과도 부합하며, 이로써 히스톤 아세틸화가 장기기억 형성 과정의 중요한 부분이라는 결론이 나온다.

하지만 CBP 결손 생쥐 연구에서 정말로 흥미로운 부분은, 연구자들이 약물로써 쥐들의 기억에 영향을 주려 했던 시도들이다. 자연이 HAT에 대한 '맞수 분자'[11]도 마련해두었다는 것 기억할 것이다. HDAC, 즉 보통 히스톤에서 아세틸기를 제거하는 히스톤 탈아세틸화 효소 말이다. 과학자들은 매우 광범위한 결과를 불러올 수 있는 또 한 가지 사실을 발견했는데, 그것은 몇몇 약물이 HDAC의 활동을 억제하고 그럼으로써 생물학적 과정과 행동에 중요한 영향을 미칠 수 있다는 것이었다. 일례로 1960년대부터 뇌전증 치료에 사용된 발프로산이라는 화합물이 HDAC 활동을 억제한다는 것이 드러났다.[12] 통칭 HDAC 억제제라고 하는 이 약물들은 HDAC의 자연적인 아세틸기 제거 활동을 **억제**함으로써 히스톤 아세틸화를 **증가**시키는 일을 한다. 다음 비유를 보면 상황이 분명히 이해될 것이다.

엄지손가락을 잘 빠는 어린아이가 있다고 해보자. 이 습관을 고치려는 아이 엄마는 주의를 기울이고 있다가 아이가 엄지를 빨려고 할 때마다 못하게 막을 것이다. 이 비유에서 엄마는 HDAC와 같다. 그냥 두면 자연스럽게 일어날 어떤 일을 막는 결과를 가져오기 때문이다. 이제 엄마에게 전화가 걸려와 아이에게 주의를 기울이지 못하게 된 상황을 상상해보자. 그러면 엄지를 빠는 아이의 행동이 증가할 것이다. 전화가 아이의 엄지 빠는 행동에 엄마가 개입하는 걸 억제하고, 그럼으로써 엄지 빠는 행동의 증가를 초래하는 것과 마찬가지로 HDAC 억제제는 HDAC이 제 역할을 하는 것을 막음으로써 히스톤 아세틸화를 증가시킨다. 따라서 HDAC 억제제는 HAT와 같은 결과를 낸다. 다시 말해 히스톤 아세틸화를 증가시키고 그럼으로써 유전자 발현을 촉진한다.

이렇게 분자를 줄임말 명칭으로 말할 때 생길 수 있는 혼동을 조심하자. 히스톤 아세틸 전이효소HAT와 히스톤 탈아세틸화효소HDAC는 우리 몸 안에서 자연스럽게 합성되는 **단백질**들로서,

2 후성유전학의 기본 개념들

각각 히스톤에 아세틸기를 붙이는 일과 떼어내는 일을 한다. 이와 달리 HDAC **억제제**는 아세틸기가 히스톤에서 떨어지는 것을 막는 **약물**이다. 제약회사 연구실에서 합성한 물질이라는 말이다.

유전자를 조작해 제대로 기능하는 CBP 유전자의 복제본이 하나뿐인 생쥐를 만들었던 연구자들은, 맥락적 공포 조건화를 실시하기 세 시간 전에 생쥐의 뇌에 HDAC 억제제를 직접 주입하면 히스톤 아세틸화가 증가하고, 더욱 중요하게는 생쥐들의 기억 결손이 완화된다는 사실을 발견했다.[13] 경이롭게도 이 억제제는 돌연변이 생쥐가 **정상적으로** 수행하도록 도움으로써, 평소의 기억 결손을 효과적으로 제거했다.[14] 이 발견에 따르면 루빈스타인-테이비증후군은 비정상적 염색질 리모델링으로 인한 장애라고 보는 것이 가장 타당하며, HDAC 억제제 치료에 잘 반응할 것으로 예상된다.

이후 이어진 여러 HDAC 억제제 연구에서도 그만큼 고무적인 결과가 나왔다. 특히 HDAC 억제제가 돌연변이 생쥐에게 그랬던 것처럼 돌연변이가 없는 보통 동물들에게도 장기기억 형성을 강화한다는 점이 드러났다.[15] 한 연구팀은 그 효과를 특히 단도직입적으로 표현했다. "[HDAC] 억제제에 의해 유도된 히스톤꼬리 아세틸화 증가는 (…) [보통 생쥐에게서] (…) 학습과 기억을 촉진한다."[16] 마찬가지로 네사 캐리 역시 HDAC 억제제에 관한 여러 연구를 요약한 후 이렇게 결론지었다. "뇌에서 아세틸화 수준 증가는 기억 향상과 일관되게 연관되는 것 같다."[17]

잃어버린 기억 되찾기

기억 형성이란 상당히 복잡한 과정이기 때문에, 비록 최근 획기적인 돌파구들이 마련되었다고는 하나 우리가 약물 섭취로 완벽하게 기억할 수 있는 멋진 신세계의 문턱에 도달했다고 할 수는 없다. 큰 문제 하나만 생각해보자. 현재 과학자들은 HDAC이 최소한 11가지가 있다는 걸 알고 있고,[18] 이제는 그것들이 모두 똑같이 작용하지 않는다는 사실도 분명해졌다. 예를 들어 HDAC1은 HDAC2와 달리 기억과 연관되지 않는다.[19] 안타깝게도 다수의 HDAC 억제제는 대상을 정확히 특정하지 않고 여러 HDAC에 영향을 준다. 몇몇 생명공학 기업들이 대상을 더 특정할 수 있고 따라서 부작용이 더 적은 HDAC 억제제를 만들기 위해 노력하고 있지만,[20] 상황을 지켜보는 사람들은 현재 사용 가능한 HDAC 억제제들이 너무 비특정적이며[21] 그 때문에 잡다한 부작용을 일으키므로 사용이 제한적이라는(치명적인 병이 있어서 그 부작용이 환자의 다른 문제들보다 사소한 문제인 경우를 제외하고) 점에 계속 우려를 표하고 있다.[22] 젊었을 때보다 기억력이 나빠졌지만 심각한 치매에 시달리는 것은 아니고 여전히 건강한 편이라면, HDAC 억제제로 기억을 향상시킬 수 있다고 해도 그 약이 부차적으로 초래하는 피로와 메스꺼움, 염증 위험 증가를 감수할 가치는 없을 것이다.[23]

이런 난관들을 피해 가는 일은 꽤 어려울 테지만, 매사추세츠 공과대학교의 차이리후에이는 유망해 보이는 몇 가지 새로운 기술 사용 방식을 선구적으로 개척했다. 내가 묘사할 이 연구가 무슨 SF처럼 들릴지도 모르지만 사실은 그렇지 않다. 차이가 행한 첫 단계는 생쥐가 '알츠하이머병과 유사한' 다양한 신경과 행동의 '병변들'이 생기도록 유전적으로 조작하는 것이었다.[24] 이는 결코 쉬운 일이 아니다. 그런 병변들을 초래하는 비정상적 상태들이 수정 시점부터 존재했다면 정상적인 발달을 방해했을 테지만, 알츠하이머병에 걸리는 사람들은 **정상적인** 아동기를 보내므로, 생쥐 '모델' 역시 정상적 발달을 거친 후 생애 후반에야 병변이 생겨야 하기 때문이다.

이 문제의 해결책은 어른이 된 후에 알츠하이머병과 유사한 병변이 생기도록 **유도**할 수 있는 생쥐를 길러내는 것이다. 그래서 차이와 동료들은 특정 화합물을 함유한 먹이를 먹는 한 정상적으로 발달할 수 있는 생쥐 계열을 만들어냈다. 이 접근법으로 연구자들은 자신들이 원할 때 언제든 질병 과정의 스위치를 '켤' 수 있게 되었다. 단순히 생쥐의 먹이를 그 한 가지 화합물이 빠진 것으로 바꾸기만 하면 되었다. 이 방법으로 연구자들은 질병 과정이 언제 그리고 얼마나 오래 진행될지를 정확히 통제할 수 있었다.[25] 이 생쥐들을 성체가 될 때까지 정상적으로 발달하도록 둔 다음 이후 6주에 걸쳐 알츠하이머병 유사 병변이 생기도록 유도했을 때, 생쥐들은 활동과 불안 수준에서는 정상적으로 행동하지만 맥락적 공포 조건화와 공간 기억 과제에서 눈에 띄는 결손을 보였다. 더불어 이 생쥐들은 전뇌에서 심각한 신경 퇴행, 즉 뉴런(과 시냅스)의 상실이 일어났다.[26]

최근 차이가 매달리는 문제는 어떤 유형의 치료가 이런 병리들을 완화할 수 있을 것인가이다. 그가 세운 한 가설은 뇌에 이런 신경 퇴행이 생기더라도, 남아 있는 건강한 뉴런들이 질 좋은 환경 속 경험으로 뒷받침받는다면 더 잘 지낼 수 있지 않을까 하는 것이다. 실험실 생쥐는 보통 꽤 결핍된 환경에서 지내므로, 여기서 말하는 '질 좋음'이란 쳇바퀴 한두 개와 햄스터 놀이터 비슷한 기구, 기타 장난감 들을 매일 바꿔주고, 놀이 친구 몇 마리를 함께 넣어주는 것 정도를 의미한다. 이런 식의 질 좋은 환경은 수십 년 전부터 설치류의 학습 능력을 높이고 뇌의 화학반응에 변화를 주는 것으로 알려져 있었으므로,[27] 알츠하이머병과 유사한 신경 퇴행을 겪고 있던 생쥐에게 잠재적으로 도움이 될 거라는 예상은 무리 없는 생각이었다. 예상대로 차이의 연구실에서 나온 데이터는 질 좋은 환경에서 한 달 동안 생활하는 것이 심한 신경 퇴행에 시달리던 생쥐가 학습하고 새로운 기억을 형성하도록 촉진한다는 것을 보여준다.[28]

그런데 질 좋은 환경의 힘은 거기에 그치지 않고 더 강력한 것일 수도 있다. 그런 환경은 생쥐가 잊었던 장기기억을 회복하는 일도 돕는 것으로 보이며, 이는 지그문트 프로이트마저 까무러치게 할 만큼 굉장한 일이다. 이 현상을 보여주기 위해 차이 연구실의 안드레 피셔와 동료들은 맥락적 공포 조건화 패러다임을 사용하여, 아직 신경 퇴행이 전혀 없는 성체 생쥐를 중립적 실험방에서 아무 일 없이 3분을 보내게 한 뒤 생쥐에게 충격을 가했다. 정상적인 생쥐의 경우 이런 종류의 경험에 관한 기억이 해마에서 형성된 다음 약 4주 후에 대뇌피질로 옮겨간다는 것이 밝혀져 있기 때문에, 피셔는 최초의 공포 조건화 이후 생쥐들을 원래 자기 집이었던 우리로 돌려보냈다. 그리고 생쥐들이 집에서 평범한 4주(생쥐들의 새로 형성된 기억은 이 기간에 대뇌피질에서 응고화되었을 것이다)를 보내고 나자 연구자들은 먹이로 신경 퇴행 과정의 스위치를 켰다. 6주간의 신경 퇴행 후, 생쥐들의 기억을 검토하기 위해 다시 실험방으로 보냈다. 그 방에서 충격을 받았던 최초의 경험 후 10주가 지난 시점이었다. 새로 생긴 알츠하이머병 유사 증상들을 고려할 때 예상되는 대로, 이 생쥐들은 실험방에 들어가자 거기서 충격을 받아본 적 없는 것처럼 행동했다. 정상적이고 건강한 대조군 생쥐들은 10주 전의 경험을 기억하기 때문에 그 방에서 공포 행동을 보였지만, 이 생쥐들은 전혀 두려워하는 기미가 없었다. 그 방에서 있었던 경험에 관한 장기기억이 사라진 것이다.

　　정말 그랬을까? 어쩌면 그 기억들은 사라진 것이 아니라 단지 접근할 수 없게 되었을 뿐인지도 모른다. 이 가설을 검증해보기 위해 연구팀은 새로운 생쥐 무리에게 앞에서 묘사한 것과 같은 경험을 모두 하게 했다. 하지만 이번에는 6주 동안의 신경 퇴행 직후가 아니라 그로부터 4주가 더 지난 후에 생쥐들을 살펴보았다. 이 생쥐 중 절반은 대조군으로서 그 4주를 평소 지내던 우리에서 보냈고, 나머지 절반은 장난감이 가득한 질 좋은 환경에서 보냈다. 그러니까 정리하자면 한 무리의 쥐들이 맥락적 공포 조건화를 겪은 뒤 자신들의 원래 우리로 돌아가 기억이 응고화되는 기간을 보냈다. 그런 다음 모두 6주 동안 신경 퇴행 과정을 겪었다. 우리는 신경 퇴행 과정이 생쥐들을 10주 전에 겪은 충격 경험을 잊게 한다는 것을 알고 있다. **그런 다음**, 4주 동안 절반은 질 좋은 환경에서, 나머지 절반은 평소 지내던 우리에서 보내게 한 후 모든 생쥐의 기억을 살펴본 것이다.

1단계 실험 처리 결과, 질 좋은 환경에서 보낸 생쥐와 평소 환경에서 보낸 생쥐 모두 비슷한 수준으로 신경 퇴행이 진행되어 있었다. 그러나 대조군과 달리 질 좋은 환경에서 보낸 생쥐들은 기억 테스트에서 14주 전에 그 방에서 겪은 충격을 기억하는 것처럼 행동했다.[29] 그래서 연구자들은 이렇게 결론지었다. 망각했던 "장기기억은 [질 좋은 환경에 의해] 회복될 수 있으며 (…) '기억 상실'처럼 보이는 것은 사실 기억에 **접근할 수 없음**을 반영하는 것으로, 이는 (…) [치매 환자도] 일시적으로 뚜렷한 기억을 보이는 [시기가 있는 것과 유사하다]."[30] 이 결과에 특히 주목해야 하는 이유는, 회복된 기억들이 생쥐들에게 어떤 신경 퇴행도 생기기 **이전에** 형성된 것이기 때문이다. 이는 "상당한 뇌 위축과 뉴런 소실이 이미 일어난 후에" 질 좋은 환경이 이 기억들에 대한 접근을 재설정한 것[31]으로, 이전에는 많은 연구자들이 불가능하다고 생각했던 결과였다.

알츠하이머병 치료법을 찾아서

물론 의문은 남는다. 생쥐가 이렇게 기억을 회복하는 일이 어떻게 가능했을까? 그 '어떻게'의 답은 '후성유전'인 것으로 보인다. 정상적인 생쥐에게 질 좋은 환경은 HDAC 억제제를 복용한 것과 유사하게, 해마 세포와 피질 세포 모두에서 히스톤 아세틸화를 유발한다.[32] 그러므로 스웨트가 지적한 대로 "환경의 질 향상과 HDAC 억제라는 서로 매우 다른 두 치료법이" 정상 설치류의 기억을 향상시킨다는 뜻이다.[33] 이 말은 '잃어버린' 기억이 질 좋은 환경을 통해 회복되는 과정에는 히스톤 아세틸화가 관여한다는 것을 암시하는데, 이 가설은 HDAC 억제제를 사용해 검증해볼 수 있다.

이 가능성을 검증하기 위해 피셔와 동료들은 유전자를 조작한 생쥐들을 앞에서 이야기한 경험에 같은 순서로 노출했다. 하지만 이번에는 6주간의 신경 퇴행 후에 4주간 장난감과 놀이 친구를 함께 넣어주는 대신, 4주간 매일 HDAC 억제제를 주사했다. 이 약물을 주사한 결과 생쥐들은 공포 조건화의 기억을 회복했다. 비슷한 경험을 했으나 4주간 식염수 주사를 맞은 대조군 생쥐는 그 기억을 잃었다.[34] 그러니 HDAC 억제제를 장기간 주사한 것이 질 좋은 환경에 두는 것과 마찬가지로 신경 퇴행 후 상실된 장기 기억을 회복시킨 것이다. 이렇게 긍정적인 결과를 본 연구자들은 HDAC 억제제가 생쥐의 인지를 개선한 것처럼 "사람의 뇌에서도 신경망을 재생성할 수 있을지 모른다"고 추측했다.[35] 그래서 그들은 한 걸음 더 나아가, 만약 그 추측이 맞는다면 "HDAC을 표적으로 하는 작은 분자들", 예를 들면 아주 작은 RNA 분자들도 어쩌면 "치매 환자의 장기기억 접근을 촉진"하는 데 사용할 수 있을 것이라 주장했다.[36]

최근 차이 연구실에서는 바로 이 가설을 따라가, 아주 작은 RNA들을 유전자 조작한 생쥐의 뇌에 주입하면 알츠하이머병 유사 증상이 완화될 가능성이 있을지 알아보았다.[37] 연구에서 표적으로 삼은 분자는 HDAC2으로, 알츠하이머병 환자의 해마에서 증가한 물질이자 신경 퇴행을 경험한 유전자 조작 생쥐의 특징적인 인지 결손에서 원인 역할을 하는 물질이다.[38] 그러니까 **오직** HDAC2의 생산만 방해하는 작은 RNA를 사용하여, HDAC 억제제 주사처럼 기억을 향상시키면서도 부작용은 줄이겠다는 생각이었다. 이 연구의 동기는 "신경 퇴행 중인 뇌의 인지능력을 제한하는 것은 유전자 전사를 후성유전적으로 차단하는 것이며, 이는 잠재적으로 뒤집을 수 있다"[39]라는 연구자들의 믿음이었다. 그들은 실험적으로 후성유전적 과정에 개입함으로써 유전자 활동을 자극하고 그럼으로써 인지 기능을 개선하고자 했다.

이 연구는 HDAC2의 축적을 막는 것이 신경 퇴행으로 인한 기억 결손을 완전히 제거하며,[40] 일부 경우에는 알츠하이머병 같은 신경 퇴행성 질환에서 전형적으로 손상되는 인지적 역량의 **회복**도 유도한다는 것을 보여주었다. 이 발견으로 연구자들이 내린 결론은 "후성유전 메커니즘이 알츠하이머병 관련 신경 퇴행과 연관된 인지 저하에 실질적으로 원인을 제공한다"는 것[41] 그리고 다른 HDAC들의 기능은 정상으로 남겨둔 채 HDAC2만을 선별적으로 억제하는 일이 가능하다는 것이다. 이는 부인할 수 없이 무척 희망적인 결과다. 그러나 유감스럽게도 작은 RNA를 실험 생쥐에게 집어넣기 위해서는 연구자들이 우선 어떤 바이러스들을 유전적으로 변형한 다음 그것을 실험 대상 생쥐의 뇌에 주입해야 하는

2 후성유전학의 기본 개념들

데, 대부분의 사람 환자들은 이런 처치를 달가워할 리 없다.

하지만 다행히도 앞에서 보았듯 HDAC을 억제하는 것이 HDAC 억제제와 작은 RNA만은 아니며,[42] 원치 않는 부작용이 거의 없는 방법도 하나 있으니 바로 질 좋은 환경이다. 우리 사회는 우울증 같은 심리적 문제로 고생하는 사람들을 도우려는 마음에 우리 뇌의 신경전달물질 시스템에 영향을 주어 효과를 내는 프로작 같은 약물을 서둘러 포용한 면이 있다. 이런 약물치료가 효과를 낸다는 사실은 심리적 혼란이 생물학적 현상 때문에 초래된다는 생각을 강화했고, 한편으로는 그 생물학적 현상들은 어쩐지 우리 경험과는 무관하며 따라서 오직 약으로**만** 치료할 수 있다는 생각으로 우리를 이끌었다. 실제로 우울증 증상에는 언제나 생물학적 현상이 수반되는 것이 **사실**이지만, 그 현상은 이혼이나 사랑하는 이의 죽음 같은 인간관계에서 일어나는 사건 이후에 발생하는 경우가 많다. 이렇듯 '환경'과 '생물학적 측면'은 연결되어 있으므로, 훌륭한 심리치료사와 대화를 나누는 '경험'도 우울증의 생물학적 원인에 영향을 줄 수 있다. 대화 치료는 항우울제와 상당히 비슷한 방식으로 뇌 기능에 영향을 준다.[43] 실제로 2013년에 에릭 캔델은《뉴욕 타임스》에 이런 견해를 담은 글을 발표했다. "심리치료는 생물학적 치료이며 뇌 치료로, 우리 뇌 속에 지속적이고 탐지 가능한 변화를 남긴다."[44] 이와 마찬가지로 약물과 작은 RNA 주입이 HDAC의 효과를 억제할 수 있지만, 질 좋은 환경역시 HDAC의 효과를 억제할 수 있다는 점은 주목할 가치가 있다. 연구자들이 기억을 이해하기 위해 계속 노력하는 동안, 우리는 인지 자극 활동,[45] 운동,[46] 기타 신체 활동[47]으로 삶의 질을 더 높임으로써 정신을 명료하게 유지할 수 있다.

"용서는 지혜, 망각은 천재"[48]

지금까지 HDAC 억제의 이로운 효과에 관해 이야기했지만, HDAC이 본질적으로 '나쁜' 것이라고 이해해서는 안 된다. 오히려 HDAC은 우리 몸속에서 아주 중요한 기능을 여럿 수행한다. 유전자와 마찬가지로, 중요한 것은 몸속에 어떤 분자가 있느냐보다 그 분자들이 **무슨 일을** (그리고 언제) 하는가이다. 만약 어떤 HDAC이 암 발병과 연관된 DNA 분절에 영향을 준다면 그 HDAC은 암 촉진 유전자를 침묵시키는 매우 중요한 일을 하는 것이다. 반대로 어떤 HDAC이 종양의 성장을 **억제하는** 유전자를 침묵시킨다면 우리는 이 HDAC을 상당히 다른 눈으로 봐야 할 것이다. 기억의 영역에서 벌어진 이와 비슷한 상황을 두고 데이와 스웨트는 이렇게 말했다. "기억 형성에는 기억 억제 유전자들의 메틸화 증가와 기억 촉진 유전자들의 메틸화 감소 둘 다가 관여한다. 그러므로 과메틸화나 저메틸화 둘 다 기억 기능을 이끄는 것일 수 있다."[49] 분자생물학의 복잡한 세상에서는 특정 유전자도, 특정 후성유전적 표지(예컨대 메틸화)도, 특정 단백질(예컨대 HDAC이나 코르티솔)도 '좋은 편' 아니면 '나쁜 편'으로 단정할 수 없다.

마찬가지로 우리는 대개 기억 **상실**을 '나쁜' 일로 여기지만 그것도 그리 간단한 문제가 아니다. 사실 기능적 기억 시스템에는 망각의 메커니즘이 **필요하다**. 이 메커니즘이 없다면 우리는 지속적으로 혼란에 빠질 것이다. 예를 들어 금요일에 사무실을 나온 나는 차를 주차해둔 장소에 관한 서로 다른 기억들이 경쟁하는 상황에 맞닥뜨릴 것이다. 그 주에 동네에, 학교 주차장에, 환승 주차장에 주차했던 모든 일이 **똑같이 뚜렷이** 기억날 테니 말이다. 내가 오래된 파란 칫솔을 대신할 새 초록 칫솔을 산 뒤, 아내의 파란 새 칫솔을 실수로 쓰지 않으려면 전에 쓰던 내 파란 칫솔에 관한 기억은 **망각할** 필요가 있다.

　이 점을 제대로 보여준 2007년 논문에서 티머시 브레디와 동료들은 조건화된 공포의 **소거** 과정, 다시 말해 동물이 이전에 학습한 자극과 불쾌한 사건 사이의 연관을 망각하는 과정을 살펴보았다.[50] 지금까지 나는 생쥐가 이전에 충격을 경험했던 맥락을 망각하는 것이 **문제**인 것처럼 말했다. 하지만 불안장애가 있는 사람이 때때로 안전한 환경에서도 계속 공포에 사로잡히는 것은, 이전에 유사한 환경에서 겪은 나쁜(하지만 드문) 경험을 잊지 못하기 때문이다. 이들에게는 그 이전 경험을 망각하는 것이 심리적 건강을 향한 매우 중요한 한 걸음일 수 있다.

　브레디와 동료들이 연구한 유형의 망각, 즉 조건화된 공포의 소거는 옛 기억이 **지워지는** 일이 아니라, 이전의 무서웠던 자극에 관한 공포를 줄여주는 새로운 기억이 생기는 일인 것으로 드러났다. 예를 들어 보자. 어떤 사람이 처음 보잉 707기를 탔을 때 심한 난기류를 겪은 탓에 이 비행기가 이 사람에게 공포를 유발한다면, 조건화된 공포의 소거를 위해서는 그 맥락에서 불안해지지 **않도록 학습하는** 일이 필요하다. 이 새로운 학습은 보통 707기 내부에서 아무 사건 없이 무난한 비행을 반복적으로 경험함으로써 이루어진다. 조건화된 공포의 소거도 일종의 학습이기 때문에 이 과정은 (다른 모든 형태의 학습과 마찬가지로) 후성유전으로 조절되는 유전자 발현에 달려 있다. 따라서 브레디와 동료들은 정상적인 성체 생쥐를 대상으로 한 연구에서 전전두피질 세포 속 BDNF 촉진유전자들 주변의 히스톤 아세틸화를 검토했다.

결과는 명백했다. 조건화된 공포의 소거는 그 촉진유전자들의 히스톤 아세틸화가 증가하고, 그에 따라 세포 속 BDNF 유전자의 발현이 증가하는 것과 연관되었다. 흥미롭게도 **무서워하도록 학습하는 것**과 **더 이상 무서워하지 않도록 학습하는 것**의 후성유전적 효과는 서로 다르다. 연구자들의 표현을 빌리면 "조건화된 공포의 획득과 소거는 전전두피질의 두 가지 BDNF 촉진유전자들 주변에서 서로 다른 히스톤 변형을 초래한다."[51] 앞에서 이야기했던, 조건화된 공포 학습과 잠재적 억제에서 각자 다른 히스톤에 아세틸화가 일어난다는[52] 발견을 고려하면, 조건화된 공포의 **소거** 역시 특유한 히스톤 변형을 만들어낸다는 발견은 기억 형성의 '히스톤 코드'가 존재한다는 가설에 힘을 실어준다.

브레디와 동료들은 만약 히스톤 아세틸화가 조건화된 공포의 소거와 관련이 있다면, HDAC 억제제가 기한이 지난 기억들을 **잊어야 함을 기억하는** 과정을 촉진하는 것일 수 있다고 이해했다. 그리고 이 가설을 테스트한 후, 연구자들은 HDAC 억제제인 발프

2 후성유전학의 기본 개념들

로산이 "소거에 관한 장기기억"[53]을 실제로 향상시키는데, 이는 발프로산이 히스톤 아세틸화를 증가시키기 때문이라고 보고했다. 이는 특히 중요한 발견이다. 비행 공포를 성공적으로 이겨낸 적 있는 사람은 난기류에 단 한 번 다시 노출되는 것만으로도 불안이 훨씬 더 거세게 되돌아올 수 있다. 이전에 극복했던 공포가 이렇게 '복원'되는 것은 불안장애가 있는 사람을 도우려는 치료사들의 골칫거리다. 따라서 정신건강 전문가들이 HDAC 억제제에 들뜬 반응을 보이는 것은 충분히 이해가 된다. 심리치료와 더불어 그런 약을 쓴다면 불안장애가 있는 사람을 치료하는 데 대단히 유용할 것이다.[54] 그 약이, 스스로 근거 없는 것이라고 학습했던 공포를 잊어야 한다는 점을 효과적으로 기억하도록 도울 수 있기 때문이다.

학습 및 기억과 관련된 장애에 불안장애만 있는 것은 아니다. 약물중독도 부분적으로는 약물이 주는 긍정적 감정과 약물 사용에 쓰는 도구 등의 자극으로 인해 학습된 연상에 기인한다. 그래서 오래전부터 다수의 이론가가 약물중독도 일종의 학습과 기억장애로 이해해야 한다고 생각했다.[55] 마찬가지로 PTSD도 기억을 형성하고 유지하는 과정에 영향을 받는다.[56] 그러므로 이런 질환들을 해결하기 위한 후성유전적 치료법은 구상해볼 만하다. 실제로 후성유전적 효과와 연관된 정신병리적 상태의 목록은 근래에 급격히 늘어나서, 현재 섭식장애,[57] 기분장애,[58] 조현병[59] 등이 여기 포함된다. 이런 질환들에 후성유전 요인이 어떤 역할을 하는지에 관한 연구는 이제 막 걸음마를 시작한 단계다. 22장에서 이런 질환을 치료하는 데 후성유전 연구가 어떤 의미를 지니는지를 다룰 것이다.

15

우리가 먹는 것이 우리다

1989년에 나는 박사후연구 펠로우십을 끝내고 교수로 일할 자리를 찾기 시작했다. 내 지원서에 관심을 표한 학교 중 1960년대에 개교한 피처대학이 있었다. 이 학교는 무엇보다 클레어몬트 칼리지스라는 대학 연합체에 속해 있는 것으로 유명했다. 내가 피처대학에 면접을 보러 갔을 때, 심리학과 교수진 여덟 명 중 대부분이 은퇴가 가까워가는 시점이었고, 나로서는 경력 초기에 계속 함께할 몇 명의 심리학자에게 좋은 인상을 주는 일이 중요했다. 내가 결국 클레어몬트에 취직한 데는 몇 가지 이유가 있었는데, 당시 심리학과에서 가장 젊은 교직원이었던 앨런 존스라는 과학자의 존재도 그중 하나였다. 겉모습으로 보면 그는 영락없는 히피였는데, 당시로서는 족히 20년은 유행에 뒤진 일이었다. 하지만 만약 당신이 그가 자신의 과학 연구에 관해서 하는 이야기를 들어봤다면(그

2 후성유전학의 기본 개념들

리고 미래에 어떤 일이 기다리고 있을지 어떻게든 알았다면), 사실 그가 20년이나 앞서가고 있었음을 분명히 알았을 것이다.

그로부터 7년 전 존스는 동료들과 함께 《사이언스》에 영양실조 상태로 임신한 쥐에 관한 연구 논문을 발표했다.[1] 이 연구에는 이상한 점이 있었다. 임신기 내내 영양이 부족한 **엄마**가 낳은 자녀는 대개는 지속적으로 **저**체중을 유지한다. 그런데 쥐 실험을 해보니 임신기의 처음 두 삼분기(초기와 중기)° 동안 영양부족을 겪은 쥐가 낳은 수컷 새끼 쥐는 정상 체중으로 태어나지만 약 5주 후부터 폭식을 시작했다. 결국 이 새끼 쥐들은 임신기에 정상적으로 먹이를 먹었던 어미 쥐가 낳은 쥐들보다 체중이 **더 무거워졌다**.

학생들은 연구자들이 어디서 연구 아이디어를 얻는지를 늘 궁금해하는데, 이 실험은 유독 더 그런 궁금증을 일으켰다. 연구자가 임신기의 첫 3분의 2 기간 동안 쥐에게 먹이를 적게 주다가 그 후 갑자기 원하는 만큼 듬뿍 먹게 해준 이유가 뭔지는 아무리 봐도 알 수 없었기 때문이다. 그런데 이 연구에서 존스가 연구 설계 모델로 삼은 것은 네덜란드 겨울 기근이라는 매우 특별한 역사적 사건이었다. 당시에는 제2차 세계대전이 끝날 무렵 벌어졌던 이 가슴 아픈 사건이 그리 잘 알려져 있지 않았지만, 1980년대 이후로는 발달 중인 태아에게 기근이 미치는 영향에 관해 의도치 않게 일어난 '실험'의 아주 좋은 예로 알려졌다.

° 　삼분기(trimester)는 임신주기 개념으로, 임신기를 3등분하여 초기, 중기, 말기로 나눈 각각의 기간을 의미한다.

1944년 가을, 나치는 네덜란드의 레지스탕스 활동에 보복하기 위해 서부 네덜란드를 포위하기 시작했다. 몇 달이 지나자 지독한 봉쇄로 인해 그 지역에 들어오는 식량이 평소의 50퍼센트 정도로 줄어들었다. 이 기근은 2만 명 이상의 목숨을 앗아갈 정도로 극심했는데,[2] 살아남은 이들 중에는 그해 겨울에 임신기의 여러 단계를 거친 여성들도 있었다. 겨울 기근은 1945년 봄 연합군의 도착과 함께, 시작될 때만큼이나 갑작스럽게 끝났고 그때부터 사람들은 다시 정상적인 식생활로 돌아왔다. 식량 부족이 이렇게 갑자기 끝난 결과, 어떤 태아는 엄마의 자궁 속에서 첫 삼분기(세 달)에만 영양부족에 노출되었고, 또 어떤 태아는 **처음 두 삼분기(여섯 달)** 동안 영양이 부족했으며, 또 아홉 달 내내 영양부족에 시달린 태아도 있었다. 그리하여 무척 비극적인 일이기는 했지만 그해 겨울 임신한 사람들은 자궁 속에서 태아가 경험한 영양부족이 성인기의 특징에 어떤 영향을 미치는지 밝혀내는 데 쓰일 귀중한 데이터를 제공한 셈이었다.

뇌는 임신 첫 삼분기에 발달하기 시작하므로 이 시기의 영양부족은 이분척추나 뇌성마비를 포함한 여러 신경적 이상과 관련이 있다. 또한 연구자들은 수정되고 얼마 지나지 않아 배아 상태에서 바로 네덜란드 기근에 노출된 이들은 배아기에 정상적으로 영양 공급을 받은 이들보다 조현병 발병 확률이 두 배라는 사실도 발견했다.[3] 하지만 존스는 더 미묘하지만 정말 직관에 어긋나는 발견에 더 관심이 쏠렸다. 여섯 달 동안만 네덜란드 기근에 노출된 남아들이 정상보다 비만인 성인으로 자랄 확률이 높다는 점이었다.[4]

2 후성유전학의 기본 개념들

이것이 바로 존스가 임신한 쥐들에게 임신기의 첫 두 삼분기 동안 영양부족을 경험하게 한 이유다. 수정 직후에 하는 이런 경험이 수십 년 후 그 사람의 표현형(몇 가지 점에서 결정적인 특징)에 어떤 영향을 주는지 알아내기 위한 출발점으로 겨울 기근 효과를 재현하고 싶었던 것이다.

1990년에 존스는 임신 마지막 삼분기에 쥐들에게 인슐린 호르몬을 주사하는 것 역시 수컷 새끼 쥐에게 비만을 일으키는 작용을 한다는 것을 보여주었다.[5] 이 실험은 초기 여섯 달 이후 기근에서 정상적 식생활로 바뀌는 일이 특정한 생리적 결과를 초래할 수 있음을 입증했다. 위와 같은 섭식 변화는 임신한 쥐에게 **자연히** 인슐린 농도를 높이므로, 자궁 내에서 인슐린 증가에 노출되는 것이 이후 성인기에 비만이 되는 원인이라는 결론이 나온다. 물론 25년 전만 해도 경험의 후성유전적 효과에 크게 관심을 기울이지 않았고, 따라서 존스도 곧바로 태아 뉴런의 염색질 연구를 시작하지는 않았다. 그래도 이 연구가 인간의 특징이 어디에서 비롯되는지에 관한 새로운 생각을 이끄는 첨단에 있었던 것은 분명하다. 여성이 임신기에 섭취하는 음식이 호르몬에 영향을 미치며 이 영향이 다시 자녀의 뇌에 장기간 지속되는 영향을 끼칠 수 있음을 보여주었기 때문이다.

건강과 질병의 발달상 기원

20세기가 끝날 무렵 영국의 임상역학자 데이비드 바커는 엄청난 양의 데이터를 종합하여 오늘날 DOHaD, 즉 '건강과 질병의 발달상 기원developmental origins of health and disease'이라고 알려진 패러다임을 만들었다.[6,7] 그는 출생 시 체중이 낮은 아기들이 "관상동맥성 심장질환 및 연관 질환, 뇌졸중, 고혈압, 인슐린 비의존성 당뇨병의 발병률이 높은" 어른으로 성장한다는[8] 잘 입증되어 있던 사실에서 출발하여, DOHaD를 출생 전 자궁 내 경험이 표현형에 미치는 장기적 영향을 만들어내는 방식을 연구하는 분야로 확립하는 데 일조했다. 이 연구의 핵심에는 사람들이 생애 초기에는 가소적이며 발달 환경에 잘 반응한다는 생각이 자리 잡고 있다. 바커는 이런 현상의 이유를 다음과 같이 설명했다.

> 신체가 발달기에 가소성을 유지하는 것이 진화의 관점에서 유리하다고 볼 충분한 이유가 있다. 가소성은 모든 환경에서 동일한 표현형이 만들어지는 경우보다 각자의 환경에 더 잘 맞는 표현형을 만드는 일을 가능하게 한다. (…) 자궁에서 사는 동안 동물이나 사람이 자기 어머니에게서 '기후에 대한 예고'를 듣고, 그 예고를 통해 자신이 살아갈 세계의 유형에 대비할 수 있는 것은 가소성 덕분이다. 영양 상태가 저조한 임신부 어머니는 뱃속 아기에게 아기가 곧 혹독한 환경으로 들어가리라는 신호를 보낸다. 아기는 그 신호에 반응하여 몸의 크기를 줄이고 대사를

2 후성유전학의 기본 개념들

변화시키는 식으로 적응하며, 이는 아기가 출생 후 식량 부족에도 살아남는 데 도움이 된다. 이런 식으로 가소성은 한 종이 한 세대 안에서 단기적 적응을 할 수 있는 능력을 부여한다.[9]

그러므로 임신한 여성의 음식 섭취를 제한하는 것이 자녀에게 장기적 영향을 초래하듯이,[10] 임신한 포유동물에게 고지방 먹이[11] 혹은 특정 영양소가 결핍된 먹이를 주는 것[12] 역시 장기적 영향을 미칠 수 있다. 특히 자손이 태어난 후 만난 환경이 엄마가 임신 중에 경험한 환경과 다른 경우에는 더욱 그렇다.[13] 이 경우, 태아는 자신이 만나게 될 거라 '예상'한 환경에 걸맞은 적응 방식으로 발달했지만, **실제로** 만난 환경에서는 그 적응이 결과적으로 부적응이 된다. 임신기 동안 겪었던 환경과 태어난 후 살게 된 환경 사이의 '발달 불일치'[14]가 네덜란드 겨울 기근 동안 엄마 배 속에 있었던 아이들의 특징적 경험이었던 것으로 보인다.

몇몇 연구자들은 이런 종류의 영향을 "태아 프로그래밍"이라고 표현하는데,[15] 이는 생애 초기 경험이 신체가 구축되고 작동하는 방식을 **영구히** 변화시키는 것으로 보이기 때문이다. 내가 보기에 특정 생물학적 영향이 되돌릴 수 없는 것이라고 주장할 때는 신중해야 한다. 우리가 한 시스템의 작동 방식에 관해 더 많이 알아가다 보면 이전에는 보이지 않았던 다른 영향력을 발견하게 되는 일이 꽤 흔하기 때문이다. 성숙한 세포는 '영구히' 분화된 것이기 때문에 포유동물의 복제는 불가능하다고 자신만만하게 선언했던 생물학자가 느꼈을 창피함을 상상해보라. 지금 우리가 후성유전 연구로 알게 된 것들을 고려해보면 '프로그래밍'은 이 분야에서 오해를 유발할 수 있는 단어임이 분명하다.

그뿐 아니라 유전적 요인들을 복잡한 표현형의 유일한 원인으로 간주해서는 안 되는 것처럼, 태아기의 영양부족 같은 한 가지 경험을 복잡한 표현형의 유일한 원인으로 간주해서도 안 된다. 현재 DOHaD 분야 간행물에 왕성히 글을 기고하는 과학자 마크 핸슨과 피터 글럭먼은 최근 후성유전에 관한 한 논문에서 바로 그런 말을 했다. 그들은 태아기 영양 같은 환경 요인이 심장병이나 당뇨병 같은 질병을 초래하는 것이 아니며 "단지 이후의 비만 유발성 환경에서 질병 위험성에 영향을 줄 뿐"이라고 썼다.[16] 여기서 '비만 유발성' 환경이란 말은 현재 서구 사람들 다수가 처해 있는 쿠키와 프렌치프라이가 가득한 환경을 말한다. 성인이 자기가 섭취한 정도에 걸맞은 칼로리를 소비한다면, 태아기에 어떤 경험을 했든 상관없이 비만해지거나 비만으로 인한 증후군을 겪지 않는다. '태아 프로그래밍'이라는 말은 바로 이런 진실을 가린다.

용어에 대해서는 이렇게 비판했지만, 발달 초기 경험이 성인기의 표현형에 영향을 미칠 잠재력을 지녔음은 명백하다. 또한 이는 후성유전과의 관계를 시사하는 점이기도 하다. 여러 면에서 이런 영향의 패턴은 바로 후성유전이 남기는 표시로 보는 게 좋다. 후성유전의 정수라 할 수 있는 세포분화 과정은 발달의 매우 초기부터 일어나며 보통 성인기 내내 지속되는 영향을 만들어내기 때문이다. 이 점이 바로 글럭먼과 동료들이 《건강과 질병의 발달상 기원 저널Journal of Developmental Origins of Health and Disease》 창간호

2 후성유전학의 기본 개념들

에서 다음과 같이 쓴 이유 중 하나다. "[DOHaD을 상징하는 유형의] 가소적 변화를 가능케 할 만한 여러 잠재적 메커니즘에는 후성유전 과정이 관여한다."[17] 실제로 "점점 더 쌓여가는 경험 데이터는 DOHaD 현상의 상당 부분이 후성유전적 과정으로 설명됨을 보여준다."[18]

과식과 '뚱보 유전자'를 넘어서

음식 섭취가 후성유전 상태에 영향을 주는 이유는, DNA를 메틸화하는 메틸기를 우리 몸이 어디서 얻는지 생각해보면 명백해진다. 메틸기는 바로 우리가 먹는 음식에서 온다. DNA 메틸화가 진행되는 동안 메틸기를 공급하는 가장 중요한 물질은 S-아데노실메티오닌, 일명 SAM이라는 분자다. 궁극적으로 SAM은 메틸기 대부분을, 그러니까 DNA 메틸화 동안 DNA에게 내어주는 바로 그 메틸기들을 비타민 B_2, B_6, (엽산 또는 폴산이라고도 하는) B_9, B_{12} 그리고 콜린을 함유한 식품에서 얻는다.[19] 그러므로 한 사람이 섭취하는 식품에 이 영양소들이 너무 많거나 너무 적으면 메틸기 공급에도 변화가 생길 수 있다.[20] 이 영양소들은 그 화학적 조성에 힘입어 몇 가지 생물학적 과정에 필요한 원재료를 공급하는데, 시리얼에 이 영양소들이 보충되어 있는 것도 바로 그런 이유 때문이다. 또한 임신한 적 있는 여성들이 엽산을 익숙하게 알고 있는 이유이기도 하다. 엽산은 정상적인 태아의 발달에 필수적인 비타민이기 때문에 흔히 의사들은 가임기 여성에게 엽산 보충제를 복용하고 계란, 간 그리고 아스파라거스나 시금치 같은 짙은 녹색 채소를 먹도록 권한다. 임신 전후 한 달 정도 시기에 엽산을 너무 적게 섭취한 여성은 선천성 이상이 있는 아기를 출산할 위험성이 높아진다. 계란, 육류, 맥아, 콜리플라워, 우유 등에 들어 있는 콜린 역시 태아의 정상적 발달에 중요하며,[21] SAM 생산 과정에 빼놓을 수 없이 중요한 기여를 한다. 그리고 SAM 생산에 부정적 영향을 미치는 것은 모두 결국 후성유전적 효과를 낳을 수 있다. 즉, 콜린이나 엽산을 충분히 먹지 않으면 SAM 농도 저하로 이어지고 이는 다시 DNA[22]와 히스톤[23] 모두의 메틸화를 감소시킬 수 있다는 말이다.

어머니의 섭식이 자녀의 후성유전 상태에 미치는 영향을 알아보기 위해 설계한 초기의 한 실험에서는 임신한 쥐들에게 정상적인 먹이, 또는 단백질을 제한한 먹이, 또는 단백질을 제한하고 엽산을 보충한 먹이를 주었다.[24] 이 쥐들이 낳은 새끼 쥐들이 젖을 떼자마자, 태아기의 영양 경험이 후성유전적 영향을 미쳤다는 증거를 찾기 위해 간세포의 DNA를 검토했다. 예상대로 단백질 제한 먹이를 먹은 엄마 쥐의 새끼들에게서는 일반적인 먹이를 먹은 엄마 쥐의 새끼들에 비해 특정 DNA 분절들에 메틸화가 상당히 적게 일어나 있었다. 흥미로운 점은 단백질을 제한했어도 엽산을 보충한 것만으로 그 영향을 막기에 충분했다는 것이다. 단백질이 적은 먹이를 먹어도 엽산 보충제를 받은 어미 쥐들은 간의 DNA 메틸화 수준이 정상인 새끼 쥐들을 낳았다. 엽산, 비타민 B_{12} 또는 다른 메틸 공여체로 섭식을 보충하는 것 역시 몇몇 포유동물들의 표현형에 확연하고 **관찰 가능한** 영향을 미친다. 다음 장에서는 섭식이 후성유전 메커니즘을 통해 포유동물의 털색에 극명한 영향을 주는 동시에 건강에도 유의미한 영향을 준다는 상세한 증거를 제시할 것이다.

놀라운 일일 수도 있지만, 임신한 동물의 섭식을 아주 미묘하게 조정하는 것만으로 그 자손에게 상당한 영향을 줄 수 있다. DNA 메틸화에 일어나는 큰 변화들은 보통 미수정란과 갓 수정된 배아에서 일어나기 때문에, 영국의 한 연구팀은 성숙한 암양에게 임신 **전** 8주 동안과 임신 첫 1주 동안 메틸이 결핍된 먹이를 준다면 그 자손에게 영향을 줄 수 있을지 모른다고 생각했다.[25] 그래서 한 무리의 양들에게는 일반적인 먹이를 주고, 다른 무리에게는 한 가지 면에서만 다른 먹이, 그러니까 메틸이 함유된 영양소를 줄인 먹이를 주었다. 중요한 점은 여기서 해당 영양소를 줄인 규모는 섭식에 주의를 기울이지 않는 여성들에게서 자연스럽게 일어나는 영양소 감소 수준과 유사했다는 것이다. 일단 두 양 무리에서 수정이 이루어지고 수정란들을 자궁 내에서 6일 동안 발달시킨 다음, 연구자들은 이 수정란들을 모두 영양 면에서 완전한 먹이를 먹었던 대리모 양의 자궁에 이식했다. 그렇게 대리모 양이 남은 임신 기간 끝까지 태아들을 품고 있게 했다. 따지고 보면 이 새끼 양들은 자궁에서 보낸 태아기의 96퍼센트를 영양이 동일한 환경에서 보냈고 정상적인 체중으로 태어났으니, 정말 아주 미묘한 정도의 실험적 처리만 받은 것이라고 할 수 있다.

그런데도 자라서 성체가 되었을 때, 메틸이 결핍된 먹이를 먹은 어미가 임신한 양들은 결국 더 뚱뚱했고 인슐린 저항성이 있었으며 혈압이 비정상적으로 높아졌다.[26] 그뿐 아니라 아직 태아 단계에서 이 양들의 간 DNA를 분석했을 때도 이미 메틸화 패턴 변화가 드러났다. 먹이 조작에 영향을 받은 DNA 분절들 대부분에서 메틸화 정도가 감소해 있었다. 연구자들은 "임신전후기 동안 (…) 특정 먹이 공급을 임상적으로 유의미한 정도로 감소시키면 자손의 유전체 중 상당 부분이 DNA 메틸화에 영향을 입을 수 있고 여기에는 성인기 건강에 대한 장기적 영향도 내포되어 있다"라고 결론지었다.[27]

이 연구는 누군가가 몸집이 통통한 이유가 단지 너무 많은 칼로리를 섭취해서거나 자신을 더 육중한 쪽으로 몰아가는 유전자를 갖고 있기 때문만이 아닐 수도 있다는 흥미진진한 가능성을 제기한다. 오히려 이 연구는 우리 중 일부가 좀 통통한 것은 부분적으로 우리가 수정되기도 전 또는 자궁 속에 있을 때(혹은 두 시기 모두에) 어머니가 섭취한 음식 때문일 수도 있음을 시사한다. 물론 한 사람의 체형은 다른 모든 복잡한 표현형과 마찬가지로 여러 결정 요인을 갖고 있기 때문에, 후성유전체가 단독으로 우리를 뚱뚱하게 만들 수는 없다! 그래도 초기의 영양 경험이 초래하는 후성유전적 영향은 쥐나 양에게서 발견된 것처럼 사람에게서도 감지되었다. 최근의 한 연구는 9세 어린이들에게서 나타나는 신체 구성의 차이 중 절반 정도를 특정 DNA 분절들의 메틸화 상태를 들어 설명할 수 있다고 보고했다.[28]

임신기에 비타민 B 복합체 섭취에 변화를 주는 것이 그러하듯 콜린 섭취에 변화를 주는 것 역시 자손에게, 특히 행동 및 신경상 특징에 장기적인 영향을 미칠 수 있다.[29] 임신기에 콜린 보충제가 함유된 먹이를 먹은 어미 쥐의 새끼는 어른이 되었을 때 대조군에 비해 특정 유형의 공간 기억 과제를 더 잘 수행했지만, 임신기의 콜린 결핍 섭식은 어른이 된 새끼의 수행 능력을 떨어뜨렸다.[30] 이후 이런 종류의 식이 조작이 쥐[31]와 생쥐[32]의 태아기 해마(와 다른 뇌 영역들)의 발달에 영향을 준다는 사실이 밝혀졌다. 임신기의 콜린 결핍 섭식이 발달 중인 생물의 SAM 접근을 감소시키고 그럼으로써 전체적으로 DNA 메틸화를 변화시킨다는 점[33]을 생각하면, 태아기 영양이 학습과 기억에 미치는 장기적 효과는 (태아기 영양이 체중에 미치는 장기적 영향과 마찬가지로) 모두 DNA 메틸화에 일어난 변화의 결과라고 볼 수 있다.[34]

사람의 섭식 경험이 끼치는 영향

설치류와 양 연구의 이런 발견들을 본 연구자들은 네덜란드 겨울 기근에 노출된 사람들을 다시 살펴보고 임신기를 전후해 일어난 후성유전적 사건이 그 인구 집단 내의 불균형한 비만율에 원인을 제공했을지 확인해보기로 했다.[35] 그들은 이 가설을 검증하기 위해 태아의 성장을 촉진하는 특정 호르몬 생산에 관여하는 DNA 분절 하나를 분석했다. 기근기에 태내에 있었던 이들은 태아기에 기근에 노출되지 않은 동성의 형제자매와 비교해 이 DNA 분절의 메틸화가 상당히 감소해 있었다. 흥미롭게도 태아기 후반에 기근에 노출된 사람은 그렇지 않은 형제자매들과 유사한 메틸화 프로필을 보였으므로 기근의 영향은 수정 시기와 가까운 더 이른 때에 확립되는 것이 분명했다. 그런데 이 연구가 2000년대 중반에 실시되었으니 기근 노출은 그로부터 60년 전에 일어난 일이었음을 명심하자. 그러니까 수정된 지 얼마 지나지 않아 한 경험의 영향이 60세 정도 된 사람들에게서 감지되었다는 말이다! 이 연구자들은 감정적 스트레스나 찬 기온 노출 같은 영양 이외의 스트레스 요인들도 비만에 원인을 제공했을 수 있음을 인정했다. 그럼에도 그들은 자신들의 연구가 "사람의 태아기 초기에 놓인 일시적인 환경 조건이 후성유전 정보에 영속적인 변화로 기록될 수 있다는 최초의 증거"를 내놓았다고 결론지었다.[36]

이어진 다른 연구에서는 기근에 노출된 사람들이 노출되지 않은 형제자매와 후성유전적 차이를 보인 또 다른 DNA 분절들도 발견되었다.[37] 몇몇 경우에 그 영향은 수정 시기를 전후해 노출된 결과였지만, 또 다른 경우들에는 이후 태아기에 노출된 결과였다. 게다가 그 영향은 성별에 따라서도 달랐다. 그러니 기근이 정확히 어떻게 그러한 후성유전적 효과들을 내는지를 명확히 하려면 추가 연구가 더 필요하다. 그렇더라도 이 연구 결과들을 종합해보면, 태아기의 영양 요인이 유전자의 메틸화에 영향을 줄 수 있고, 기근에 노출되고 나서 오랜 시간이 흐른 뒤까지 지속되는 변화를 일으킬 수 있음을 알 수 있다. 이 연구 영역에서 활발히 활동하는 과학자들에 따르면, "후성유전적 변화는 비만과 관련 질환의 원인을 평가할 때 더 이상 무시할 수 없는 요인이다."[38]

　　주목할 점은 후성유전적 변화가 성인의 **다양한** 표현형에 영향을 준다는 것이다. 몇 가지 표현형만 꼽아 보면 신체 크기 같은 신체적 상태, 당뇨병 같은 대사 상태, 조현병 같은 심리적 상태를 들 수 있다.[39] 앞 세대의 과학자들은 상상도 할 수 없었던 이런 종류의 영향들은 일부 질병의 기원에 관한, 그리고 우리 몸이 과거 경험에서 얻은 정보를 저장하는 방식에 관한 새로운 사고방식을 이끌어냈다. 겨우 20년 전에 과학자들에게 우리 몸이 정보를 어떻게 저장하느냐고 물었다면, 그들은 우리가 살아가면서 수집한 정보들을 보유하고 있는 '뇌 신경망'과 수세대에 걸쳐 자연선택에서 살아남은 정보를 보유하고 있는 'DNA'를 지목했을 것이다. 하지만 오늘날 새로운 지식을 잘 따라가고 있는 과학자에게 같은 질문을 한다면 그들은 또 다른 정보 저장소로 후성유전체를 지목할 것이다.[40] 이러한 관점의 변화는 최근 발표된 〈후성유전체: 태아기 환경의 기록 보관소〉[41]라는 논문 제목에서 명시적으로 드러난다.

　　섭식 조절로도 영향을 줄 수 있는, 유전자 발현 조절 메커니즘의 발견은 음식과 건강의 관계에 관심 있던 연구자들에게 연구의 봇물을 열어주었다.[42] 현재까지 몇몇 연구가 비타민 B군과 콜린 외에 다른 식이 인자들이 내는 후성유전적 효과를 보여주었다. 예를 들어 인도 요리에서 즐겨 쓰이며 생강과에 속하는 향신료인 강황의 특정 성분은 히스톤에 아세틸기를 전달하는 단백질들(그러니까 앞 심층 탐구 장에서 이야기한 히스톤 아세틸 전이효소)의 활동을 억제하는 것으로 알려졌다. 이와 유사하게 녹차 등 다른 몇몇 식품은 DNA에 메틸기를 전달하는 단백질들의 활동을 억제할 수 있다.[43] 그밖에 알코올이나 아연처럼 우리가 섭취하는 다른 물질들도 SAM 형성에 사용되는 몇 가지 메틸기에 영향을 줌으로써 DNA 메틸화에 영향을 미친다.[44] 이런 발견들에는 중요한 의미가 담겨 있다. 예를 들자면, 어미 생쥐가 섭취한 알코올이 생쥐 배아의 후성유전적 상태(그리고 결국 성체가 된 후의 표현형)에 영향을 미칠 수 있음을 보여준 연구는 임신부가 술을 너무 많이 마실 경우 인간 태아에 어떻게 태아 알코올 스펙트럼 장애fetal alcohol spectrum disorder, FASD가 생기는지에 관한 우리의 이해에 변화를 불러올 수 있다.[45] 그리고 이 분야의 연구는 기근, 알코올, 영양부족 같은 자극들의 파괴적인 영향만이 아닌 그 이상을 밝혀낼 잠재력도 지니고 있다. 즉, 특정 식품의 잠재적인 이점에 눈뜨게 할 뿐 아니라 다양한 질환의 치료법을 찾는 연구자들에게 필요한 정보와 계속 나아갈 힘을 줄 수 있다.

잘 먹는 게 최고의 복수

지난 몇 년 사이 영양 요인이 유전자 발현에 주는 영향을 집중적으로 연구하는 '영양-후성유전체학nutri-epigenomics'[46]이라는 다학제 학문 분야가 등장했다.[47] 이 분야는 기존 방식으로 질병에 대한 치료법을 찾는 연구자들과, 식이 요인이 후성유전 상태에 영향을 줌으로써 특정 질병들을 **예방**할 수 있을지 탐구하는 연구자들이 함께 이끌고 있다. 그중 몇몇 연구는 자연식품의 효과를, 또 다른 연구는 영양 보충제의 효과를 검토했다. 이들과 유사한 또 다른 연구 계열은 호르몬 치료의 효과를 검토했는데 특별히 흥미로운 예가 있으니 후주 48번을 보시기 바란다.[48]

몇몇 자연식품도 히스톤 아세틸화를 촉진하고 그럼으로써 유전자 침묵을 막는다.[49] 예컨대 브로콜리 새싹을 먹고 나서 겨우 3~6시간 후에 특정 백혈구 세포들에서 히스톤 아세틸화가 증가했음이 발견되었는데,[50] 이러한 발견은 관상동맥질환이나 신경성 질환 그리고 인간의 노화에까지 중요한 의미를 내포한다.[51] 이와 유사하게, 맥가윈과 동료들도 "루푸스와 다발경화증 같은 자가면역질환에서 항염증 및 신경 보호 물질로서" 특정 식품들의 유용성에 관해 낙관적인 글을 썼다.[52] 네사 캐리는 브로콜리와 비슷한 효과를 내는 식품들에 치즈와 마늘도 포함된다고 지적하면서 어쩌면 이를 포함해 또 다른 식품들도 "이론상으로는 (…) 대장에 암 발생 위험을 낮출" 수 있으리라 추측했다.[53]

영양 보충제들도 영양-후성유전체학에 관심 있는 연구자들의 주의를 끌었다. 앞에서도 말했듯 임신한 여성의 섭식에 메틸 보충제를 추가하는 것이 **자녀**의 건강과 수명에 긍정적 영향을 미친다는 사실은 꽤 오래전부터 알고 있었지만,[54] 매일 SAM을 섭취하는 것이 성인에게도 이로운 효과를 낸다는 증거도 나오기 시작했다. 'SAM-e'라는 이름으로 판매되는 SAM 보충제는 우울증 진단을 받은 사람의 기분을 개선하며[55] 퇴행성관절염의 통증 치료에도 효과가 있는[56] 것으로 보인다. 이런 발견들에 힘입어 맥가윈과 동료들은 "후성유전 메커니즘에 영향을 줄 수 있는 식품 성분들은 신체건강뿐 아니라 정신건강에도 영향을 주는 개입법으로 간주하는 게 좋겠다"라고 결론지었다.[57]

물론 영양-후성유전체학 연구가 사람들에게 실질적인 도움을 주려면 상당한 시간이 필요할 것이다. 우리가 그만큼 복잡한 존재이기 때문이다. 우선 우리가 먹는 음식은 몸 전체의 메틸기 가용성에 영향을 주기 때문에, 식이치료가 특정 기관을 표적으로 삼을 수 있을 것 같지는 않다. 게다가 유전자 활성화와 침묵화가 그 자체로 불리한 현상이 아니라는 점도 기억해야 할 중요한 사실이다. 문제의 유전자가 암을 초래할 가능성이 있는 것이라면 그 유전자를 활성화하는 일은 (세포들이 암세포로 진행되는 것을 막음으로써 반대 결과를 일으킬 수 있는) 종양억제유전자를 활성화하는 것과는 전혀 다른 결과를 초래할 것이다. 그러므로 DNA 메틸화를 전반적으로 증가시키는 데 기여하는 영양 보충제는 특정 표적을 겨냥하는 치료법만큼(이런 치료법이 일단 발견될 경우) 유용하지는 않을 것 같다. 그뿐 아니라 식품 치료 또는 기타 후성유전적 치료의 가치는 그 치료를 삶의 어느 시기에 하느냐에 따라서도 달라질 것이다. 우리의 뇌와 몸은 계속 **발달하며** 따라서 움직이는 표적인 셈이기 때문이다. 그러므로 섭식 경험과 개입이 서로 다른 여러 시기에 어느 세포 속 어느 유전자의 활동에 어떻게 영향을 미치는지 판단할 수 있을 때까지는 해야 할 연구가 어마어마하게 많이 남아 있다.[58]

그렇다고 해도 이 이야기의 요지는 이미 너무나 분명하다. 우리 몸이 다른 사람들에게 어떻게 보이며 자기 자신에게는 어떻게 느껴지는지, 우리가 어떻게 행동하며, 우리가 겪는 감정들의 본질은 무엇인지, 이 모든 것이 우리가 섭취하는 영양소들의 영향을 받는다는 것이다. 그리고 데이터가 나오면 부모님이 내내 우리에게 말했던, '채소를 많이 먹고 기름기 많은 튀김 과자는 피하라'라는 말이 옳았음을 다시 확인하게 되리라는 걸 확신할 수 있다. 하지만 '우리가 먹는 것이 우리'라는 격언은 이야기의 일부에 지나지 않는다. 우리의 현재 상태는 부모님의 유전적 구성의 결과이기도 하니 말이다. 그리고 점점 더 인식이 확대되고 있는 또 한 가지 사실은, 현재의 우리는 어머니가 우리를 임신하기 전과 임신 기간에 **한** 일의 결과이기도 하다는 것이다. 자녀에게 건강에 좋은 음식을 먹으라고 가르치는 엄마도 아이에게 귀중한 가르침을 주는 것이지만, **말에 그치지 않고** 스스로 건강한 식습관을 실천하는 것이야말로 자녀가 건강하고 장수하는 삶을 살아갈 토대를 깔아주는 것과 같다.

지난 몇 년 사이에는, 미래에 아빠가 될 사람이 무엇을 섭취하는가도 이후 자녀의 특성에 영향을 줄 수 있다는 사실이 드러나기 시작했다.[59] 이런 종류의 영향은 엄마의 영향과는 상당히 다르다는 인상을 주는데, 엄마는 글자 그대로 다음 세대가 첫 발달을 시작하는 환경**이지만** 아빠는 그렇지 않기 때문이다. 그래서 임신기에 여성이 한 행동이 자녀에게 영향을 줄 수 있다는 것은 사람들이 쉽게 상상했지만 남성의 행동도 비슷한 영향을 미칠 수 있다고 상상하는 건 그만큼 쉽지 않았다. 이러한 차이는 표현형의 세대 간전달, 즉 생물학적·심리적 대물림의 문제에 더 광범위한 논의의

문을 열어젖혔다. 이는 워낙 크고 중요한 주제인 만큼 그것만을 따로 다루는 장이 필요하다. 다음 장에 이어서 바로 그 내용을 살펴볼 것이다.

16

심층 탐구: 영양

스물일곱 살 때 친구 한 명과 함께 인도에 다녀온 적이 있다. 우리가 도착하고 얼마 지나지 않아 뉴델리에는 엄청나게 큰 모래 폭풍이 일었지만, 나는 그 상황에서도 그냥 쿨쿨 잤다. 여행과 시차로 너무나 피곤한 상태여서 아마겟돈이 왔어도 그냥 잤을 것 같다. 그러다 마침내 깨어나 보니 마치 정말로 아마겟돈이 펼쳐진 듯했다. 얇고 고운 갈색 먼지층이 도시 전체를 뒤덮고 있어서 평소에는 시각적으로 다채로운 그 도시가 단색조로 이루어진 것처럼 보였다. 나는 젊었고 그때까지 가본 어느 곳과도 다른 환경에 있었으므로, 그날 내가 본 많은 것이 그대로 기억에 남았다. 예를 들면 거리에서 보이는 거의 모든 사람이 머리가 검은색이었지만 일부 사람들의 머리카락은 눈에 띄게 색이 연해서 거의 적갈색처럼 보였다. 또 어떤 사람들은 길거리에서 목욕을 하고 있는 것으로 보아 노숙자

같았는데도, 미국의 노숙자들보다 행복해 보인다는 점도 눈에 띄었다.

수년 뒤, 모발 색깔의 발달에 관한 글을 읽다가 갑자기 그날 뉴델리에서 본 다른 색깔의 머리카락은 내가 처음에 가정했던 것과 달리 어쩌면 영양실조와 관련된 것인지도 모른다는 생각이 들었다. 서구에서는 심한 영양실조에 시달리는 사람을 보는 경우가 드물고, 그래서 이 사회에 사는 사람들에게는 대개 섭식이 모발 색에 영향을 준다는 직관적인 감각이 없다. 사람들이 모발 색과 관련된 영양소를 충분히 섭취하는 곳에서는 그 색깔을 결정하는 것이 양육보다는 본성인 **것처럼 여겨진다**. 영양 상태가 좋은 사람들만 보고 살면 식이 요인이 모발 색에 영향을 준다는 사실을 알아채지 못할 가능성이 크다. 섭식에 어떤 영양소가 불충분할 때만 그 영양소의 중요성이 분명히 인지되기 때문이다.[1]

물론 모발 색에는 유전적 요인도 중요한 방식으로 영향을 미친다. 하지만 어느 경우에나 그렇듯, 유전자는 모발 색 표현형 역시 다른 요인들과 동떨어져 단독으로 **결정**하지 않는다. 모발 색은 머리카락 속에 함유된 멜라닌이라는 화학물질의 양에 따라 결정된다.[2] 피부와 눈의 색깔도 결정하는 이 염료는 단백질이 아니며, 따라서 그 조성은 우리 유전체 속에 직접 부호화되어 있지 않다. 오히려 멜라닌은 특정 단백질들이 함께 뭉쳐져 다양한 구성 분자들을 만드는 생화학적 과정에서 **만들어진다**. 또한 그 단백질과 구성 분자 들 중 일부는 우리가 특정 영양소를 섭취할 때만 우리 몸속에 존재할 수 있기 때문에, 섭식이 머리카락 색에 영향을 주는

2 후성유전학의 기본 개념들

것은 분명하다.[3] 예를 들어 구리[4]와 철[5] 섭취가 부족하면 멜라닌을 만드는 과정에 지장을 줄 수 있는데, 이런 사실은 영양실조인 어린이들의 모발이 그렇지 않은 경우보다 더 밝은 이유를 설명해준다.[6] 돌이켜보면 어쩌면 이것이 그날 내가 뉴델리에서 본 사람들의 머리카락이 적갈색이었던 이유인지도 모른다.

　　실제로 식이 외에 다른 환경 요인들도 몇몇 포유류의 털색에 영향을 줄 수 있다. 예를 들어 히말라야 토끼의 털색은 온도의 영향을 받는데, 이 토끼들은 흰색 바탕에 귀, 발, 코, 꼬리 등 말단 부위만 검은색이다. 히말라야 토끼들의 이런 털색 패턴은 처음에는 환경과는 무관하게 유전적으로 부호화되어 있는 게 분명하다는 결론을 내릴 수도 있을 정도로 아주 일관적으로 나타난다. 하지만 이 토끼들의 말단 부위가 검은 것은 이 부위들이 몸통 중심부에 가까운 다른 부위들과 달리 더 차갑기 때문임이 밝혀졌다. 이걸 어떻게 알게 됐을까? 히말라야 토끼의 등에 난 털을 밀어버리고 그 부위에 냉찜질 팩을 붙여두면 흰색이 아니라 검은색이 털이 자라기 때문이다.[7] 사람의 모발 색과 영양의 관계와 마찬가지로, 온도가 히말라야 토끼의 털색에 미치는 영향도 그 토끼가 환경의 이상한 변화(예를 들면 면도날과 냉찜질팩 같은)에 맞닥뜨리기 전까지는 알 수 없다. 그러므로 일반적인 상태에서 환경 요인의 효과를 관찰하기 어렵다고 해서 그 요인의 효과가 없다는 뜻은 아니다.

　　영양 상태가 좋은 사회에서는 섭식이 모발 색에 미치는 효과가 눈에 잘 띄지 않지만, 섭식이 다른 몇몇 특징에 미치는 효과는 전혀 은근하지 않다. 그 명백한 효과 중 몇몇은 충분히 예상할 수 있는 것이다. 이를테면 영양실조가 발달 중인 뇌에 정신과적 이상을 불러올 수 있다거나, 태아의 영양부족이 이후의 체중에 영향을 미칠 수 있는 것 등이다. 어떤 효과들은 눈에 확 띨 정도로 놀라운데, 예를 들어 특정 유형의 **임신한** 생쥐들이 영양은 다 충분한데도 약간 차이 나는 먹이를 섭취하면 새끼 생쥐들의 털색이 아주 두드러지게 달라진다. 그리고 여기서 중요한 사실은 이 섭식의 효과가 상당 부분 후성유전 메커니즘에 의존한다는 점이다.

이 생쥐 연구가 중요한 이유가 몇 가지 있다. 첫째는 털색 중 한 가지가 병과 연관되기 때문이다.[8] 둘째는 이 효과들이 여러 세대로 대물림되는 것처럼 보인다는 점, 다시 말해 임신한 생쥐의 섭식 경험이 손자 쥐들의 털색에도 영향을 미칠 수 있다는 것이다.[9] 이런 효과는 표현형이 유전되는 방식에 관한 생각을 바꿔놓을 잠재력을 지니고 있다. 마지막으로 이 생쥐 실험은, 임신한 여성의 섭식이 자녀의 대사, 체형, 후성유전적 상태에 어떤 메커니즘으로 영향을 주는지에 관해 많은 걸 가르쳐줄 수 있다.[10] 비록 생쥐는 몇 가지 점에서 우리와 많이 다르지만, 같은 포유류인데다 유전자의 99퍼센트를 공유하고[11] 있으므로 생쥐와 우리가 분자생물학적으로 가깝다고 생각할 이유는 충분하다.

털색이 변화무쌍한 생쥐

일부 말이 베이, 팔로미노, 대플 그레이처럼 말들에게만 나

　　　　　　　　　2 후성유전학의 기본 개념들

타나는 특유의 털색을 띠는 것으로 잘 알려져 있듯이, 일부 생쥐도 설치류에게서만 보이는 털색을 띤다. 그중 하나가 '아구티agouti'라는 색으로 대부분의 야생 생쥐 털이 이 색이다. 잘 모르는 사람이 보면 아구티는 중간 정도의 갈색에 노란 얼룩이 있는 것처럼 보인다. 하지만 더 자세히 관찰해보면 그것은 털 한 올마다 밝은 색과 진한 색이 줄무늬처럼 번갈아 나타난 결과임을 알 수 있다.[12]

아구티 색 생쥐에게는 그 독특한 털색이 나타나게 하는 특정 DNA 분절이 있는데, 분자생물학자들은 이를 '**아구티** 유전자'라고 부른다. 편리하게 부르는 이름이니 나도 생물학자들을 따라 이 DNA 분절을 **아구티**라고 부르겠지만, 솔직히 이것이 잘못된 명칭이라는 점은 짚고 넘어가야겠다. **아구티**가 아구티 털색 결정에 기여하는 것은 맞지만 단독으로 털색을 결정하는 것이 아니며, 털색 외에 다른 많은 것에도 영향을 준다고 알려져 있다. 어쨌든 보통의 야생 생쥐에게서는 털이 발달하는 동안 **아구티**가 여러 시점에 스위치가 켜졌다 꺼졌다 함으로써 털 가닥 가닥에서 보이는 교차하는 줄무늬를 만들어낸다. 구체적으로 말하면 아구티 색 모발 끝이 검은색인 것은 **아구티** 유전자가 발현되지 않았을 때 발달한 부분이기 때문이며, 모발 중간이 노란색인 것은 그 유전자가 켜졌을 때 발달한 부분이어서다. 물론 몸에 가장 가까운 부분은 역시 그 유전자가 침묵화되었을 때 발달했기 때문에 검은색이다.[13]

유전자(**아구티**를 포함하여)는 몇 가지 서로 다른 형질을 나타내는 쌍으로 이루어지는데, 이 한 쌍의 유전자를 서로에 대한 대립유전자라고 한다. 19세기 중반 그레고어 멘델이 추측한 대로 이 대립유전자 중 일부는 '우성'이고 일부는 '열성'이다. 생물이 부모 중 한쪽에게서는 우성 대립유전자를 물려받고 다른 쪽에게서는 열성 대립유전자를 물려받은 경우, 우성 대립유전자가 열성 대립유전자를 '눌러버려' 그 생물은 우성 대립유전자와 연관된 표현형을 갖게 될 것으로 예상된다.[14] 멘델은 우성 대립유전자는 대문자로, 열성 대립유전자는 소문자로 표기했다. 그러니까 우성 **아구티** 대립유전자(아구티 털 색과 관련된 대립유전자)는 대문자 'A'로 표기한다.

포유류의 유전체에서는 A의 몇 가지 변이가 발견된다.[15] 예를 들어 보통 A가 있는 자리에 소문자 'a'로 나타내는 열성 대립유전자가 있을 때가 있다. 생쥐 부모 양쪽 모두가 a 대립유전자를 물려줬다면(이 생쥐를 a/a라고 한다) 이 자식 생쥐에게서는 전체가 다 검은색인 검정 털이 발달할 것이다. 물론 a 대립유전자는 열성이기 때문에, 한 부모는 A 대립유전자를 물려주고 다른 부모는 a 대립유전자를 주었다면, (A/a라고 지칭되는) 자식 생쥐는 검은 털이 아닌 아구티 색 털을 갖게 된다.

후성유전학자들이 집중적으로 연구한 또 다른 변이형으로 '생존 가능한 노란색 **아구티** 유전자'라는 것이 있는데 이를 A^{vy}(agouti viable yellow)라고 표시한다. 대문자 A에서 짐작했겠지만, A^{vy} 대립유전자는 a 대립유전자에 대해 우성이다. 그리고 '생존 가능한 **노란색** 대립유전자'라는 이름에서 알 수 있듯, 이 대립유전자가 있는 생쥐의 털은 노란색이다.[16] 이 생쥐들의 **아구티** 유전자는 털이 자라는 시기 내내 '켜진' 상태를 유지하여 털 전체를 노란색으로 만든다. **아구티**가 털색에 미치는 영향은 털을 만드는 세포에서 **아구티**가 한 활동의 결과인데, 이 유전자는 다른 세포에서는 다른 일을 하는 단백질을 만드는 데도 쓰인다. 그런데 A^{vy} 대립유전자가 있는 노란 생쥐들은 털색만 비정상적인 것이 아니다. **다른** 종류의 세포에서 이 유전자가 만든 단백질은 생쥐를 뚱뚱하게 만들고,[17] 당뇨병[18] 발병과 종양(암)[19] 발생에 상대적으로 취약하게 만든다. 이 생쥐들은 성체가 될 때까지 살아남는다는 점에서 '생존 가능'하기는 하지만, 분명 건강한 상태는 아니다.

　　　A^{vy} 대립유전자를 지닌 생쥐들이 유난히 흥미로운 점은, 교배를 통해 거의 동일한 유전체(이른바 '유사유전자congenic'°)를 지닌, 한배에서 난 생쥐들 사이에서도 모든 A^{vy} 생쥐의 털색이 같은 건 아니라는 사실이다(그림 16.1).[20] 유사 A^{vy} 대립유전자 생쥐들의 색은 완전한 아구티 색부터 노랑과 아구티 색이 다양한 비율로 섞인 여러 단계를 거쳐 완전한 노란색까지 하나의 스펙트럼을 이룬다.[21] 이 한배 생쥐들 중 '완전한 아구티 색' 생쥐들은 '유사 아구티'라 불린다. 털색은 변이되지 않은 야생 아구티 생쥐와 정확히 똑같지만 변이되지 않은 A 대립유전자가 아니라 변이된 A^{vy} 대립유전자를 갖고 있어 유전적으로는 정상 아구티 생쥐와 다르기 때문이다. 실제로 유사 아구티 생쥐는 털이 노란 형제자매들과 유전적으로 똑같은데도, 털색이 전혀 다를 뿐 아니라 더 날씬하고 더 건강

° 반복적인 근친교배를 통해 거의 클론에 가깝게 동일한 유전체를 갖도록 만들었지만, 그중 한 가지 유전자만 변이시켜 다르게 만든 것을 congenic이라고 한다. 이와 대비해 모두 같은 유전자를 지닌 것은 동계(syngenic)라고 한다.

노랑/얼룩이   심한 얼룩이/
                    유사아구티

그림 16.1 유전적으로 동일한 *A^{vy}* 생쥐들 사진. 이 생쥐들의 털색은 노랑부터 살짝 얼룩이, 반쯤 얼룩이, 심한 얼룩이를 거쳐 유사 아구티까지 분포하는 스펙트럼을 이룬다.[•]

한 성체로 자란다. 당연히 이는 우리에게 큰 의문을 남긴다. 왜 이런 차이가 생기는 것일까?

유전적으로 동일한 이 노란 생쥐와 유사 아구티 생쥐 사이의 차이는 후성유전에 의한 것이다. 양극단으로 다른 털색의 원인을 추적해 들어가면, **아구티** 유전자 근처 유전체에서 구체적인 한 지점을 찾아낼 수 있다. 이 지점은 스타트랙에 나올 법한 '레트로트랜스포손retrotransposon(RNA유래전이인자)'이라는 이름을 지닌 DNA 분절인데, 이렇게 불리는 이유는 유전체 안에서 자기 위치를

[•]   캐서린 서터 박사의 허락을 얻어 수록했다. Cropley, J. E., Dang, T. H. Y., Martin, D. I. K., & Suter, C. M. (2012). 생쥐의 후성유전적 형질의 침투는 선택과 환경에 의해 점진적으로 그러나 가역적으로 증가한다(The penetrance of an epigenetic trait in mice is progressively yet reversibly increased by selection and environment). *Proceedings of the Royal Society B*, 279, 2347–2353.

바꿀 수 있기 때문이다. 이 레트로트랜스포손은 아구티 유전자를 '켜둔 채' 유지하는(그럼으로써 완전히 노란 털을 만들어내는) 비부호화 RNA를 만드는 데 쓰이는 정보를 담고 있다.[22] 과학자들은 유사 A^{vy} 대립유전자 형제자매들에게서 레트로트랜스포손의 후성유전적 상태를 점검하여, 유사 아구티 생쥐에게는 메틸화가 심하게 일어나 있고 노란 생쥐들에게서는 메틸화가 거의 **안** 일어나 있으며, 두 색이 얼룩덜룩 섞인 생쥐들은 중간 정도의 메틸화가 일어나 있음을 발견했다.[23]

이 경우 과메틸화된 레트로트랜스포손이 더 어두운 털과, 저메틸화된 레트로트랜스포손이 더 밝은 털과 연관되는 것은 다음 이유에서 볼 때 이치에 맞는다. 레트로트랜스포손에 메틸화가 비교적 적게 일어날 때는, **아구티** 유전자에 영향을 주는 RNA가 발현되며 이는 **아구티** 유전자를 지속적으로 발현시킨다. 이어서 그 생쥐에게 노란 털이 자라게 하고 그에 수반하는 질병들을 일으킨다. 반대로 메틸화가 높은 수준으로 일어나면 **아구티**를 활성화하는 RNA의 발현이 억제되고, 이에 따라 **아구티** 유전자는 지속적으로 활성화되지는 **않으므로** 생쥐에게 줄무늬가 있는 털이 자라나 정상적인 아구티 색깔을 갖게 된다.[24] 메틸화가 그보다 온건한 정도로 일어나면 완전한 아구티 색과 완전한 노란 색 사이 스펙트럼 어딘가에 해당하는 털색을 지닌 생쥐로 자란다. 최근의 연구에서는 예상대로 이 레트로트랜스포손에 히스톤 변형도 일어났음을 확인했다.[25]

거의 동일한 유전체**와** 환경을 공유하는 한배 동기들이 각자 다른 털색으로 자라는 모습을 보면 이 생쥐들의 후성유전적 상태가 서로 다른 이유는 무엇일까 하는 흥미로운 질문이 떠오른다. 알고 보니 후성유전에는 무작위성의 요소가 작용하며, 이것이 겉으로 드러난 차이를 만든다.[26, 27] 나는 이 책에서 경험이 후성유전적 표지에 영향을 주는 방식에 초점을 맞춰 이야기했지만, 그 표지들이 체계성 없는 영향의 산물일 수도 있다는 점도 명심해두자.

식생활의 힘

이러한 무작위적 요소에도 불구하고 앞 장에서 이야기했듯 식이 요소는 DNA 메틸화에 영향을 줄 수 있다. 식생활이 지닌 이런 힘 때문에 2003년에 노스캐롤라이나주 듀크대학교 의료센터의 과학자 로버트 워털랜드와 랜디 저틀은 획기적인 연구를 진행했다. 동정童貞이며 유전적으로 동일한 검은색 암컷 생쥐들의 식이를 조작하고 그런 다음 A^{vy} 대립유전자를 지닌 수컷 생쥐와 교배시킨 연구였다.[28] 구체적으로 말하면, 암컷 절반에게는 연구 기간 내내 영양이 충분한 일반 먹이를 주었고, 나머지 절반에게는 수정 2주 전부터 시작해 임신기와 수유기 내내 특별한 실험용 먹이를 주었다. 이 실험용 먹이는 엽산과 콜린, 비타민 B_{12} 같은 메틸 공여체를 보충한 것만 빼면 일반 먹이와 같았다. 그러니까 A^{vy} 새끼 생쥐가 자궁 속에서 발달하고 이어 태어나서 어미의 젖을 먹고 자라는 동안, 그 어미는 보충제가 들어 있거나 들어 있지 않은 먹이를 계속 받아먹었다. 연구자들이 세운 가설은 그 식이 조작이 새끼들이 성체가 되었을 때 털색에 영향을 미칠지도 모른다는 것이었다. 털이 노란 A^{vy} 생쥐들의 **아구티** 유전자는 털색과 비만, 당뇨뿐 아니라 암 유발에도 영향을 미친다는 점을 기억하자. 그러므로 이 상태에 영향을 줄 수 있는 영양 조작법을 발견한다면 그건 정말 중요한 일일 터였다.

연구 결과는 명확했다. 보충제를 먹은 암컷들의 새끼 중에는 아구티 색이 더 많았고, 보충제를 먹지 않은 암컷들의 새끼 중에는 노란색(혹은 대체로 노란색)이 더 높은 비율을 차지했다. 게다가 이 효과는 새끼 생쥐들이 성체로 자랐을 때도 지속됐다. 즉, 이 생쥐들은 유전체가 같은데도 출생 전(과 이후 얼마간) 그 어미가 먹은 먹이의 영향으로 확연히 다른 겉모습을 갖게 되었던 것이다.[29]

워털랜드와 저틸은 이 효과가 정말로 그들의 가설대로 DNA 메틸화와 관련된 것인지 검증하기 위해 보충제를 받은 새끼 생쥐에게서 채취한 세포 속 **아구티** 유전자 근처의 레트로트랜스포손을 검토했다. 예상했던 대로 그 레트로트랜스포손은 과메틸화되어 있었고, 이에 연구자들은 "털색에 보충제가 미치는 영향의 유일한 원인"이 메틸화라고 결론지었다.[30] 그러니까 어미 생쥐들에게 준 영양 보충제가 아직 태어나지 않은 새끼들의 레트로트랜스포손에 메틸화가 일어날 원인을 제공하고, 그럼으로써 노란 털을 발달시키는 데 기여하는 DNA 분절을 **침묵화한** 것이다. 이리하여 보충제를 먹은 어미들의 새끼들에게는 아구티 색 털이 자라날 확률이 높아졌다. 나아가 워털랜드와 저틸은 그 식이 보충제가 새끼 생쥐들의 간세포, 신장세포, 뇌세포 등 **다른** 세포들에 미치는 후성유전적 효과도 발견했다. 그러니까 어미의 섭식은 새끼의 털색에만 영향을 준 게 아니라 새끼 생쥐들의 몸이 더 날씬하고 건강해지게도 했다는 뜻이다.[31]

레트로트랜스포손은 인간 유전체에도 비교적 흔하기 때문에,[32] 이런 종류의 발견은 결국 사람의 특징 발달을 이해하는 데도 도움이 될 것이다. 구체적으로 워털랜드와 저틀의 연구는 임신한 여성이 섭취하는 영양 보충제가 아직 태어나지 않은 자녀의 DNA 분절에 메틸화를 초래하고 이 메틸화가 자녀에게 평생 영향을 미칠 수도 있음을 암시한다. 안타깝지만, 이런 조작이 장기적 영향을 미칠 수 있다는 발견은 양날의 검이다. A^{vy} 태아를 임신한 생쥐에게 영양제를 먹인 것은 그 태아들이 건강하게 자라는 데 도움이 되었지만, 노출되면 장기적으로 해로운 결과를 초래하는 물질들이 존재한다는 증거도 쌓이고 있기 때문이다.

알코올과 비스페놀A

앞 장에서 말했듯 임신한 생쥐가 임신기에 알코올을 섭취하는 것은, 자궁 속에서 발달 중인 생쥐의 후성유전적 상태에 영향을 줄 수 있다.[33] 아마도 이 영향이 발생하는 이유는 알코올 섭취가 메틸 공여자 SAM의 가용성에 영향을 미칠 수 있기 때문인 듯하다.[34] 이 효과를 발견한 연구에서 알코올을 섭취한 암컷이 낳은 생

2 후성유전학의 기본 개념들

쥐 중 일부는 머리와 얼굴이 더 작거나 이상한 모양으로 발달했는데, 이는 "태아 알코올 증후군°을 연상시키는" 이상이었다. 이 결과로 연구자들은 "자궁 내에서 어느 정도 [알코올에] 노출되는 것은 A^{ry} 외에 다른 유전자들의 발현 변화도 초래할 수 있으며, 이 생쥐들의 유전자 발현에 관한 전장유전체 분석°°도 이 결론을 뒷받침한다"라고 결론지었다.[35] 과학자들은 알코올이 후성유전적 상태에 영향을 미치는 방식에 관해 아직 이 연구 결과를 완전히 설명할 만큼 충분히 이해하지는 못하지만, 그 결과 자체만으로도 관심과 염려를 불러일으킨다.

또 하나 염려스러운 물질은 일부 플라스틱에 사용되는 비스페놀A(BPA)라는 화학물질이다. 몇몇 연구에서 비스페놀A가 포유류 내분비계의 정상적 기능을 방해한다는 증거가 나왔다. 캐나다, 덴마크, 프랑스 같은 일부 국가에서 아기 젖병에 비스페놀A를 사용하는 것을 금지하고는 있지만, 이 물질은 여전히 전 세계의 많은 식품 용기와 플라스틱 병에 존재한다. 일부 연구가, 대부분의 사람에게 일어나는 낮은 정도의 노출은 해롭지 않다고 말했기 때문이기도 하다. 환경에 존재하는 비스페놀A의 **양**이 어느 정도이든, 우리 대부분은 그 물질에 노출되어 있다. 2005년에 미국에서 4백 명 가까운 성인을 대상으로 한 연구에서는 96퍼센트의 소변

° 임신부가 만성적으로 알코올을 섭취했을 때 태아에게 신체적 기형과 정신적 장애가 나타나는 선천성증후군.

°° 유전자 서열 정보 전체를 분석하는 것으로, 질환 및 약물 반응성에 관한 유전적 요인을 총체적으로 연구하는 기법.

에서 비스페놀A가 검출되었다.[36] 몇몇 연구가 발달 초기의 비스페놀A 노출이 이후 삶에서 "높은 체중, 유방암과 전립선암 증가, 생식기능 변화"[37]와 연관된다는 의견을 제시하고 있으므로, 이 물질이 효과를 내는 메커니즘에 관한 연구가 확실히 필요해 보인다.

지금까지 우리가 아는 사실은, 비스페놀A에 오염된 먹이를 먹은 암컷 생쥐의 태내에서 발달 중인 A^{vy} 태아들에게서 **아구티** 유전자 근처에 있는 레트로트랜스포손의 메틸화가 감소한다는 것, 따라서 털이 노랗고 뚱뚱하며 당뇨병과 암을 앓는 성체 생쥐로 자랄 위험성이 증가한다는 것이다.[38] 그러니까 어미가 엽산, 콜린, 비타민 B_{12}가 보충된 먹이를 먹으면 새끼에게 아구티 색 털이 자랄 가능성이 높아지는 것과 마찬가지로, 어미가 비스페놀A가 섞인 먹이를 먹으면 새끼는 노란 털과 건강에 해로운 체질을 갖게 될 가능성이 커진다는 말이다. 좋은 면을 보자면, 이런 데이터를 얻은 연구에서는 비스페놀A가 든 먹이에 엽산 같은 메틸 공여체를 보충함으로써 건강에 해로운 표현형들의 발달을 예방했다. 이 발견으로 연구자들은 "비스페놀A가 후성유전체에 미치는 부정적 영향은 먹이에 메틸 공여체들을 섞어줌으로써 상쇄되었다. (…) 그러니 결국 음식이 약이다"라고 결론지었다.[39] 이 연구에서 그런 광범위한 결론을 내리는 것이 타당하든 아니든, **일부** 식품이 건강을 회복하는 데 도움이 된다는 사실은 점점 더 명백해지고 있다. 수 세대에 걸쳐 기침하고 코 막힌 손주들에게 할머니들이 했던 얘기처럼 말이다.

섭식의 후성유전학에 관한 연구는 몇 가지 흥미로운 결론

2 후성유전학의 기본 개념들

을 내놓았지만, 이 연구에서 나온 가장 놀라운 생각은 조부모가 자손에게 물려주는 것이 유전자와 충고만이 아니라는 개념일 것이다. 실제로 지금은 태아기의 몇몇 경험(예컨대 워틸랜드와 저틸이 탐구한 경험들)[40]이 한 세대 전체를 **뛰어넘어서도** 지속되면서, 그 영향을 받은 당대의 개체 이후 최소한 다음 한 세대 동안 영향을 미칠 수 있다는 실험 증거들이 존재한다. 그러니까 임신한 암컷 포유류의 경험이 자궁 속에 자라는 딸뿐 아니라 손주에게까지 영향을 주는 것으로 보이는 경우가 있다는 말이다.[41] 게다가 경험의 세대 간 영향이 부계에서도 감지되어,[42] (일부 이론가들이 보기에는) 진화의 작동 방식에 관한 전통적 개념이 도전받고 있다.[43] 다음 네 장은 후성유전적 대물림과 관련하여 흥미진진한 여러 발견에 초점을 맞출 것이다.

3

대물림의 의미와 메커니즘

17

후성유전의 효과는 대물림된다

몇 달 전 두 살이 된 내 동생의 아들은 우리 가족을 끊임없이 매료시키고 있다. 대부분은 말로 표현할 수 없을 만큼 너무 귀엽기 때문이다. 그런데 때로 조카에게는 나를 꼼짝 못 하게 멈춰 세우고 멍해지게 하는 뭔가가 있다. 조카의 모습을 보면 **내**가 아장거리고 다니던 어린 시절에 부모님의 집에서 보았던 어떤 사진 속 아이가 살아서 숨 쉬고 있는 것만 같다. 그 사진의 기묘한 점은, 좀 믿기 어려운 얘기지만 내 **아버지**가 두 살 때 찍은 사진이라는 것이었다. 금발에 특이한 옷을 차려입은 아기 천사 같은 사진 속 두 살배기는 내가 평생 알았던 남성적이고 진한 머리카락 색에 세련되게 옷을 입는 아버지와는 별로 닮은 구석이 없어 보인다. 내 어린 조카의 현재 모습이라고 하기에는 너무 오래된 사진임을 알려주는 빛바랜 세피아 톤만 아니었다면 누구나 그 사진이 아버지가 아닌 조카의 사진이라고 단언했을 것이다.

'어떻게 자기 부모, 조부모, 혹은 더 먼 조상과 유사한 특징들을 갖게 되는지'는 언제나 사람들을 사로잡은 듯하지만, 1859년에 다윈이 《종의 기원》을 출판한 후로는 새로운 중요성을 띠게 됐다. 그 대작에서 다윈은 자식이 부모를 닮는 경향이 있다는 바로 그 사실이 진화의 가능성을 열어주는 것이며, 종들이 서로 다르고 각자 자신들의 자연 서식지에 잘 적응되어 있는 이유를 일부 설명해준다고 주장했다. 그 이전부터 한 세대에서 다음 세대로 개체의 특징이 대물림되는 일을 중요하게 생각해왔다는 점을 고려할 때, 1900년까지도 생물학적 대물림이 실제로 어떻게 이루어지는지 아무도 감도 잡지 못했다는 것은 다소 놀라운 일이다. 하지만 지난 20세기에는 이 과정에 관한 인류의 이해가 폭발적으로 증가하면서, 생명의 풍성한 장관의 기원을 밝혀내고 왜 그리고 어째서 개체의 특징들이 가계의 내력으로 이어지는지를 이해할 수 있게 되었다.

앞 장에서 이야기했듯 후성유전 표지는 때로 세대와 세대를 건너 전달되기도 하며, 형질이 대물림되는 과정에서 일정한 역할을 한다는 점이 발견되었다. 이 발견은 생물학자들 사이에서 논란을 일으키는데, 후성유전 표지가 **대물림될** 수 있다는 주장과, 그 표지가 환경의 영향을 받을 수 있다는 발견을 하나로 합하면, 조상이 살아가는 동안 **획득한** 형질을 후손이 물려받을 수 있다는 결론에 이르게 되기 때문이다. 획득된 형질이 대물림될 수 있다는 것은 아주 오래된 개념으로, 20세기 벽두에 유럽과 미국의 생물학자들

　　　　　　　　　　　3 대물림의 의미와 매커니즘

이 신중하게 검토한 다음 완전히 일축해버린 생각이다.[1] 1930년대 말에 이르자 서구 생물학자들은 후천적으로 획득된 형질은 대물림될 수 없다고 확신하기에 이르렀다. 그러다 이 개념이 후성유전학의 맥락에서 되살아나자 일부 생물학자들은 이런 연구를 향해 회의적인 태도를 취했다.[2]

후성유전학에 관한 주장들을 숙고할 때 어느 정도의 우려는 **타당하며**, 21장에서 나는 후성유전학에서 제기된 몇몇 주장 중 미심쩍게 봐야 할 예를 제시할 것이다. 하지만 지금은 일부 후성유전적 표지들이 대물림될 수 있다는 탄탄한 증거가 존재하며 '획득된'과 '대물림된(유전된)'이라는 단어들의 특수한 (그러나 완벽히 합리적인) 정의를 고려할 때, 획득 형질도 대물림될 수 있다는 것은 아주 명백하다. 그 결과, 후성유전학에 관한 최근의 발견들 때문에 생물학자들이 한때 신성하게 여겼던 몇몇 개념들을 재고할 수밖에 없다.

그러나 대물림 이야기로 넘어가기 전에, 앞의 몇 장에서 우리가 얻을 수 있는 결론을 간략히 다시 살펴보자. 가령 후성유전적 표지들이 세대 간에 대물림될 수 **없다고** 하더라도, 우리가 이미 목격한 유형의 후성유전적 효과들은 너무나도 중요하다. 수정된 순간부터 성인기까지 유전자가 하는 일에 경험이 어떻게 영향을 미치는지를 부각하기 때문이다. 설치류의 경우 태아의 후성유전적 상태는 어미가 만든 영양 환경에서, 갓 태어난 새끼 쥐들은 어미의 양육 행동에서, 성체 쥐들의 후성유전적 상태는 새로운 뭔가를 배우는 경험에서 영향을 받는다. 사람 또는 다른 영장류의 경우, 태

아의 후성유전적 상태는 어머니가 겪는 우울증, 섭식 또는 가정폭
력에서, 아이의 후성유전적 상태는 학대나 가난에 노출되는 경험
에서 영향을 받는 것으로 보이며, 성인의 후성유전적 상태는 사회
적 지위의 하단에 위치함으로써 받는 스트레스에서 영향을 받는
다. 현재 시점에서, 미래의 연구들이 여러 **다른** 종류의 경험이 미
치는 후성유전적 효과들도 밝혀내리라고 합리적으로 추측할 수
있을 것이다.

현대적 대물림의 간략한 역사

획득 형질의 유전은 생물학자들 사이에서 논쟁적인 주제이
며, 따라서 경험으로 유도된 후성유전적 표지 중 자손에게 대물림
되는 것이 있다는 발견 역시 논쟁적이다. 그 이유를 이해하려면 생
물학자들이 쓰는 '획득'과 '유전'이라는 단어가 무엇을 의미하는지
생각해봐야 한다. 사실 이 단어들의 정의조차 논쟁적이다. 현대적
개념 구상 이전에도 존재했던 단어들이므로 이 논쟁을 분명히 이
해하려면 그 개념들의 역사를 돌아볼 필요가 있다.

'유전자gene'란 단어는 1909년에 덴마크의 생물학자 빌헬름
요한센이 만든 것이다.[3] 그로부터 2년 후 요한센은 생물학자들이
'interitance(대물림, 유전)'라는 단어를 정확히 어떤 뜻으로 쓰고
있는지 생각해보고서 다음과 같은 글을 썼다.

3 대물림의 의미와 매커니즘

생물학은 'heredity[유전, 상속, 대물림]'와 'inheritance[유전, 상속, 대물림]'라는 단어를 일상 언어에서 빌려왔는데, 일상어에서 이 단어들은 한 사람이 다른 사람 (…) 즉 '후계자heir'나 '상속자inheritor'에게 돈이나 물건, 권리나 의무, 심지어 생각이나 지식까지를 **넘겨주는transmission** 것을 의미한다.[4]

초기 생물학자들은 아이들이 대체로 자기 부모를 닮는 현상을 일종의 '대물림inheritance'이 일어났음을 반영하는 것이라 결론지었다. 물질적 소유물이 부모에게서 자녀에게로 대물림될 수 있는 것처럼 생물학적 특징과 행동 특징도 세대를 넘어 대물림될 수 있다고 생각한 것이다. 오늘날에도 많은 사람이, 내 조카가 자기 할아버지를 닮은 것은 할아버지의 특징적 속성 일부를 **물려받았기inherited** 때문이라는 주장을 무리 없이 받아들일 것이다.

그러나 1911년에 이르자 요한센은 "부모(또는 조상)의 **개인적 형질**"[5]이 자손에게 대물림된다는 생각은 순진한 것임을 이해했다. 다윈도 이런 구식 방식으로 유전inheritance을 생각했지만, 요한센은 이런 "유전heredity 개념이 실제 사실들을 정확히 뒤집어놓은 것"임을 깨닫게 되었다. 그는 이렇게 이야기를 이어나갔다.

한 생물 개체의 **개별적 형질들**이 자손의 형질들을 만들어내는 것은 결코 아니다. [그보다는] 조상과 후손 양쪽 모두, 자신의 발달의 시초였던 '생식 물질들', 다시 말해 생식자[정자와 난자, 생식세포]의 성격에 의해 거의 같은 방식으로 각자의 형질이 결정된 것이다. 따라서 개인적 형질이란 서로 결합하여 접합자[수정란]를 만드는 **생식자의 반응**이지만, 생식자의 성격을 결정하는 것은 부모나 조상의 개인적 형질들이 아니다. 이것이 유전의 현대적 관점이다.[6]

여기서 요한센은, 한 세대가 다른 세대에게 **형질들**을 물려주는 것처럼 보이더라도, 사실 다음 세대가 물려받는 것은 정자와 난자에 들어 있는 것뿐이라고 주장하고 있다.

이 관점에 따르면, 우리는 내 조카가 자기 할아버지를 닮은 것이 할아버지의 **형질들**을 물려받았기 때문이라고 직관적으로 생각하지만, 사실 조카가 정말로 물려받은 것은 자기 어머니와 아버지가 제공한 원재료뿐이다. 이후 조카가 발달하는 과정에서 **자신의** 형질들을 **구축하는** 일은 조카 본인의 몫이며, 조카가 두 살이 되었을 때 그 형질들이 마침 두 살 무렵의 **할아버지**에게 생겨나 있던 형질들과 유사한 결과가 나온 것이다. 그러니까 우리가 '유전, 대물림'이라는 단어를 물질적 소유물의 세대 간 상속과 생물학적 특징들의 유전 **둘 다**를 표현하는 데 사용하기는 하지만, 두 종류의 대물림은 사실 전혀 비슷한 게 아니다. 만약 물질적 소유물의 상속이 생물학적 유전과 같은 방식으로 이루어진다면, 우리는 부모가 세상을 떠났을 때 부모의 집을 물려받을 수 없을 것이고, 대신 스스로 집을 짓는 데 필요한 목재와 화강암, 유리와 기타 원자재만을 물려받을 것이다.

세포 유전이라는 또 다른 유형의 생물학적 유전도 있는데,

3 대물림의 의미와 매커니즘

이는 세대 간 유전과는 매우 다르다. 세포 유전은 하나의 세포가 분열하여 두 개의 딸세포를 만들 때 일어난다(13장에서 설명했고, 이전 몇몇 '심층 탐구' 장에서도 언급했다). 세포 유전에서는 후성유전적 표지들이 딸세포에 전달된다. 즉 딸세포는 모세포의 후성유전적 상태를 **물려받는다**는 말이다. 이런 후성유전적 대물림은 딸세포가 모세포와 같은 기능을 하는 데 결정적으로 중요하며, 따라서 이런 유전은 전혀 논쟁을 일으키지 않는다. 세포가 자체의 후성유전적 특징들을 딸세포에게 물려준다는 사실에 관해서는 생물학자들 사이에 강력한 합의가 이루어져 있다. 세포 유전 이야기는 더이상 하지 않을 것이며, 여기서 언급한 이유는 단지 두 유전의 구별을 분명히 해두기 위해서다. 세포 유전은 개인의 몸속에서 일어나는 일이므로 그 개인의 **생애 동안만** 일어난다. 이와 달리 **세대 간 유전**은 개별 생물이 자기 부모와 비슷한 모습과 행동을 보이게 되는 과정이므로, 두 세대 이상에 걸쳐 일어난다.

유전자 결정론이 널리 퍼지게 된 이유

요한센이 '유전의 현대적 관점'에 관한 글을 쓰기 한 세기 전에, 프랑스의 장 바티스트 라마르크라는 생물학자(그가 '생물학'이란 단어를 만든 장본인이라는 설도 있다)가 생물학적 유전에 관한 생각을 담은 책을 출판했다.° 우리는 라마르크를 진화가 **어떻게** 이루어지는지 설명하려고 최초로 시도했던, 진화론을 세상에 내놓은 사람으로 기려야 마땅할지도 모른다.[7] 하지만 세상은 대체로 그를 진화에 획득 형질의 유전이 포함된다는 가설을 세운 사람이라며 멸시한다. 20세기에는 획득 형질의 유전 개념이 거부당했지만, 19세기의 사상가 대부분은 라마르크의 가설이 이치에 맞는다고 생각했다. 라마르크가 자신의 생각을 출판한 지 반세기가 지난 뒤에는 다윈도 자신의 진화론에 그 개념을 포함시켰다.《종의 기원》을 쓸 당시 다윈은 획득 형질의 유전이 자연선택과 양립한다고 믿었고, 이후 개정판들을 보면 라마르크가 말한 메커니즘이 진화에서 중요한 역할을 한다는 확신이 점점 더 강해진 것으로 보인다.[8] 다윈도 라마르크처럼 사용하거나 사용하지 않음으로써 획득된 형질들이 후손에게 전달될 수 있다고 생각했다는 것은 명백하다.[9] 신체를 사용하거나 사용하지 않는 과정을 통해 우리의 일부 특징들이 생겨난다는 것은 누구나 알고 있다. 예를 들어 근육은 쓰면 더 커지고 쓰지 않으면 줄어든다. 라마르크 이론의 중심 명제는 그러한 특징들이 대물림될 수 있다는 것이었다. 그는 이 점이 멕시칸장님동굴고기blind cave fish[10] 같은 동물들의 존재를 설명해줄 수 있으리라고 생각했다. 이 물고기들은 보통 평생을 어둠 속에서 살아가며, 배아 시기에 눈이 발달하기 시작하지만 나중에는 시력이 없는 성체로 자라난다.[11] 구체적으로 라마르크는 옛날 옛적 시력이 있던 물고기가 시각을 **사용**하지 않아서 시력을 잃었고, 이후 그 후손

○   1809년, 《동물 철학》(Philosophie Zoologique ou exposition des considérations relatives à l'histoire naturelle des animaux).

들은 단순히 조상들의 실명을 물려받은 것이라고 생각했다(라마르크가 이 글을 쓴 때는 요한센이 생물은 조상으로부터 형질 자체를 물려받지 않는다고 판단하기 백 년도 더 전의 일임을 기억하자). 마찬가지로 라마르크식 설명에 따르면, 기린의 목이 긴 것은 조상 기린들이 닿지 않을 만큼 높은 나뭇가지와 잎에 닿기 위해 목을 늘려 **사용했기** 때문이다. 라마르크는 이렇게 목을 늘린 행동으로 목이 길어졌을 것이고, 그 길어진 목을 자손들이 물려받은 것이라고 생각했다.

　　라마르크도 다윈도 우리의 특징들이 **어떻게** 세대를 넘어 대물림되는지는 이해하지 못했다. 하지만 두 사람 다 종들이 진화한다는 주장을 펼치고 싶었기 때문에 그들에게 중요했던 통찰은, 특징들이 어떻게 대물림되든 간에 자식이 부모를 닮을 때면 언제나 진화가 가능하다는 것이었다. 물론 대물림이 **어떻게** 이루어지느냐는 질문은 중요하다. 하지만 그 질문에는 당시의 몇 가지 가정들로 답할 수 있었을 것이고, 그 가정들은 모두 생물이 진화한다는 전반적 주장과 양립했을 것이다.

　　1880년대에는 라마르크의 주장이 널리 존중받고 있었는데, 이 무렵 아우구스트 바이스만이라는 독일의 한 생물학자가 대물림이 일어나는 **방식**에 관한 질문을 던졌다. 1889년에 쓴 소논문에서 바이스만은 구체적으로 획득 형질의 유전과 그것이 진화에서 맡은 역할 문제를 거론했다. 그는 다윈을 라마르크주의자라고 말한 뒤 다음과 같이 썼다.

　　다윈은 독창적인 천재일 뿐 아니라 이례적으로 편견이 없고 주의 깊은 연구자였다. 그가 자신의 의견으로 표명한 것은 무엇이든 신중한 시험과 숙고를 거친 것이었다. 이는 다윈의 글을 꼼꼼히 읽은 모든 사람이 받는 인상이다. 그가 옳다고 받아들인 라마르크의 원리들이 과연 옳은가에 관한 의심이 최근에야 일기 시작한 이유도 어느 정도는 그 때문으로 설명할 수 있을 것이다. 그런데 그 의심은 신체가 후천적으로 획득한 변화들이 대물림될 수 있다는 가정을 결정적으로 부인하는 것으로 마무리되었다. 솔직히 인정하자면 이 부분에 관해 나 역시 오랫동안 다윈의 영향 아래 있었던 한 사람이었으나, 완전히 다른 방향에서 접근하면서 획득 형질의 대물림을 의심하게 되었다. 더 깊이 조사하는 과정에서 나는 점차 그러한 대물림은 전혀 존재하지 않는다는 더욱 단호한 확신을 얻었다.[12]

이후 바이스만은 새롭게 얻은 확신을 수호하기 위해, 자신이 어떤 실험을 했는지 설명했다. 그는 먼저 생쥐들의 꼬리를 자르고 꼬리 없는 생쥐들끼리 교배시켰다. 그렇게 태어난 새끼들(모두 정상적인 꼬리를 갖고 있었다)의 꼬리를 다시 자르고 교배하도록 두었다. 이 다음 세대 역시 정상적인 꼬리를 갖고 있었고, 바이스만은 또 다시 꼬리를 자르고 이 세대 역시 교배시켰다. 다섯 세대를 이런 식으로 교배시켰지만 그중 조상과 다른 꼬리를 갖고 태어난 생쥐는 한 마리도 없었다. 바이스만은 그런 대물림이 일어나는 데는 다섯 세대 이상이 걸릴 수도 있으므로 자신의 실험 결과가, 절단이 대물림될 수 없음을 **증명한** 건 아니라고 인정했다. 하지만 그

3 대물림의 의미와 매커니즘

는 유대인 남자 아기들이 받는 할례가 문화적 관습으로 수백 세대 넘게 이어졌지만, 포피 없이 태어나는 유대인 남아는 한 명도 없었다는 사실을 보조적 증거로 제시했다. 그러니까 바이스만이 보기에는 우리가 평생에 걸쳐 하는 경험이 자손의 특징에 영향을 주지 않으므로 라마르크의 진화론이 제안하는 중심 메커니즘은 완전히 틀린 게 분명했다.

바이스만의 주장은 결국 현대 생물학에서, 생식세포(정자나 난자)와 체세포(우리 몸을 구성하는 나머지 모든 세포) 사이에 존재한다고 가정된 경계선을 뜻하는 '바이스만 장벽'이라는 개념으로 고이 모셔졌다. 이 장벽은 체세포에 생긴 변화가 장벽 너머 생식세포에 영향을 주는 일을 방지함으로써, 획득된 형질이 유전될 수 없도록 하는 것이라고 여겨진다. 요한센의 통찰을 떠올려보면 자손은 생식세포에 들어 있는 것만을 물려받기 때문이다. 이 관점에서 보면, '획득 형질의 유전'의 예가 되려면 연습을 통해 커진 역도선수의 **근육**세포가 그 선수의 아들이 어떤 경험을 하든 상관없이 큰 근육을 갖게 만드는 방식으로 선수의 **정자**세포에 영향을 주어야 한다. 바이스만이 보기에, 연습을 통해 누군가의 체세포(예컨대 근육세포)에 일어난 영향이 그 사람의 생식세포에 영향을 줄 수 없다면 획득 형질의 유전은 절대 불가능한 일이었다.

현대 생물학에서는 수정 후 2주가 지난 인간 배아에서 그때까지 분화되지 않은 세포 중 일부가 '원시 생식세포'가 되도록 유도되며, 이들이 결국 이후 정자나 난자로 발달한다는 사실을 확인했다. 생물학자들은 이 과정을 '생식계열의 분리'[13]라고 일컫는

데, 이 표현은 일단 생식세포가 체세포와 분리된 후에는 경험의 영향을 받지 않게 '보호'받는다는 그들의 믿음을 잘 담아낸다. 그리고 실제로도 바이스만이 주장한 그대로 생식계열의 분리는 경험이 체세포에 유발한 결과가 생식세포에 영향을 미치는 것을 방지한다. 이리하여 만약 증조부와 조부, 아버지가 (나머지는 모두 정상이지만) 양손에 여섯 손가락을 갖고 태어났다면, 세 조상이 모두 어렸을 때 손가락 하나를 제거하는 수술을 받았더라도 나 역시 양손에 여섯 손가락을 갖고 태어날 가능성이 커진다.

유전 물질은 경험 요인에서 영향받을 수 없다[14]는 이 개념은 '경성' 유전hard inheritance이라고 알려진 것으로, 표현형은 반드시 유전자에 의해서만 결정된다는 유전자 결정론이 널리 퍼진 원인이기도 하다.[15] 또한 이 개념은 20세기 초기 생물학자들이 다윈의 진화 개념에, 새롭게 등장한 유전학 개념들을 더해 끼워 맞춘 일련의 개념들의 총합인 이른바 현대 종합설modern synthesis[16]의 중심 믿음이다. 신다윈주의 종합설이라고도 알려진 현대 종합설은 오늘날에도 여전히 대부분의 생물학자가 정설로 받아들이고 있다.[17] 그러니까 유전자만이 진화적 변화를 추동한다고 여기며,[18] 살아가면서 하는 경험은 자손에게 아무 영향도 미치지 않는 것으로 이해하고 있다는 말이다.

이것이 바로 경험의 후성유전적 영향이 유전inheritable될 수 있다는 주장에 대해 논쟁이 이는 이유다.[19] 예컨대 갓난 쥐를 핥아주고 털을 다듬어주는 행위의 후성유전 효과가 새끼 쥐의 **뇌세포**에서 발견된다는 사실을 상기해보자. 이 발견의 흥미로움과는 상

3 대물림의 의미와 매커니즘

관없이, 그 효과가 바이스만 장벽을 넘을 수 없다는 것은 새끼 쥐의 생식세포는 후성유전 효과의 영향을 받지 못한다는 것을 의미한다. 그러니까 '경성' 유전을 필두로 한 생물학의 전통적 사고를 따른다면, 어미 쥐의 세심한 보살핌이 새끼 쥐의 스트레스 반응에 미치는 영향은 다음 세대로 대물림될 수 없어야 한다. 그런데 마침 지금은 후성유전 효과가 생식계열을 통해 **대물림된** 사례들,[20] 다시 말해 경험이 정자나 난자에서 후성유전 표지를 변화시킨 사례에 관한 몇 건의 탄탄한 연구들이 나와 있다. 하지만 이는 예외에 해당할 수도 있다. 그러니까 생물학의 전통적 사고에 따르면, 추가적 연구로 경험이 **체세포**의 후성유전적 상태에 미치는 영향을 어디서나 찾아볼 수 있다는 것이 밝혀진다고 해도, 이 영향들이 우리 자녀의 고손자에게까지 대물림될 것이라는 걱정은 할 필요가 없다(경우에 따라서는 그럴 거라고 바랄 수 없다)는 의미다.

환경의 대물림

표현형의 세대 간 전달을 잘 설명할 수 있는 것은 '경성' 유전뿐이라는 신다윈주의의 가정에는 문제가 딱 하나 있다. 바로 가망 없을 정도로 단순하다는 것이다. 유전자 결정론이 불완전한 관념인 이유는 유전자가 진공 속에서 작동하지 않기 때문이다. 표현형은 유전자들이 더 넓은 환경에서 영향을 받는 주변의 비유전적 요인들과 상호작용함에 따라 전개된다.[21] 발달생물학자인 스콧 길버트의 말대로 "표현형 산출에 관한 환경의 조절은 발달의 정상적 요소로 간주해야 한다".[22] 따라서 만약 부모가 특정 형질을 발달시 킴으로써 살아남았고 그 자식 역시 같은 형질을 발달시켜야 살아 남을 수 있다면, 자식이 물려받아야 하는 것은 부모의 유전자만이 아니다. 부모가 애초에 그 적응에 유리한 형질을 발달시키도록 도 와준 비유전적 요인들도 '물려받아야' 한다.

생물은 언제나 특정 맥락 속에서 발달하며, 생존하여 번식 하게 된 생물은 보통 **자신이** 발달한 맥락과 같은 맥락 속에서 다음 세대를 갖는다. 이리하여 다음 세대의 개체들은 일반적으로 부모 가 태어났던 환경과 여러모로 유사한 환경에서 태어나고, 그 결과 유사한 경험을 한다. 그리고 부모의 DNA**와 더불어** 부모가 발달한 환경도 (어떤 의미에서는) 물려받았으니 자녀도 부모가 생존하는 데 도움이 되었던 특징들을 발달시키게 되고 부모와 같은 방식으 로 생존한다.

이 주장에 특별히 놀라운 점은 전혀 없다. 예컨대 돌고래 는 물속에서 발달하고 그런 다음 물속에서 자식을 갖는 반면, 코끼 리는 육지에서 발달한 다음 육지에서 자식을 갖는다는 단순한 사 실 인식에서 자연스럽게 따라 나오는 결론일 뿐이다.[23] 적응에 유 리한 특징은 언제나 특정 맥락 안에서 발달하므로, 맥락과 무관하 게 자연선택이 독립적으로 유전자를 '선택'할 수는 없다. 오히려 자연선택은, 어떤 동물을 번식할 때까지 생존할 수 있는 동물로 만 드는 유전자-환경의 **조합**을 선택하는 것이라고 볼 수 있다.[24] 자연 선택이 이런 식으로 작동한다는 깨달음이 점차 자리 잡은 결과, 과

3 대물림의 의미와 매커니즘

학자들은 유전자가 환경과 **공진화한다**는 개념을 점점 더 받아들이게 되었고, 이러한 통찰은 유전자와 문화의 공진화[25] 연구, 유전자와 우리 내부에 살고 있는 미생물의 공진화[26] 연구의 붐을 일으켰다.

자연선택을 바라보는 이러한 관점은 발달 체계 이론developmental systems theory[27]이라 알려진 학파를 대표한다. 심리학자 수전 오야마가 1985년에 처음 제안했고, 이어 과학 철학자 폴 그리피스와 심리학자 러셀 그레이가 더욱 정교화한[28] 이론이다. 그리피스와 그레이는 이 이론의 핵심 개념들을 설명하며 이렇게 썼다. "종의 형질은 그 종의 발달을 위한 자원들의 구조화된 집합체에 의해 구축된다. (…) 이 발달 자원에는 유전적인 것도 있고, 접합자의 세포질 기구부터 심리적 발달에 필요한 사회적 사건들까지 비유전적인 것도 있다."[29] 그러니 요한센의 생각이 옳았던 것이다. **형질들**을 물려받는 것이 아니라, 새로운 세대는 조상이 물려준 원재료(발달의 자원)로 그 형질들을 **구축**해야만 하는 것이다. 그러나 원재료가 오로지 염색체뿐이라고 여겼던 대부분의 요한센 추종자들과 달리 그리피스와 그레이는 발달의 맥락 의존적 성격에 초점을 맞춤으로써 발달에 필요한 자원에 DNA 이외의 것들도 포함됨을 알아낼 수 있었다. 형질을 구축하는 데 사용하는 발달 자원에는 당연히 유전자도 포함되지만, 다양한 비유전적 요인들도 포함된다.[30]

자식은 단지 수정된 시기와 장소의 힘만으로도 생존과 번식에 **필요한** 다수의 자원을 포함한 여러 발달 자원을 효과적으로 '물려받는다'. 여기에는 난자의 세포질, 자식을 품을 준비가 된 포유류 암컷의 자궁 그리고 (당연히) DNA처럼 부모가 제공하는 자원들도 포함된다. 게다가 일부 동물은 자식에게 영양과 보호처를 공급하며, 심지어 의사소통 체계 같은 자원을 제공하기도 한다. 또 다른 필수적 자원들은 부모들이 독립적으로 제공한다. 개인으로 이루어진 집단의 협력 행위 결과 취득한 자원들도 이런 자원에 포함된다.[31] 공동체의 우물이 좋은 예인데, 한 쌍의 부모가 그 우물을 파는 데 힘을 보태지 않았을 수도 있지만, 그렇더라도 여전히 그 우물은 그들 자녀의 생존을 뒷받침해준다. 그밖에도 공기, 중력, 야생 블루베리 등 자연환경의 속성으로 존재하는 자원들도 있다. 이런 요소들은 특정한 누군가가 제공하는 것은 아니지만 여전히 표현형 발달에 중요한 역할을 하고 세대에서 세대로 효과적으로 이어짐으로써 새로운 생물이 자신의 부모를 키워주었던 환경과 유사한 환경에서 발달하게끔 한다.

중력, 공동 우물, 안전한 집, 특정 유전체 등 이 모든 요인은 사람이 어떻게 발달하는지에 영향을 주므로, 그 원천(부모, 공동체의 다른 구성원들, 자연)이 무엇이든 상관없이 발달에 중요한 자원이다. 그리피스와 그레이의 관점에서 볼 때, 자식 세대는 항상 자신들에게 제공된 맥락 안에서 발달하며, 이 맥락이 그들의 표현형 발달에 영향을 미친다. 그리고 결정적으로 이 자식들 역시 성장하여 번식할 때는 자신의 성공적인 발달에 기여한 것과 같은 종류의 맥락 안에서 자기 자식들을 기르게 된다. 이런 세대 간 환경의 대물림을 이해한다면 경험이 만드는 후성유전의 효과 중 일부가 어떻게 한 세대에서 다음 세대로 확실히 넘어갈 수 있는지 알게 될 것이다.

　　　　　　　　　　　3　대물림의 의미와 매커니즘

라마르크주의로 가는 문을 다시 열다

적응에 유리한 형질들은 특정 환경 안에서만 발달한다. 한 번 생겨난 그 형질들은 이후 후손에게도 한결같이 정상적으로 나타나는데, 이는 유전적 요인과 비유전적 요인 **둘 다**의 세대 간 이동을 반영한다.[32] 이런 식으로 특정 표현형이 세대를 이어 한결같이 복제되는 것은 그 표현형의 세대 간 대물림과 맞먹는 일이다. 예를 들어 우리가 생존하고 번식하는 데 의심의 여지없이 도움을 주므로 적응에 유리한 능력인 언어 능력을 생각해보자. 야생에서 자라 의사소통의 고립 상태에서 성장한 탓에 언어 능력을 발달시키지 못한 일부 아이들의 비극적인 예[33]에서 분명히 알 수 있듯이, 언어 능력은 의사소통할 줄 아는 타인이 존재하는 맥락 안에서만 발달한다. 따라서 이 능력의 발달은 경험 의존적이다. 그러나 평범한 환경에서는 언어 능력이 세대마다 한결같이 나타난다. 보통 아이는 언제나 언어적 상호작용을 제공하는 사회적 맥락 안에서 길러지기 때문이다. 인간의 발달기에 언어 능력이 등장하는 이유는 이어지는 매 세대가 그 능력을 발달시키는 데 필요한 DNA와 사회적 요인 모두를 정상적으로 제공받기 때문이다. 이렇듯 우리의 언어 능력은 모든 세대에 걸쳐 한결같이 나타나므로, 적응에 유리한 다른 특징들과 마찬가지로 세대 간 대물림이 가능하다고 할 수 있다.

이런 식의 대물림은 20세기의 생물학자 대부분이 경성 유전이라고 말할 때 염두에 두던 대물림과는 종류가 다르다. '경성'

유전이란 **경험과 무관하게** 이뤄지는 유전, 즉 유전자에 의해 결정되는 유전을 가리키는 말이다. 그렇다면 **경험에 의존하는** 형질의 대물림은 '연성' 유전으로 간주해야 한다는 뜻일까?

공교롭게도 이 단어를 이렇게 사용하는 것은 유명한 진화생물학자 에른스트 마이어가 만든 '연성' 유전의 원래 정의와는 맞지 않는다. 마이어는 경험이 '형질의 유전적 기반'에 수정을 가하는 유전(사실상 라마르크식의 유전)을 가정하고 이를 가리키기 위해 '연성' 유전이라는 말을 만들었다.[34] 물론 평범한 경험은 결코 DNA에 담긴 서열 정보를 변화시키지 않는다는 것을 알고 있으므로, 마이어의 정의를 따른다면 '연성' 유전이라는 것은 존재할 수 없다. 사실 이는 한동안 진화생물학자들의 확고한 입장이었다. 평범한 경험은 DNA 서열 정보를 변화시키지 않기 때문에 모든 유전은 '경성' 유전이라고 생각한 것이다. (여기서 내가 '평범한'이라는 단어를 쓴 이유는 **이례적인** 경험들도 존재하기 때문이다. 예컨대 이온화 방사선이나 발암물질에 노출되는 등의 경험은 DNA 염기서열의 변화를 초래할 수 있다.)

그런데 마이어의 정의를 다시 보자. 그 정의는 일부 형질에 '유전적 기반'이 있다고 **가정한다**. 하지만 이는 근거가 빈약한 가정으로 드러났다. 모든 형질은 유전자와 환경의 상호작용을 통해 발달하므로, 어떤 형질에도 엄밀하게 '유전적 기반'은 존재하지 않는다.[35] 사실 비유전적 요인들(경우에 따라서 경험들)은 우리가 부모에게서 '물려받는' 적응에 유리한 형질들(언어적 능력부터 우리 뇌의 일부 구조적·조직적 특징들까지)의 발달에서 결정적인 역할을 할 수

3 대물림의 의미와 매커니즘

있고, 실제로도 그런 역할을 한다. 그러므로 이런 종류의 유전은 (경험이 실제로 DNA 서열을 변화시키지는 않으므로) '연성' 유전도 아니고, (유전자에 의해 결정되는 것도, 다른 방식으로 맥락에 의존하는 것도 아니므로) '경성' 유전도 아니다.

'경성' 유전과 '연성' 유전을 구분하는 것이 이제 유용하지 않은 이유는, 평범한 경험이 DNA 염기서열의 정보에 영향을 미칠 수 없다는 사실은 그 누구도 반박할 수 없기 때문이다. 그런데도 일부 연구자들은 최근의 과학 연구에서, 특히 후성유전학에 관한 논문들에서 '연성' 유전이라는 단어를 계속 쓰고 있다.[36] 하지만 이 논문들에서는 '연성' 유전의 정의가 미묘하지만 중요한 방식으로 바뀌어 있다. 그 말은 더 이상 DNA 서열 정보의 변화를 의미하는 데 쓰이지 않는다. 예를 들어 어떤 연구자들은 후성유전적 표지의 유전을 '연성' 유전으로 간주하는데, 이는 DNA 서열 정보가 평범한 경험에 의해 수정되지는 않지만, 생식계열을 통해 대물림될 수 있는 후성유전적 표지들은 경험에 의해 수정**될 수 있기** 때문이다.[37] "이제 '연성' 유전은 다시 태어났다. 환경의 영향이 다음 세대의 표현형에 영향을 주는 방식을 이해하기 위한 탄탄한 분자적 근거를 발달 후성유전 과정이 제공한다"라고 쓴 이들도 있다.[38] 그러나 나는 '연성' 유전이라는 말이 사람에 따라 서로 다른 의미로 쓰일 수 있기 때문에 혼란을 초래할 가능성이 있다고 생각하며, 이후 장들에서는 '경성' 유전과 '연성' 유전으로 구분해 사용하지 않을 것이다.

대신 나는 체중, 뇌 구조, 피부색 같은 신체적 특징뿐 아니라 IQ, 종교적 신념, 언어 능력 같은 심리적 특징까지 포함해 모든 특징의 발달에 맥락적 요인이 영향을 줄 수 있다는 점을 염두에 둔 채 이야기를 이어갈 것이다. 우리의 형질 중 그 무엇도 '유전적'이기만 한 '기반'을 지닌 것은 없으므로, 다른 종류의 유전과 구별되는 유전의 한 유형으로서 '경성' 유전이란 개념은 이미 무너졌다. **유전의 개념은 단 하나이며**, 그것은 유전적 발달 자원과 비유전적 발달 자원 모두의 대물림을 포함한다.[39] 다윈도 인정했듯이, 특정 형질이 한 세대에서 다음 세대로 한결같이 복제된다면, 그 일이 어떻게 일어났든 간에 그 형질은 자연선택의 대상이며 진화적으로 의미를 지닌다. 그러한 형질은 비유전적 요인들에 의존해 발달한 것이라 해도 '유전될 수 있다'.

이 관점에서 보면 매우 실질적인 의미에서 **모든** 형질은 '획득 형질'이다. 왜냐하면 그 형질들은 모두 접합자 안에는 존재하지 않았으며 발달 과정을 통해 후천적으로 **획득**하는 것이기 때문이다. 그렇다면 이런 의미에서, 부모가 '획득한' 형질을 자녀가 '물려받을' 수 있다는 발견은 놀라운 일이 아니다. 특히 부모가 경험했던 발달상의 사건들과 유사한 일을 자녀가 경험하는 경우라면 더욱 그러한데, 이런 종류의 일은 말 그대로 항상 일어난다![40] 그러니 라마르크의 생각은 바이스만과 20세기 생물학자 대부분이 우리에게 심어준 믿음만큼 그렇게 어리석지 않았다.[41]

실제로 자녀가 자기 부모를 닮게 되는 방식에는 몇 가지가 있으며, 후성유전적 표지가 이 과정에서 중요한 역할을 할 수 있다. 앞에서도 이야기했듯이 경우에 따라서 후성유전의 효과가 생

3 대물림의 의미와 매커니즘

식계열을 통해서도 대물림된다는 탄탄한 증거가 존재한다.[42] 하지만 미니의 연구에서 관찰된 후성유전적 효과는 그와 다르다. 쥐들이 태어날 즈음이면 그들의 생식세포는 오래전에 체세포와 분리된 상태이며, 따라서 신생아 쥐들에게 핥기와 털 고르기가 미치는 후성유전적 효과, 즉 쥐들 뇌의 (체)세포 속에 있는 DNA에 영향을 주는 것은 정자나 난자를 통해 대물림될 수 없다. 그러나 다음 장에서 이야기할 연구들은, 유아기에 핥기와 털 고르기를 받은 쥐들의 뇌 속에 있는 관련 DNA가 어미의 뇌 속 DNA와 후성유전학적으로 **유사하다**는 것을 보여줄 것이다. 그러므로 **후성유전적 표지가 생식계열을 통해 대물림될 수 없다고 해도**, 후성유전적 효과는 '대물림될' 수 있다고 볼 수 있다. 진화에서는 대물림이 **어떻게** 이루어지는가와는 무관하게 형질들이 한 세대에서 다음 세대로 대물림된다는 사실이 중요하다. 이런 관점에서 보면 경험이 만든 후성유전적 효과가 생식계열을 통해 대물림되든 아니면 다른 방식으로 대물림되든 그것은 중요하지 않다. 정확히 어떤 방식으로 이루어지는지는 상관없이, 현재 분명한 것은 후성유전적 효과가 세대에서 세대로 대물림될 수 있다는 사실이다.

18

다양성의 바다에서

우리 안에 다른 존재들이 살고 있다는 생각은 공포 영화의 단골 소재다. 《에일리언》을 보다가 에일리언 유충이 케인 부선장의 가슴을 뚫고 튀어나오는 장면을 보는 순간 느끼는 공포는 내장이 터지고 피를 튀기며 죽어가는 사람의 모습을 보는 데서 오지만, 그 공포를 더욱 고조시키는 것은 페이스허거가 케인의 얼굴에 달라붙었던 시점부터 그 미끌미끌하고 끈적하며 데다 뾰족한 이빨을 지닌 에일리언 유충이 그간 케인의 몸속에서 자라고 있었다는 깨달음이다. 기생충이 유난히 더 섬뜩한 느낌을 주는 것은 그것이 허구의 산물이 아니라는 걸 알기 때문일 것이다. 길이가 10미터나 되는 벌레가 사람의 소장 속에 살고 있다는 말은 보이스카우트 캠프파이어에서 퍼지기 시작한 도시 괴담처럼 들릴지도 모르지만, 그런 조충(촌충)은 실제로 존재하며 여러 후진국에서 소고기를 먹는

3 대물림의 의미와 매커니즘

사람에게는 사실 꽤 흔한 편이다. 인간이 아닌 생물은 우리 안에 살 수 있고 또한 살고 있다. 그러니 섬뜩한 느낌이 드는 것도 당연하다.

기생충이 이렇게 부정적인 느낌을 주다 보니, 완벽하게 **건강한** 인체에 다른 생물들이 잔뜩 깃들어 있다는 사실을 알면 놀랄 수도 있겠다. 하지만 그건 건강한 인체의 전형적인 상태다. 그 생물 중 일부는 실제로 건강에 도움을 준다. 예를 들어 우리 내장 속에 사는 어떤 미생물들은 건강 유지를 위한 비타민을 합성하고 지방 저장 방식을 조절하거나 채소의 어떤 성분을 분해한다.[1] 또 병을 앓은 후 회복을 돕는 화학물질을 만들어준다고 알려진 미생물도 있다.[2] 우리를 돕는 이런 세균들을 우리는 기생충이 아니라 '공생자symbiont'라 부른다. 이 명칭은 우리가 그들과 공생 관계를 맺고 있다는 사실을 반영한다. 어느 쪽에도 해롭지 않으며 양쪽 모두에 이로울 공산이 큰 관계라는 뜻이다. 내장 내 공생자들과 관련하여 정말 놀라운 점 하나는 성인이 되었을 즈음이면 우리 안에 사는 공생자의 수가 우리 몸을 이루는 세포보다 열 배 정도 더 많다는 것이다![3] 이 생물들은 4만 종이나 되며[4] 모두 합하면 수백만 개의 유전자를 품고 있어서 2만 개 정도인 **우리 자신**의 세포 속 유전자보다 훨씬 더 많다.[5] 그렇다. 우리 몸속에는 최소한 **인간** DNA 수에 뒤지지 않는 미생물 DNA가 존재한다는 말이다.[6] 《네이처》에 실린, 우리 몸속 미생물을 다룬 어느 기사에서 나는 다음과 같이 솔직하게 썼다. "우리가 '수적으로 열세다'라는 표현은 터무니없는 과소평가다."[7] 우리의 식객들은 에일리언 같은 영화 속 캐릭터

같지는 않겠지만, 무시할 수 없는 세력이라는 것 그리고 우리 몸을 제집으로 삼은 다른 생물들이라는 것에는 의문의 여지가 없다.

이 밀항자들이 우리에게 주는 영향은 생리 기능에 그치지 않는다. 지금은 우리 안에 살고 있는 외래 생물들이 소화계의 정상적 발달에 **필수적**이라는 사실이 명백해졌다.[8] 실제로 우리의 내장과 장내 미생물은 함께 진화한 것으로 보이며, 그 결과 세균 공생자들은 일부 내장 세포 속 **우리의** 유전자를 발현시키고, 그럼으로써 내장 발달을 돕는다.[9] 그러므로 우리 안의 미생물들은 우리의 DNA를 메틸화하거나 히스톤을 수정하지 않더라도, 넓은 의미에서 '후성유전적'이라고 간주해야 마땅하다. 하지만 이것이 내가 공생자 이야기로 이 장을 시작한 이유는 아니다. 여기서 내가 던지려는 질문은 대물림과 관련된 것이다. 이 생물들이 우리의 발달에 필수적이라면, 자연은 어떤 방법으로 부모에게서 자녀에게로 이 생물들을 전달할까?

세균은 인간 내장의 발달에서 결정적 역할을 맡고 있음에도, 생식계열을 통해 자녀에게 대물림되지 않는다. 그럼에도 세균들은 모든 갓난아기 안에 존재한다. 스콧 길버트가 설명했듯이 "우리에게 이 미생물 요소들이 부족한 일은 결코 없다. 우리는 양막이 터지자마자 어머니의 생식관에서 미생물들을 얻는다."[10] 다시 말해 어머니의 '양수가 터진' 직후, 곧 태어날 딸의 환경에는 갑자기 이 미생물들이 넘쳐나고, 이어서 딸의 몸 안으로 들어가 그 안에서 살아가면서 소화관이 정상적으로 발달하도록 돕는다. 이 딸이 자라 본인도 임신하게 되면, 똑같은 방식으로 이 유익한 미생물들

3 대물림의 의미와 매커니즘

을 자기 자녀에게 물려준다. 이런 메커니즘에는 생식계열이 전혀 관여하지 않지만, 일종의 '대물림'이라고 보아도 무방하다. 그리고 이 점은 부모의 특징과 유사한 특징을 '물려받는' 데는 여러 가지 방법이 존재한다는 이 장의 메시지를 부각시킨다.

에바 야블론카와 매리언 램은 그야말로 과학적 걸작이라 부를 만한 책 《사차원으로 보는 진화Evolution in Four Dimensions》[11]에서 발달 자원이 개인에게서 자녀에게로 대물림되는 다양한 방식들을 정리했다. 발달 자원은 정자와 난자가 접합자를 형성하는 동안 그 접합자에 DNA를 제공할 때처럼 생식계열을 통해 자녀에게 대물림될 수도 있고, 발달에 필수적인 장내 세균이 어머니에게서 자녀에게로 넘어갈 때처럼 다른 경로를 통해서도 대물림될 수 있다. **후성**유전적 특성들이 생식계열을 통해 대물림되는 경우도 있다. 그러니까 비유전적 정보(즉 DNA 염기서열에 담기지 않은 정보)가 원래는 유전정보를 실어 나르는 경로를 통해서도 전해질 수 있다는 말이다(그럼으로써 우리의 이해를 더 복잡하게 만들기도 한다). 야블론카와 램이 설명한 세대 간 정보 전달 시스템은 모두 네 가지인데, 유전과 후성유전, 행동, 상징이 그것이다.

비교적 단순한 생물들은 세대 간 정보 전달에 유전적 대물림과 후성유전적 대물림 시스템 두 가지를 모두 사용하며, 더 복잡한 동물들은 그 외 다른 시스템도 사용한다. 야블론카와 램의 표현을 빌리면 "모든 살아 있는 유기체는 유전적 대물림과 후성유전적 대물림 둘 다에 의존한다. 행동을 통해서도 정보를 전달하는 동물이 많은데, 이에 더해 인간에게는 상징을 매개로 한 의사소통 경로도 있다."[12] 이어지는 내용에서는 표현형들이 세대를 이어가며 복제되는 흥미로운 방식을 몇 가지 소개할 것이고, 그다음에는 특정 유형의 대물림에 초점을 맞출 것이다. 이 대물림 유형은, 예컨대 미니의 실험실에서 만들어진 효과처럼, 생식계열과 다른 세포들이 분리된 지 한참 후에 뇌세포에서 만들어진 후성유전적 효과를 다음 세대로 전달하는 유형이다.

표현형을 물려주는 몇 가지 방식

관찰과 모방은 새로운 세대의 개인이 조상과 유사한 특징을 획득하는 방법 중 하나다. 야블론카와 램은 이를 '사회적으로 매개된 학습'의 형식으로 보고, 부모든 다른 가족이든 모르는 사람이든 공동체의 다른 구성원들과 '사회적 상호작용을 한 결과 생기는 행동 변화'라고 정의했다.[13] 사회적으로 매개된 학습은 사람에게서 명확히 보이지만, 자기가 들은 것을 모방함으로써 특정 노래를 부르는 법을 배우는 새나 고래 등에게서도 일어난다.[14]

사회적으로 매개된 학습의 좋은 예는 일본원숭이 무리에게서 볼 수 있다. 이 무리에서 전형적으로 보이는 어떤 행동은 1950년대에 유독 혁신적인 암컷 한 마리가 시작하여 그 무리 원숭이들을 통해(또는 몇몇 경우에는 그 혁신가 원숭이의 가족을 통해) 전파된 것이다. 그 혁신적 행동 중 하나는 해변에서 밀알을 한 알 한 알 낱개로 집어먹던 습관을 버리고, 모래와 밀알을 한 움큼 집어 물에 던

3 대물림의 의미와 매커니즘

진 다음 모래가 가라앉고 알곡이 물 위에 뜨면 알곡만 건져 입 안 가득 넣고 수월하게 먹기 시작한 것이다. 일본 연구자들이 혁신가 원숭이의 이런 행동을 처음 관찰한 것은 1956년이었는데, 1962년 에 보니 혁신가의 가족 15마리 중 13마리가 혁신가와 똑같이 행동 하고 있었다.[15]

이뿐 아니라 고구마를 물에 씻어 먹는 것 등 무리 구성원들 이 배워서 따라 하게 된 행동들은 여러 세대에 걸쳐 이어지며 계 속 복제되고 있었던 것이 분명했다. 결국 연구자들은 다음과 같이 썼다.

> 1952년부터 1999년까지 총 450마리 이상의 원숭이에 관해 기 록했다. 이 (…) 행동을 처음 행한 원숭이 중 지금까지 살아 있는 원숭이는 한 마리도 없지만, 그 후손들은 여전히 고구마를 물에 씻어 먹고, 밀알을 바닷물에 던지며, 바다에서 목욕한다. 이 행 동들은 세대를 넘어 대물림되었다. (…) 최초의 연구 기간에 관 찰한 원숭이의 6대손들이 여전히 고구마 씻기를 하고 있다.[16]

그렇다면 매우 실질적인 의미에서, 행동은 사회적으로 매 개된 학습을 통해 한 세대에서 다음 세대로 확실하게 대물림된다 고 할 수 있다.

이렇게 보고 배움으로써 대물림되는 행동과 달리, 그 개체 의 부모만이 제공할 수 있는 발달 자원도 있다. 예를 들어 생식계 열을 통해 전달되는 DNA 염기서열 정보 및 기타 정보는 당연히 항상 부모로부터 전달된다. 하지만 장내 공생자들을 물려받는 방식에서 분명히 드러났듯이 발달 자원은 비생식계열 경로를 통해서도 대물림될 수 있다. 비생식계열로 전달되면서 큰 영향력을 미치는 발달 요인의 한 예는 암컷 나비 개체들에게서 찾아볼 수 있다. 이 나비들은 특정 종류의 식물에 알을 낳는 것을 선호하는데, 이 행동은 여러 세대에 걸쳐 파급되는 효과를 만들 수 있다. 야블론카와 또 한 명의 동료는 다음과 같이 묘사했다.

> [어떤 경우에] 애벌레들이 어떤 새로운 종의 식물을 먹고 자라면 (…) 이들은 나중에 그 숙주 식물을 더 선호하는 경향을 띤다. 게다가 어린 [애벌레들]이 선호하는 먹이 취향과 성체[나비들]이 선호하는 산란 취향은 서로 연관되는 경우가 많은데, 이는 암컷들이 애벌레 시절에 먹었던 것과 같은 종[의 식물]에 알을 낳기 때문이다.[17]

이런 식으로 암컷은 선호하는 먹이 취향을 키우고 자기가 좋아하는 식물 위에 알을 낳아, 그 취향을 자손에게 물려준다. 자식들 또한 같은 종류의 식물을 먹으며 자랄 것이므로 그 먹이를 선호하게 될 것이다. 그리고 자식 중 암컷은 결국 나중에 같은 식물에 알을 낳을 것이므로, 그 효과는 여러 세대에 걸쳐 전달될 수 있다.

임신한 여성의 행동 역시 나중에 자녀에게서 나타나는 특징에 영향을 줄 수 있다. 태아일 때 우리는 어머니의 몸으로 구축된 환경에서 살아가는데, 이 환경은 어머니의 행동에서 영향을 받

3 대물림의 의미와 매커니즘

는다. 예를 들어 임신한 여성이 섭취하는 식품은 자궁 속 양수의 화학적 상태에 영향을 미치며, 태아는 그 양수를 삼키기 때문에 일찌감치 경험한 특정한 맛들이 이후의 음식 취향에 영향을 미칠 수 있다. 실제로 임신 마지막 3개월 동안 꾸준히 당근 주스를 마신 엄마가 낳은 아기들은 그러지 않은 엄마들의 아기에 비해 생후 5.5개월이 되었을 때 당근 맛이 나는 시리얼을 더 잘 받아먹는다. 이와 유사하게, 임신기 내내 물을 마셨지만 수유기 동안 당근 주스를 마신 여성의 아기 역시 당근 맛 시리얼을 더 잘 받아먹는데[18] 이는 모유를 먹을 때 그 맛을 경험했기 때문일 것이다. 즉, 인간의 음식 취향은 배아, 태아, 또는 유아기 때 엄마의 자궁 속에서나 모유에서 감지했거나, 유아가 자기 부모의 타액이나 체취를 통해 감지한 물질을 통해 세대를 넘어 전달될 수 있다는 말이다.[19] 특정 향미에 관한 초기 경험은 이런 식으로 다양한 민족과 문화의 음식 선호도가 세대를 넘어 영구히 대물림되는 데 일조한다.[20]

자궁 내 환경은 엄마가 먹는 음식의 맛 외에 다른 많은 것에 의해서도 변화할 수 있으므로, 이 정보 전달 메커니즘은 매우 큰 영향을 미칠 잠재력을 지니고 있다. 실제로 여성의 호르몬 상태는 스트레스나 영양부족 같은 요인에서도 영향을 받기 때문에, 이 요인들 역시 잠재적으로 배아나 태아에게 영향을 줄 수 있다. 앞에서 보았듯이 임신기에 네덜란드 기근을 겪은 여성들이 낳은 자녀는 성인기에 조현병[21]이나 비만[22]이 생길 확률이 더 높았다. 또한 태아는 자궁 속에 있을 때 엄마의 말도 들을 수 있는데, 이 경험은 출생 시 들리는 엄마의 목소리에 대한 선호를 낳는다.[23] 물론 초기의 모든 경험이 여러 후손 세대에서 감지되는 효과를 낳는 것은 아니지만, 그런 경험들도 분명 있다. 어쨌든 이와는 상관없이, 어머니(경우에 따라서는 아버지)가 자녀의 발달에 영향을 주며, 어떤 경우에는 자녀가 부모와 같은 표현형을 갖도록 초래하는 자극들을 자녀의 국소적 환경에 불어넣을 수 있다는 건 분명하다.

행동을 통한 후성유전 상태의 대물림

부모로부터 자녀에게 전달되는 대물림의 특별히 흥미로운 한 예는 경험의 **후성유전적** 효과가 생식세포의 DNA에는 후성유전적 영향을 입히지 않으면서도 '유전될 수 있음'을 보여준다. 앞서 10장에서 보았듯이 새끼를 많이 핥아주고 털을 골라주는 암컷 쥐(즉 높은 LG 어미)가 키운 딸 쥐는 자신도 LG가 높은 어미로 자라는데[24] 이때 그 딸을 키운 어미가 생모인지 양모인지는 상관없다. 그 효과는 높은 LG 양육자에게 받은 딸의 **경험**에서 나온 것이라는 말이다. 그러니까 이러한 양육 스타일의 세대 간 전달에 필요한 것은 행동 메커니즘이다.[25] 행동을 매개로 한 후성유전적 대물림에 관한 또 다른 연구[26]에서는 어떤 후성유전적 상태가 부모의 행동에 영향을 주며, 부모의 이 행동이 이어서 자녀에게 영향을 끼쳐 동일한 후성유전적 상태를 갖도록 유도한다는 것이 밝혀졌다.[27] 이런 상황은 여러 세대에 걸쳐 이어질 패턴을 설정한다고 볼 수 있다.

　　　　　　　　　　　　　　　3 대물림의 의미와 매커니즘

이 현상을 탐구하기 위해 프란시스 샹파뉴가 이끄는 연구 팀은 생모가 아니면서 LG가 높은 어미 쥐 또는 낮은 어미 쥐에게 양육된 암컷 쥐의 뇌 속 에스트로겐 수용체를 연구했다.[28] 에스트로겐 수용체는 암컷 포유류의 주된 성호르몬인 에스트로겐이 모성 행동 자극을 포함해 제 기능을 수행하게끔 하는 필수 요소다.[29] 에스트로겐과 LG는 둘 다 모성 행동에 영향을 주므로, 샹파뉴 연구팀은 LG가 에스트로겐 수용체 생산에 영향을 줄지도 모른다는 가설을 세웠다. 예상대로 그들은 높은 LG에 노출된 쥐들에게 더 많은 에스트로겐 수용체가 생성됐음을 발견했다. 핥기와 털 고르기를 많이 받은 쥐들은 연구에서 살펴본 뇌 영역에서 에스트로겐 수용체를 만드는 DNA에 메틸화가 상대적으로 덜 일어나 있었기 때문이다.[30] 그러니까 핥기와 털 고르기는 암컷 새끼 쥐들에게 뇌에서 에스트로겐 수용체 수를 증가시키는 후성유전적 효과를 만들어내고, 이렇게 증가한 수용체는 이 새끼 쥐들이 어미 쥐가 되었을 때 **자기 새끼**를 더 많이 핥아주고 털을 골라주게 유도했다. 이런 방식으로 높은 LG 표현형은 다음 세대로 효과적으로 전달됐다.[31] 어미의 모성 행동 자체가 새끼의 모성 행동을 유발하는 DNA 분절의 메틸화에 영향을 줌으로써 그 행동이 세대를 넘어 유지되도록 한 것이다(그림 18.1). 생식계열은 어떤 영향도 받지 않았음에도, 딸 쥐들이 결국 제 어미 쥐와 같은 메틸화 패턴과 행동 패턴을 지니게 되므로 이는 자식의 **경험**에 의존하는 세대 간 후성유전 효과의 예라고 할 수 있다.[32]

이 후성유전 메커니즘은 세대를 이어가며 높은 LG 양육을

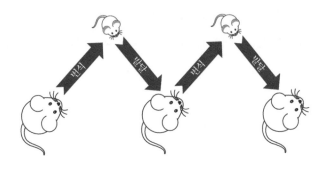

그림 18.1 후성유전적 상태(DNA 메틸화 감소) 및 그와 연관된 행동 표현형(어미의 핥기와 털 고르기)이 세대를 넘어 비유전체적 대물림으로 반복되는 양상을 나타낸 도해. 성체 세대의 모성 행동은 새끼의 DNA 메틸화에 영향을 주고, 이어서 이 DNA 메틸화는 그 새끼가 성체로 발달했을 때 모성 행동에 영향을 준다.

복제할 수 있는 것처럼 **낮은** LG 양육 역시 영속화할 수 있다. 상대적으로 방임된 새끼 쥐들은 뇌의 에스트로겐 수용체 수가 **더 적고**, 그 결과 자라서 LG 정도가 낮은 어미가 되기 때문이다. 이런 식의 행동을 통한 대물림은 모성 방임의 경우에만 일어나는 일이 아니다. 안타깝게도 적극적인 학대 역시 세대를 넘어 전달될 수 있는 것으로 보인다. 11장에서 이야기한, 많은 깨달음을 주는 어느 연구에서는 스트레스가 너무 심해서 새끼 쥐를 떨어뜨리고 거칠게 다루고 끌고 다니고 밟는 등 학대하는 어미 쥐들에게 갓 태어난 쥐들을 맡겼다.[33] 생애 첫 7일 동안 매일 30분씩 이런 종류의 학대에 노출된 새끼 쥐들은 전전두피질 세포에 있는, 뉴런의 생존에 필수적인 특정 유전자들에 메틸화가 더 많이 일어난 성체로 성장했다. 그리고 여기서 중요한 의미를 내포하는 한 가지 결과가 나왔다. **학대당했던 암컷 새끼 쥐가 자라서** 번식하여 **낳은** 새끼를 생후 8일째

3 대물림의 의미와 매커니즘

에 살펴보니 어미 쥐가 영향을 받았던 곳과 **똑같은 뇌 영역의 똑같은 유전자들**에 메틸화가 증가해 있었던 것이다.[34] 샹파뉴 팀의 연구에서도 그랬듯이, 이는 생식계열과는 무관한 결과였다. 오히려 그 결과는 갓 태어났을 때 학대당했던 새끼 쥐들이 불안한 어미 쥐로 자랐고, 그래서 이제는 그 스트레스 상태 때문에 **제** 새끼들을 학대하게 되었을 가능성을 시사한다.[35]

무엇보다 중요한 것은, 이런 유형의 효과가 사람에게서 보이는 유사한 종류의 세대 간 현상에서도 숨은 원인일 수 있다는 점이다.[36, 37] 예컨대 샹파뉴가 지적한 대로 "학대 부모 중 최대한 70퍼센트까지는 본인도 학대당한 이들이었고 (…) 유아기에 학대당한 이들 중 20~30퍼센트는 본인도 가해자가 될 가능성이 있다. [마찬가지로] 엄마가 자기 어머니에게 보이는 애착은, 그 엄마의 아기가 보일 애착 정도를 예측할 수 있는 믿을 만한 요인이다."[38] 이런 종류의 패턴들이 후성유전적 효과 때문일 수 있다는 가능성이 유독 흥미로운 까닭은, 특정 약물[39]이나 다른 종류의 경험을 제공하는 치료 프로그램[40]을 통한 개입으로 후성유전의 효과를 뒤집을 가능성도 있기 때문이다. 학대적 양육이 초래하는 후성유전적 결과를 꾸준히 연구한다면, 폭력의 세대 간 악순환이 벌어지는 원인과 메커니즘을 밝혀내고, 학대로 인한 병리적 현상들을 효과적으로 치료할 방법을 알아낼 수 있을 것이다. 샹파뉴의 생각대로 "한 개인의 생애가 끝나기 전에 개입하는 것이 가능하며, 그럼으로써 역경의 영향이 세대를 넘어 이어지는 연속성을 깨트릴 수 있을지도 모른다."[41]

표현형을 대물림하는 데 행동이 중요한 역할을 할 수 있다는 사실은 흥미진진하기는 하지만, 그렇다고 이 현상이 생식계열을 통한 발달 자원의 대물림보다 더 중요하거나 덜 중요한 것은 아니다. 어떤 경험이 조상 개인의 **생식**세포에 있는 후성유전적 표지들에 영향을 줄 수 있다면 그리고 만약 후성유전적 표지들이 후손들에게 대물림될 수 있다면, 그 경험의 영향은 이후 수 세대에서 확실하게 재생산될 수 있을 것이다. 이후 세대들이 그 영향을 남긴 조상이 겪은 것과 같은 경험을 전혀 한 적이 없더라도 말이다. 이는 생물학자들이 생식계열을 통한 발달 자원의 대물림에 유난히 관심을 기울이는 이유 중 하나다.

후성유전적 표지 지우기

생식계열을 통해 대물림되는 인자들은 DNA 외에도 몇 가지가 있으며,[42] 이 인자들도 DNA와 마찬가지로 이후 세대에서 표현형의 확실한 재생산에 기여한다. 예를 들어 포유류의 난자에는 수정 이후 정상적 발달에 꼭 필요한 여러 종류의 비유전자 구조물들과 분자들이 들어 있으며,[43] DNA와 더불어 생식계열을 통해 대물림된다.[44] 이 인자들은 모두 이전 세대로부터 대물림된 것들이며, 넓은 의미에서 '후성유전적'인 효과를 만든다.

이에 더해 지금은 메틸기 같은 후성유전적 표지들이 경우에 따라 생식계열을 통해 대물림되기도 한다는 강력한 증거가 존재한다. 호주의 분자생물학자인 루시아 댁싱어와 에마 화이틀로는 이런 종류의 대물림을 "생식자를 통한 세대 간 후성유전적 대물림"[45]이라고 표현했는데, 거추장스러운 명칭이긴 해도 일어나는 일의 성격을 잘 포착한 말이다. 포유류에서 생식자를 통한 세대 간 후성유전적 대물림이 일어난다는 최초의 증거가 나온 것은 1997년에 한 연구팀이 생쥐 배아를 특정 방식으로 조작하면 후성유전적 효과가 대물림될 수 있음을 발견했을 때다.[46] 연구자들은 "DNA 메틸화와 같은 후성유전적 변형은 (…) 보통 생식계열을 통해 대물림되지 않는다고 여겨짐"에도 불구하고 자신들은 그런 대물림을 분명히 관찰했다고 썼다.[47]

당시의 생물학자들은 그런 결과가 생기는 건 불가능한 일이라 확신했다. 보통 후성유전적 표지들은 한 세대에서 다음 세대로 넘어가는 시기에 '지워지기' 때문이다. DNA가 부모에게서 자녀에게로 옮겨갈 때 후성유전적 표지들은 전형적으로 두 번 '지워진다'(그림 18.2). 실례를 들어보기 위해, 당신의 어머니를 생각해보자. 외할머니 배 속에서 어머니가 수정된 직후, 막 새로 구축된 어머니의 유전체에 있던 후성유전적 표지들은 후성유전적 '리프로그래밍'이라는 과정을 거치면서 제거된다. 생각해보면 이건 상당히 이치에 맞는 일이다. 분화하고 성숙한 세포들에는 각자 어떤 종류의 세포인지 구별해주는 후성유전적 표지가 존재한다는 것을 우리는 알고 있으며, 이는 성숙한 정자세포와 난자세포에도 해당한다. 이와 대조적으로 새로 만들어진 배아는 분화하기 전 상태인 **줄기**세포들로 이루어져 있으므로, 그 배아를 만든 정자와 난자를 특징지었던 후성유전적 표지들을 갖고 있으면 **안 된다**! 그러니까 외할머니와 외할아버지가 제공한 DNA에 있던 후성유전적 표지는 어머니가 수정된 바로 직후에 어머니의 유전체에서 거의 다 제거되어야만 한다. 그래야 어머니의 세포들이 다능성을 띨 수 있기 때문인데,[48] 다능성이란 몸을 구성하는 아주 다양한 세포 중 어느 세포로도 발달할 수 있는 능력을 말한다.

  그런 다음 2주 안에, 배아 상태인 세포 중 일부는 나중에 결국 어머니의 난자(그중 하나는 당신으로 발달할 것이다)가 될 원시생식세포로 분화되는 과정을 시작한다. 원시생식세포를 만들 때 처음에는 몇 가지 후성유전적 표지가 더해지지만, 이후 최종적으로 이 세포들 속 DNA에서도 후성유전적 표지가 **모두** 제거된다.[49] 그러니까 한 세대에서 다음 세대로 이동할 때 DNA는 2단계의 재설정 절차를 거치는 셈이다. 첫 단계로, DNA의 후성유전적 표지들

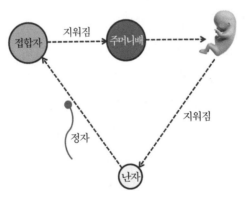

그림 18.2 도해로 나타낸 메틸화의 '생애 주기'. DNA 메틸화는 새로운 유기체가 수정되고 잠시 후에 한 번 '지워지고'(접합자는 갓 수정된 유기체이며 주머니배는 초기 배아다), 새 유기체의 정자세포나 난자세포가 될 원시생식세포에서 한 번 더 '지워진다'.

은 새로운 개체의 수정에 관여한 다음 잠시 후 대부분 사라지며, 이후 이 개체가 자신의 새로운 정자세포 또는 난자세포를 만들기 시작할 때, 후성유전적 표지는 완전히 '깨끗하게' 지워진다.

30년 전, 생물학자들의 '상식'은 이랬다. 첫째, 후성유전적 표지는 세대와 세대 사이에서 완전히 '지워지므로' 세대 간 후성유전적 대물림은 불가능하다. 둘째, DNA 서열정보만이 부모에게서 자녀에게로 대물림될 수 있다. 셋째, 따라서 '경성' 유전만이 유일한 유전이다. 이런 상식에는 라마르크주의를 향한 바이스만의 불신이 잘 담겨 있다. 바로 부모는 자기가 살면서 한 경험의 결과를 자녀에게 물려줄 수 없다는 믿음이었다. 그러나 1997년에 생쥐의 생식계열을 통한 후성유전적 대물림이 발견된 뒤[50] 이 이야기에는 대대적인 수정이 필요해졌다.

라마르크 되살리기

다음 장에서는 생식자를 통한 세대 간 후성유전적 대물림에 초점을 맞출 것이다. 미리 조금 얘기하자면, 후성유전적 대물림에 관한 추가적 연구는 한 세대에서 다음 세대로 넘어가는 사이에 일어나는 '지우기' 두 단계를 다 거치고도 DNA 메틸화가 살아남을 수 있음을 보여주는 설득력 있는 증거를 제시했다.[51] 현재 연구자들은 메틸화된 DNA가 어떻게 후성유전적 리프로그래밍을 완전히 피할 수 있는 것인지, 혹은 '지우기' 두 단계로 메틸화가 지워진 후에 생식계열 속의 비DNA 인자(예컨대 RNA)가 이전에 존재하던 메틸화를 혹시 **재구축** 하는 것인지 알아내려 시도하고 있다.[52] 그러나 그 일이 어떻게 일어나든 간에, DNA 메틸화 패턴은 간혹 후성유전적 리프로그래밍을 실제로 피하며, 생식계열을 통해 직접 후손에게 전달될 수 있다.

　　DNA 메틸화가 생식계열을 통해 **대물림될 수 있는** 건 사실이지만, 이런 일이 얼마나 자주 일어나는지에 관한 논의는 계속되고 있다. 현재까지는 여전히, DNA가 부모에게서 자녀에게로 이동할 때 대부분의 후성유전적 표지가 지워지는 것으로 여겨진다. 포유류에서 일어나는 이런 유전 증거를 검토한 최근 논문에서 댁싱어와 화이틀로는 "생식자를 통한 세대 간 후성유전적 대물림은 드문 현상일 가능성이 크다"라고 결론지었다.[53] 이는 그리 놀랄 일이 아닌 것이, 세대와 세대 사이에서 후성유전적 표지를 지우는 일이 더할 나위 없이 중요한 과정이기 때문이다. 줄기세포들이 발달 과정을 거칠 때 어떤 유전정보를 필요로 하게 될지 모르므로, 모든 유전정보에 접근할 수 있도록 다능성을 복원해주는 것이 바로 그 과정이니 말이다. 생식계열을 통해 대물림된 후성유전적 표지에는 후손의 **모든** 세포에 영향을 미칠 잠재력이 있을 텐데, 세포 유형마다 서로 다른 후성유전적 패턴이 필요하므로 그런 상황이 좋은 일일 가능성은 별로 없다. 그렇지만 야블론카와 램은 생식자를 통한 세대 간 후성유전적 대물림이 현재 다수의 생물학자들이 예상하는 것보다 훨씬 더 흔한 일로 밝혀질 것이라고 예상한다. 2005년에 그들은 이렇게 썼다.

생물학의 기본 원리로부터 그리고 이미 발견된 사실을 근거로 한 추론을 통해서, 우리는 후성유전적 대물림이 지금까지 밝혀진 것보다 훨씬 흔한 현상일 가능성이 아주 크다고 믿는다. 사람들은 이 현상을 제대로 들여다보는 일에 아직 착수하지도 않았다. 우리는 특히 식물과 단순한 유기체에서 더 많은 사례가 발견될 것이라 예상하지만, 그 생물들뿐 아니라 (…) [과학자들이 이미 발견한 사례들을 생각해보라] 그 사례들은 빙산의 일각에 지나지 않을 것이다. 이제 (…) 메틸화 및 염색질 구조물의 기타 양상들도 들여다보기 시작했으므로, 많은 변화를 발견하게 되리라고 확신한다. (…) 후성유전적 변화들은 분명 존재하며, 표현형 형질의 유전에 밑바탕이 된다고 알려져 있다.[54]

생식계열을 통한 후성유전적 표지의 직접적 대물림**과** 동물의 행동과 경험에 따른 변화와 같은 후성유전적 대물림의 간접적 메커니즘을 **모두** 생각해보면, 야블론카와 동료들이 위와 같이 말한 지 4년 후에 "후성유전적 대물림은 어디에나 존재한다"라고 결론지은 이유를 알 수 있다.[55]

DNA 메틸화는 경험에서 영향을 받는 것[56]과 생식계열을 통한 대물림[57]이 **둘 다** 가능하므로, 이제 획득 형질이 유전될 수 있다는 라마르크의 생각을 다시 검토해봐야 할 때다.[58] 대부분의 진화생물학자들처럼 리처드 도킨스는 "모든 증거가 이 개념이 한마디로 틀렸다는 걸 시사한다"라며 획득 형질이 유전될 수 있음을 힘주어 부인했다.[59] 만약 '획득'이라는 말을 꼭 꼬집어 바이스만이 생쥐에게 가했던 꼬리 절단 같은 것을 가리키는 뜻으로 정의한다면, 도킨스의 말이 옳다. 한 세대가 경험한 절단이 다음 세대에도 나타나리라고 생각할 이유는 전혀 없다(다음 세대도 앞 세대가 한 것과 똑같이 절단을 경험하지 않는 한 말이다). 그러나 지금쯤이면 '획득'과 '유전(대물림)'이라는 단어를 정의하는 방식이 단 한 가지가 아니라는 것[60]과 다른 정의는 다른 결론으로 이어진다는 것이 명백히 이해되었을 것이다. 우리가 유전의 넓은 정의, 즉 어떤 표현형이 이어지는 세대들에서 한결같이 복제되는 한 그 표현형은 '유전된' 것이라고 보는 정의를 채택한다면, 다양한 경험이 유전되는 표현형에 기여한다는 것을 알 수 있다. 실제로 어떤 대물림, 이를테면 LG가 높은 어미 쥐의 딸 쥐들 역시 높은 LG 어미 쥐가 되는 대물림, 또는 인간의 내장에 건강을 증진하는 박테리아를 제공하는 유형의 대물림을 이해하기 위해서는 넓은 정의가 **필요하다**. 좁은 의미로만 대물림을 정의한다면 이런 특징들이 어떻게 가족의 내력으로 이어지는지 이해하는 데 방해가 될 것이다.

그러나 심지어, 대물림은 필히 **생식계열**을 통해야만 한다는 좁은 의미의 정의를 채택한다 하더라도, 획득 형질이 유전될 수 있음을 받아들여야 한다. 왜냐하면 다음 장에서 살펴보겠지만, 일부 표현형은 **조상의 표현형에 기여한 것과 같은 경험을 후손들이 하지 않았을 때조차** 후손에게 대물림되기 때문이다. 획득 형질의 유전을 덮어놓고 부인하는 것은 '획득'과 '유전'을 **극단적으로** 협소한 방식으로 정의할 때만 가능한 일이며,[61] 솔직히 이렇게 협소한 정의는 수많은 세대 간 영향을 이해할 수 없게 만들기 때문에 전혀 도움이

3 대물림의 의미와 매커니즘

되지 않는다. 21세기 생물학이 유전 전반에 관한 사고를 어디까지 수정해야 할지에 대해 아직은 현대 이론가들의 합의가 이루어지지는 않았지만,[62] 유전자가 결정한 형질만 유전될 수 있다는 생각을 철저히 고수하는 사람에게 거대한 격변이 몰아치고 있음은 분명하다.

19

경험이 유전된다는 증거

나이 들수록 나는 점점 역사에 관심이 깊어졌다. 젊었을 때는 내가 태어나기 전 시대는 나에게 무의미하다고 여겼고, 지금도 1950년 대는 내가 태어나기 전에 끝난 시절이라서 다른 세상 같은 느낌이 든다. 1950년대에 관해 내가 조금이라도 아는 것은 영화를 보거나 그 시기에 나온 다른 매체들을 소비하면서 배운 것들인데, 1920년 대에 관해서도 마찬가지였기 때문에 내게는 1920년대와 1950년 대가 똑같이 수수께끼 같은 시절이다. 1950년대 말과 달리 1960년 대 말에 관한 나의 기억 일부는 아직도 생생하다. 나는 여전히 초 등학교 3학년 때 친구들과 연락하며 지내는데, 우리가 함께 만날 때는 3학년 시절이 그리 오래전 같지 않다. 지금 나는 이런 게 얼마 나 이상한 일인지 잘 알고 있다. 왜냐하면 내 마음속에서 1980년 대와 1990년대는 비슷한 위치를 차지하고 있지만, 나의 학부생 제자들에게는 1980년대와 1990년대가 질적으로 다른 시간이라는 걸 알기 때문이다. 나에게 1950년대와 1960년대가 전혀 다른 것처럼 말이다. 학생들에게 1990년대는 약간 흐릿한 정도일 수 있겠지만, 1980년대는 블랙홀 같은 느낌일 것이다.

나의 부모님은 1930년대 중반에 태어났고, 그건 내가 수정되기 25년 전 일이었다. 그 암울했던 10년간 일어난 일들이 나에게 생물학적 영향을 주는 반향을 남겼다는 사실은 믿기 어렵다. 대공황과 나치의 부상이 이후 세대들에게도 여러 방식으로 심리적 상흔을 남긴 것은 분명하지만,[1] 만약 바이스만과 신다윈주의자들이 옳다면 1930년에 어린아이였던 나의 어머니와 아버지가 경험한 사건은 내가 수정되었을 때 부모님이 나에게 물려준 **생물학적** 물질에 영향을 주지 못했을 것이다. 또한 **조부모님들의 경험**은 나의 생물학적 속성과는 아무 관련도 없어야 한다. 그러니까 어머니가 태아로 존재하기도 전인 1936년에 외할머니가 겪은 사건들이 나의 생물학적 속성에 영향을 미쳤을 수도 있다는 생각은 정말 터무니없는 얘기처럼 들린다.

그렇지만 그런 영향은 가능하다. 후성유전적 대물림에 관한 연구들은 후성유전적 표지들이 때로는 생식계열을 통해서도 대물림될 수 있음을 증명했다. 나아가 획득 형질의 유전에 관한 연구들은 **경험에서 영향을 받은** 후성유전적 표지들이 생식계열을 통해 대물림될 수 있음을 시사했다. 생물학자들이 그런 일은 불가능하다고 주장했던 것이 그리 오래전 일이 아닌데 말이다.

생식자를 통한 세대 간 후성유전적 대물림

세대 간 후성유전적 대물림에 대한 가장 강력한 증거 중 일부는 16장에서 이야기한, A^{vy} 유전자를 지닌 특정 종류의 생쥐를 실험하다가 나왔다. 그 장을 건너뛴 독자들을 위해 짤막하게 정리하자면, 이 DNA 분절은 생쥐의 털색과 다른 몇 가지 특징에 영향을 미칠 수 있다. A^{vy} 생쥐라 불리는 이 생쥐들 중 일부에게는 노란 털이 있고, 노란 A^{vy} 생쥐들은 비만인 경향이 있으며 당뇨병과(/이나) 암이 생길 가능성도 상대적으로 높다. 또 다른 A^{vy} 생쥐들은 노란 털 형제자매들과 **정확히 똑같은 유전체**를 갖고 있는데도 갈색이 도는 털이고 보통 마른 몸에 건강하다. 이 생쥐들의 털색은 유사 아구티 색이라고 한다. (이 이상한 명칭은 정상적인 갈색 생쥐들의 털색이 '아구티 색'이라 불린다는 사실에서 연유한다. 마른 A^{vy} 생쥐는 정상 아구티 생쥐들과 정확히 똑같은 털색과 건강한 체질을 갖고 있지만, 그 생쥐들과는 유전적으로 다르기 때문에 **유사** 아구티라 불린다.)

노란 A^{vy} 생쥐와 유사 아구티 A^{vy} 생쥐의 차이는 후성유전에 의한 것이다. 구체적으로 말하면 유사 아구티 생쥐의 A^{vy} 유전자 근처의 DNA 영역은 심하게 메틸화되어 있고, 노란 A^{vy} 생쥐의 같은 영역은 비교적 메틸화가 덜 되어 있다. 이 영역의 메틸화 정도는 어느 정도는 무작위적 과정에서 영향을 받기도 했지만, 실험 연구들은 임신한 생쥐의 먹이도 새끼 생쥐의 그 위치에 있는 DNA의 메틸화에 영향을 줄 수 있음을 밝혀냈다.[2]

연구자들은 1990년대 말에 이미 A^{vy} 생쥐들의 털색이 어미의 털색과 어떤 식으로인지 연관되어 있음을 알았다.[3] 구체적으로 말하자면, 통통하고 털이 노란 A^{vy} 생쥐는 더 마르고 유사 아구티 색인 쌍둥이 자매 A^{vy} 생쥐들에 비해 털이 노란 새끼를 낳을 가능성이 더 크다. 실제로 같은 A^{vy} 유전자를 물려주더라도 유사 아구티 어미들과 달리 노란 어미들이 낳은 새끼들의 털에는 어느 정도라도 항상 노란색 털이 섞여 있는 경우가 눈에 띄게 많았다.[4] 모든 A^{vy} 생쥐는 유전적으로 동일하기 때문에 털색의 세대 간 전달에는 비유전적 메커니즘이 작동한다고 이해할 수 있다. 그리고 1990년대의 생물학자들은 후성유전적 표지가 정자와 난자에서 '깨끗이' 지워진다고 확신했기 때문에, 이 세대 간 영향을 설명할 수 있는 건 하나뿐이라고 생각했다. 출생 전 환경 즉, 어미 쥐의 무언가가 이러한 가족 간 닮음의 원인일 수밖에 없다고 가정한 것이었다.[5]

   이 가정에는 문제가 딱 하나 있었으니, 바로 그 가정이 틀렸다는 것이다. 1999년에 에마 화이틀로가 이끄는 연구팀은 출생 전 환경 가설을 검증하기 위한 실험을 정교하게 설계했다. 그들은 노란 털의 생물학적 어미에게서 갓 수정된 수정란을 꺼내 검은 털 대리모의 자궁에 이식하여, 노란 털 어미의 자궁에 특징을 부여하던 모든 요인이 제거된 상태에서 수정란을 발달시켰다.[6] 놀랍게도 연구자들은 "다른 자궁 내 환경으로 이동해도 자식의 표현형은 영향을 받지 않았음"을 발견했다.[7] 새끼의 털색은 어떤 자궁에서 발달하든 상관없이 생물학적 어미의 털색과 관련이 있었다는 말이다. 그러니까 유전자로도 출생 전 환경으로도 새끼들이 어미를 닮는 이유를 설명할 수 없었다. 하지만 만약 이 세대 간 영향이 유전자

와도 환경**과도** 무관하다면 그리고 만약 당신이 후성유전적 표지는 유전될 수 없다는 가정 아래 움직이는 20세기 연구자라면, 다른 어떤 종류의 요인이 있을 수 있을까?

한 가지 가능한 답은 노란 털 어미의 난자 속 세포질이 그 영향의 원인이라는 것이다. 하지만 노란 털 어미가 아니라 '아비'에게서 A^{vy} 유전자를 물려받은 생쥐를 연구한 결과 새끼 생쥐 일부가 갈색을 띤 유사 아구티 색으로 태어났다. 이 결과가 의미하는 바는, 노란 털 어미의 난자 세포질에는 유사 아구티 생쥐의 발달을 **원천적으로 차단하는** 뭔가가 들어 있다고 볼 수 없다는 것이다.[8] 그렇다면 아비가 제공하는 A^{vy} 유전자와 정확히 똑같은 염기서열 정보를 담고 있음에도, 노란 털 **어미**가 A^{vy} 유전자를 제공한 새끼에게선 유사 아구티 색이 절대 나오지 않았던 이유는 무엇일까?

최종적으로 화이틀로와 동료들은 후성유전적 표지가 세대에서 세대로 넘어갈 때 완전히 '지워진다'는 기존 통념이 착오인 게 틀림없다고 결론지었다. 그리고 A^{vy} 유전자 근처에 있는 DNA의 "침묵화를 초래하는 후성유전적 표지의 대물림" 때문이라는 것이 A^{vy} 생쥐의 세대 간 영향을 가장 잘 설명할 수 있다고 썼다.[9] 어미가 제공한 A^{vy} 유전자와 아비가 제공한 A^{vy} 유전자가 같은 효과를 만들어내지 않으므로, 이 유전자 근처의 후성유전적 표지들이 정자가 발달하는 동안에는 완전히 지워지지만 난자가 발달하는 동안에는 그러지 않는 것으로 보인다. 따라서 유사 아구티 생쥐가 임신했을 때는 아마도 이 생쥐의 난자에서 A^{vy} 유전자 근처의 메틸화가 지워지지 않고, 그럼으로써 새끼들 역시 유사 아구티 색 털이

3 대물림의 의미와 매커니즘

발달할 가능성이 높아지는 것일 수 있다.

이 발견 이후로 이것이 A^{vy} 유전자만의 독특한 현상이 아니란 것이 분명해졌다. 후성유전적 대물림과 연관된 또 다른 유전자로 Axin(fu)[Axin-fused 액신융합]이 있다. Axin(fu) 유전자는 생쥐의 꼬리가 꼬부라진 모양으로 발달하게 하는 DNA 분절이다. 하지만 Axin(fu) 유전자가 있는 생쥐라고 모두 꼬부라진 꼬리가 생기는 건 아니다. 상대적으로 메틸화가 덜 일어난 Axin(fu) 유전자는 보통 꼬부라진 꼬리를 만들지만, 유전적으로 동일한 친족 생쥐라도 Axin(fu) 유전자가 심하게 메틸화되었다면 꼬부라지지 않은 꼬리를 가질 수 있다.[10] 두 경우 모두 어미 또는 아비 생쥐가 자신의 후성유전적 상태를 새끼에게 물려줄 수 있으며, 그럼으로써 다음 세대의 꼬리 모양에 영향을 준다.

꼬부라진 꼬리 표현형의 유전 가능성이 중요한 이유가 두 가지 있다. 첫째, 그것은 유사 아구티 표현형의 유전이 후성유전적 대물림의 유일한 현상이 아니라는 것, 따라서 기괴한 예외로 쉽게 무시하고 넘길 수 없는 현상이라는 것을 말해준다. 둘째, 유사 아구티 표현형과 달리 꼬부라진 꼬리 표현형은 부계를 통해서도 대물림될 수 있으므로 세포질의 요인에 의한 것일 수 없다는 점이다. 이 현상을 다룬 최초 연구 논문의 저자들이 지적했듯이 "난자와 달리 정자가 접합자에 제공하는 세포질의 양은 (만약 있더라도) 극히 적고, 따라서 부계로도 대물림된다는 사실은 (…) 그 효과가 세포질이나 대사의 영향에 의한 것일 가능성을 반박하는 증거가 된다."[11] 대신 꼬리가 꼬부라진 아비 생쥐가 새끼에게 꼬부라진 꼬리를 물려주는 경우는, 정자가 만들어질 때 일어나는 후성유전적 리프로그래밍을 아비의 *Axin(fu)* 유전자가 피해 갔기 때문이다. 이 연구들에서 본 **부계** 대물림은, 여러 세대에 걸쳐 비슷한 꼬리가 보이는 것은 생식자를 통한 세대 간 후성유전적 대물림이 일어난 결과의 반영임을 분명히 알려준다.

경험의 직접적 영향 알아보기

DNA 메틸화는 분명 생식자를 통해 부모에게서 자녀에게로 대물림될 수 있다.[12] 이 사실을, 경험이 DNA 메틸화에 영향을 줄 수 있다는[13] 사실과 함께 생각해보면, 후천적으로 **획득한** 후성유전적 정보 중 일부는 생식계열을 통해 대물림될 수 있다는 말이다. 그리고 그러한 후성유전적 표지는 표현형에 영향을 주므로, 이제는 획득 형질의 유전에 관한 라마르크와 다윈의 생각이 내내 옳았던 게 아닌가 하는 생각이 든다. 그런데 과학자들 중에서 어떤 동물의 후성유전적 상태에 구체적으로 영향을 준 다음, 그 경험의 효과가 다음 세대로 대물림될 수 있는지를 알아보려 시도한 이들이 있었을까?

우리는 임신한 생쥐의 먹이가 새끼 쥐의 DNA 메틸화와 털색에 영향을 줄 수 있음을 확인했는데[14] 이 경우에는 어미가 한 경험을 새끼에게서 발견할 수 있으므로 이 연구가 위 질문에 답이 될 수 있을 것처럼 보인다. 하지만 더 자세히 들여다보면 이 효과에는

3 대물림의 의미와 매커니즘

대물림이 전혀 필요 없다는 게 드러난다. 새끼에게 나타난 효과는 오히려 섭식 조작을 통해 **직접적으로** 만들어진 것일 수도 있다. 임신한 생쥐의 먹이를 조작하는 것은 몸속에서 자라고 있는 태아의 영양 경험도 바꾸는 것이기 때문이다. 이러한 실험상의 문제를 피하기 위해 어떤 연구자들은 부계에서만 나타나는 경험의 세대 간 영향을 조사하기 시작했다. 이는 포유류 아비의 경험은 자식이 직접 경험할 일이 없다는 사실을 활용한 전략이다.

이러한 부계 연구에서는 경험의 효과가 아비의 정자를 통해서만 새끼에게 전달되어야 한다. 포유류 수컷은 태아를 배고 있지 않고 따라서 태아에게 출생 전 환경을 제공하지 않기 때문이다.[15] 이런 식의 연구가 몇 건 이루어졌는데, 그중 한 연구에서 실험자들은 교배하기 **전** 달에 수컷 생쥐에게 특정 음식을 뺀 먹이를 먹였다. 이 먹이 조작은 새끼들의 혈당 수치가 비정상적으로 낮아진 결과로 이어졌는데, 이 발견은 아비의 영양 경험이 정자의 후성유전적 리프로그래밍에 영향을 줄 수 있고 그에 따라 **새끼의 태아기 환경과 관계없이** 새끼에게 영향을 줄 수 있음을 시사한다.[16] 이와 유사하게 고지방 먹이를 먹인 수컷 쥐들의 암컷 새끼는 인슐린 분비가 비정상적인 성체로 발달하며,[17] 저단백 먹이를 먹인 수컷 생쥐의 새끼는 콜레스테롤과 지방 대사에 변화가 일어나 있는데, 이 중 최소한 일부는 새끼의 간세포에서 DNA 메틸화에 일어난 변화의 결과다.[18] 처음에 이런 연구를 보면 라마르크가 말한 유전을 보여주는 것처럼 여겨질 수 있다. 아비의 영양 경험이 새끼에게 영향을 주고 있으니 말이다. 하지만 여기에도 중요한 차이가 하나 있다. 이 연구들에서 새끼 쥐들은 자신이 수정되기 전 아비가 한 경험의 **영향을 받기는 했지만**, 그 경험의 결과 아비가 획득한 표현형과 같은 표현형을 **물려받은** 것은 아니다.

2006년에 제니퍼 크로플리와 동료들이 한 연구는 라마르크식 영향을 증명하는 데 더 가까이 다가갔다.[19] 이 연구자들은 한 무리의 임신한 유사 아구티 A^{vy} 생쥐들에게 임신기 중기에만 메틸 보충 먹이를 주었고, 출생 후 새끼들에게는 보충하지 않은 일반 먹이를 먹였다. 예상대로 보충된 먹이를 먹은 생쥐들이 낳은 새끼들이 보충제가 없는 먹이를 먹은 생쥐들의 새끼들에 비해 유사 아구티 색 털의 비율이 더 높았다. 이제 진짜 의문점은 이거다. 암컷 새끼 생쥐들이 자라서 임신했을 때, **두 그룹 모두**에게 임신기 내내 보충제가 없는 먹이를 계속 먹인다면 어떤 일이 일어날까?

획득 형질은 절대로 유전될 수 없다고 확신하는 사람이라면 누구나 놀랄 만한 결과가 여기서 나왔다. 보충된 먹이를 먹은 할머니 생쥐의 **손주**들이 일반 먹이를 먹은 할머니 생쥐들의 손주들에 비해 할머니와 같은 갈색 아구티 털을 유지하는 비율이 훨씬 높았다(그림 19.1). 그러니까 어미의 먹이에 메틸을 보충한 일은 그 섭식에 노출되었던 태아들뿐 아니라, 노출되지 **않은 그다음 세대의** 새끼 생쥐들**에게도** 효과를 나타낸 것이다.[20] 크로플리와 동료들이 설명한 것처럼, **태아기에만** 보충제 먹이에 노출된 유사 아구티 생쥐가 성장하여 임신하면 "다른 면(유전형과 표현형)에서는 동일하지만 메틸 보충에는 노출되지 않은 암컷이 낳은 새끼와는 표현형이 다른 새끼를 낳는다. 이 조부모 효과는" A^{vy} 유전자 근처 DNA

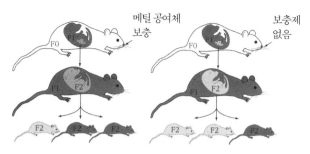

그림 19.1 생식계열의 메틸 보충 효과를 보여주는 도해. 세포분화기에 메틸 보충에 노출된 원시생식세포의 A^{vy} 유전자에 일어난 후성유전적 변형(왼쪽)은 새로운 정자나 난자세포 생산기에도, 이어서 새 배아의 생산기에도 내내 유지된다. 그러므로 유사 아구티 F1 생쥐는 유전형과 표현형 모두 동일하지만 자궁 안에서 다른 먹이에 노출되면(왼쪽 대 오른쪽) 표현형이 다른 F2 새끼 생쥐들을 낳을 수 있다.●

의 "후성유전 상태에서 직접적으로 기인한 것으로 볼 수 있다."[21]

그러므로 여기서 우리는 한 동물의 출생 전 경험이 그 표현형을 변화시키고, 이어서 경험에서 영향을 받은 그 표현형이, 조상에게 영향을 입힌 종류의 경험을 전혀 하지 않은 다음 세대에게까지 대물림되는 상황을 보고 있다. 단순하게 표현하자면, "이 결과는 임신한 어미의 섭식이 자식이나 손주가 어떤 먹이를 섭취했는지와는 무관하게 손주의 표현형에도 영향을 줄 수 있음을 시사한다."[22, 23]

이런 종류의 '할머니 효과'는 분명 흥미진진하고 중요하다. 그런데도 일부 이론가들은 이런 종류의 효과가 진정한 라마르크

●   캐서린 서터 박사에게 허락을 얻어 수록한 이 그림의 출처는 다음과 같다.
      Cropley, J. E., Suter, C. M., Beckman, K. B., & Martin, D. I. I. (2006). 영
      양보충제에 의한 생쥐 A^{vy} 대립유전자의 생식계열 후성유전적 변형(Germ-line
      epigenetic modification of the murine A^{vy} allele by nutritional supple mentation).
      Proceedings of the National Academy of Sciences of the USA, 103, 17308-17312.

식 유전을 반영한다는 생각에는 여전히 회의적이다. 그 이유는 이렇다. 할머니의 경험이 손주의 특징에 영향을 주었을 때, 그 경험이 손주에게 **직접** 영향을 미쳤을 가능성도 여전히 남아 있다. 명백한 일로 여겨지지 않더라도, **손주**를 만드는 데 사용되는 물리적 재료는 할머니가 자기 자식을 임신하고 있을 때 이미 할머니의 몸속에 들어 있다. 이 점이 중요한 이유는 임신한 포유동물이 섭취하는 음식에는 배 속 배아에게서 발달 중인 **모든** 세포(여기에는 나중에 결국 그 배아의 난자가 될 세포도 포함된다)에 영향을 줄 잠재력이 들어 있기 때문이다. 따라서 **1세대**의 섭식은 (당연히) 그 개체 자체와 (딸은 어미의 몸속에서 배아로 자라고 있으므로) 딸 그리고 (언젠가 수정되어 손녀를 만들 난자는 이미 어미의 섭식에 노출된 배아 속에 원시세포의 형태로 들어 있으므로) 손녀에게까지 영향을 미칠 잠재력을 지니고 있다. 두 신경생물학자가 이러한 요지로 다음과 같은 탄탄한 주장을 제시했다.

> 실험적으로 불안한 상태를 유도한 동물로부터 자손에게 전달된 대물림은 환경 요인이 아닌 후성유전적 요인을 암시하는 것일 수 있지만, 환경의 영향을 완전히 배제할 수는 없다. 결국 그 자손을 만들어내는 세포들은 불안한 상태 당시에도 존재하기 때문이다. 그러니까 3세대에게 전해진 대물림에서는 그 표현형이 정말로 세대 간에 생식계열에 의존해 이루어진 대물림인지, 그 처리 자체의 직접적인 영향은 아닌지 입증하는 것이 중요하다.[24]

3 대물림의 의미와 매커니즘

그래서 몇몇 연구자들이 경험의 영향이 **증**손주들에게서도 여전히 지속되는지 알아보는 연구에 착수했다. 증손주들이 증조부모의 경험에서 **직접** 영향을 받을 가능성은 없기 때문이다.

또 한 세대 더 이어진 대물림에 관한 연구들을 살펴보기 전에, 잠시 크로플리 팀의 연구가 지닌 놀라운 함의를 생각해보는 것이 좋겠다. 설령 이런 종류의 '할머니 효과'가 대물림 때문이 아니라 섭식 조작이 손주에게 미치는 직접적 영향을 반영하는 결과라고 해도, 경이로운 현상인 것은 여전하다. 이 관점에서 본다면, 무리하게 갖다 붙인 말처럼 들릴지 몰라도, 외할머니가 20세기 초에 한 경험이 21세기를 사는 나의 몸에 영향을 미쳤을 가능성도 있는 셈이니 말이다. 내가 1930년대에 존재했다는 것은 말도 안 되는 소리지만(나는 1959년 말에야 수정되었다) 나의 출발점이 된 난자는 사실 1936년에 결국 어머니로 발달할 배아 속에 원시생식세포로서 존재하고 있었다. 그러므로 임신한 상태의 외할머니가 한 경험 중 그 원시생식세포의 후성유전적 상태에 영향을 미친 경험이라면 그리고 **만약** 그 세포가 (일단 1959년에 수정된 뒤) 수정 직후 일어나는 후성유전적 리프로그래밍을 어떻게든 피했다면, 그 경험은 나의 발달에도 영향을 미쳤을 가능성이 있다. 마치 인형 속에 더 작은 인형이 끊임없이 들어 있는 마트료시카 인형처럼, 사람 속에 사람 속에 사람이 들어 있는 이런 상황은 머리를 빙빙 돌게 만들 정도지만, 다음 장에서 내가 이야기할 연구들은 이런 종류의 영향을 실제로 사람에게서도 발견할 수 있음을 분명히 알려줄 것이다.

획득 형질의 유전

어떤 동물의 한 가지 경험이 **증**손주에게까지 영향을 미칠 수 있을지 그 가능성을 탐색하기 위해 연구자들은 설치류의 먹이를 조작하고 이른바 F3 세대(F0은 바뀐 먹이를 먹은 동물, F1은 그 동물의 자식, F2는 손주, F3은 증손주를 나타낸다)에서 그 조작의 영향을 찾아보았다. 영양 경험이 대물림됨을 보여주지만, 그 섭식의 **직접적** 영향일 리는 없는 효과를 만들 수 있다는 걸 보여준 실험은 최소한 두 가지다. 한 연구는 임신한 쥐(F0)에게 저단백 먹이를 먹이면 그 증손주(F3) 쥐의 포도당 대사가 비정상적이라는 것을 밝혀냈다. 그 증손주, 증손주의 할미(F1), 어미(F2) 모두 영양이 충분한 먹이를 먹었어도 그런 결과가 나왔다.[25] 또 다른 연구에서는 수정 전 6주 동안 암컷 생쥐에게 고지방 먹이를 먹이면 그들의 F3 후손 중 일부에게서 탐지 가능한 영향이 발생한다는 것을 알아냈다.[26] 구체적으로 말하면 F2 세대 **수컷**들의 자식인 증손녀들에게서 몸이 비정상적으로 비대한 현상이 나타났다. 이에 연구자들은 그 결과가 "안정적인 생식계열 기반의 세대 간 유전 방식"의 증거라는 결론을 내렸다.[27] 이렇게 두 연구 모두에서 경험은 후손 세대에게 직접 영향을 미칠 가능성이 없을 때도 후손들에게 탐지할 수 있는 영향을 남겼다.

비슷한 결론에 도달한 또 다른 연구에서는, 생쥐들이 예측할 수 없는 방식으로, 따라서 심한 스트레스를 유발하는 방식으로 어미와 분리된 경험에서 어떤 영향을 받는지 알아보았다.[28] 우리는 앞에서도 이미 어미와 분리된 생쥐들이 스트레스에 과민반응을 보이는 성체로 자라는 현상 그리고 그 초기의 분리 경험이 시상하부 세포의 DNA 메틸화에 영향을 주는 현상을 살펴보았다.[29] 이와 마찬가지로 예측하지 못한 분리를 경험한 생쥐들은 성체가 되었을 때 '우울증 유사 행동'을 보인다.[30] 그러나 충격적인 발견은, 이런 식으로 어미와 분리된 수컷 생쥐들의 **정자**세포들에서 비정상적인 메틸화 패턴이 나타나고, 이후 이 수컷의 후손들이 **일반적인 양육을 받았음에도 불구하고** 수컷 조상과 비슷한 우울증 유사 행동을 보였다는 것이다. 이렇게 생애 초기에 심한 스트레스를 안긴 경험은 스트레스를 받은 생쥐의 정자에서 DNA 메틸화에 변화를 초래했고, 그 변화는 다음 세대의 뇌와 정자세포에서도 탐지되었다.[31] 이 연구에서 관찰된 행동은 **수컷** 생쥐로부터 전달된 것이기 때문에, 후손들(F2 세대)에게 미친 영향은 그들의 아비가 경험한 심한 스트레스가 **직접** 초래한 것일 수 없다. 마찬가지로 이 영향은 어미가 F2 세대를 돌본 방식의 영향(또는 세포질 내의 요인을 포함하여 다른 환경적 요인들의 영향)을 반영한 것일 수도 없다. 이 경우에는 처음에 수컷 조상이 후천적으로 **획득한** 행동 특징을 후손 세대가 물려받았으므로, 경험이 유도한 생식세포의 후성유전적 변화에 관한 이 발견은 오히려 라마르크식 결론을 뒷받침한다고 볼 수 있다.[32]

유전은 어떤 방식으로 일어나든 상관없이, '자연선택에 의한 진화'의 핵심 특징이라는 점에서 중요하다.[33] 따라서 만약 획득 형질이 유전될 수 있다면, 경험은 잠재적으로 진화에도 영향을 줄 수 있다(비록 20세기의 생물학자 대부분은 이 가능성을 부인했지만). 이런 상황 때문에 몇몇 연구자들은 생식자를 통한 세대 간 후성유전적 대물림이 진화에 영향을 미치는 결과를 낳을 수 있는지 조사해보기로 했다.

예를 들어 크로플리와 동료들[34]은 메틸 보충 먹이를 먹은 어미들이 낳은 수컷 유사 아구티 생쥐들을 골라 메틸 보충 먹이를 먹이며 길러보았다. 이 생쥐들이 성체가 되었을 때 검은 털의 생쥐들과 교배했고, 거기서 태어난 새끼 중 유사 아구티 수컷들을 골라 제 아비와 정확히 똑같은 경험을 하게 했다. 보충된 먹이를 먹여 키우고, 자란 다음에는 검은 털 암컷과 교배한 것이다. 크로플리 연구팀은 다섯 세대에 걸쳐 이 절차를 반복하며, 매번 유사 아구티 생쥐들에게 계속해서 보충된 먹이를 먹이고 선별적 방식으로 번식시켰다. 보충 먹이 급여나 선별적 번식 둘 중 하나만으로는 후손 세대에 태어나는 유사 아구티 생쥐의 비율을 바꿀 수 없다는 것은 이미 밝혀진 터였는데, 크로플리 팀은 보충 섭식 경험과 선별적 번식 경험을 **조합**함으로써 유사 아구티 새끼의 비율이 점점 증가하는 후손 세대를 만들어낼 수 있었다. 그러므로 이 연구는 진화에 관한 어떤 암시를 담고 있다. 이 생쥐들의 유전체에는 아무런 변화가 없었음에도, 후손 개체군에서 전형적으로 보이는 표현형은 조상 개체군에서 전형적으로 보이는 표현형과 달랐기 때문이다.

이 연구에서 5세대 자손이 태어난 뒤 연구자들은 보충제 먹이 급여를 멈췄다. 목표는 조상들에게 영향을 주었던 섭식 경험을 하지 않아도 6세대에서도 여전히 유사 아구티 유전형이 전형에서

　　　　　　　　　3　대물림의 의미와 매커니즘

벗어난 비율로 나타나는지 알아보는 것이었다. 이 연구에서 관찰한 생쥐들은 모두 수컷이라는 점을 잊지 말자. 즉, 후손 생쥐들이 결코 제 아비 생쥐가 먹은 보충제 먹이에서 **직접적으로** 영향을 받을 수는 없었다는 말이다. 놀랍게도, 보충제 먹이를 **먹지 않은** 5세대 생쥐들의 새끼 중에도 유사 아구티 생쥐들의 비율은 여전히 높았다. 그러나 계속해서 보충제를 먹이지 않자 7세대와 이후 세대들은 노란색과 유사 아구티 색의 원래 비율로 돌아갔다. 그래도 크로플리와 동료들은, 자신들의 연구 결과가 "여러 세대 동안 특정 식이 자극에 표현형 선별을 더하면 개체군 내에서 그 표현형의 발생률을 점진적으로 증가시킬 수 있음"을 의미하며 "[이 효과는] 오직 환경과 후성유전형의 상호작용에 의한 것으로, 순수하게 후성유전에 의한 형질들도 자연선택의 대상이 될 수 있음을 증명"한다고 결론지었다.[35] 그러니까 자연선택은 유전적 요인에 좌우되는 표현형뿐 아니라, **후성유전적** 요인에 좌우되는 '유전가능한' 표현형에 대해서도 그만큼 확실하게 작동하리라는 말이다. 만약 이 진술이 맞는다면, 경험으로 유도된 후성유전적 과정은 진화에 중요한 영향을 미칠 가능성이 매우 높다.

오염된 환경, 혼란에 빠진 진화

후성유전적 정보의 세대 간 대물림에 관한 연구에서 환경 독소의 영향에 관한 좀 무시무시한 데이터가 나왔다. 2005년에 미국의 생화학자 마이클 스키너가 이끄는 연구팀은 임신한 쥐들을 빈클로졸린이라는 화학물질에 노출하면 그 쥐의 고손주(F4) 세대에서 탐지 가능한 이상을 초래할 수 있다고 보고했다.[36] 불행히도 빈클로졸린은 포도 과수원에서 곰팡이를 죽이기 위해 그리고 복숭아, 양상추, 딸기 등을 감염시키는 균류를 죽이기 위해 흔히 사용한다. 스키너의 연구에서 쥐들에게 일반적인 수준보다 더 많은 양을 노출시키기는 했지만, 이 농약 성분은 우리 환경에도 분명 존재하는 물질이다.

빈클로졸린은 테스토스테론을 비롯한 남성호르몬의 정상적 기능을 방해하며, 임신 초기에 암컷 쥐에게 주입하면 수컷 새끼는 정자 수가 적고 불임률이 높은 쥐로 자란다. 그런데 딱 이 부분에 이상이 있을 뿐 나머지 다른 면들은 정상이다. 그러니까 빈클로졸린은 쥐의 발달 전반에 유독한 영향을 미치는 것이 아니라,[37] 더 정밀한 표적을 겨냥한다는 얘기다. 태아가 생식선 발달기에 빈클로졸린에 노출될 경우 생식계열에 영향을 받는데, 이 때문에 여러 세대에 걸쳐 탐지 가능한 이상이 생기는 것이다. 만약 F1 쥐가 임신 2주째에 이 물질에 노출되면, F2, F3, F4 세대의 후손들은 이 농약에 한 번도 노출되지 않더라도 비정상적인 상태가 된다.[38]

빈클로졸린에 노출된 쥐의 후손들에게서 발견된 이상 중에는 정자세포의 DNA 분절 15군데에 일어난 비정상적인 메틸화가 포함된다.[39] 스키너의 연구에서 빈클로졸린에 노출된 쥐들은 암컷이었지만, 비정상적인 현상은 그 쥐의 수컷 새끼들, 또 **그 수컷들의** 수컷 새끼들에게서 (이런 식으로 계속 이어지며) 나타났다. 그러므로

3 대물림의 의미와 매커니즘

이 수컷 계보에서 감지된 세대 간 후성유전적 영향은 경험이 생식 계열을 통해 유전될 수 있다는 또 하나의 예를 제시한다.[40]

시사하는 바가 많은 후속 연구가 있는데 이 연구에서 암컷 쥐들은, 조상들이 빈클로졸린에 한 번도 노출된 적 없는 수컷 쥐들과, 부모와 조부모는 노출되지 **않았지만** 부계의 증조모가 빈클로졸린에 노출**되었던** 수컷 쥐를 구별할 수 있었다.[41] 몇 세대 전에 일어난 노출임에도 암컷들은 노출된 쥐들의 수컷 자손에게 상대적으로 덜 끌렸고, 그 농약에 한 번도 노출되지 않은 조상들의 후손 수컷을 짝짓기 상대로 선호했다. 스키너 연구팀은 이 발견이 "환경 요인이 후성유전체에 세대를 넘어 전달되는 변화를 촉진하고, 그 변화가 성선택뿐 아니라 개체군의 생존 능력과 종의 진화에까지 영향을 미칠 수 있음을"[42] 보여주므로 "진화의 한 결정 요인으로서 후성유전의 역할을 직접적으로 보여주는 실험 증거"라고 결론지었다.[43] 예상할 수 있듯이 이 결과를 의심하는 연구자들도 있었지만[44] 이후 스키너의 연구실에서 똑같은 결과가 재현되었다.[45] 이 현상이 한결같이 일어나는 것으로 증명된다면, 이 연구는 아주 폭넓게 적용되는 함의를 지닐 것이다.

또한 환경 독소가 사람에게 미치는 세대 간 영향에 관한 보고들도 있었지만 그 데이터는 대조군 실험에서 나온 것이 아니므로, 사람의 혈통에서도 그런 영향을 탐지할 수 있다고 확실히 말하려면 추가 연구가 더 필요하다. 그렇지만 이미 그 연구 문헌에는 1970년대에 유산 위험이 있는 여성 수백만 명에게 처방했던 약물, 디에틸스틸베스트롤diethylstilbestrol, DES의 영향에 관한 불길한 이야기가 담겨 있다. 안타깝게도 DES는 유산을 방지하는 데는 도움이 되었을지 몰라도 그 약을 먹은 여성이 낳은 자녀들 다수가 특정 종류의 암 발병 위험이 높아진 것을 포함해 여러 이상에 시달리고 있다. 더욱 심각한 것은 이들의 외손녀들이 우연에 의한 예상치보다 더 높은 비율로 자궁암에 걸린 것으로 보아, 그 발병 위험 증가가 세대 간에 대물림되는 듯 보인다는 점이다.[46, 47] 이러한 세대 간 영향의 가능성을 인지했다면, 약이든 농약이든 식품첨가물이든 잠재적 위험을 지닌 합성 화학물질로부터 우리를 보호할 책임이 있는 규제기관들은 깊이 재고해야 할 것이다.

섭식이 사람에게 미치는 세대 간 영향에 관한 보고들도 존재하며, 다음 장에서는 이 주제를 다룰 것이다. 이 연구들 역시 상관관계만을 보여주지만, 조상의 경험이 우리 형질에 영향을 줄 수 있다는 개념을 뒷받침하는 데이터들은 이제 막 쌓이고 있다.

내가 다음 장에서 기술할 이야기들은 온전하게 라마르크식 효과라고 할 수는 없더라도, 다시 말해서 경험의 영향으로 생겨난 표현형이 후손에게도 **똑같은** 표현형으로 발달하게 만드는 것은 아닐지라도 후성유전의 효과임은 거의 확실하며, 한 세대의 경험이 다음 세대로 전달되는 생물학적 특징들에 영향을 줄 수 있음을 보여준다.

3 대물림의 의미와 매커니즘

20

조부모 효과

식량난은 인류 역사 내내 인간을 위협했으며, 지구가 모든 사람에게 식량을 안정적으로 공급하기에 충분한 수확을 내고 있는 지금도 완전히 뿌리 뽑히지 않았다.[1] 유럽에서 마지막으로 일어난 식량난은 1944년 네덜란드 겨울 기근이었지만, 이후로도 10년 단위씩 시기를 나눠 보면 늘 지구에서 적어도 어느 불운한 인구집단은 기근에 시달렸다. (다음 목록은 식량난의 공간적·시간적 범위를 보여주기 위해 뽑아본 것이다. 대약진운동의 여파로 일어난 중국의 기근은 1958년에 시작되었고, 현재는 나이지리아에 속해 있는 비아프라의 기근은 1967년에 시작되었으며, 폴 포트의 크메르루주 정권은 1975년에 쿠데타를 일으킨 후 캄보디아에 기근을 몰고 왔고, 에티오피아의 2년에 걸친 기근은 1983년에 시작되었으며, 북한에서는 무시무시한 대홍수 이후 1994년부터 고난의 행군 기근이 시작되었고, 2005년과 2006년에 니제르

조부모 효과   339

의 식량 위기는 2백만 명이 넘는 사람에게 영향을 미쳤으며, 메이플크로프트 식량안보위험지수는 2010년대에 들어서 현재까지 매해 아프가니스탄을 극단적 식량안보 위험에 처한 국가로 꼽았다.) 실제로 2009년 말에 국제연합의 반기문 사무총장은 해마다 전 세계에서 6백만 명의 어린이가 굶주림으로 사망한다고 발표했는데, 이는 5초마다 1명의 어린이가 사망하는 셈으로 충격적인 비율이 아닐 수 없다. 비극적인 일이지만 이런 종류의 일은 앞으로도 한동안 계속 인류를 괴롭힐 것으로 보인다.

식량난은 그 일을 직접 겪으며 굶주림에 시달린 사람들에게만 영향을 미치는 것이 아니다. 20세기 말 과학자들이 알아낸 바대로, 기근에 시달린 임신부의 태내에 있던 자녀들 역시 그로 인한 위험에 처한다. 앞에서 보았듯이 임신되고 얼마 지나지 않아 태아 상태에서 네덜란드 겨울 기근에 노출되었던 사람들은 신경과적·심리적 이상이 발생할 위험이 더욱 높았으며,[2] 비만한 성인으로 성장하는 비율도 높았고,[3] 심장병과 당뇨병 발병 위험에 처했다.[4] 출생 전 네덜란드 기근 노출은 태아의 성장을 촉진하는 여러 호르몬을 생산하는 유전자의 메틸화 감소,[5] 기타 다양한 유전자의 메틸화 증가를 포함하여 후성유전적 영향들과도 관련되는 것으로도 알려졌다.[6] 이런 결과는 그 기근이 끝난 지 거의 60년이 지난 뒤, 기근에 노출되었던 사람들에게서 채취한 혈액세포에서 발견된 것이다.[7] 태아기의 영양부족이 이런 결과를 직접적으로 초래했을 가능성이 높으므로, 이 경우에는 메틸화 패턴이 세대 간에 대물림된 것이라고 가정할 이유는 없다.

3 대물림의 의미와 매커니즘

그러나 1990년대 초, 기근이 실제로 그 일을 겪은 세대의 이후 세대들에게도 영향을 미칠 수 있음을 시사하는 보고들이 나오기 시작했다. 두 건의 연구는 네덜란드 기근 시기에 임신 중이었던 여성들의 손주들에게서 출생체중에 의미심장한 영향들이 나타났다고 보고했다.[8] 이 영향은 수정된 시기를 포함해 평생 충분한 영양을 공급받았던 손주들(F2 세대)에게 나타난 것이었으므로 분명 세대를 넘어 전달된 것으로 보였다.[9] 마찬가지로 좀 더 최근의 한 연구는 임신기에 네덜란드 기근에 노출된 여성들의 손주들이 기근에 한 번도 노출되지 않은 여성들의 손주들에 비해 키가 유의미하게 더 작고 몸이 더 말랐다는 것을 알아냈다.[10]

이런 종류의 발견은 영양부족이 여러 세대에 영향을 미친다는 것을 시사하지만, 이 해석에 타당한 근거가 있는지 여부는 아직 분명하지 않다. 이러한 영향이 모계에서 나타나는 경우, 결국 F2 세대가 될 원시생식세포는 당시 외할머니의 몸속에서 발달 중이던 배아 속에 실제로 존재하고 있었으므로, F2 세대는 외할머니가 임신기에 한 경험에서 직접 영향을 받을 수 있음을 기억하자. 따라서 F2 세대에서 나타나는 영향은 세대 간 대물림을 반영할 수도 있지만 그렇지 않을 수도 있다. 네덜란드 겨울 기근기에 임신 중이던 여성들의 **증**손주들을 대상으로 한 연구가 마무리된다면, 그 연구 결과로 우리가 알게 될 내용은 매우 흥미로울 것이다. 현재는 기근이 F2 세대에 미친 영향에 관한 여러 연구를 포괄적으로 검토한 논문의 결론을 찾아볼 수 있다. 관련한 모든 데이터를 종합해서 고려할 때, 이 연구들에서 나온 결과로는 아직 "확실한 결론

을 내릴 수 없다"라는 것이다.[11]

　　이런 연구들이 기근의 세대 간 영향을 더욱 확실하게 보여
준다고 해도, 후성유전적 표지가 역할을 하기는 하는지, 만약 역할
을 한다면 그것이 도대체 무엇인지는 아직 분명하지 않다. 현재 사
람에게서 일어나는 후성유전적 표지의 세대 간 대물림에 관한 데
이터는 전혀 없다. 그렇지만 비교적 최근의 연구(모두《유럽 인류유
전학 저널European Journal of Human Genetics, EJHG》에 실린 연구들이다)
에서 섭식 경험의 세대 간 영향이 몇 가지 발견되었으며, 이 영향
들은 15년 전만 해도 생각도 할 수 없었던 것들이었다. 그중 명백
하게 DNA 메틸화나 히스톤 변형을 검토한 연구는 없지만, 거기서
관찰된 영향들은 후성유전 메커니즘에 의한 것일 가능성이 가장
크다고 많은 이들이 추측하고 있다.[12] **어떻게** 영향을 미치는지는
접어두고라도, 그 영향은 한 사람의 **경험**이 생식계열을 통해 전달
된 물질에 의해 손주 세대의 형질에 영향을 미칠 수도 있음을 보여
주는, 지금까지 나온 가장 강력한 증거에 해당한다.

스웨덴에서 나온 놀라운 이야기

　　《유럽 인류유전학 저널》에 실린 데이터는 모두 스웨덴에서
수집된 것인데, 그 이유가 무엇인지는 잠시 후 알게 될 것이다. 미
국인은 대부분 스웨덴을 거의 모르며, 스웨덴에서 주민 수가 100만
명에 가까운 유일한 도시인 스톡홀름을 제외한 나머지 지역들은

전혀 모른다(스웨덴에서 둘째로 큰 도시는 인구가 그 절반 정도다). 그나마 스티그 라르손의 베스트셀러 소설《밀레니엄》의 영화판 덕분에 스웨덴 지역의 겨울 풍광을 본 사람이 많아졌다. 그러나 이 영화는 스웨덴 남부 지방에서 촬영된 것이다. 영화에 담긴 그 장소들도 춥고 고립되어 보이지만, 그보다 수백 마일 떨어진 실제 북쪽의 삶은 담기지 않았다.《유럽 인류유전학 저널》에 실린 한 연구에 참여한 과학자인 라르스 올로브 뷔그렌은, 스웨덴 최북단에 위치한 외베르칼릭스라는 외딴 마을에서 자랐다. 뷔그렌은 외베르칼릭스를 이렇게 묘사한다. "무척 아름답고 (…) 추운, 작은 숲 지역입니다. 우리 집은 (…) 북극권에서 안쪽으로 16킬로미터나 들어간 곳에 있었죠."[13] 그에 비하면 앵커리지와 알래스카조차 열대처럼 느껴질 만한 위도다! 외베르칼릭스는 상대적으로 접근하기 어려운 지역이었지만, 1799년부터 공동체 구성원 수와 연간 곡물 수확량을 빈틈없이 기록해두었다. 이런 훌륭한 기록은 왕이 세금을 징수하는 데 중요한 역할을 했다.[14] 또한 이런 풍부한 데이터 덕분에 뷔그렌은 군나르 카티와 마커스 펨브리 등의 연구자들과 함께, 특정 세대가 얻을 수 있었던 식량의 양이 그 후손들의 형질과 어떤 관계가 있는지를 알아보는 혁신적인 역학 연구도 할 수 있었다.

어떤 불행한 한 가지 정황 때문에 이 데이터의 가치가 더욱 높아졌는데, 그것은 바로 19세기의 상당 기간 동안 외베르칼릭스의 곡물 수확량 편차가 극도로 컸다는 점이다. 카티와 동료들은 "1800년과 1812년, 1821년, 1829년을 [그리고 1831~36년, 1851년, 1856년도] 철저한 흉년으로 분류했다."[15] 이와는 대조를 이루며 상황이 좋았던 해에는 대풍작을 거두기도 했다. 외베르칼릭스에서는 "1799년, 1801년, 1813~15년, 1822년, 1825~26년, 1828년, 1841년, 1844년, 1846년, 1853년"과 다른 몇몇 해에 "추수 후 식량이 남아돌았다."[16] 이 데이터는 각 해당 연도에 외베르칼릭스의 개개인이 실제로 소비한 식량에 관해서는 말해주지 않지만, 작황이 좋은 해에는 흉년에 비해 식량이 2~3배는 많았을 것이므로 그곳 사람들이 어떤 시기에는 영양이 부족했고 또 어떤 시기에는 매우 잘 먹었다고 판단해도 무리는 없을 것이다.[17] 우리는 19세기에 외베르칼릭스에 살던 사람들이 흉년에 추가적인 식량을 수입할 수 없었다는 것을 알고 있다. 그곳은 길고 추운 겨울 동안 나머지 세상과 사실상 단절되어 있었기 때문이다. 카티와 뷔그렌 연구팀이 지적했듯이 "철도도 도로도 없었고, 겨울에는 발트해가 얼었기 때문에 뱃길 수송도 불가능했다."[18] 하지만 몇몇 해에 식량 공급이 감소했는데도 연도별 사망률에는 특별히 큰 차이가 없었다. 그러니까 흉년이 든 해에도 전반적으로 그곳 사람들이 굶어 죽을 정도는 아니었고, 대신 허기진 상태로 겨울을 버텨내려 노력했던 것 같다.

카티와 동료들은 한 세대의 식량 가용성이 이후 세대들의 형질에 미치는 영향을 알아보기 위해 1890년과 1905년, 1920년에 태어난 239명의 데이터를 검토했다. 구체적으로 말하면 그 사람들이 심혈관 질환이나 당뇨병으로 사망할 위험이 그들의 부모 또는 조부모에게 공급된 식량의 양과 관계가 있는지 알아보고자 했다.[19] 연구자들이 특별히 관심을 갖고 들여다본 것은 조상들의 발달 시기 중 특정 시점의 영양 환경이었다. 그 시점은 보통 청소년

3 대물림의 의미와 매커니즘

기의 급성장기에 돌입하기 직전 찾아오는 이른바 느린 성장기였다. 연구팀은 이 시기를 남아는 9~12세, 여아는 8~10세로 정의했다.[20] 이때는 매우 빨리 이뤄지던 어린이의 신체 성장이 상당히 느려지는 시기이기도 하지만, 남아의 경우 성숙한 정자가 될 세포들에서 중요한 발달이 일어나는 시기이기도 하다.

이 연구에서 나온 첫 결과는 꽤 놀라운 깨달음을 안겨주었다.[21] 특정 남성의 느린 성장기에 식량이 충분하지 않았다면 미래 그의 아들은 심혈관 질환 합병증으로 사망할 가능성이 더 낮다는 것을 시사하는 결과였다. 이와 유사하게 미래 그의 **손주**들은 당뇨병 합병증으로 사망할 가능성이 더 낮았다. 이와는 충격적일 만큼 대조를 이루는 결과는, 식량이 남아도는 시기에 느린 성장기를 보낸 남성의 **손주**들에게서는 당뇨병 관련 원인으로 사망할 위험이 **네 배**나 증가했다는 점이다. 대조 표준을 개선한 후속 연구에서도 이 결과가 재확인되면서, 아버지들이 느린 성장기에 식량 과잉을 경험한 일이 아들들의 사망 위험 증가와도 관련이 있는 것으로 드러났다.[22] 그러니까 남아가 느린 성장기에 흉년을 겪으면, 그의 미래 후손은 늘 풍요로운 시기를 살았더라도 더 건강하리라는 말이다.

중요한 점은 이런 영향이 아버지와 할아버지를 통해 전달되었으며, 따라서 그들이 과식이나 굶주림을 겪던 당시 손자들은 배아로든 심지어 원시생식세포로든 전혀 존재하지 않았다는 점이다. 그러므로 이 영향은 생식계열을 통해 대물림된 것이다. 또한 연구팀은 "맹렬한 [자연]선택의 증거도 전혀 찾지 못했기"[23] 때문에, 손자들 사이에 나타나는 차이가 유전자(즉 DNA 염기서열 정보)의 차이를 반영할 가능성은 별로 없다. 따라서 이 분야의 과학자들은 이 대물림의 메커니즘에 후성유전이 관여할 가능성이 매우 크다는 점에 의견을 같이한다.[24] 펨브리는 외베르칼릭스의 데이터에 관한 이러한 해석을 명백히 지지하면서, 남아들의 느린 성장기는 "[성숙한 정자를 만들어낼 세포들의] 생존 가능한 세포 공급원(정모세포)이 최초로 나타나는 일 및 메틸화 각인의 리프로그래밍이 개시되는 일과 관련이 있으며, 이는 영양을 감지하는 메커니즘이 작동하기에 알맞은 역동적 상태"라고 썼다.[25]

조상의 경험은 어디까지 영향을 미치는가

카티와 동료들은 다른 인구집단에서 식품 소비 이외의 다른 경험적 사건을 검토하는 후속 연구를 진행했다.[26] 구체적으로 말해서 이 연구팀은 현대 영국의 가족에 관한 연구인 에이번 부모-자녀 종단 연구Avon Longitudinal Study of Parents and Children에서 나온 데이터를 사용하여, 살면서 일찌감치 담배를 피우기 시작한 아버지의 결정이 자녀에게 미치는 영향을 검토했다. 이 연구 역시 부계를 통한 세대 간 영향을 포착했다. 한 남자가 담배를 피우기 시작한 나이는 미래 아들의 체질량지수BMI(대략적인 체지방 비율 수치)와 양의 상관관계가 있었다.

이 영향은 특정 성별의 자녀에게만 한정되었기 때문에[27] 펨

3 대물림의 의미와 매커니즘

브리와 동료들은 다시 외베르칼릭스 데이터로 돌아와 식량 가용성의 영향이 성별 의존적 방식으로 손주들에게 전달됐는지 여부를 조사했다.[28] 예상대로 이 데이터를 통계적으로 재분석하자 에이번 데이터에서 본 것과 같은 종류의 성별 특이성이 확인되었다. 특히 외베르칼릭스에서는 친**할아버지**가 느린 성장기에 굶주림을 경험했을 때 **손자**들은 유의미하게 사망 위험이 감소했으며, 그 결과 수명이 많게는 30년까지 증가했다.[29] 이와 대조적으로 친**할머니**가 느린 성장기에 굶주림을 경험했을 때는 **손녀**들의 사망 위험이 유의미하게 감소했다. 부정적 측면을 보자면, 조부모가 식량이 풍요롭게 공급되는 시기에 느린 성장기를 보냈다면, 이는 그 손주들에게 참담한 결과를 초래했다. 이 경험을 한 사람이 할아버지라면 손자의 사망 위험이 높아졌고, 할머니일 경우 손녀는 어떤 나이에든 대조군 여성에 비해 사망할 위험이 **두 배**였다.

　　이 결과에서 짚고 넘어가야 할 세 가지 중요한 점이 있다. 첫째, 이 영향은 일부 여성과 관련이 있기는 하지만, 모두 부계를 통해, 즉 아버지를 통해 가장 젊은 세대로 전달되었다는 점이다. 예를 들어 할머니의 경험이 손녀에게 영향을 미쳤다면, 그것은 할머니의 **아들들**을 통한 것이었다. 바꿔 말하면 이 영향은 언제나 **친**조부모와 관련이 되며, 외조부모가 겪은 식량 가용성은 손주들의 사망률에 유의미한 영향을 미치지 않았다. 둘째, 한 남자의 아버지가 한 경험은 그의 (딸은 아니고) 아들의 운명과 관련이 있으며, **그 남자**의 어머니가 한 경험은 그의 (아들은 아니고) 딸의 운명과 관련이 있었다. 여기서 관찰된 영향들은 같은 아버지를 통해 세대를 건너 전달된 것이므로[30] 이 결과를 사회적 변수나 경제적 변수로 설명할 수는 없다.[31] 마지막으로 조부모가 **사춘기**에 겪은 식량 가용성은 손주들의 운명과 아무런 관련도 없었다. 할아버지들의 경우 그들의 삶에서 (식량 가용성이 후손에게 미치는 영향의 관점에서) 유일하게 중요한 시기는 느린 성장기뿐이다. 이와 대조적으로 할머니들의 경우에는 느린 성장기도 중요했지만, 할머니가 수정된 시점에서 3살이 되는 시점 사이의 기간이 **더** 중요했다. 이때가 여성의 난자가 형성되는 시기라는 점을 고려하면 납득되는 이야기다.[32] 앞 장에서 섭식이 설치류에 미치는 영향을 보여준 연구들을 생각해보면 이 시기에 노출되는 영양이 중요하다는 건 충분히 예상할 수 있다.

펨브리와 동료들은 이 데이터에 근거해 "사람에게는 성별 특이적이며 부계를 통한 세대 간 반응 시스템이 존재한다"라고 결론지었다.[33] 이 결론에 대한 그들의 확신을 뒷받침해준 것은, 에이번과 외베르칼릭스의 조부모 연구에서 "노출 민감성의 시기와 성별 특이성의 관점에서" 정확히 동일한 데이터 패턴을 발견했다는 사실이다. 이는 "조상의 환경에 관한 정보가 부계를 따라 전달되는 일반적 메커니즘이 존재하리라는 가설을 뒷받침하는" 결과였다.[34] 뷔그렌은 2012년 한 인터뷰에서 그 메커니즘에 관한 추측을 들려달라는 요청을 받았을 때[35] 아직은 그 모든 과정이 어떻게 이루어지는지에 확실한 답은 얻지 못했다고 인정하면서도, 과식이나 굶주림, 흡연 노출 같은 경험이 아마도 DNA 메틸화나 히스톤 변형 또는 RNA의 활동과 관련된 사건들을 통해 어떤 식으로든 후성유

전적 '표지가 더해진' 유전체를 만들어내고, 그것이 다음 세대들로
전달될 것이라고 말했다.

빈랑 열매와 대사증후군

아버지의 경험이 아직 수정되지도 않은 자녀의 특징에 영
향을 줄 수 있다는 생각을 뒷받침하는 또 한 편의 연구가 있다. 동
남아시아와 남아시아의 사람들은 후추과에 속하는 어느 식물의
잎과 특정 종류의 야자나무(빈랑나무Areca catechu) 씨앗을 조합해 만
든 정신작용제를 씹는 습관이 있다. 그 후추과 식물은 베틀덩굴이
라 불리고 씨앗은 아레카넛(빈랑 열매)이라 불리기 때문에 그 정신
작용제는 베틀넛이라고도 하고 베틀퀴드(베틀 씹는 담배) 또는 빤
같은 여러 이름으로 불린다. 행복감을 유도하는 자극제인 베틀넛
은 발암물질인 동시에 중독성이 있다. 세계보건기구는 베틀넛을
"담배, 알코올, 카페인 함유 음료 소비"에 뒤를 잇는 세계에서 "흔
한 습관 4위"를 차지한다고 밝혔으며, 2001년 당시 세계인구의 약
10퍼센트에 해당하는 6억 명이 베틀넛을 사용하는 것으로 추산됐
다.[36] 베틀넛을 씹는 사람의 입술과 잇몸, 치아에는 선명한 붉은색
물이 들기 때문에, 다소 순진했던 스물일곱 살의 내가 뉴델리 거리
에서 처음으로 베틀넛 중독자를 보았을 때는 그 모습이 꽤 충격적
이었다. 하지만 치아에 물을 들이는 빈랑 열매의 특징은 과학적 관
점에서는 유용한 것이었다. 베트남의 한 고고학 유적지에서 빈랑

에 물든 치아가 있는 두개골이 발견되었는데, 이를 근거로 과학자들은 사람들이 청동기에 해당하는 기원전 수백 년 전부터 베틀넛을 씹었다고 추론했다.[37]

　　2006년에 대만 남성들을 대상으로 진행한 어느 연구[38]는 아버지가 베틀넛을 씹은 것이 그 자녀에게 이른바 대사증후군이 일찍 발병하는 일과 관련 있을 가능성을 검토했다. 대사증후군은 비만, 인슐린 저항성, 당뇨병 및 심혈관계 질환 위험 증가 등과 관련된 의학적 상태다.[39] 자녀 본인이 베틀넛을 씹는 경우를 걸러낸 후, 베틀넛을 씹는 사람들의 자녀는 그러지 않는 사람들의 자녀에 비해 생애 이른 시기에 대사증후군이 생길 가능성이 두 배 이상 높았다. 이에 더해, 자녀가 태어나기 전에 아버지가 씹은 베틀넛의 양이 많을수록 자녀의 위험도는 더욱 높아졌다. 연구 논문의 저자들은 "이른 [대사증후군]의 위험은 부친의 베틀퀴드 노출의 양 및 지속 기간과 유의미한 용량-반응 관계가 있었다"고 밝혔다.[40] 마지막으로, 대사증후군이 **없었던 부모들**의 자녀 중, 그들이 수정되기 전에 아버지가 베틀넛을 씹었던 경우 자녀들 본인은 베틀넛을 한 번도 씹지 않았더라도 비교적 이른 시기에 대사증후군이 생기는 비율이 약 2.5배 높았다.[41]

　　이는 부계에서 보이는 효과이므로, 그 자녀가 베틀넛 노출에서 직접 영향을 받았을 수는 없다. 또한 이 현상은 수컷 생쥐를 베틀넛에 노출했을 때 나타나는 세대 간 영향에서도 똑같이 보이므로,[42] 늘 한결같이 일어나는 것일 가능성이 크다. 하지만 아직 무엇이 그런 결과를 초래하는지는 분명하지 않다. 이 논문의 저자들은 베틀넛에 노출되는 것이 DNA 자체를 손상시킬 수도 있겠지만, 그 결과는 "후성유전 현상으로도 설명할 수도 있다"라고 말했다.[43] 분명한 점은 담배, 베틀넛, 과잉 식량 자원에 노출되는 일처럼 예비 아버지가 한 몇 가지 경험은 후손에게 세대 간 영향을 미칠 수 있다는 것이다.

그 유전은 특별하지 않다

지금은 생식계열 세포들을 통해 DNA뿐 아니라, 표현형과 연관된 후성유전적 표지들도 일부 전달될 수 있다는 것이 분명해졌다.[44] 그러니 생식계열이라는 세대 간 전달 통로를 DNA 염기서열 정보만 독점적으로 사용할 수 있는 것은 아니다. 하지만 일단 모든 생식계열 물질들이 다음 세대로 전달된 후에도 이 물질들은 비유전적 요인들과 상호작용하며 새로운 유기체의 행동 표현형과 생물학적 표현형을 발달시켜야 한다. 생식계열 물질들과 기타 발달 자원들 모두 표현형 발달에서 결정적인 역할을 하므로, '생식계열을 통한 유전'이 다른 종류의 유전보다 더 특별한 것은 아니다.

경험의 영향이 일부라도 생식계열을 통해 전달될 수 있다는 사실이 흥미롭고 중요하며 놀랍게 여겨질 수는 있겠지만, 그것이 다른 방식으로도 전달된다는 점을 잊지 말아야 한다. 생물학자들은 생식계열을 통한 대물림에 특히 관심을 기울이지만, 다른 방식의 대물림 역시 그만큼 중요한 결과를 불러올 수 있다. 예를 들어 자녀를 학대하는 양육 행동은 원숭이[45]와 사람[46] 모두에게서 세대를 넘어 전달되는데, 이는 특정한 경험의 전달을 통한 것이지 생식계열에 담긴 특정한 정보의 전달을 통한 것이 아니다. 그래도 분명 이는 과학적 관심을 기울여야 마땅한 현상이다. 일단 우리의 모든 행동적 형질과 생물학적 형질은 **발달** 과정을 거친다는 점 그리고 생식계열로 전달한 물질들이 단독으로 우리의 형질을 결정할 수는 없다는 점을 이해하고 나면, 일부 이론가들이 특별한 위치를 부여하는 생식계열이 사실 그만한 위상을 인정받을 만한 것은 아니라는 생각이 들 것이다.

한 개인의 경험은 생식계열에 영향을 주든 그렇지 않든 간에 그의 후손들에게 전반적으로 영향을 미칠 수 있음을 기억해야 한다. 앞 장에서 보았듯이 나는 나의 외할머니가 1936년에 한 경험에서 직접적으로 영향을 받았을 수도 있다. 그리고 나에게 그 영향은 내가 친할아버지로부터 생식계열을 통해 물려받았을 수도 있는 후성유전적 정보의 영향과 똑같은 정도로 중요하다. 그 영향들을 만들어내는 **메커니즘**이 무엇이든 간에, 우리의 형질 중 일부는 조상들의 경험을 고려할 때 더 잘 이해할 수 있다는 사실은 그대로 남는다.

예를 들어 아버지가 베틀넛을 사용한 것이 아직 수정되지도 않은 미래의 자녀 형질에 영향을 줄 수 있다는 것은 흥미로운 일일까? 물론 그렇다. 그리고 그 영향에 후성유전적 표지의 세대 간 전달이 관여하는지 여부를 아는 것도 흥미로울 (그리고 도움이 될) 것이다. 하지만 아버지의 행위가 자녀와 이후 후손들의 특징

3 대물림의 의미와 매커니즘

에 영향을 줄 잠재력을 지니고 있다는 건 이미 알고 있던 일이니, 어떤 면에서는 이런 발견들이 그리 혁명적으로 보이지 않을 것이다. 만약 버락 오바마의 **아버지**가 1959년에 고향 케냐를 떠나 하와이대학교에 갈 수 있게 해준 장학금 혜택을 누리지 못했다면 오바마 전 대통령은 여러 중요한 면에서 그를 정의하는 특징이 된 다문화적 관점을 갖지 못했을지도 모른다. 이와 유사하게 오바마 대통령의 딸들, 그러니까 그 케냐 유학생의 손주들도 명문 시카고 래버러토리 스쿨°에 다니며 교사가 학생의 정신에 미치는 영향을 통해 자신들의 뇌 구조와 기능이 변화되는 경험을 했을 가능성도 적다. 우리의 심리적 특징과 생물학적 특징은 우리가 성장하는 맥락에서 깊은 영향을 받기 때문에, 조부모들에게 일어났던 일이 오랜 세월에 걸쳐 반향을 일으키며 그 후손들에게 영향을 미친다는 것은 명백해 보인다. 이렇게 한 세대의 경험이 이후 세대의 경험에 영향을 미친다는 데는 별로 특별난 점이 없다. 우리가 지금까지 이야기한 분자 수준의 발견들이 흥미진진하고 중요하기는 하지만, 근본적으로 우리가 하는 일과 우리에게 일어나는 일이 우리 후손에게 영향을 미친다는 단순한 사실에는 변함이 없다.

진화에 관해 생각할 때조차 어느 표현형의 발달이 생식계열을 통해 전달된 정보에 의한 것인지 아닌지는 중요하지 않을 것이다. 예를 들어, 일본의 원숭이들이 조상들에게서 고구마 씻는 행

° 시카고대학교 캠퍼스 내에 자리 잡은 사립학교로 유치원 과정부터 고등학교 과정까지 아우르며, 학생의 절반 정도는 시카고대학교 교직원과 직원 들의 자녀로 구성되어 있다.

동을 어떻게 물려받았는지 이해하려 할 때 생식계열을 고려해야 할 이유는 별로 없다. 하지만 사회적 학습을 통해 전달되는 이런 행동도 진화적으로 중요한 의미를 띨 수 있다.[47] 고구마를 씻는 원숭이들은 바다에 더 익숙하며, 먹이로 해양 생물을 더 많이 (더 다양하게) 먹고,[48] 수영 같은 해양 활동을 하게 될 가능성이 크며, 이런 행동을 한다면 그중 한 하위집단이 이전에는 서식한 적 없던 섬을 새로운 서식지로 삼고 원래 무리와는 떨어져 새로운 삶을 시작하게 될 수도 있다. 이렇게 되면 일종의 번식적 격리 현상이 발생할 것이며, 그 현상은 진화상의 결과를 초래한다고 알려져 있다.[49] 부모와 조부모에게 배우는 새로운 행동들도 유전자 변이 못지않게 진화적 변화를 추동할 잠재력을 지니고 있으므로, 매우 중요한 의미에서, 세대 간 표현형의 전달을 일으키는 **메커니즘**이 무엇인지 반드시 알아야만 진화를 이해할 수 있는 것은 아니다. 돌아보면 우리는 이를 예상했어야 한다. 다윈은 DNA뿐 아니라 그것이 유전의 메커니즘에서 담당하는 역할에 관해 아무것도 몰랐지만, 진화에 관한 올바른 이야기를 알아냈으니 말이다.

　　반면 형질에 **영향을 미치는 일**에 관심이 있는 사람에게는 형질이 어떻게 발달하는지가 매우 중요하다. 부모의 목숨을 앗아간 비만을 미리 피하도록 어느 건강한 청년을 돕거나 학대적 양육의 세대 간 대물림을 멈추고 싶다면, 조상의 행동이 **어떻게** 후손들에게 다시 나타나는지 이해할 필요가 있다. 파괴적인 생물학적 또는 심리적 상태에 시달리는 사람을 도울 방법을 찾기 위해 과학자들은 그러한 상태를 초래하는 **메커니즘**에 계속 초점을 맞추어야 한

　　　　　　　　　　　　　　　　3　대물림의 의미와 메커니즘

다. 이 정도로 상세한 수준에서 이해해야만 도움이 되는 방식으로 발달에 개입할 수 있을 것이다. 아마 여러분도 분명히 느끼겠지만, 나는 우리가 후성유전학(유전학과 심리학 그리고 그사이 모든 단계의 분석들 역시 말할 것도 없이)을 더 깊이 연구하도록 응원해야 한다고 생각한다. 과학자들은 이러한 분자 수준의 정보에 관한 지식을 기반으로 어떻게 하면 발달에 유익한 조작을 쉽게 할 수 있을지에 집중해야 한다. 한편 우리는 생식계열을 통해 전달되는 분자적 정보 한 가지(그것이 DNA 염기서열 정보든 조상의 경험 때문에 변화한 후성유전적 정보이든)가 우리의 신체나 마음에 관한 무언가를 단독으로 **결정할** 수 있다는 생각에는 회의적인 태도를 유지해야 한다.

경험이 후성유전적 상태에 영향을 줄 수 있고, 후성유전적 상태는 표현형에 영향을 줄 수 있으며, 표현형은 실질적으로 세대를 넘어 전달될 수 있다는 이 모든 지식을 갖추었으니, 이제 몇 가지 중요한 질문을 던져야 할 차례다. 이 모든 것은 우리에게 어떤 의미가 있을까? 행동 후성유전학이라는 이 새로운 과학에서 어떤 배움을 얻어갈 수 있을까? 이 새로운 정보는 우리가 살아가는 방식에 어떤 영향을 줄까? 이 책을 마무리하는 다음 세 장에서는 이를 비롯한 몇 가지 질문에 답해보고자 한다.

4

숨은 의미 찾기

21

경계해야 할 것들

이 책을 쓰고 있을 때 제자에게서 이메일을 받았다. 메일에는 어느 웹사이트로 연결되는 링크가 들어 있었는데, 곧 출간될 어떤 책을 광고하기 위해 만든 블로그였다. 제자는 내가 25년 동안 유아를 연구하며 보냈으니 그 블로그에 관심이 있을 거라 생각했을 것이다. 섭식, 스트레스, 독소가 발달 중인 아기에게 미치는 후성유전적 영향에 관해 이야기하는 페이지였기 때문이다. 링크는 후성유전과 자폐에 관한 블로그 포스트로 나를 안내했다. 나는 무언가 가치 있는 사실을 배우게 되리라는 희망을 품고 그 글을 열심히 읽었다.

글의 시작은 좋았다. 자폐는 아직 제대로 이해되지 못한 장애이며, 진단받는 사례가 증가하고 있고, 신경계를 넘어선 부분에도 영향을 미치는 증후군으로 보는 게 가장 적절하다고 적혀 있었다. 글쓴이는 자폐 진단을 받은 어린이 중 상당수에게 위장 관련

합병증도 있다는 매우 흥미로운 발견에 관해 이야기한 다음, 식이 요인이 유전자 발현에 영향을 줄 수 있다는 사실도 정확히 지적했다. 그러나 이어서 그는 자녀에게 특정한 방식으로 음식을 먹이면 '자폐 유전자'를 끔으로써 자폐 위험을 낮출 수 있다고 말했는데, 이 말은 좋게 표현해도 입증되지 않은 주장이다.

멀리 앞을 내다본다면, 후성유전학을 이해함으로써 의사들이 의료를 행하는 방식과 정치인들이 산업을 규제하는 방식 그리고 우리가 살아가는 방식이 바뀔 날이 올 수도 있다. 사실상 모든 사람이 이 새로운 지식에 담긴 의미를 실감하게 될 날도 올 것이다. 그러나 후성유전학 정보를 실생활에 적용하려면 아직 한참 멀었다. 많은 사람이 예견하는 미래와 현재의 현실 사이의 격차가 이렇게 문제를 일으키기도 한다. 자폐를 다룬 저 블로거 같은 후성유전학 열성 팬들이 무분별할 정도로 대담한 추측을 성급하게 내놓고 있기 때문이다.

후성유전학 연구가 결국에는 혁명적인 통찰을 내놓겠지만, 아직은 새롭고 구체적이며 신뢰할 수 있는 제안을 많이(혹자는 '전혀'라고 말하겠지만) 내놓지는 못했다. 콕 짚어 말해서, 자폐와 연관된 유전자를 표적으로 하는 어떤 식이 조절 방법도 발견되지 않았다. 사실 자폐의 유전학은 아직 극도로 불분명하며,[1] 자폐장애의 발생에 크게 기여한다고 밝혀진 유전자는 극히 적고[2] '자폐 유전자'가 존재한다는 개념 자체도 큰 논쟁거리로 남아 있다.[3]

그리고 어떤 병이든 후성유전적 방법으로 치료하려면 특정 세포 유형을 표적으로 삼아야 하기 때문에(모든 세포 유형은 각자 다른 후성유전적 상태를 갖고 있으므로), 섭식이 후성유전을 통해 어떻게 자폐에 영향을 주는지를 알고 있다고 암시하는 것은 터무니없는 말이다. 현재 나와 있는 증거는 섭식이 유전자의 기능에 중요한 영향을 미친다는 것을 강력히 보여주지만, 자폐 같은 신경적 이상으로부터 아기들을 보호해줄 식이요법을 처방할 수 있는 단계까지는 아직 한참 멀었다. 아쉽게도 현재로서는 후성유전학 연구 결과를 어떻게 활용해야 행복하고 건강한 아기를 기르는 데 도움이 될지 그 방법을 아는 사람은 아무도 없다.

안타깝게도 저 블로그는 미심쩍은 추측을 퍼트리는 예외적인 예가 결코 아니다. 비슷한 추측이 이미 다양한 디지털 미디어와 지면에 많이 등장했다. 그러니 행동 후성유전학이 품고 있는 의미에 대한 고려는 잠시 미뤄두고, 여기서는 큰 의심을 품고 보아야 할 후성유전학의 몇 가지 주장들을 살펴보는 것이 유익할 것 같다.

결정론의 위험

많은 저술가가 행동 후성유전학이 어떻게 유전자 결정론의 핵심을 공격했는지에 관한 글을 썼고, 실제로 후성유전적 상태가 경험에서 영향을 받을 수 있다는 발견은 유전자 결정론을 정면으로 반박한다. 대중적 언론에 실린 몇몇 기사는 이 점에 초점을 맞추었는데,《타임》에 실린 "당신의 DNA가 당신의 운명이 아닌 이유"[4] 또는 독일의 인기 시사지《슈피겔》에 실린 "유전자에 대한 승리"⁵ 같은 제목이 그 증거다. 20세기가 끝나가던 무렵에는 유전자가 결정론적으로 작동하지 않는다는 것이 이미 분명해졌고⁶ 경험이 유전자를 침묵화하거나 활성화할 수 있다는 사실이 알려지면서 이제는 모두가 같은 결론에 도달했다.

그러나 아마 의도한 것은 아니겠지만 후성유전학을 받아들이는 방식에는 **다른** 형태의 결정론들을 부추기는 마뜩잖은 방식도 존재한다. 예를 들어, 행동 후성유전학과 관련해 강한 설득력을 발휘한 발견 가운데 몇 가지가 생애 초기 경험의 장기적 영향에 관한 연구에서 나왔다는 점 때문에, 아기가 초기에 한 경험이 반드시 그들의 특징에 영속적인 영향을 미친다고 암시하는 저술가도 있다. 그러나 아기들을 특정한 방식으로 대하는 것이 미래의 고통을 예방하는 '접종'이라는 주장은 대체로 경계해야 한다. 영양이 풍부한 섭식과 질 좋은 환경은 당연히 중요하지만, 사람의 발달은 결정론적으로 이뤄지는 과정이 아니다. 따라서 성숙한 상태에서 우리가 지니는 특징들을 유전이 결정하는 게 아니듯 후성유전이 결정하는 것도 아니다. 예컨대 후성유전적 표지, 영양 요인, DNA 염기서열 정보, 특정한 경험을 포함해 우리의 표현형에 원인을 제공하는 모든 발달 자원은 그중 어느 하나만으로 발달 결과가 결정되는 것 같은 착각을 일으킬 수 있다. 이렇듯 **후성**유전적 결정론, 다시 말해 한 유기체의 **후성**유전적 상태가 반드시 어느 특정 표현형을 초래한다는 생각은 여전히 또 하나의 결정론이며, 유전자 결정론보다 아주 조금 덜하기는 하지만 위험한 생각이기는 마찬가지다. 두 관점 다 중요한 발달 과정들이 전개되기도 전인 삶의 초기에 어

4 숨은 의미 찾기

떤 식으로든 우리의 운명이 완전히 결정된다는 잘못된 가정을 하고 있으며, 똑같이 근거가 없다.

특히 언론은 환경적 요인이 유전자의 스위치를 켰다 껐다 할 수 있고 그럼으로써 특정 질병 상태나 작은 키 같은 표현형을 독자적으로 **초래할** 수 있다고 암시함으로써 후성유전적 결정론으로 슬그머니 빠져드는 경향을 보인다. 이런 식의 글은 수십 년 동안 생물학에 들러붙어 있던 "한 표현형을 **담당하는** 유전자"라는 식의 착각, 즉 특정 표현형을 **지시하는** 유전자가 존재한다는 잘못된 가정과 똑같은 착각을 영속화할 가능성이 있다. 이런 글들의 유일한 차이는 '유전자' 대신 후성유전의 성격이 가미된 '유전자 스위치'라는 단어를 쓴다는 점뿐이다. 하지만 키 같은 특정 표현형이나 질병은 유전자나 유전자 스위치 같은 단 하나의 요인으로 초래되는 것이 아니라, 매우 복잡한 시스템을 구성하는 많은 요소 간 상호작용을 통해 단계적으로 발생한다.[7] 그러므로 후성유전적 이상이 질병을, 또는 더 일반적으로는 표현형을 단독으로 초래한다고 생각해서는 안 된다. 표현형의 발달은 후성유전적 표지가 (물론 다른 발달 관련 요인들과 함께) 속해 있는 맥락에 달린 일이기 때문이다.

10장에서 나는 후성유전적 결정론이 유전자 결정론을 대체하는 일에 염려를 살짝 표현했다. 거기서 나는 마이클 미니 연구팀이 **굳이 그렇게 표현할 필요가 없는데도** '후성유전 프로그래밍'[8]이라는 용어를 사용함으로써, 초기에 겪은 어미의 방임이 새끼를 겁 많은 성체 쥐로 자라도록 만드는 것처럼 암시한다고 지적한 바 있다. 실제로 이후의 몇몇 연구가 초기 경험의 영향이 뒤집힐 수 있음을 밝혀냈고,[9] 따라서 표현형이 고정적으로 미리 결정되는 게 아 님은 여전한 사실이다. 오히려 한 동물이 어느 시점에 특정 표현형 을 지녔더라도 살아가며 하는 경험에 따라 이후에 다른 표현형을 갖게 될 수도 있다.

이는 양날의 검이다. 한편에서 보면 그것은 아동기에 한 참 담한 경험이 오늘날 PTSD에 시달리는 한 원인이더라도, 미래에는 그 증상이 사라질 수도 있다는 뜻이다. 이런 증상들을 치료하는 방 법들은 분명 존재하며, 계속 다듬어지는 중이다.[10] 또한 지능, 느긋 함, 건강 등은 출생 후 여러 해에 걸쳐 **발달하는** 특징이므로, 출생 이전이나 출생기를 전후하여 자녀가 **반드시** 똑똑하고 행복하고 건 강한 사람이 되게 할 후성유전적 조작 프로그램은 존재하지 않는 다. 임신기와 유아기 내내 엄마가 섭식과 스트레스를 꼼꼼하게 모 니터링했지만 이후 아이가 치토스와 빅맥, 초코케이크로 가득한 더 넓은 세상으로 나간 후로 주의를 기울이지 않는다면, 임신기에 는 크게 신경을 쓰지 않았더라도 아동기에 건강한 식생활과 절제 를 주의 깊게 가르친 경우에 비해 자녀가 십 대가 되었을 때 비만 해질 가능성이 더 클 수도 있다. 우리는 엄마의 행동이 태어난 아 기가 이후 건강하고 똑똑한 아이로 자라게 할 '예방 접종'이 되기 를 너무나도 바라지만, 일은 그런 식으로 돌아가지 않는다. 아이를 행복하고 건강한 사람으로 키워내려면 수년에 걸쳐 노력을 쏟아 부어야 한다.

어떤 종류든 생물학적 결정론은 옳지 않다. 이는 일단 아이 를 올바른 궤도에 올려놓기만 하면 이후로는 아이의 발달에 별로 주의를 기울이지 않아도 안전하다는 잘못된 믿음으로 우리를 속이기 때문만은 아니다. 그로 인한 또 다른 위험은, 예컨대 어떤 아이는 '절대 어떤 수준까지는 도달할 수 없을 것'이라거나 '어떤 불리한 운명을 피할 수 없을 것'이라는 잘못된 믿음에서 오는 파괴적 결과다. 아이가 앞으로 어떤 일은 절대 하지 못할 거라고 말하는 것은, 그 아이가 결국 어떤 일을 할지에 아주 큰 영향을 미친다! 생물학적 결정론은 어른에게도 부정적인 결과를 초래할 수 있다. 출산하는 순간부터 갓난아기와 '유대'를 형성하는 게 절대적 원칙이라고, 그래야만 아기가 '애착 문제'가 없는 사람으로 자랄 수 있다고 믿는 여성은 만약 출산 후 입원하게 되어 아기와 시간을 함께할 수 없게 되면 걱정으로 몹시 심란해할 가능성이 크다. 다행스러운 점은, 갓난 **생쥐**에게 어미 분리가 스트레스 심한 일일 수 있다는 증거는 있지만,[11] 갓 태어난 **아기**가 제일 처음 한 경험이 엄마와의 관계에 영원한 영향을 미친다는 증거는 없다.[12] 하지만 아기와 안정적인 애착 관계를 형성할 기회를 영원히 놓쳐버렸다고 믿는 여성은 그러한 자신의 오해에서 해를 입을 수 있다.

태아기의 특정 경험이 매우 장기적인 영향을 미칠 수 **있음**은 분명하지만, 그렇다고 해도 여전히 결정론은 사람의 발달에 관한 사고의 틀로 부적절하다. 예를 들어 오늘날 임신 중의 음주가 태아에게 나쁘다는 걸 모르는 사람은 아무도 없지만, 과학자들이 이 연관 관계를 입증하기 전 수백 년 동안에도 무수히 많은 태아가 어느 정도 알코올에 노출되고도 건강한 성인으로 성장했다. 그렇다고 임신한 여성이 자유롭게 술을 마셔도 된다는 말은 물론 아니지만, 발달의 결과란 때로 생각만큼 쉽게 예측되는 것이 아니라는 뜻이기는 하다. 그러니까 인간에게 결정론적 세계관을 적용하는 것은 언제나 부적절하다. DNA 분절뿐 아니라 후성유전적 표지도 운명으로 간주해서는 안 된다. 그리고 후성유전적 표지처럼, 초기 경험도 운명이라고 보면 안 된다. 예컨대 어떤 아이가 한 가지 트라우마를 겪은 후 어떻게 발달할지는 그 트라우마 경험 자체보다 훨씬 더 많은 것에 달려 있다.

양날의 검

이 책의 첫 장에는 "후성유전은 (…) 암을 유발하는 데도 결정적 힘을 행사한다"라는 인용문이 있다.[13] 인간의 발달은 결정론적 과정이 아니라는 사실이 그렇듯이, 후성유전적 요인이 일부 질병 발생에서 중요한 역할을 한다는 발견 역시 양날의 검이다. 한편으로, 어떤 사람은 그 발견에서 건강이 실제보다 더 통제 가능하다는 인상을 받을 수 있다. 실제로 어떤 자기계발서들은, 병리적 상태에 시달리는 사람이 의식적으로 인지나 태도에 변화를 줌으로써 후성유전적 과정을 작동시켜 스스로 건강을 회복할 수 있다고 노골적으로 말하기도 한다. 우리의 생각과 태도가 몸이 기능하는 방식에 영향을 주는 건 맞지만, 현존하는 후성유전학 데이터를 사람들이 의도적으로 후성유전에 영향을 주어 암이나 기타 질병을 치료할 수 있다는 뜻으로 보는 것은 분명 과도한 해석일 것이다.

그런 생각에 위험이 잠재해 있다고 보는 데는 최소한 두 가지 이유가 있다. 우리의 생각이 몸의 스트레스 반응에 영향을 줄 **수 있기**는 하지만, 나는 세포 속 후성유전 활동을 **의식적으로** 통제할 수 있다는 증거는 본 적 없다. 어떤 이유로든 **효과를 내는** 치료법을 찾으려 노력하는 열린 마음의 의료 접근법을 나는 강력히 지지한다. 또한 어떤 방법을 썼든 사람들이 암을 이겨냈을 때 크나큰 기쁨을 느낀다. 그러나 시각화나 기타 명상 기법이 후성유전의 메커니즘을 작동시켜 암을 치료**할 것이라는** 주장은 오해를 불러일으킨다. 그런 주장들은 아직 입증은 고사하고 연구된 적도 없으며, 나아가 건강이 나빠진 사람은 어떤 식으로든 그런 결과를 초래한 공범이라고 ("만약 당신이 아프다면 그건 분명 자신을 제대로 돌보지 않았기 때문이거나 생활방식을 올바른 방식으로 바꿔 자신의 병을 치료하지 않았기 때문이다"라는 식으로) 암시한다. 세상을 향해 긍정적 메시지를 전하려는 그 자기계발서 저자들의 뜻은 알겠지만, 몇몇 책들이 은연중에 깔고 있는 메시지는 생활방식의 변화로 병이 치료되지 않을 경우 실제로 독자에게 분노를 일으킬 수 있다. 물론 생활방식을 바꿔서 치료할 수 있는 병도 있지만, 그리 쉽게 해결되지 않는 병들도 있다. 또 경험이 유전자 발현을 변화시킨다는 사실이 밝혀졌다고 해서 즉각적으로 그런 병들을 치료하는 도구가 생겨나는 것도 아니다.

후성유전과 긍정적 사고의 힘으로 스스로 치유할 수 있다는 말이 우려스러운 이유는 또 있다. 그런 주장들은 점성술이나 환생 요법rebirthing therapy, 수정이나 치유적 손길의 치유력 등과 같은 사이비과학과 연관 지음으로써 후성유전학에 오명을 끼칠 수 있다. 이는 우리 모두에게 우려스러운 일이다. 새롭게 등장하고 있는 후성유전학을 제대로 이해하는 일은 너무나도 중요해서, 많은 이들이 터무니없는 가짜 만병통치약을 팔기 위한 유행어로 '후성유전학'이라는 단어를 갖다 쓴다면 사람들이 제대로 된 과학 연구 분야를 경시하게 될 위험이 있다. 아직 과학자들은 후성유전적 요인들이 대부분의 병리적 상태들과 어떻게 연관되는지 아주 조금밖에 알아내지 못했고, 현재로서는 그 사실을 인정하는 것이 모두에게 최선일 것이다. 물론 건강한 생활방식을 권장하는 것은 전적으로 타당한 일이다. 영양가 있는 식품 섭취와 운동, 금연, 그 밖의 긍정적 행동은 우리의 마음과 몸에 긍정적인 영향을 줄 수 있으니 말이다. 하지만 예컨대 섭식이 유전자의 후성유전적 상태에 영향을 줄 수 있음을 알고 있다고 해도, 아직은 어느 세포의 어느 유전자가 어떤 음식에서 (그리고 왜) 영향을 받는지는 아주 조금밖에 모르기 때문에, 특정한 섭식(또는 다른 생활방식 요인)이 병리에 미치는 효과를 아직 이해하지도 못하면서 단정적인 주장을 하는 것은 해서는 안 될 일이다.

새로운 문 앞에서

2012년 9월,《뉴 리퍼블릭》의 과학 에디터 주디스 슐레비츠는《뉴욕 타임스》'오피니언' 지면에 발표한 글에서 이렇게 말했다. "지난 십여 년 사이, 후성유전학 연구는 인기가 너무 높아져 하나의 일시적 광풍이 되었다."[14] 그로부터 2년이 지난 뒤에도 후성유전학을 향한 호기심이 높아지고만 있다는 데는 의심의 여지가 없다. 그림 21.1은 해마다 어떤 단어가 책에 얼마나 자주 등장했는지를 보여주는 구글 북스 '엔그램 뷰어'로 '후성유전학'이라는 단어를 넣어 생성한 그래프다. 명백히 후성유전학의 '트렌드'는 상승 중이다. 앞으로 점점 더 많은 사람이 일상 대화에서 이 단어를 사용하리라는 가능성을 고려하면, 이 새로운 과학을 어떻게 이해하는 것이 최선인지 생각해보는 것이 중요한 일일 것 같다.

  행동 후성유전학 연구는 가까운 미래에 흥미진진한 응용 사례들을 만들어갈 것이며, 다음 장에서 나는 이런 낙관론을 뒷받침하는 최근의 발견을 소개할 것이다. 하지만 후성유전학은 아직 새로운 과학이며, 우리가 확신을 갖고 말할 수 있는 것은 아주 적다. 이 책의 마지막 장에서는 행동 후성유전학에서 이끌어낼 수 있는 근거가 탄탄한 결론들 몇 가지를 논할 것이다. 그러나 지금 중

그림 21.1 구글 북스 엔그램 뷰어로 생성한 그래프. 이 그래프는 1945년부터 2008년까지 매년 '후성유전학'이라는 단어가 책에 얼마나 자주 등장했는지 표시한다.

요한 건 후성유전학의 **한계**를 명확히 하는 것이다. 앞에서 보았듯이 후성유전적 요인들은 미래의 발달 경로나 결과를 단독으로 결정할 수 없으므로, 후성유전은 우리가 아기들에게 불변하는 건강이나 지능 같은 기질을 주입할 수 있는 메커니즘이 아니다. 또 하나 언급해야 할 한계는 일부 저술가들이 내놓은 추측[15]이나 최근 세대 간 기억의 대물림에 관한 흥미로운 과학적 보고서[16]의 존재에도 불구하고, 후성유전이 조상들의 심리적 기억이 전달되는 경로일 가능성은 적다는 것이다. 우리의 인지-행동적 기억 시스템(즉 일반적 기억)이 후성유전적 **세포** 기억을 활용했을 수는 있지만,[17] 후성유전적 표지가 진짜 인지적 기억을 세대를 넘어 물려줄 수 있다고 믿을 근거는 별로 없다. 후성유전적 표지는 우리 조상들이 지낸 역사의 어떤 **측면들**을 반영하지만(예를 들어 후성유전적 표지에는 조상들이 생애의 특정 시기에 **어느 정도 양의** 음식을 먹었는지가 기록되어 있을 수 있다), 우리의 유전체에 조상들이 한 경험의 구체적인 기억이 담겨 있다는 것은 믿기 어렵다(예컨대 후성유전적 표지가 우리 조상들이 생애의 특정 시기에 **무엇을** 먹었는지, 혹은 주관적으로 어떤 경험을 했는지를 기록한다는 증거는 없다). 기억과 발달에 관한 뇌과학적 지식을 고려하면, 사람이 '과거의 삶'을 경험할 수 없다는 것은 꽤 확신할 수 있다. 그러므로 후성유전적 표지가 조상들의 기억에 접근하게 해줄지도 모른다는 생각은 상당히 믿기 어려운 일로 보인다.

후성유전학 시대가 동트고 있는 지금은 마치 우리가 수년간 살았던 성안에서 새로운 문 하나를 막 열고 있는 것 같다. 그 문

뒤의 공간엔 빛이라곤 없지만, 성안에 줄곧 있었음에도 전혀 몰랐던 그 공간은 엄청나게 거대한 것 같고, 적어도 우리가 수십 년간 살았던 공간만큼은 커 보인다. 지금 우리는 손에 든 횃불로 그 공간의 일부를 비추고 있다. 거기엔 탐험해야 할 새로운 영토가 많을 테지만, 마치 낙원이라도 발견한 듯 무턱대고 어둠 속으로 뛰어드는 것은 큰 실수일 것이다.

경험이 유전자의 활동에 영향을 줄 수 있다는 발견은, 우리가 단순히 소망의 힘으로 불행을 쫓아버릴 수 있음을 의미하지는 않는다. 마찬가지로 미지의 것이 불가사의하다는 이유로 문간에서 몸을 웅크린 채 두려워 둘러보지도 않는 것 역시 실수일 것이다. 지금까지 발견한 것으로 무엇을 할지 알려면, 그리고 성안의 더 많은 문을 열려면 신중하게 더 많이 연구해야 한다는 것, 그것이 지금 우리의 현실이다.

22

근거 있는 희망

지난여름 아내와 함께 알래스카주 주노에 갔을 때, 캔자스에서 살다 주노로 얼마 전 이주했다는 한 남자를 만났다. 주노에 정착하기전에 알래스카주를 여행하지 않았느냐고 물었더니 남자는 그랬다고 확인해주면서, 주노에서 살기로 마음을 정한 이유는 너무나 '고립된' 곳이어서라고 했다. 그곳이 마음에 드느냐고 묻자, 그는 어둡고 긴 몇 달의 겨울을 보내는 일이 얼마나 힘든지, 알래스카의 자살률이 얼마나 높은지 등의 이야기를 꺼내놓기 시작했다. 그러다 문득 그는 '어떤 약보다 효과가 좋은' 방법을 발견했다면서, 겨울이면 환하고 흰 조명 앞에 앉아 있곤 하는데 그러면 기분이 훨씬나아진다는 것이었다. 그건 내가 이미 알고 있던 계절성 정동장애치료법이었다.

그날 저녁 식사를 하면서 나는 아내에게 그 두 가지 사안,

그러니까 빛이 우리의 일부 뉴런 속 DNA의 기능에 미치는 영향과, 사회적 접촉의 감소가 백혈구의 유전자 발현에 미치는 영향이 지금 쓰고 있는 책에 담길 내용에 포함된다고 말했다. 후성유전학 연구에 관한 책을 쓰고 있는 사람의 눈에는 도처에서 이 연구의 잠재적 함의들이 보인다. 과학자들이 후성유전학에 관해 알아낸 새로운 지식이 가져올 효과를 모두가 느끼기까지는 아직 꽤 시간이 흘러야겠지만, 이 새로운 이해가 여러 영역에서 판도를 바꿔놓으리라는 생각은 충분히 합리적인 가정이다. 의사들이 의술을 행하는 방식, 정신건강 전문가들이 정신병리적 문제가 있는 사람을 치료하는 방식, 공중보건 전문가가 건전한 생활방식을 권하는 방식, 환경보호국이 환경 독소의 영향을 평가하는 방식,[1] 이 모두가 막 떠오르고 있는 후성유전의 과학에 힘입어 변화할 것이다.

　　이 과학이 일으킬 반향은 더욱 머나먼 영역에서도 감지될 것이다. 예를 들어 후성유전 연구는 법정이 시효를 해석하는 방식을 바꿀 수 있다. 조상이 환경 독소에 노출되었을 때 처음 획득한 후성유전적 변화를 자손이 물려받을 가능성이 있으니 말이다. 또한 윤리학자들과 입법가들이 가임기 여성과 고용주 사이의 상충하는 이해를 평가하는 방식도 바꿀 수 있는데, 이는 직장에서 노출될 수 있는 특정 물질이 후성유전에 파괴적 영향을 미칠까 봐 직원의 미래 자녀들을 보호한다는 명목으로 고용주들이 가임기 여성의 고용을 꺼릴 수도 있기 때문이다. 보험사가 특정 후성유전 프로필을 지닌 사람과 보험 계약을 맺는 일의 위험성을 평가하는 방식도 바꿀 수 있다. 그리고 미국 식품의약국이 약품, 영양보충제, 식품(예를 들어 어쩌면 복제 동물에게서 얻은)의 영향을 검사하고 위험을 평가하는 방식도 바꿀 수 있다.[2] 우리의 후성유전체는 유전체만큼이나 인간 본성에서 핵심적인 위치를 차지하므로, 후성유전학 연구가 광범위한 결과를 낳으리라고 예상할 수 있다.

여러분도 그중 많은 결과를 이미 앞의 여러 장에서 명확히 확인했을 것이다. 배아줄기세포를 성숙한 세포로 만드는 분화를 후성유전 과정이 담당하고 있으므로, 후성유전학을 잘 이해하는 것은 연구자들이 세포를 '역분화'하고 그럼으로써 퇴행성 질환이 있는 사람을 위한 대체 조직을 배양하는 데도 도움이 될 수 있다. 기억은 후성유전 과정을 활용하므로, 후성유전적 치료는 치매나 경미한 기억 손상에 시달리는 사람의 증상 완화에 도움을 줄 수 있다. 또한 일찍이 방임이나 학대, 빈곤에 노출되는 일에도 후성유전적 결과가 따르므로 (그리고 설치류에서 나쁜 양육의 후성유전적 영향이 결국 사람에게도 효과를 낼 수 있는 약물 치료로 완화되었으므로) 이런 연구는 많은 사람의 삶을 개선할 수 있는 잠재력도 지니고 있다. 후성유전학 연구 결과는 또한 섭식이 당뇨병과 심장병, 고혈압, 비만, 뇌졸중에 원인을 제공하는 방식도 밝혀줄 가능성이 있으므로, 이 질병들의 발병도 줄일 수 있을 것이다. 그리고 일부 후성유전적 표지들이 대물림되는 현상에 관한 연구는, 늦은 감은 있지만 신다윈주의적 진화 과정 이해에도 꼭 필요한 변화를 불러올 수 있을 것이다. 후성유전학 연구가 불러오는 이런 결과들 하나하나가 너무나도 중요하다. 그 영향들을 모두 더한다면 그야말로 기념비적일 것이다.

4 숨은 의미 찾기

후성유전학의 병리학적 역할

후성유전학의 여러 함의가 모두에게 적용되는 이유는 우리 모두가 기억을 만들며, 하루주기리듬에 영향받으며 살고, 스트레스를 처리하고, 어려서부터 이러저러한 성격의 양육에 노출되기 때문이다. 이는 인간 모두에게 보편적인 경험이기 때문에 이 책에서는 후성유전학이 이 영역들에 미치는 영향을 중점적으로 다루었고, 비정상적 병증의 발생에 관해서는 대부분 덮어두고 지나쳤다. 그러나 후성유전적 요인으로 인한 암이나 정신질환, 기타 질병이 모든 사람에게 영향을 주는 일은 아니라 해도, 여러 장애를 초래하는 원인을 알아내는 일은 무척 중요하다. 그동안 과학자들이 병리적 상태를 일으키는 후성유전에 관한 탐구에 수많은 시간과 연구비를 투자했으니, 후성유전학 연구의 중요한 함의는 바로 이 영역들에서 찾아볼 수 있다.

최근 후성유전학자들은 마치 폭설처럼 수많은 연구 데이터를 쏟아내고 있으며, 이 책에서 내가 다룬 것은 그 결과로 만들어진 눈더미 꼭대기의 한 귀퉁이 정도에 지나지 않는다. 내가 이렇게 초점을 좁게 잡은 이유 중 하나는, 나의 관심이 후성유전적 요인이 행동이나 기타 심리적 과정에 미치는 영향을 다루는 분야인 **행동 후성유전학**[3]에 집중되어 있기 때문이다. 우리가 낯선 상황에서 두려움을 느끼는 이유, 비행기를 타고 집에서 수천 마일 떨어진 곳에 가면 저녁 8시에 잠이 드는 이유, 또는 위험하다고 학습했던 상황에 처했을 때 특정 반응을 보이는 이유를 후성유전학을 들어 설명한다면, 그것은 우리의 후성유전 상태가 행동에 어떻게 영향을 미치는지를 설명하는 셈이다. 하지만 그 반대, 그러니까 우리의 행동이 후성유전적 상태에 영향을 미치는 방식도 그만큼 흥미롭다. 만약 행동이 촉발시킨 우리의 경험이 후성유전을 변화시킨다면, 이 주제 역시 행동 후성유전학으로 검토할 가치가 있을 것이다.[4] 그리고 많은 의학적 질병이 생활방식에서 영향을 받으므로(예컨대 폐암은 흡연과 관련이 있고 심장병은 특정 섭식과 관련이 있다) 이런 연관 관계에서 후성유전이 맡는 역할을 알아보는 것도 가치 있는 일일 수 있다.

현재 우리는 행동이 정확히 어떻게 후성유전적 상태에 영향을 미쳐 병을 초래하는지에 관해서는 비교적 아는 게 적다. 하지만 우리의 후성유전적 상태가 특정 종류의 질병과 관련이 있고 그 특정 질병이 경험과 관련이 있으며, 경험은 또다시 우리의 후성유전적 상태와 관련이 있다는 것은 분명하다(그림 22.1). 그러니 그 퍼즐의 조각들은 이미 전부 나와 있다. 이제는 그저 퍼즐을 맞추는 방법만 알아내면 된다.

내가 지금까지는 거의 언급하지 않았지만, 오늘날 후성유

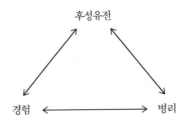

그림 22.1 경험과 후성유전, 병리는 서로 영향을 주고받는다.

4　숨은 의미 찾기

전학의 가장 두드러지는 연구 대상은 아마 암일 것이다.[5] 이는 현재 과학자들이 암세포의 DNA가 일반적으로 정상 세포의 DNA에 비해 메틸화가 덜 되어 있다는 사실을 알고 있기 때문이다. 10여 년 전, 생쥐를 이용한 여러 연구에서 비정상적으로 낮은 DNA 메틸화 정도가 종양을 일으키는 일과 관련된다는 것이 밝혀졌고,[6] 앤드루 파인버그에 따르면 이후 후속 연구들은 "줄기세포의 후성유전 상태 이상이" 암의 원인을 설명하는 "통합적 공통 주제"이며, 유전체의 메틸화 변화는 "암 초기에 모든 암에서 일어난다"는 것을 보여준다.[7] 암이 DNA **저**메틸화와 관련이 있다는 말은 직관과 반대되는 것처럼 들릴지 모른다. 우리는 쥐들의 핥기와 털 고르기 행동이 GR 유전자의 저메틸화를 유도한다는 것, 또 이 후성유전적 상태가 **더 건강하고** 겁이 없는 쥐와 관련된다는 것을 알고 있으니 말이다. 하지만 앞에서도 말했듯이 메틸화 자체는 좋은 것도 나쁜 것도 아니다. 중요한 것은 **어느** DNA 분절이 메틸화되는가이다. 암과 관련해 말하자면, 우리 세포 속에는 과다 발현될 경우 통제할 수 없는 세포 증식을 초래하는 유전자가 들어 있다. 이런 유전자들이 탈메틸화되는 것은 악성종양 발생의 원인이 될 수 있다.

전반적으로 저메틸화는 종양 형성을 유도하지만, 놀랍게도 **특정** 유전자들의 **과**메틸화도 암과 연관된다.[8] 얼핏 느껴지는 것과 달리 이는 이치에 닿지 않는 일은 아니다. 정상적인 세포에는 세포 증식에 기여하는 유전자뿐 아니라, 보통은 암을 저지하는 단백질 생산을 돕는 이른바 종양억제유전자도 들어 있기 때문이다. 종양 억제유전자를 억제하는 것은, 위험한 과정의 속도를 더 높이게 되는 것이니 자동차의 브레이크를 고장 내는 일과 비슷하다. 그러니까 종양**억제유전자**가 **과**메틸화되고 따라서 발현되지 않는다면, 종양발생 확률이 더 높아진다. 암 발생 초기에 후성유전적 변화가 중요한 역할을 하기 때문에,[9] 실제로 저술가 중 적어도 한 사람은 발암 요인을 "후성유전적 조절을 변화시키는 무엇"이라고 **정의**했다.[10]

암의 후성유전적 성격에 관한 이 새로운 통찰로부터 이미 효과적인 치료법 몇 가지가 나와 있으며, 잠시 뒤에 그 이야기를 할 것이다. 하지만 우리는 아직 이 모든 작용이 어떻게 이루어지는지를 상당 부분 모르므로,[11] 후성유전학 연구가 우리의 암 치료와 예방 방식을 어떻게 바꿔놓을지는 앞으로 두고 봐야 할 일이다. 그렇더라도 이런 노력이 결국에는 구체적인 방법들을 내놓으리라는 것은 거의 확실하다. 적어도 암 사례의 90퍼센트는 생활방식이나 환경 요인과 연관되므로,[12] 우리가 행동하는 방식이 그 무서운 병에 걸릴 위험을 낮춰줄 수 있을 것이기 때문이다.

노화도 어쩌면 하나의 질병

DNA 메틸화의 변화가 암 환자들에게서만 발견되는 것은 아니다. 나이가 듦에 따라 우리 유전체의 메틸화 정도도 변화하며, 어떤 사람은 겨우 10~15년 사이에도 DNA 메틸화 정도에 충격적일 만큼 광범위한 변화가 생긴다.[13] 이 발견은 여러 흔한 질병들이 나이가 들었을 때 처음 발병하는 이유를 설명해줄 뿐 아니라,[14] 노화 자체를 후성유전적 현상으로 이해하는 데도 도움이 될 것이다. 노화는 모든 사람이 겪는 일이므로 전통적으로 사람들은 노화를 정상적 과정이라 생각했지만, 일부 과학자들은 노화란 어쩌면 하나의 질병일지도 모르며,[15] 그것도 잠재적으로 치료가 가능한 병일지도 모른다고[16] 추정하고 있다. 후성유전적 변화와 인간 노화의 관계에 관한, 현재까지 나온 데이터는 전적으로 상관관계만을 보여준다. 후성유전적 변화가 노화의 **원인**이라는 결정적 증거는 아직 얻지 못했다는 뜻이다.[17] 그렇기는 해도 후성유전적 과정을 상세히 이해하게 되면, '노화는 피할 수 없다'는 한때의 확고했던 믿음도 수정될 가능성이 분명 존재한다.

　　현재 우리는 후성유전과 노화의 연관관계에 관해서는 아는 것이 아주 적다. 예컨대 노화가 후성유전을 초래하는지 혹은 그 반대인지도 알지 못한다. 하지만 새롭고 흥미진진한 데이터들은 그 상황을 주도하는 것이 후성유전적 변화일 수 있음을 암시한다.[18] 이 데이터로 밝혀진 후성유전적 효과들은 **텔로미어**라는 DNA 분절이 자리한 염색체의 끄트머리에서 일어난다. 염색체에서 텔로미어는 신발 끈 끝부분을 감싸 올이 풀어지는 걸 막아주는 플라스틱 '싸개' 같은 역할을 한다.[19] 이 '싸개'들이 노화와 관련이 있는 까닭은 하나의 세포가 분열할 때마다 세포 속 염색체의 텔로미어들이 조금씩 짧아지기 때문이다. 한 세포 안의 텔로미어들의 짧아진 길이가 임계치에 도달하면 그 세포는 더 이상 분열할 수 없고, 이 시점이 되면 세포는 노화하고 비활성화되거나 사멸한다. 세포들은 대부분 분열할 수 있는 횟수가 정해져 있고, 그 후로는 텔로미어가 너무 짧아져 더 이상 복제할 수 없게 된다는 사실이 신체의 수명에 한계를 짓는다.[20] 이 발견으로 일부 과학자들은, 텔로미어를 계속 젊은 세포에서처럼 기능하게 할 방법만 찾을 수 있다면, 이전에는 생각도 못 해본 정도로 수명을 연장할 수도 있으리라 믿고 있다.[21]

텔로미어는 구조상 메틸화될 수 없지만[22] 텔로미어가 감고 있는 히스톤은 아세틸기를 더하거나 떼어냄으로써 변형될 수 있다.[23] 이렇게 텔로미어의 기능은 후성유전적 사건에서 영향을 받는다. 과학자들은 포유류의 세포에 존재하며 히스톤에서 아세틸기를 제거할 수 있는 시르투인6(sirtuin-6, SIRT6)라는 단백질을 발견했는데, 아세틸기 제거는 텔로미어의 기능에 중요한 영향을 줄 수 있는 것으로 보인다.

다른 분자에서 아세틸기를 제거할 수 있는 단백질이 시르투인6만은 아니다. 이런 일을 할 수 있는 단백질들은 상당히 많으며 이 부류를 탈아세틸화효소라고 총칭한다. 그러나 대부분의 탈아세틸화효소는 히스톤**뿐 아니라** 다른 분자들에서도 다소 무차별적으로 아세틸기를 제거한다.[24] 시르투인6의 특별한 재주는 텔로미어와 관련된 히스톤들만 콕 집어 탈아세틸화한다는 것이다. 그뿐 아니라 시르투인6는 텔로미어가 정상적으로 기능하게 해주는 방식으로 히스톤을 탈아세틸화한다. 우리가 이를 아는 이유는 실험적으로 시르투인6을 고갈시킨 인간 세포에서 텔로미어 손상이 일어났기 때문이다.[25] 그러니 시르투인6는 그 후성유전적 작용을 통해 수명을 조절하는 일에 관여하고 있는지도 모른다.

4 숨은 의미 찾기

실험 연구들은 유전자 조작으로 시르투인6이 결핍되었으나 나머지는 정상인 생쥐들에게서 일찍 노화의 징후가 나타난다는 것을 밝혀냈는데,[26] 이 발견은 시르투인6이 젊음을 부여하는 속성을 지니고 있다는 의미일 수 있다. 그리고 최근에 그야말로 세상을 놀라게 한 연구가 있었다. 이스라엘의 한 연구팀이 유전자를 조작하여 시르투인6을 **과발현시킨** 생쥐를 만들었더니 아니나 다를까, 이렇게 유전자가 조작된 수컷 생쥐는 일반 생쥐에 비해 유의미하게 수명이 더 길어졌다. 연구자들은 "[시르투인6]에 의한 포유류 수명 조절은 (…) 노화 관련 질환 치료에 중요한 의미를 지닌다"라고 결론지었다.[27, 28] 분명 이는 **대단히** 흥미로운 연구다. 그리고 시르투인6의 활동은 **사람에게** 때 이른 노화를 일으키는 증후군과도 관련이 있다고 밝혀졌으므로,[29] 이 연구는 생쥐에게 적용하는 것과 같은 방식으로 사람에게도 적용할 수 있을 것이다. 여러 세기에 걸친 수명이란 SF의 소재처럼 들릴지 모르지만, 이 분야의 연구에 따르면 미래에는 그렇게 환상적인 수명 연장의 돌파구가 나올 수도 있다고 한다. 항노화의 잠재력은 후성유전학 연구가 혁명적 변화를 몰고 올 과학임을 가장 확연히 보여주는 예다.

후성유전 연구는 노화로 인한 일반적인 병약함에 관한 생각뿐 아니라, 2형 당뇨병과 심혈관 질환(뇌졸중이나 관상동맥질환) 같은 특정 질병에 관한 전통적인 생각도 바꿨다. 이 병들의 원인과 메커니즘에 관한 연구로 발달 초기(어쩌면 태아기나 유아기 초기)에 한 경험이 건강에 장기적 영향을 줄 수 있음이 또다시 확인되었다. 계속 이 분야의 연구를 이어가다 보면, 그런 병들의 발병을 일찌감치 예측하게 해주는 후성유전적 표지들도 밝혀질 것이다.[30] 그런 병들은 발달 초기 단계에 선별 검사와 개입이 이루어져야 하므로, 그러한 표지가 발견된다면 대단히 중요한 돌파구가 될 것이다.[31] 물론 이런 종류의 병들을 예방할 방법을 이해하게 되려면 아직 멀었지만, 피터 글럭먼과 동료들이 썼듯이 "만약 출생 시 또는 출생 얼마 후에 살펴볼 수 있는 후성유전적 생체표지자biomaker들이 발달의 경로와 이후의 발병 위험을 나타내는 믿을 만한 지표로 밝혀진다면, 그 생체표지자들을 활용하여 임신 이전과 임신 중에 건강을 뒷받침할 최적의 전략들을 알아낼 수 있을 것이다."[32]

중독, 알츠하이머병, PTSD

암, 노화, 심혈관 질환, 대사질환 등에 관한 발견도 흥미롭고 중요하기는 하지만, 인간 정신에 매료된 사람이라면 비정상적 행동, 사고, 감정과 관련된 후성유전학 데이터에도 깊은 흥미를 느낄 것이다. 요즘은 정신건강 전문가들 사이에서 후성유전학에 관한 들뜬 기대가 거의 피부로 느껴질 정도인데,[33] 충분히 이해가 가는 일이다. 후성유전적 상태는 심리적 상태와 연관된 것으로 여겨지며, 후성유전학 연구가 언젠가는 특정한 정신병리를 초래하는 원인과 치료법을 알아내는 데 도움을 줄 거라는 희망을 품을 근거도 존재한다. 이런 사안에 대한 광범위한 관심의 증거는《신경정신약리학Neuropsychopharmacology》저널 2013년 첫 호에서 볼 수 있다.[34] 이 호에는 기억 손상, PTSD, 코카인 사용, 우울증, 조현병, 뇌졸중, 뇌전증에 관한 논문들을 포함하여 후성유전적 정신의학 메커니즘을 다룬 15편의 특집 논문이 포함되어 있었다. 더 최근의 논문들은 식욕이상항진(폭식증),[35] 아동기의 만성적 신체적 공격성[36] 등 다양한 행동 이상과 후성유전 프로파일 사이의 상관관계도 보고했다.

정신병리학자들이 후성유전학에 열광하는 이유는 후성유전적 변화와 심리적 변화를 연결하는 상황 증거가 점점 많이 쌓이고 있기 때문이다.[37] (또한 병리를 설명하는 데는 '유전' 요인이나 '환경' 요인만이 아닌 더 많은 참조 기준이 필요하다는 후성유전학의 '새로운' 통찰도 열렬한 환영을 받았다. 그러나 후주 38번에서는 이 생각을 더 들여다보고, 그것이 사실은 왜 새로운 통찰이 아닌지 이야기한다.)[38] 하지만 정신병리에서 후성유전이 하는 역할에 관해 저술된 내용의 상당 부분이 아직은 추정 단계라는 점은 지적하고 넘어가야 할 사항이다. 후성유전적 요인이 정신의학적 장애를 **초래한다**는 직접적인 증거는, 만약 그런 증거가 존재한다고 해도 아직은 희박하다.[39] 그렇지만 이미 **나와 있는** 증거들만도 분명 많은 것을 시사하며, 우리가 이미 살펴본 것을 포함하여 그런 증거는 아주 많다. 예를 들어, 앞에서 우리는 자살 성향이 있는 사람과 그렇지 않은 사람의 뇌에서 서로 다른 DNA 메틸화 프로파일을 찾아낸 연구들에 관해 이야기했다.[40] 또한 장기기억의 형성[41]과 기억 인출[42]에 후성유전적 표지들이 관여하는 바도 살펴봤다. 후성유전 요인이 기억에서 맡은 역할에 관한 발견들은 기억과 관련된 알츠하이머병을 이해하는

데 명백한 중요성을 띨[43] 뿐 아니라, 기억과 관련한 또 다른 정신병리에서도 중요한 의미를 지닌다.

　　그중 하나가 PTSD이다. 동물의 **기억**을 연구하는 어느 연구팀이 최근 지적했듯이, 후성유전 메커니즘은 외상 후 스트레스와 관련된 학습에 관여하므로, "사람의 [PTSD]에서도 이 메커니즘이 원인일지 모른다".[44] PTSD 자체를 연구하는 두 명의 연구자는 "콕 집어" PTSD에서만 보이는 "후성유전적 변형"의 증거는 없지만, 최근 연구들에서 나온 다수의 경험적 관찰 내용은 PTSD에 관한 "후성유전적 설명과 잘 맞아떨어진다"라고 썼다.[45] 학습의 후성유전학에 관한 지식이 더 쌓이면 PTSD를 좀 더 잘 이해하게 될 것이고, 더불어 치료 방식도 개선될 것이다.

　　기억과 관련된 또 하나의 심리적 병리는 중독인데, 최근의 PTSD 연구가 그렇듯 중독 연구도 후성유전에 초점을 맞추기 시작했다.[46] 후성유전의 영향과 관련성이 드러난 중독 물질 중에는 알코올[47]과 담배,[48] 코카인,[49] 암페타민,[50] 모르핀[51] 등이 있다. 중독은 부분적으로는 약물이 주는 주관적 영향과 약물을 사용하는 맥락(약물 소비 중에 사용하는 도구들도 포함해) 사이의 학습된 연상에 의존하므로, 일부 중독 이론가들은 장기적 연상 기억을 뒷받침하는 메커니즘(여기에는 후성유전 메커니즘도 포함된다)이 중독 행동의 중심적 원인이라고 생각한다.[52] 네사 캐리의 표현대로 "코카인[이나 암페타민] 같은 각성제에 중독되는 것은 뇌에서 기억과 보상 회로가 부적절하게 적응한 전형적인 사례. 이러한 잘못된 적응은 장기간 지속되는 유전자 발현의 변화로 조절된다. DNA 메틸화에 생긴 변화가 (⋯) 이런 중독의 토대가 된다."[53]

　　생쥐를 대상으로 한 중독 연구로 코카인이 몇 가지 후성유
전적 결과를 유도한다는 것이 밝혀졌다.[54] 예를 들어 한 연구팀은
"코카인의 장기적인 작용에서 히스톤 메틸화가 하는 결정적 역할"
을 알아냈다.[55] 어느 신경과학 연구팀은 중독의 후성유전에 관한
연구의 현재 상태를 요약하면서, 그 분야가 "잠재적인 치료적 이점
을 지닌 흥미진진한 새로운 연구 영역"이며, "중독 상태를 통제하
는 후성유전적 현상을 뒤집을 수 있는 능력이 더 효과적인 중독 치
료법 개발에 도움이 될 접근법을 제시해줄 것"이라고 썼다.[56] 이 장
에서 논의한 모든 병에 관해 그렇듯이, 아직 과학자들은 후성유전
적 요인이 약물중독에 어떻게 원인을 제공하는지 어렴풋이만 이
해하고 있는 단계다. 하지만 추가 연구에서 분명한 결실이 나오리
라 믿을 만한 충분한 근거들이 존재한다.[57]

조현병과 양극성장애 그리고 자폐

　　주요 정신증적 장애인 조현병과 양극성장애 역시 후성유전
학 연구자들에게 비밀을 조금씩 풀어놓기 시작했다. 연구자들은
이 병들의 원인이 유전일 거라 가정하고서 수십 년 동안 유전적 원
인을 찾으려는 헛된 노력을 한 끝에, 마침내 DNA 염기서열 정보
가 아닌 다른 요인들로 초점을 옮기기 시작했다.[58] 이제는 많은 연
구자가 후성유전학을 정신질환의 근본 원인을 밝혀줄 유망한 분

야로 보고 있다.[59] 이런 낙관에는 두 가지 근거가 있다.

후성유전학이 정신질환을 설명하는 데 도움이 될 거라고 믿는 한 이유는 학습과 기억 같은 **보통의** 심리 과정들이 후성유전적 조절에 의존한다는 통찰이다. 그러므로 한 사람의 행동이나 생각, 감정에 이상이 생겼다면, 범인은 후성유전적 요인일지 모른다는 것이다. 정신의학 연구자들이 후성유전학을 낙관적으로 보는 또 다른 이유는 일란성 쌍둥이가 항상 같은 진단을 받는 건 아니라는 사실에 기인한다.[60] 예를 들어 일란성 쌍둥이는 똑같은 DNA 염기서열 정보를 공유하는데도 쌍둥이 중 한 명이 조현병 진단을 받았을 때 다른 한 명에게서 조현병이 발병할 확률은 50퍼센트 이하다.[61] **양극성장애**의 경우 그 수치는 30퍼센트 정도로 조현병보다 더 낮다.[62] 비유전적 요인들이 이런 불일치를 낳은 것이라면, 그 요인들은 **분명** 어떤 식으로든 쌍둥이의 뇌에 **물리적인** 결과를 남겨 놓았을 것이므로, 정신의학자들은 쌍둥이 사이의 후성유전적 차이가 그 병들을 이해하는 열쇠가 될 수 있으리라고 생각하기 시작했다.[63] 이 가설은 그동안 중요한 연구들로 뒷받침되었으며, 주요 정신증에서 불일치를 보인 일란성 쌍둥이들에 관한 최근의 한 연구가 특히 주목할 만하다. 이 연구를 수행한 과학자들은 쌍둥이들의 표현형 차이와 연관된 DNA 메틸화 차이를 발견했는데,[64] 이 결과는 후성유전적 요인이 조현병과 양극성장애에 원인을 제공한다는 생각과 잘 맞아떨어진다. 또 다른 연구들에서도 주요 정신증이 있는 사람들의 뇌에서, 유전자 발현을 변화시킴으로써 정신증적 장애 발병 위험을 높일 만한 비정상적 아세틸화 패턴을 발견했다.[65]

주요 정신증의 후성유전적 원인 연구를 향한 연구자들의 열광에도 불구하고 이 과학 연구 노선은 아직 걸음마 단계다.[66] 하지만 서로 다른 유전자 **발현**이 일란성 쌍둥이에게 나타나는 불일치를 설명해준다는 생각은 상당히 합리적이기 때문에, 머지않아 중요한 돌파구가 나올 거라고 기대하고 있다. 그럼에도 정신의학 연구자인 바트 러튼과 조너선 밀이 2009년에 썼듯이 "정신질환에 대한 민감성을 조절하는 후성유전적 과정의 역할에 관한 이론을 세우기는 쉬워도, 그러한 후성유전적 변형들을 분자 수준에서 조사하는 것은 그리 단순한 일이 아니다."[67] 이런 현실 때문에 러튼과 밀은 "조현병과 양극성장애 두 경우 모두 후성유전으로 인한 기능장애라는 직접적 증거(가 있다고 보기에)는 여전히 한계가 있다"[68]라고 지적했는데, 안타깝지만 이 말은 여전히 유효하다.[69]

이미 **나와 있는** 데이터들도 가치는 제한적이다. 이 데이터들은 후성유전 상태와 심리 상태 사이의 상관관계만을 반영할 뿐, 후성유전 요인이 정신병리에 원인으로 작용하는지 여부를 알아내는 데는 도움이 되지 않기 때문이다. 2012년에 한 연구팀이 지적했듯이 "후성유전적 이상을 정신질환과 연관 짓는 대부분의 보고는 그 둘의 관계가 정말로 인과관계가 맞는지, 혹은 후성유전적 이상이 그 병이나 병의 치료 과정 또는 병과 관련하여 일을 더 복잡하게 만드는 다른 요인들(예컨대 기분 전환 약물의 사용)의 결과는 아닌지 확실히 밝혀내지 않았다."[70] 그럼에도 후성유전적 이상과 주요 정신증 사이 관계의 성격을 규명하고자 노력하는 연구자들은 후성유전학의 유망함에 지속적으로 희망적인 기대를 걸고 있으며, 이 분야의 연구는 여전히 활발히 진행 중이다.

자폐는 후성유전 연구자들이 주목하기 시작한 또 하나의 행동 장애다. 주요 정신증과 마찬가지로 일란성 쌍둥이가 자폐에서도 불일치를 보일 수 있다는 사실은 자폐 상태가 후성유전적 요인들 때문일 거라는 심증을 갖게 했다.[71] 이미 일찌감치 2006년에 몇몇 연구자들은 "후성유전적 요인들이 자폐스펙트럼장애 취약성에서 어떤 역할을 담당할 수 있다"[72]라는 증거를 알아보았지만, 그 후로 그 양상이 특별히 더 명확해진 것은 아니다. 현재는 자폐스펙트럼장애 진단을 받은 사람과 받지 않은 사람의 뇌에서 전사되는 DNA 분절들이 서로 다르다는 증거가 존재하기는 하지만,[73] 내가 아는 한 이런 차이를 만드는 후성유전적 과정이 어떤 종류의 것인지 또는 왜 이런 과정이 일어나는 것인지는 아직 알지 못한다.

한 가지 분명해 보이는 것은 우리가 자폐의 원인을 제대로 이해하기 전까지 몇몇 저술가는 계속 자폐를 예방할 방법에 관한 과도한 추측을 적극적으로 제시하려 들 것이라는 점이다. 앞 장에서 보았듯이 대중을 대상으로 책을 쓰는 저자들은 이런 유혹에 유난히 취약할 수 있지만,[74] 과학자들 중에도 현존 데이터를 기꺼이 과도하게 해석하려는 이들이 있다. 예를 들어 2012년에 나온 "자폐의 후성유전학"에 관한 한 간행물에는 다음과 같은 경악스러운 (그리고 문법적으로도 얼토당토않은) 진술이 담겨 있다. "엽산[즉 비타민 B9]의 적절한 섭취는 올바른 DNA 메틸화 상태를 보장해주고 비정상적인 뉴런의 유전체 변화로부터 보호해주며[실제로 이렇게 썼다] 어쩌면 저메틸화를 유도하는[실제로 이렇게 썼다] 영양실조는

4 숨은 의미 찾기

뉴런의 유전체 변화로 이어져 자폐를 포함한 정신질환을 일으킨다."[75] 현재 연구자들이 알기로 자폐를 일으키는 단 하나의 원인은 존재하지 않으므로,[76] 특정 비타민 한 종류를 적절히 섭취하는 방법으로 자폐를 예방할 수 없다는 것은 대체로 확신해도 된다. 미래 언젠가는 유전, 후성유전 및 환경 등 요인과 그 산물들이, 어느 시기에 신체의 특정 위치에서 조합됨으로써 자폐를 발생시키는지를 이해할 날이 올 거라 희망한다. 하지만 현재 시점에서 자폐에 대한 우리의 이해는 여전히 매우 빈약한 상태다.

우울증의 후성유전학

마지막으로 이야기할 정신병리는 우울증이다. 자살을 생각하는 사람과 그렇지 않은 사람 사이에 뇌 속 DNA 메틸화에 차이가 있다는 사실[77]은 후성유전과 우울증이 연관되었을 가능성을 곧바로 떠올리게 한다. 마찬가지로 학대나 방임을 당한 아이들은 우울증이 있는 성인으로 자랄 위험이 있고[78] 또한 그런 사람들은 뇌에 비정상적 DNA 메틸화 패턴이 나타나므로,[79] 우울증이 후성유전과 연관이 있다고 밝혀진다고 해도 놀랄 일은 아닐 것이다.

마침 우울증은 연구자들이 연구에 사용할 동물 모델(인간과 유사한 이상을 지닌 동물)을 만들어낼 수 있었던 병이다. 동물 모델은 실험으로 병의 **원인**과 관련된 무언가를 밝혀낼 수 있게 해준다. 이 실험들에서는 동물들에게 우울증 유사 증상을 초래한 경험들이 후성유전적 결과를 만들어냈다는 것 그리고 그러한 후성유전적 결과들을 방해하는 약물 치료가 우울증 유사 증상을 완화했음을 보여주었다. 이런 결과는 연구자들에게 우울증과 후성유전의 연관성이 단순한 우연의 일치가 아니라는 생각을 심어주었다.

예를 들어 생쥐들을 '만성적 사회적 패배 스트레스'라는 것에 노출시키면 아주 중요한 우울증 동물 모델이 만들어진다.[80] 이러한 실험 처리에 필연적으로 따르는 괴롭힘을 죄 없는 생쥐에게 가하는 것은 잔인한 일일 수 있지만, 이 계통의 연구는 과학자들이 만성 스트레스가 뇌에 우울증과 연관된 변화를 일으킬 수 있음을 밝혀내는 데 너무나 중요한 도움을 주었다. 그에 못지않게 중요한 또 하나는, 이 연구들이 항우울제가 정확히 어떻게 효과를 내는지도 분명히 밝혀주기 시작했다는 점이다.

만성적 사회적 패배 스트레스 프로토콜에서는 수컷 실험 생쥐를 매우 공격적인 생쥐와 함께 두는데, 그러면 실험 생쥐는 전형적으로 달아나려 시도한다. 그리고 달아날 수 없다는 걸 알게 되면 보통은 비명을 질러대다가 결국 굴복하는 상태가 된다. 공격적인 생쥐와 10분 동안 함께 두었다가 그 우리 안의 분리된 칸으로 실험 생쥐를 옮기는데, 여기서 이 생쥐와 공격자 생쥐를 분리하는 것은 구멍이 뚫린 투명한 플라스틱 칸막이뿐이다. 다음 24시간 동안 실험 생쥐는 자기를 괴롭혔던 생쥐가 바로 옆 칸에 있는 걸 보고 듣고 냄새를 맡으며 만성적 스트레스 상태로 지낸다. 다음 날에도 이 전체 과정을 반복하는데, 이번에는 괴롭히는 생쥐가 새로운 생쥐로 바뀌어 있다. 이어서 열흘 연속으로 매일 같은 과정을 반복

4 숨은 의미 찾기

한다. 이 실험 프로토콜은 **사람의** 우울증에서 특징적으로 나타나는 몇 가지 증상과 유사한 행동을 보이는 '패배자' 동물을 만들어낸다.[81]

　　텍사스주 댈러스의 나디아 찬코바 연구팀은 이 처리법을 사용한 획기적인 연구에서 참담한 경험을 한 지 4주가 지난 패배자 생쥐에게서 꺼낸 해마를 검토했다. 연구팀은 해마 조직의 염색질에서 특정 유전자들과 관련된 특정 히스톤들의 특정 위치에 더 많은 메틸기가 있음을 발견했고, 이로써 사회적 경험이 포유류 뇌에 장기적인 후성유전의 효과를 남길 수 있다는 생각을 뒷받침해주었다. 연구자들은 이 결과에 관해 이렇게 썼다. "우리의 발견은 히스톤 과메틸화가 해마에서 스트레스로 유도된 잘 변하지 않을 분자 수준의 흉터를 나타내는 것일 수 있음을, (…) 또한 억제된 유전자들의 히스톤을 탈메틸화하는 데 효과적인 물질을 찾아내면 그것이 새로운 항우울 물질일 수 있음을 시사한다."[82]

　　이스라엘의 에반 엘리엇을 비롯한 신경생물학 연구팀이 더 최근에 한 연구에서는 동일한 우울증 유도 프로토콜에서 위협당한 생쥐 가운데 **일부**만이 사회적 회피를 보였는데,[83] 열흘간의 사회적 스트레스를 경험한 후에도 상대적으로 회복탄력성을 보이는 생쥐들도 있었다. 중요한 점은 괴롭힘 스트레스를 경험한 쥐들 중 사회적 회피성을 띠게 된 생쥐들의 뇌에서만 스트레스를 초래하는 호르몬[84]을 만드는 데 사용되는 DNA 분절에 장기적 탈메틸화가 일어났다는 점이다. 이러한 만성적 사회적 스트레스는 이 생쥐들에게 우울증 유사 증상을 일으켰고, 이 증상은 바로 그 호르몬의 생산이 후성유전적으로 상향 조절된 결과 초래된 것으로 보인다. 이 발견에 따라 연구자들은 "후성유전이 행동의 일차적 조절자"라고 결론지었다.[85]

찬코바 연구팀과 엘리엇 연구팀 모두, 심한 스트레스로 트라우마를 겪은 생쥐들을 이후 최소한 몇 주에 걸쳐 매일 항우울제로 치료했을 때 정상적인 생쥐처럼 행동한다는 점도 보고했다. 이는 예상했던 결과였다. 항우울제는 우울증에 걸린 동물들의 행동을 정상화하는 것으로 알려져 있고, 그래서 항우울제라고 불리는 것이니 말이다. 하지만 특별히 중요한 정보가 담긴 발견이 하나 있었으니, 두 연구팀 모두 반복적 항우울제 치료가 사회적 패배 스트레스의 영향을 효과적으로 뒤집는 후성유전적 효과도 낸다는 걸 알아낸 것이다.[86] 엘리엇과 동료들은 항우울제가 스트레스 호르몬 생산과 사회적 행동 모두와 상관관계를 띠는 방식으로 DNA 메틸화에 영향을 줄 수 있다고 결론 내렸고,[87] 찬코바와 동료들은 자신들의 "실험이 우울증 [발생과] 치료에서 히스톤 리모델링이 하는 역할의 중요성을 강조한다"라고 결론지었다.[88] 사회적 패배 스트레스는 성체 생쥐에게도 여러 다른 후성유전적 영향도 초래하므로,[89] 우울증의 후성유전을 연구하면 나쁜 경험이 **어떻게** 우울증을 유발하는지, 또 기존 정신의학적 치료 약물들이 **어떻게** 기분을 나아지게 하는지 상세히 이해하게 될 수도 있다(아니, 그럴 가능성이 꽤 크다고 말해도 될 것이다).

1세대 후성유전 약물: 암 치료제

무엇이 우울증, 암, 조현병, 심장질환을 초래하는지 아는 것이 가치 있는 일인 이유를 몇 가지 꼽을 수 있다. 아마 그중 가장 중요한 것은 더 좋은 치료법 개발을 위한 문을 열어준다는 점일 것이다. 후성유전적 약물이 제 몫을 하며 효과를 발휘하게 해줄 연구는 시작된 지 얼마 안 됐지만, 이 작업은 이미 어느 정도의 성공을 이뤄냈으며, 이제는 후성유전적 치료가 흔한 일이 될 미래도 쉽게 상상할 수 있다. 물론 짐작은 신중해야 한다. 우리 내부의 분자 시스템이 엄청나게 복잡하다는[90] 것은, 의사들이 후성유전적 치료를 시작할 때 잘못될 수 있는 일이 아주 많다는 뜻이기 때문이다. 하지만 낙관할 이유도 분명히 존재한다.

13장 끝부분에서 언급했듯이 과학자들은 기억이 정상인 동물과 기억이 손상된 동물 모두에게서 실험적으로 기억을 향상시켰으며,[91] 14장에서 그들이 약물로 어떻게 그런 신기한 일을 이뤄냈는지 상세히 이야기했다. 그 내용을 건너뛴 독자들에게는 후성유전적 치료가 효과를 내는 방식을 요약한 다음 두 단락이 도움이 될 것이다.

여기서 다룰 후성유전적 약물은 대체로 두 부류로 나뉜다. 첫째 부류는 DNA 메틸화에 간섭하는 약이다. 이 약들은 정상적으로는 DNA를 메틸화하는 단백질들, 즉 DNA 메틸전이효소DNA methyltransferases, DNMT의 활동을 억제함으로써 효과를 낸다. DNMT를 억제하는 약물을 DNMT 억제제라고 한다. 이들은 DNA

메틸화를 방해함으로써 DNA 가닥들을 덜 메틸화된 상태로 만든다. 그리고 DNA가 저메틸화되면 세포의 전사 기구가 그 DNA를 '읽을' 수 있게 되므로, DNMT 억제제는 유전자 발현을 증가시키는 약물이다. 둘째 부류의 후성유전적 약물에는 탈아세틸화효소의 활동을 억제하는 약물들이 들어간다. 앞에서 시르투인6를 소개할 때 말했듯이, 탈아세틸화효소는 다른 분자들에서 아세틸기를 제거한다. 이 효소들이 (시르투인6처럼) 히스톤에서 아세틸기를 제거하는 경우, 히스톤 탈아세틸화효소histone deacetylase, HDAC라고 불리며, HDAC을 억제하는 약물은 HDAC 억제제라 불린다. 이 약들은 히스톤의 **탈**아세틸화를 방해함으로써 히스톤을 **더** 아세틸화된 상태로 만든다. 그리고 히스톤 아세틸화는 유전자 발현과 관련되므로, HDAC 억제제는 유전자 발현을 증가시키는 약물이다. 그러니까 DNMT 억제제와 HDAC 억제제 둘 다 유전자의 발현을 증가시키는 약물이다.

특정 후성유전적 표지를 표적으로 하는 약물 중 미국 식품의약국의 승인을 받은 약물 수는 매우 적지만, 현재 임상시험 중인 다른 약물도 몇 가지 있다.[92]° 1세대 후성유전 약물 중 2종은 특정 유형의 암 치료에 관해 승인된 HDAC 억제제이며, 다른 2종은 흔히 백혈병으로 진행하는 부류의 혈액 질환 치료에 관해 승인된 DNMT 억제제다. HDAC 억제제는 종양억제유전자의 활동을 증가시킴으로써 암과 싸운다고 여겨진다. 안타깝게도 이 약들은 다소 실망을 안겼다. 원발 기관에 국한된 종양에는 상대적으로 효과가 떨어지는 것으로 드러났기 때문이다. 대신 이 약들은 백혈병이나 림프종 같은 혈액암처럼 전신을 순환하는 이른바 액체 종양에서 가장 좋은 효과를 낸다.[93] 그래도 **어떤 암이든** 암을 통제할 수 있는 후성유전적 약물이 발견되었다는 사실은 그런 약물을 개발하려 노력하는 과학자들에게 확실히 용기를 주었다.

이 분야의 새로운 연구들은 기존 약물보다 더 집중적인 효과를 낼 수 있는 후성유전적 약물을 개발함으로써 우리의 항암 무기고를 개선하려 애써왔다. 1세대 후성유전 HDAC 억제제의 문제 하나는 선별성이 없다는 점이다. 히스톤에 다소 무차별적으로 작용하며, 따라서 높은 용량에서는 독성을 띤다.[94] 마찬가지로 1세대 DNMT 억제제도 무슨 일을 하는 DNA 분절인지는 상관없이 접근할 수 있는 거의 모든 DNA 분절에 작용한다. 하지만 알다시피 **어느** DNA 분절이 활성화 혹은 침묵화되는지는 매우 중요하다. 어떤 유전자들이 활성화되면 암을 유발할 수 있지만, 종양억제유전자의 활성화는 그 반대 효과를 낸다. 그러므로 유전자 발현을 **전반**

○　　2019년 9월에 《생화학 약리학*Biochemical Pharmacology*》 저널(Vol.168, 269~274)에 발표된 그레고리 사터(Gregory C. Sarto)의 논문에 따르면, "다수의 제약회사가 정신의학 및 뇌과학 연구 프로그램을 중단했지만, 최근 후성유전학 분야에서는 약물 발견과 개발이 활기를 띠고 있다. 최근 증가한 관심을 보여주듯 현재 환자를 모집한 후성유전 관련 임상시험이 200건 이상 진행 중이며, 이에 비해 2000~2010년 사이에는 환자를 모집해 실시한 연구가 12건에 지나지 않았다(clinicaltrials.gov). 지금까지 후성유전 관련 약물 중 미국 식품의약국의 승인을 받은 약물 수는 여러 유형의 암에 관한 약 6종(Azacitidine, Decitabine, Vorinostat, Romidepsin, Panobinostat, Belinostat)과 뇌전증/양극성장애에 관한 약 1종(valproic acid)으로 총 7종이며, 생리활성분자의 화학 데이터베이스인 ChEMBL에는 히스톤 변형 효소와 DNA 변형 효소를 표적으로 하는 화합물이 20만 종 이상 등재되어 있다." (doi.org/10.1016/j.bcp.2019.07.012)

적으로 증가시키는 약물은 표적이 아닌 유전자들에도 영향을 미칠 수 있고 그럼으로써 바람직하지 못한 결과를 낳을 수 있기 때문에 가치가 제한적이다.[95]

다행히 연구자들은 1세대 후성유전 약물보다 더욱 선별성 높은 화합물들을 발견했으며(최근 발견된 이 화학물질들은 특정 **히 스톤 메틸화** 표지들을 골라서 변형한다[96]), 제약회사들은 열의를 띠고 이런 약들을 더 개발하려 노력하고 있는데, 부분적으로는 성공적인 후성유전적 약물이 수십억 달러 가치가 나갈 것이기 때문이다.[97] 그러나 여전히 특정 히스톤의 특정 구성요소에 영향을 주는 화합물이라고 해서 반드시 특정 DNA 분절을 표적으로 하는 것은 아니다. HDAC 억제제와 DNMT 억제제처럼, 히스톤 메틸화에 영향을 주는 약물들도 아직 유전체 전체를 대상으로 작용할 가능성이 있고 따라서 그리 정밀하다고 볼 수는 없다. 그래서 또 다른 연구자들은 히스톤 아세틸화 단백질의 생산을 방해하는 분자들을 사용하여 특정 유전자를 표적화하기 위해 노력 중이다.[98] 현재 탐색 중인 경로가 너무 많고 다양하기 때문에 후성유전 의학의 미래를 구체적으로 예측하는 것은 무모한 일일 수 있다. 하지만 나는 이 분야에서 추가 연구가 이루어지면 결국에는 구체적 질병들을 해결할 수 있을 만큼 세밀하게 조정된 후성유전적 치료법들이 만들어지리라는 희망을 품고 있다.

후성유전 의학의 미래 1: 기억장애 치료

후성유전적 약물로는 암과 싸우는 것보다 정신질환을 치료하는 것이 더 어려울 것이다.[99] 현존하는 후성유전적 약물들은 비선별적일 뿐 아니라, 현재 우리는 그 약들이 인간의 특정 뇌 영역에 얼마나 서로 다르게 작용하는지조차 알지 못한다. 그러니 정신과 의사들은 다수의 추가 시험이 완료될 때까지 그 약들을 처방할 수 없을 것이다.[100] 그뿐이 아니다. 가령 치명적인 혈액 질환이 있는 사람이라면 (예를 들어) DNMT 억제제가 생명을 유지해주기만 한다면 그 약의 불쾌한 부작용도 기꺼이 참아내려 할 테지만, 그 약 자체가 일부 세포를 암세포로 바꿀 가능성이 있으므로[101] 그만큼 목숨이 위험하지 않은 병에는 결코 그 약이 처방되지 않을 것이다. 그러나 이런 걸림돌에도 불구하고 연구자들은 후성유전적 약물이 **설치류의** 행동에 미치는 영향을 꿋꿋이 연구했고, 아주 경이로운 몇몇 발견들을 보고했다. 게다가 후성유전적 표지를 더욱 선별적으로 표적화할 방법을 찾으려는 노력은 계속되고 있으므로 언젠가는 이 연구가 인간의 기억이나 불안, 기분장애, 중독 문제를 도울 치료법을 내놓을 수 있을 것이다.

기억 영역에서는 HDAC 억제제들이 생쥐들에게 특정 효과를 냈는데, 만약 사람에게도 같은 효과가 재현된다면 분명 치료적으로 가치가 있을 것이다.[102] 보통 뇌에서 히스톤 아세틸화 정도가 높을수록 기억력이 더 좋은 것으로 여겨지며, HDAC 억제제는 정상 생쥐,[103] 기억장애가 있는 생쥐,[104] 노화한 생쥐[105]에게 고루 기억을 개선한 것으로 보인다. 이런 연구의 경탄스러움을 잘 보여주는 예로, 젊은 성체 생쥐와 중년이 한참 지난 생쥐를 비교한 다음 연구를 살펴보자.

이 연구에서는 처음에 모든 생쥐에게 맥락적 공포 조건화 처리를 했지만, 가장 늙은 생쥐 무리만이 기억 손상을 보였다. 게다가 조건화 이후 최고령층에 속하는 생쥐들은 상대적으로 젊은 생쥐들에 비해 해마의 히스톤 아세틸화가 적었다. 그래서 연구자들은 새로운 나이 든 생쥐들을 모아서 수베로일아닐리드 하이드록삼산Suberoylanilide hydroxamic acid, SAHA라는 HDAC 억제제를 생쥐들의 해마에 직접 주입한 뒤, 이 약으로 인한 아세틸화 증가가 생쥐들의 기억에 도움이 되는지 알아보기로 했다. SAHA를 주입한 늙은 생쥐들과 SAHA에 노출되지 **않은** 대조군의 늙은 생쥐들을 함께 맥락적 공포 조건화 처리한 것이다. 그랬더니, SAHA를 주입받은 생쥐들은 아무 처리도 하지 않은 생쥐들과 달리 해마의 히스톤 아세틸화가 젊은 생쥐들과 같은 수준이 되어 있었다. 무엇보다 중요한 건 이 생쥐들이 조건화 경험을 기억하는 능력이 이전 수준으로 회복되었다는 점이다.[106]

이러한 발견들이 알츠하이머병 환자와 노화로 인해 기억이 손상된 사람뿐 아니라 기억력이 떨어진 사람 모두에게 내포하는 의미는 명백하다. 그러나 이런 종류의 발견은 훨씬 더 폭넓게도 적용할 수 있다. 기억은 불안장애[107]와 약물중독[108] 같은 다른 정신병리에서도 중요한 역할을 하기 때문이다. 이를테면 기억을 개선하는 약은 중독이나 불안장애를 성공적으로 극복한 사람의 **재발**을 막는 데도 도움이 될 수 있을 것이다.

후성유전 의학의 미래 2: 우울증과 불안증 치료

스트레스 반응과 우울증을 연구하는 과학자들 역시 후성유전적 약물의 범상치 않은 효과를 보고했다. 예를 들어 마이클 미니와 동료들은[109] 핥아주고 털을 골라주는 어미의 양육을 박탈당한 경험이 어린 쥐에게 남긴 후성유전적 영향과 행동적 결과를 HDAC 억제제가 뒤집을 수 있을지 알아보았다. 태어나고 얼마 지나지 않았을 때부터 LG가 낮은 양육을 받으며 방임된 쥐들은 예상대로 상대적으로 겁이 많은 성체로 성장한다. 하지만 이 쥐들의 뇌에 트리코스타틴A(trichostatin A)라는 HDAC 억제제를 주입하자, LG가 **높은** 어미가 양육한 대조군 쥐들만큼 겁 없이 행동하기 시작했다. 이는 부주의한 양육이 성체기의 공포 행동에 미치는 영향을 트리코스타틴A가 효과적으로 제거했음을 시사한다.[110] 핥기와 털 고르기가 **DNA 메틸화**에 영향을 준다는 사실을 떠올리자, **히스톤 아세틸화**에 영향을 주는 트리코스타틴A가 방임적 양육의 영향을 뒤집었으므로, 트리코스타틴A 같은 HDAC 억제제가 DNA 메틸화도 변화시킬 가능성이 있는 셈이다. DNA 메틸화는 극도로 안정적이어서 뒤집히기 어렵다고 여겼던 과거의 생각과는 달리 말이다.[111] 이런 연구 결과에는 대단히 광범위한 영향을 미칠 만한 의미가 담겨 있다. 연구자들이 후성유전적 약물을 사람에게 안전하고 정확하게 사용할 수 있는 방법을 개발해낸다면, 이런 약들을 써서 아동기의 방임이나 학대에 기인하는 우울증이나 불안증을 줄일 치료법도 나올 수 있을 것이다.

후성유전적 약물들은 또한 스트레스 노출로 인해 우울증 유사 증상을 보이던 생쥐들도 효과적으로 치료한다. 사회적 패배 스트레스에 관한 한 연구에서는 HDAC 억제제를 생쥐 뇌의 특정 영역에 직접 주입하자 강력한 항우울제 유사 효과가 나타났다.[112] HDAC 억제제들이 잘 알려진 항우울제 프로작과 매우 유사한 방식으로 유전자 발현 패턴에 영향을 준 사례도 있었다.[113] 생쥐 대상의 또 다른 연구[114]에서는 경미한 스트레스(예를 들어 몇 주 동안 기울어지거나 더럽거나 작거나 항상 조명을 켜둔 우리에 머물게 하는 것)에 노출하자 생쥐들이 사회적 상호작용 및 맛있는 간식 같은 기타 즐거운 자극에 관심을 잃었다(쾌감상실anhedonia이라 불리는 이 증상은 사람의 우울증에서도 공통적으로 나타난다). 사회적 패배 스트레스 연구와 유사하게, **경미한** 스트레스로 인한 우울증 증상들도 HDAC 억제제인 SAHA로 치료하자 증상이 완화되었다. 그뿐 아니라 경미한 스트레스로 초래된 우울증 증상들은 최초의 현대적 항우울제인 이미프라민으로도 완화되었다. 중요한 점은 SAHA와 이미프라민 모두 우울증의 행동적 증상들을 완화했을 뿐 아니라, 히스톤 탈아세틸화효소와 히스톤 변형에도 중요한 영향을 주었다는 것이다.

이미프라민에 관한 이러한 발견이 중요한 이유는, 현재 정신과 의사들이 처방하는 항우울제들이 사실상 후성유전적 작용에 영향을 줌으로써 우울증을 완화하는 것일 수도 있음을 암시하기 때문이다. 그전까지는 항우울제들이 이런 방식으로 작용한다고 이해한 사람은 아무도 없었는데 말이다. 방금 이야기한 연구 결과들은 항우울제가 후성유전에 작용함으로써 효과를 낸다는 생각과 잘 맞아 떨어진다.[115] "주요 우울증의 가장 효과적인 치료법 중 하나인 반복적 전기 경련 치료가 히스톤 변형을 촉발"하고 그럼으로써 몇몇 유전자의 발현을 지속적 방식으로 변화시킨다는 캐서린 뒬락의 관찰도 그러한 생각을 한층 더 뒷받침한다.[116] 약물 치료와 전기 경련 치료처럼 서로 상이한 우울증 치료법들이 둘 다 후성유전적 변화를 일으킨다는 말이므로, 언젠가는 현재 사용되는 **모든** 우울증 치료법이 후성유전을 통해 작용하는 거라고 밝혀질 날이 올지도 모른다. 실제로 이미 여러 향정신성 약물이 뇌에서 후성유전적 변화를 일으키는 것으로 밝혀지기도 했다.[117] 그러나 항우울 치료 전반에 관한 이런 포괄적 진술이 타당한 것으로 밝혀지든 그렇지 않든 상관없이, 후성유전과 기분장애에 관한 계속되는 연구가 불안장애나 주요 우울증 등의 치료에 새로운 접근법을 내놓으리라는 것은 분명하다.[118]

후성유전학 연구가 안겨줄 혜택은 단지 제약회사와 약을 사용하는 사람들만 누리는 것은 아닐 터이다. 앞에서 보았듯이 섭식 조절도 후성유전적 상태에 영향을 줄 수 있으며, 때로는 그 영향이 매우 심도 깊은 방식으로 일어날 수도 있다.[119] 안타깝게도 후성유전적 약물들과 연관된 몇몇 풀어야 할 숙제는 섭식 조절에도 해당한다. 현재로서는 그러한 조절법을 통해 특정한 유전자나 히스톤, 기관, 혹은 뇌 구조물을 표적으로 삼을 방법이 존재하지 않기 때문이다. 그러므로 메틸이 풍부한 식품이나 보조제를 섭취하는 것은 비특정적 방식으로 DNA 메틸화를 증가시킬 수 있고, 이런 경우 그 작용의 영향을 예측하기가 어렵다. 예를 들어 우울증에 걸린 사람에게 메틸기를 (예를 들어 식품보조제 S-아데노실메티오닌의 형태로) 제공하는 것은 항우울 효과를 내겠지만,[120] 건강한 성체 쥐들에게 메틸기를 (예컨대 메틸 함유 성분을 뇌에 직접 주입하는 형식으로) 제공하는 것은 겁 많은 행동을 **증가**시킨다.[121] 메틸 보조제는 경우에 따라 서로 정반대의 효과를 낼 수도 있다는 말이다. 물론 특정 식품이나 보조제가 바람직한 효과를 낸다는 것이 증명된다면, 그 작용 방식을 아직 완벽히 이해하지 못했다고 해도 권장할 수 있을 것이다. 하지만 섭식 조절의 후성유전적 영향을 더 깊이 연구한다면 미래에는 그에 관해 우리가 더 분명하게 이해하게 되고, 더불어 더 효과적인 치료법이 나오리라는 것은 거의 확실하다.

후성유전적 치료를 약품이나 섭식 측면에만 국한할 필요는 없다. 다른 경험들도 언젠가는 치료적으로 사용될 만한 후성유전적 효과들을 갖고 있기 때문이다. 예를 들어 HDAC 억제제도 생쥐의 기억을 향상했지만, 생쥐에게 질 좋은 환경을 경험하게 해줄 때도 비슷한 효과가 나타났다.[122] 그리고 기억 향상이 약물에 의한 것이든 참여를 유도하는 환경에 의한 것이든 **상관없이** 그 효과는 히스톤 아세틸화에서 나오는 것으로 보인다.[123] 안타깝게도 현재의 섭식 및 약물 치료의 비특정성은 경험 치료에도 적용될 것 같다. 아직 우리는 풍부한 환경에서 한 경험이 어떤 유전자를 표적으로

　　　　　　　　　　　　　　4　숨은 의미 찾기

어느 정도나 히스톤 아세틸화를 증가시키는지 모르기 때문이다. 그렇지만 풍부한 환경의 후성유전적 효과에 관한 연구에서도 앞으로 귀한 통찰이 나올 것이다.

행동 후성유전학의 법적·윤리적 함의들

후성유전학의 새로운 발견들은 무엇을 먹을 것인가에 관한 결정과, 환경의 구조를 어떻게 만들 것인가에 관한 선택과, 의사들의 의료 행위뿐 아니라, 법과 윤리 측면에서도 어떤 의미를 내포하고 있다. 법학 교수 마크 로스스타인과 그 동료들은 선구적인 한 논문에서[124] 이 문제들에 명확히 초점을 맞추었다. 그들은 현대사회에 존재하는 몇몇 금속과 환경 호르몬이 후성유전에 영향을 미친다는 사실과 관련해 몇 가지 우려를 제기했다.

이는 입법부와 사법부가 이런 물질들의 규제를 어떻게 처리할 것인가 하는 문제를 제기한다. 과거에 그 물질에 노출된 사람의 **자손들**의 발달에까지 영향을 줄 수 있다는 사실 때문에 이 문제는 법률적으로 더욱 복잡해진다. 현재까지 미국의 법정은 제품이 초래한 상해는 제조업체가 책임져야 한다는 입장을 유지하고 있지만, 상해를 입은 사람이 자궁 속에 있을 때든 태어난 이후 시기에든 직접 그 물질에 노출된 경우로만 한정하고 있다. 따라서 지금까지 법정은 해로운 제품에 노출된 사람의 **손주**에게 발생한 상해라면 기업에게 책임을 물으려 하지 않았다. 이는 부분적으로는 그렇게 책임을 묻는다면 이전 세대 경영자들이 모르고 한 실수에 대해 현대의 기업 경영자들을 처벌하는 일이기 때문이기도 하고, 또한 미국 식품의약국 같은 규제기관들이 여러 세대에 걸친 약물의 영향을 시험해야 하므로 비용과 어려움이 훨씬 더 커질 것이기 때문이기도 하다. 게다가 후성유전적 영향을 미칠 수 있는 독성물질들은 사회에서 가난하거나 여러 면으로 취약한 구성원들에게 영향을 미칠 확률이 높으므로, 그 물질들의 후성유전적 영향은 환경적 정의에 관한 사안도 제기한다.[125]

이런 우려들로 로스스타인과 동료들은 다음과 같은 결론을 내렸다.

> 후성유전학은 특히 위험 물질 노출을 예방하고 건강 상태를 모니터링하며 보살핌을 제공할 개인 및 사회의 책임과 관련한 수많은 법적·윤리적 사안을 제기한다. 후성유전학은 (…) 환경이 건강에 가하는 부정적 영향에 다세대적 차원을 추가한다. 후성유전학은 생활 및 노동 조건의 불평등, 의료 및 기타 사회적 기회들에 대한 접근성 등 다양한 격차가 불러오는 결과들을 더욱 부각한다.[126]

후성유전학 연구가 계속되면 이런 문제들에 관한 윤리적·법적 논쟁이 더욱 불붙을 것이 분명하며, 그런 논쟁은 이미 시작되었다.[127]

아직은 후성유전에 관해 아는 게 적은 편이기 때문에, 후성유전의 생물학적 시스템 연구의 의미에 관해 확실히 말할 수 있는 것은 그리 많지 않다. 하지만 현재까지 이루어진 연구들은 많은 생각할 거리를 던져주며, 그에 따라 생명과학자들과 사회과학자들은 후성유전학 연구가 인간의 조건을 이해하고 결국 개선하는 데 도움을 주지 않을까 하는 들뜬 기대를 품고 있다. 이 장에 담긴 내용 중에는 어쩔 수 없이 추측인 것도 있다. 그럼에도 주의를 기울여 분자생물학을 들여다보는 일이 흥미진진한 것만은 분명하다. 또한 앞으로의 후성유전학 연구가 어머니 자연의 아주 중요한 비밀을 더 많이 알려줄 거라 기대할 이유는 충분하다.

23

행동 후성유전학의 핵심 교훈

후성유전의 과학에 관해 말할 수 있는 것은 많지만, 지난 장을 통해 많은 부분이 아직 추측이란 걸 분명히 알게 되었을 것이다. 미래지향적 추측을 다 빼버리면 어떻게 될까? 확신을 갖고 행동 후성유전학에서 취할 수 있는 메시지가 있기는 한 걸까?

워딩턴이 '후성유전학'이라는 단어를 선택한 것은 표현형을 만들어내는 발달 사건들의 특징을 표현하기 위해서였으니, 사실 후성유전학은 순전히 발달에 관한 것이라 볼 수도 있다. 그리고 키나 눈 색깔 같은 신체적 특징이든 기질이나 지능 같은 심리적 특징이든 형질의 **발달**에 초점을 맞추면 다른 관점들로는 놓칠 수도 있는 통찰을 얻을 수 있다. 행동 후성유전학 연구에서 취할 수 있는 탄탄하고 포괄적인 결론들은, 발달에 관한 더 폭넓은 이해에서 취할 수 있는 결론과 다르지 않다. 지금까지 내가 이야기한 후성유전학 연구들도 모두 이 발달에 관한 요점들을 강조할 뿐이다. 하지만 그 요점들은 높은 가치가 있음에도 자주 간과된다. 따라서 행동 후성유전학의 핵심 교훈들이 20세기 발달과학의 교훈들과 똑같다고 하더라도, 새로운 데이터의 맥락에서 그것을 재발견하는 일은 충분히 가치 있다.

교훈 1: DNA 혼자 형질을 결정하는 것이 아니다

우리의 형질들은 유전과 후성유전, 환경이라는 다양한 요인들이 **통합된 하나의 시스템으로서 작동하며** 상호작용한 결과 발달한다. 형질은 단 한 가지 요인으로 결정되지 않으며, 우리는 생물학적으로 우리에게 주어진 것 이상의 존재다. 발달과학자들은 수십 년 전부터 유전자 결정론이 발달의 현실을 포착하지 못한다는 것을 알고 있었다. 오히려 우리가 현재와 같은 존재인 것은 우리의 발달기 동안 조상에게 물려받은 다양한 자원들 사이에서 일어나는 상호작용 때문이며, 발달이 일어나는 **맥락**도 그 자원의 일부다. 맥락에는 우리가 수정될 당시 부모에게서 (그리고 태내에서 발달하는 동안 어머니에게서) 받은 유전자 이외의 생물학적 요인들 그리고 삶을 영위하는 문화적 환경과 물리적 환경도 포함된다. 이 메시지가 중요한 이유는, 자신이 어떤 사람이며 어떻게 살아가는지 스스로 전혀 통제할 수 없다는 착각을 몰아내는 데 도움이 되기 때문이다. 중요한 것은 우리가 '무엇을 하는가'이다.

행동 후성유전학의 발견들은 바로 그 요점을 크고 또렷하게 다시 들려준다. 유전자는 주위 환경에 따라 반응하며, 그러므로 내가 갖고 태어난 유전자는 결코 내 이야기의 전부가 될 수 없다는 요점 말이다. 이는 아기가 무언가를 성취할 소질을 지녔는지 확실히 예측할 수 없음을 의미한다. 20세기의 분자생물학은 인간이 수정되는 시점부터 구체적인 IQ 범위, 성정체성 또는 심장병으로 인한 이른 사망 가능성 등 특정한 잠재력을 선천적으로 지니게 된다는 잘못된 믿음을 많은 사람에게 심어주었다. 하지만 이런 표현형은 모두 구체적 맥락 속에서 오랜 시간에 걸쳐 **발달하는** 것이므로, 그런 생각은 현재의 생물학 지식에 배치된다.[1] 형질이 미리 정해진 것이 아니라는 통찰은 발달의 관점에서 나온 것이니 새로운 통찰은 아니며,[2] 최근의 후성유전학 연구는 유전자가 우리의 운명을 구체적으로 결정한다는 것이 얼마나 불가능한 일인지를 더 쉽게 **이해하게** 해주었을 뿐이다. 어떤 아기가 어른이 되었을 때 얼마나 똑똑할지 알고 싶다면, 그때까지 기다려보는 수밖에 없다.

후성유전학의 최근 발견들이 본성과 양육에 관한 기존의 이분법적 사고와 통합될 수 있는 것처럼 보일지도 모른다. 이를테면 이 발견들은 단지 사람과 환경 사이의 경계선을 피부 표면에서 안으로 좀 더 깊이 들어간 지점으로 옮겨놓은 것뿐이라고 말이다. 후성유전학 연구가 보여주는 바에 따르면 환경은 우리 내부에 너무 깊이 침투해 들어와 있어서 마치 환경이 유전자들과 나란히 자리 잡고 있는 것처럼 상상할 수 있을 정도다. 하지만 어떤 원칙에 의거해 '우리'인 분자들과 '환경'인 분자들 사이에 경계선을 그을

　　　　　　　　　　　　　4　숨은 의미 찾기

수 있다는 생각은 착각이다. 왜 그런 생각이 틀렸는지 예를 하나 들어보자. 한 사람의 염색질은 DNA와 **그에 결합한** 메틸기들로 구성되어 있으며 이 메틸기들은 그가 아침으로 먹은 음식에서 온 것일 수도 있다는 사실 그리고 그 DNA의 메틸화된 부분들은 DNA와 메틸기 각각이 아니라 서로 결합된 하나의 전체로서 지닌 속성에 따라 할 일이 결정된다는 사실이다. 이러니 DNA와 환경 요인 사이에 명확한 경계선의 존재를 상정하는 것은 이치에 맞지 않는다. 많은 사람이 오랫동안 환경은 우리 내부로 스며들며, 말 그대로 몸의 일부로 통합된다는 사실을 이해하고 있었다. 후성유전학 연구는 그런 일들이 **어떻게 해서** 유전자 발현에 영향을 주는 방식으로 일어나는지를 설명해줄 뿐이다. 그리고 이는 일부 과학자들로 하여금 유전자의 형질 결정 연구로부터 유전자–환경의 형질 **공동 구축** 연구로 관심을 옮기도록 부추겼다.

　　형질이 발달기 동안 협업의 결과로 구축된다는 통찰은, 유전자 결정론을 차단하는 만큼이나 분명하게 다른 모든 환경 결정론과 후성유전 결정론도 차단한다. 물론 초기의 경험이 **실제로** 장기적 영향을 미치는 사례들이 존재하며, 앞에서 보았듯이 어떤 초기 경험들은 수년 뒤에야 감지할 수 있는 후성유전적 영향을 만들기도 한다.[3] 출생 후 어미의 양육이 성체기 쥐의 스트레스 반응성에 후성유전적으로 영향을 줄 수 있다는 마이클 미니의 발견은 분명 '후성유전적 프로그래밍'이라는 명칭에 타당성을 부여하는 **것처럼 보인다.**[4] 하지만 이런 종류의 영향들은 뒤집힐 수도 있으므로,[5] 그러한 초기 경험들이 미래를 무조건 결정하는 것은 아니다.

어떤 종류의 경험이 일찌감치 설정된 후성유전적 표지들을 바꿀 수 있는지에 관해서는 알려진 것이 비교적 적지만, 현재 우리는 포유류 성체의 후성유전적 상태를 변화시킬 수 있고 그럼으로써 증상을 완화할 수 있는 약물적 조작[6]과 환경적 조작[7](예컨대 환경의 사회적 혹은 물리적 '풍부화')을 알고 있다. 이렇듯 후성유전적 표지는 삶의 이후 시기에도 바뀔 수 있으니, 생애 초기에 겪은 나쁜 경험의 장기적 영향을 지나치게 비관적으로만 생각할 필요는 없다. 샹파뉴가 지적했듯이 "실험 연구들이 부모와 자식 모두에게서 신경생물학적 가소성을 확인했으며, 이는 발달 초기에 역경을 경험했더라도 이후 생애 환경의 질이 그 결손을 호전시킬 만한 방식으로 상쇄하거나 발달 경로를 변경할 수 있음을 시사한다."[8]

발달은 생애 내내 계속되므로, 유전적으로 주어진 것이 '운명'이 아니듯 초기 경험 역시 '운명'으로 여길 필요가 없다. 미래에 우리가 어떤 사람일지는 현재 우리 내부의 상태와 우리가 처해 있는 맥락 **둘 다**에 달려 있다. 그러니 과거의 유전적 요인과 비유전적 요인이 우리의 현재 상태에 원인을 제공했고 그럼으로써 앞길에 영향을 주기는 했지만, 현재 우리 환경 속에는 언제나 발달을 새로운 방향으로 인도할 다른 요인들도 존재한다.

교훈 2: 신다윈주의 종합설은 수정돼야 한다

후성유전학 연구에서 얻은 둘째 교훈은 신다윈주의 진화

4 숨은 의미 찾기

론(엄격히 유전자 변이 빈도의 관점에서만 진화를 **정의하는** 이론)은 적응적 형질을 만드는 일에서 발달이 하는 역할을 무시하기 때문에 생물학의 통합 이론으로서는 충분하지 않다는 것이다.[9] 이 지점에서 잊지 말아야 할 **아주** 중요한 점이 두 가지 있다. 첫째, 여기서 필요한 수정은 일부 지적설계론자의 주장[10]과 달리 창조론의 관점을 인정하지는 않는다는 것이다. 후성유전 연구는 사람이 다른 영장류와 무관하다는[11] 신빙성 없는 관념 그리고 생물학적 시스템은 "환원 불가능할 정도로 복잡"하기[12] 때문에 다윈주의의 관점으로는 설명할 수 없다는 터무니없는 관념을 전혀 뒷받침하지 않는다. 또 하나, 신다윈주의에 필요한 수정을 실행하고 나면 사실상 우리는 다윈이 원래 제시했던 개념들과 일치하는 상태로 돌아가게 된다는 점이다. 다윈이《종의 기원》을 출간한 지 80년쯤 지났을 무렵, 다윈의 개념들을 전통적 유전학과 통합하려 시도하던 신다윈주의 종합설의 설계자들은 유전자만의 관점에서 진화를 정의했고, 그럼으로써 발달이라는 단순치 않은 문제는 무시해버리고 말았다.[13] 그러나 모든 적응적 형질은 발달에 **의존하여** 생겨나기(유전자가 미리 정해둔 것이 아니기) 때문에, 그들의 그러한 처사는 여러 문제의 소지를 품고 있었던 것으로 드러났다. 발달을 배제한 유전자 이론으로 진화를 설명하려 한 신다윈주의의 시도는 '획득한' 형질은 '유전될' 수 없다는 가정에 근거한 것이었지만, 우리가 살펴보았듯이 '유전된' 형질과 '획득한' 형질을 칼로 자르듯 구분하는 것은 타당하지 않다. 다윈은《종의 기원》에서 일부 획득 형질들이 일관적으로 세대를 넘어 대물림될 수 있다는 생각을 편하게 받아들였던 것으로 보이므로, 다윈의 원래 관점으로 돌아가는 것이 이치에 맞아 보인다.

발달의 중요성을 반영하여 신다윈주의 종합설을 수정해야만 한다는 생각은 최근의 후성유전학에서 증거들이 쏟아져 나오기 전부터 있었으며, 후성유전학의 증거들은 신다윈주의 종합설에 수정이 필요하다는 결론을 한층 탄탄히 해주는 것일 뿐이다. 에바 야블론카와 매리언 램은 정곡을 찌르는 논리로 이 상황을 잘 표현했다.

후성유전적 대물림은 (…) 진화론에 새로운 개념들, 현재의 신다윈주의 관점에서 보면 전복적인 개념들을 도입한다. 후성유전학보다 문화를 먼저 생각해보면 그 이유를 더 쉽게 이해할 수 있다. 인간의 상징적 문화에는 의심의 여지없이 늘 진화적 변화가 일어나고 있다. (…) 유전적으로 동일한 개인들로 이루어진 세계에서조차 우리는 진화적 과정이 여러 다양한 문화를 만들어내는 것을 상상할 수 있다. 문화적 변이는 적어도 어느 정도는 DNA 변이와 별개로 분리된다. 그리고 문화적 진화를 이해하려면 변이의 이러한 자립적 측면을 연구할 필요가 있다. 후성유전의 변이에 관해서도 같은 말을 할 수 있다. 유전 가능한 후성유전적 변이는 **그 말의 정의상** 유전자 변이와는 분리된다. 따라서 DNA 변이와는 별개로 진화에 선택될 수 있는 후성유전적 변이들이 존재하며, 후성유전의 축에서 진화적 변화가 일어나는 일은 불가피하다.[14]

4 숨은 의미 찾기

그러니 후성유전이 진화에 하는 기여를 한마디도 설명하지 않는 진화론은 필연적으로 불충분할 수밖에 없고, 따라서 수정이 필요하다. 야블론카와 램은 다음과 같이 후성유전이 진화에 관해 암시하는 의미를 요약하며 논문을 마무리했다.

> 후성유전학은 유전 개념을 확장할 것을, 또한 자연선택을 작동시키는 유전 가능한 변이에 서로 다른 몇 가지 유형이 있다는 사실을 인정할 것을 요구한다. 유전자를 중심으로 하는 현재의 다윈주의, 즉 신다윈주의는 라마르크주의와 양립하지 않지만, 다윈주의는 그렇지 않다. 과거에는 라마르크주의와 다윈주의가 항상 상호배타적인 대안으로 여겨졌던 것은 아니며, 서로 완전히 양립 가능하며 상보적인 것으로 인정되었다. 후성유전학의 관점에서 보면 그 둘의 관계는 여전히 그렇다. 후성유전 체계가 진화에서 하는 역할을 인정한다면 발달과 진화를 더욱 밀접히 통합하는, 더욱 포괄적이며 강력한 다윈주의 이론을 구축하게 될 것이다.[15]

교훈 3: 후성유전 상태는 역동적이다

우리의 후성유전 상태가 역동적으로 변화하며, 생물학적 원리에서만 영향을 받는 것이 아니라는 발견[16]은 정말로 새로운 소식이다. 과학자들이 오랫동안 DNA 메틸화 같은 후성유전 현상을 생애 전반에 걸쳐 이례적으로 안정적인, 즉 잘 변하지 않는 것으로 여겼기 때문이다.[17] 하지만 지금은 특정 화학물질이나 식품에 노출되는 것부터 잘 보살펴주는 어머니와의 상호작용 또는 자극이 풍부한 물리적 환경에 노출되는 것까지 광범위한 경험들이 후성유전적 표지에 영향을 줄 수 있다는 것이 분명해졌다.

수많은 이론가가 이 요점을 간명하게 표현했다. 그중 몇 가지 예만 살펴보자. 우선 델라웨어대학교 행동 후성유전학자인 태니아 로스는 "유전체에는 후성유전적 변형이 잘 일어나기 때문에, 일생에 걸쳐 경험 및 환경 요인에 민감한 또 하나의 유전적 조절의 층위가 존재한다"라고 썼다.[18] 네덜란드 레이던대학교의 발달과학자 마리뉘스 판에이젠도른과 동료들은 "후성유전 연구는 환경이 유전체의 고갱이 속까지 침투하여 유전자의 발현 또는 비발현에 영향을 준다는 것을 분명히 밝혀준다"라고 썼다.[19] 또한 마이클 미니와 한 동료는 "환경이" 유전체를 물리적으로 리모델링함으로써[20] "유전체의 작동을 통제하는 분자적 신호를 조절하며"[21] "따라서 유전체의 작동은 맥락에 의존한다"[22]라고 썼다.

랜디 저틀과 마이클 스키너는 같은 요점을 좀 더 정교하게 표현했다.

'환경'이라는 단어는 서로 다른 사람들에게 광범위하게 다양한 것을 의미한다. 사회학자와 심리학자에게는 사회 집단의 상호작용, 가족 역학, 어머니의 보살핌 같은 것들을 떠올리게 한다. 영양학자는 먹이 피라미드와 식품 보조제 같은 것을 떠올릴 것

4 숨은 의미 찾기

이고, 독물학자는 수질, 토양, 대기 오염물질을 생각할 것이다. (…) [그러나 현재 과학자들은] 광범위하게 다양한 이 모든 환경이, 부분적으로는 후성유전체에 침범하여 그것을 변형함으로써 유전자 발현을 변화시키고 표현형을 바꿀 수 있다는 증거를 갖고 있다.[23]

여기서 우리가 챙겨야 할 핵심 메시지는 분명하다. 경험 요인이 후성유전적 상태에 영향을 줄 수 있고, 염색질의 구조는 경험에 역동적으로 반응할 수 있으며, 우리 각자의 유전체는 시간이 흐름에 따라 실질적으로 변화 즉 발달한다는 것이다.

교훈 4: 유전자에 관한 은유는 부정확하다

후성유전학 연구에서 얻을 수 있는 넷째 교훈은 유전체에 관해 사용하는 몇몇 은유가 우리의 형질을 초래하는 것에 관한 왜곡된 관점을 심어줄 수 있다는 것이다. 현대적 후성유전학 연구 시기보다 훨씬 전부터 많은 이론가가 이런 은유들에 경종을 울렸으며, 후성유전학 데이터는 그들의 주장을 한층 더 보강한다. 노스캐롤라이나대학교 그린즈버러 캠퍼스의 심리학자 티머시 존스턴은 25년도 더 전에 그러한 염려를 표하며 "혼동으로 가는 길은 설득력 있지만 부정확한 은유들로 포장되어 있다"라고 썼다.[24]

존스턴이 우려를 표현한 구체적인 은유는 노벨상 수상자인 콘라트 로렌츠가 제시한 은유인데, 로렌츠는 "자연선택이 제공하는 (⋯) 정보[는] (⋯) 유전자 청사진으로서 유전체에 부호화되어 있다"라고 생각했다.[25] 이를 비판하며 존스턴은 이 은유가 "발달에 관여하는 유전자의 성격을 심각하게 [오도한다]"고 강력히 주장했다.[26] 하지만 청사진 은유는 계속해서 인기를 누렸고,[27] 그러자 다른 비판자들도 이 논쟁에 가담했다.[28] 그래도 인기가 누그러들지 않자 뉴욕시립대학교의 과학철학자 마시모 필리우치는 2010년에 청사진 은유가 "한탄스러울 정도로 부적절하며 적극적으로 오해를 유도한다"라고 썼다.[29]

물론 2010년 즈음에는 몇몇 다른 이론가들도 비판적 관점을 취하면서 다른 좋은 은유들을 찾아 나서기 시작했다. 예를 들어 한 과학자는 2006년에 "유전체는 청사진이라기보다 뜨개질 도안이나 조리법에 훨씬 더 가깝다"라는 의견을 제시했다.[30] 안타깝게도 '조리법' 은유도 청사진 은유보다 그리 나을 게 없는 것이, 여전히 부정확하게,[31] 맥락과 별개로 사용할 수 있는 정보를 자연선택이 우리 유전체 안에 부호화해서 저장해두었다고 암시하기 때문이다. 후성유전적 표지가 경험의 영향을 받는다는 발견 때문에 그러한 은유들은 한층 더 쓸모없어졌다.

또 하나 '정보 은유' 역시 유전체가 발달 사건이 일어나는 순서를 통제하는 컴퓨터 프로그램인 것처럼 암시한다. 이 은유는 적어도 유전체가 유전체 이외의 것에서 들어오는 입력들에 반응한다는 사실은 받아들이는 것이니 청사진이나 조리법 은유보다는 나아진 편이다. 하지만 다른 면들에서는 이 역시 부족한 것으로 드러났다.[32] 이 은유의 최근 버전 중 하나는 우리가 유전자를 "거대한 운영 시스템 속 서브루틴들"로 생각해야 한다고 제안한다.[33] 그러나 ENCODE 프로젝트에 참여한 과학자들에 따르면 ENCODE의 데이터는 "유전자가 거대한 운영 시스템에서 단순히 불러낼 수 있는 루틴이라는 은유와 맞지 않으며",[34] 따라서 이 은유 역시 타당하지 않다. 현재 우리가 후성유전학에 관해 알고 있는 바를 고려할 때, 이러한 은유의 공백을 채워줄 새로운 비유가 있을까?

후성유전학을 다룬 아주 훌륭한 책[35]에서 네사 캐리는 DNA를 대본과 유사한 것으로 생각하는 게 좋다고 제안한다.

> 예를 들어《로미오와 줄리엣》을 생각해보자. 1935년에 조지 큐커 감독은 영화판《로미오와 줄리엣》에서 레슬리 하워드와 노마 시어러의 연기를 연출했다. 그로부터 60년 후, 배즈 루어먼 감독은 또 다른 영화 버전에서 레오나르도 디카프리오와 클레어 데인스의 연기를 이끌었다. (…) 두 편 다 셰익스피어의 대본을 사용했지만, 두 영화는 완전히 다르다. 출발점은 같지만 결과는 전혀 다르다.[36]

우리 몸이 DNA를 융통성 있게 사용할 수 있다는 것을 독자들에게 이해시키는 일은 캐리에게 맡겨도 좋을 것이다. 하지만 결국 캐리의 직유 역시 미흡하기는 마찬가지다. 대본이란 보통 연기를 시작하기 전에 쓰인 것이며, 그 어떤 감독도 연기가 진행되고 있을 때 셰익스피어가 쓴《로미오와 줄리엣》의 중간에 나오는 대사 하나를 연극의 끝부분으로 옮기는 일은 꿈도 꾸지 않을 것이다. 이와 달리 생물학적 발달은 그보다는 제약이 훨씬 적다. 발달은 실시간으로 일어나며(미리 프로그램된 것이 아니다) 유전적 '정보'는 맥락과 시기에 따라 다른 기능들을 수행하도록 옮겨질 수 있다(5장에서 이야기한 선택적 스플라이싱이 이런 일이 일어나는 방식의 좋은 예다). 결국 대본 은유는 정보 은유와 같은 이유로 실패한다.[37] DNA는 청사진보다는 대본에 아주 약간 더 가까울 뿐이며, 후성유전학 연구는 이미 20세기의 발달과학자들도 분명히 파악했던 정보 은유들의 약점을 더욱 분명히 보여주었다.

반가운 소식은 우리 몸과 마음이 어떻게 현재의 특징들을 갖게 되었는지 설명하는 데 도움이 될 만한 몇 가지 새로운 은유들이 등장했다는 것이다. 마리뉘스 판에이젠도른과 동료들은 "아동 발달은 메틸화를 통해 유기체의 DNA에 새겨진 경험으로 개념화할 수 있을 것"이라고 제안했다.[38] 이 진술에서 중요한 것은 경험이 발달 과정에서 차지하는 핵심 역할을 명시한다는 점이다. 그밖에 한 암 유전체 연구자는 ENCODE 데이터세트를 구글 지도에 비유하면서 "이제 우리는 도로를 따라가면서 교통 순환을 볼 수 있다"라고 말했다.[39] 이 은유 역시, 상호작용하는 어마어마한 수의 요인들에서 영향을 받는 시스템의 복잡성을 포착하고, 그럼으로써 특정한 하나의 결과를 만들어내는 데는 언제나 여러 방식이 존재한다고 암시한다는 점에서 어느 정도 장점이 있다.

매순간 다르며 확률론적으로 움직이는 DNA의 실제 작동 방식을 잘 포착하는 또 하나의 은유가 있다. "발달은 즉흥적으로 벌어지는 동네 파티다." 즉흥적인 동네 파티에 참석하는 사람들은 뚜렷이 다른 특징들을 지니고 있으며 이것은 그 사람들 사이에서 상호작용이 전개되는 방식에 영향을 주고, 그럼으로써 파티의 전반적인 '분위기'에 영향을 준다. (마찬가지로 DNA 분절들에도 뚜렷이 다른 특징들이 있으며, 이것은 각자의 주변 환경에 있는 다른 분자들과의 상호작용에 영향을 준다.) 파티가 끝나갈 즈음 그 파티가 어떤 성격을 띠게 될지 미리 정확히 예측하기는 어렵다. 그런 파티는 여러 예측할 수 없는 방식으로 전개될 수 있기 때문이다. (이는 발달도 마찬가지다.) 물론 이웃들이 모두 중년의 교수라면 그 파티가 시끌벅적한 생맥주 파티가 될 가능성은 작다. (물론 그렇게 될 수도 있다!) 그러니까 **그럭저럭** 맞는 예측을 하는 것은 가능하며, 우리는 상황이 '자연법칙'에 맞게 전개될 거라고 확신할 수 있다. (발달에 관해서도 같은 말을 할 수 있다.) 하지만 이런 종류의 파티에서 일어나는 모든 일을 통제할 수 있는 감독관이 존재하지 않는 것처럼, 한 생물의 몸속에서 일어나는 모든 일을 통제할 수 있는 '우두머리 분자'도 존재하지 않는다. 게다가 이 파티에서 무슨 일이 벌어질 것인지 미리 '써둔 대본'도 없다. 비록 문화적 규범 같은 역사적 요인들이 벌어질 일들의 범위에 어느 정도 제약을 가하기는 하겠지만 말이다. (유전체가 발달에 영향을 미치는 방식에 관해서도 비슷한 주장을 할 수 있다.) 마지막으로 외부 요인들(예컨대 날씨, 중요한 정치 뉴스를 듣게 되는 것, 경찰이 오는 일 등)도 이 파티가 어떻게 전개될지에 영향을 주는데, 이로써 이 은유는 행동 후성유전학에 관한 데이터와 더 잘 맞아떨어진다. 이 은유가 잘 들어맞는 한도 내에서는,

유전체를 대본이나 청사진, 조리법 혹은 컴퓨터 프로그램으로 생각하지 **않는** 것이 왜 좋은지 알 수 있다. 물론 파티 은유가 그리 **안** 맞는 방식들도 존재하지만, 적어도 발달의 창발적 특성이 지닌 몇 가지 중요한 측면들은 잘 포착한다.

생물학자이자 철학자이며, 옥스퍼드대학교 전산생리학 computational physiology 명예교수인 데니스 노블은《생명의 음악》[40] 이라는 책에서 생명의 과정에 관해 생각하는 데 도움이 될 좋은 은유 몇 가지를 제시했다. 그는 훌륭하게도 다음과 같이 단도직입적으로 인정했다.

> 이 은유들에는 각자 나름의 장점과 단점이 있다. (…) 어떤 은유도 묘사하고 있는 상황을 완벽한 지도로 그려내지는 못한다. 은유들은 특정 측면을 부각하는 대가로 다른 측면의 중요성을 깎아내리는 일을 감수한다. 은유를 너무 글자 그대로 받아들이고, 적용 범위 너머로까지 확장하며, 과학적으로 유일하게 정확한 은유로 해석하는 것은 해로운 일이다.[41]

노블은 마지막 장에서 자신이 은유의 가치와 위험을 모두 잘 이해하고 있음을 분명히 보여주며 "일단 은유를 사용해 통찰을 얻은 뒤에는 모든 은유를 던져버릴 것을 권한다."[42] 그러니 나도 이제 은유 이야기는 그만하는 게 좋겠다.

4 숨은 의미 찾기

행동 후성유전학의 핵심 메시지

　독자들마다 행동 후성유전학이 지닌 함의에 관해 서로 다른 결론들을 얻을 수 있다. 특히 과학자와 비과학자는 이 책에서 서로 다른 방식의 안내를 받을 것이다. 과학자들이 이 책에서 챙겨갈 가장 중요한 충고는 "발달을 탐구하라"이다. 결정론적인 다른 세계관에 비해, 행동 후성유전학과 잘 맞는 발달의 세계관은 과학자들이 조금 다른, 더 생산적인 길을 가도록 안내해줄 것이다.

　표현형들이 주로 유전자에 의해 만들어진다고 보는 결정론적 세계관을 지닌 과학자는, 전통적으로 행동 유전학자들이 해왔던 쌍둥이 연구, 그러니까 어떤 표현형이 환경의 조작에서 영향을 받을 수 있고 어떤 표현형은 그럴 수 없는지를 밝혀준다고 착각해왔던 그런 연구 쪽으로 이끌릴 수 있다. 이런 과학자는 그 접근법으로 자신이 '유전적' 표현형 혹은 유전자의 '강력한 영향을 받은' 표현형을 식별해낼 수 있으리라 믿고 있을지 모른다. 일단 표현형들을 이렇게 식별하고 나면 누군가는 표현형에 영향을 주기 위해 할 수 있는 일이 별로 없다는 잘못된 믿음 때문에 그 표현형을 무시해버릴지 모른다. 어떤 표현형이 우리 대부분에게 전형적이라면 아마도 그 표현형은 '인간 본성'에 기인한다고 여길 테고, 비전형적인 표현형이라면 '유전적 비정상'이라는 꼬리표를 붙일 것이다. 어느 쪽이든 그것으로 그 표현형 탐구는 끝날 것이다.

　이와 대조적으로 발달적 세계관은 과학자에게 발달기 동안 표현형들이 어떻게 **생겨나는지** 연구하도록 부추길 것이다. 이 관점에 따르면, 우리가 지닌 모든 특징은 DNA를 포함한 '유전된' 요인과 환경(발달 중인 신체의 외부 환경뿐 아니라 DNA를 둘러싸고 있는 국소 환경까지)이 주고받는 상호작용의 결과로 발달한다. 이 요인들이 상호작용하며 만들어낸 변화들이 긴 사건의 연쇄 속에서 서로 꼬리를 물고 이어지며 결국 하나의 표현형을 탄생시키며, 이 표현형은 한동안 안정적으로 유지되거나 또 다른 표현형으로 넘어가는 경로 중의 과도기적 상태일 수도 있다. 발달에 초점을 맞추는 과학자에게는 이것이 바로 탐구의 **시작점**이며, 탐구의 목표는 이전부터 존재하던 요인들의 상호작용을 통해 어떻게 표현형이 만들어지는지를 연구하는 것이다.

중요한 점은 발달적 관점이 질병의 실질적인 치료법을 만들어낼 지식을 제공한다는 것이다. 이와 대조적으로 한 표현형의 '유전율' 정보, 즉 쌍둥이 연구에서 나온 것과 같은 종류의 정보는 결코 한 표현형의 **발달**에 관한 정보만큼 유용하게 쓰일 수 없다. 한 표현형의 발생에 관해, 성공적 개입을 가능하게 해줄 만큼의 철저한 이해를 제공하는 것은 발달적 정보뿐이다.[43] 경험이 유전자 **발현**에 영향을 줄 수 있다는 발견은 우리의 특징들을 만들어내는 데 발달이 담당하는 역할을 강조한다. 이렇게 후성유전 연구는 과학자들이 오로지 유전자와 표현형의 **상관관계**에만 초점을 맞추던 단계에서 벗어나, 발달 과정들이 실제로 어떻게 표현형들을 **초래하는지**로 관심을 옮기게 할 것이고, 이러한 관점의 변화는 다양한 분야에 폭넓은 영향을 미칠 것이다.

비과학자들이 후성유전학 연구에서 챙겨갈 수 있는 실용적 메시지는 이보다는 덜 명확한데, 이는 행동 후성유전학이라는 과학이 이제 막 시작되는 단계이기 때문이라 할 수 있다. 현재 우리의 지식 단계를 표현한 어느 저자의 말처럼 "지금이 후성유전학 연구의 유아기라면, **행동** 후성유전학 연구는 배아기에 해당한다."[44] 현재 나와 있는 데이터로부터 얻을 수 있는 조언들은, 후성유전학에 관해 전혀 몰랐을 때도 들었을 법한 조언들과 그리 다르지 않다. 이를테면 채소를 많이 먹는 건강한 식생활을 하고, 차분한 상태를 유지하고, 친구 관계를 잘 맺으며, 독소를 피하라는 등의 조언 말이다. 지금 우리는 이런 요인들이 어떻게 각자의 효과를 만들어내는지를 알고 있으며, 이 정보는 미래의 의료 전문가들에게 그리고 최종적으로는 그들이 돕고자 하는 사람들에게 유용하게 쓰일 것이다. 하지만 현재로서는 이 정보가 인생을 살아가는 방식을 변화시키지는 않을 것이다. 어떤 사람이 대식가인데 그것이 **자신에게** 해로운 일임을 알면서도 그 행동을 고치지 않았다면, 그런 식습관이 후성유전으로 자기 후손에게 해를 입히는 일이란 걸 알게 된다고 해서 그가 자신의 행동을 바꿀까? 내 생각에는 그럴 것 같지 않다. 미래에는 기억을 향상시킬 후성유전 약물이 쓰일 것이라는 기대가, 전기 경련 치료나 의료용 마리화나 같은 기억을 훼손하는 치료법들에 현재 우리가 느끼는 감정을 바꿔줄까? 아마도 아닐 것이다. 마이클 미니 연구실의 후성유전 연구가 어머니로 하여금 자기 아기와 신체 접촉을 더 많이 하도록 부추길까? 어쩌면 그럴 수도 있겠지만, 그런 접촉이 매우 가치 있다는 것은 이미 오래전부터 알려진 사실이 아닌가?

생물학적 과정들의 작동 방식을 이해하게 되면 서로를 인식하는 방식도 바뀔 수 있다. 그러니 비록 아직은 우리의 후성유전적 상태를 생산적으로 변화시키는 (혹은 보호하는) 방법을 모른다고 하더라도, 후성유전적 상태가 행동에 영향을 준다는 사실을 아는 것은 매우 의미 있는 결과를 낳을 수 있다. 예컨대 최근 연구에서는 미국의 주 재판관들에게 사이코패스의 행동을 초래하는 **생물학적 메커니즘**에 관한 정보를 알려주는지 아닌지에 따라, 그들이 사이코패스에 대해 내리는 판결이 상당히 달라졌음을 보여주었다.[45] 그러니까 경험이 유전자 발현에, 결국 신경생화학과 뇌 구조, 행동에도 영향을 준다는 사실을 아는 것은 우리가 주변 사람을 보는 방식에도 영향을 미칠 수 있다. 하지만 후성유전학의 새로운 이해가 주는 이런 식의 대략적 효과들 외에, 아직 확신을 갖고 말할 수 있는 것은 많지 않다.

그렇지만 유전자 결정론의 종말이 인간 본성에 관한 우리의 사고방식을 바꿔놓으리라는 것은 이미 한동안 명백한 사실로 여겨졌으며, 후성유전학의 여러 발견은 그 생각을 뒷받침한다. 우리는 모두 자신이 발달하는 동안 속해 있는 맥락에서 심층적인 영향을 받으며, 어느 정도는 그 맥락을 통제할 힘도 갖고 있다. 따라서 우리에게는 우리 자신뿐 아니라 다른 사람들도 공감할 줄 알고 깨어 있으며 성취하는 개인으로 성장하도록 돕기 위해 우리가 할 수 있는 일을 해야 할 책임이 있다. 후성유전학의 위상이 높아지면 모든 이에게 이런 메시지가 전해질 것이다. '당신이 생물학의 올가미에 걸려 있다고는 생각하지 말라. 분투하라. 아이들을 주의 깊게 보살피고 돌보아라. 환경을 신중하게 선택하고 구축하며, 지속적인 건강과 발달을 증진할 수 있는 방식으로 살아가라. 중요한 건 당신이 무슨 일을 하는가에 달려 있기 때문이다.' 수천 년 전부터 분별 있는 사람들은 이런 믿음을 지니고 있었고, 경험이 우리에게 영향을 주는 **방식**에 관한 새로운 지식을 얻었다고 해서 이 지혜로운 생각이 바뀔 이유는 없다. 전 세계의 후성유전학 연구실들이 우리가 어떻게 살아가야 하는지에 관한 비약적으로 새로운 통찰을 아직 내놓지 못했다고 해도, 21세기 초에 그들은 흥미진진한 데이터들을 만들어내고 있으며, 우리는 그리 머지않은 미래 어느 시점에 그 새로운 정보로부터 큰 영향을 받을 것이다.

후주

1장　맥락의 힘

1　Kupperman, K. O. (1984). 《로어노크: 버려진 식민지Roanoke: The abandoned colony. Lanham》, MD: Rowman & Littlefield.

2　Stahle, D. W., Cleaveland, M. K., Blanton, D. B., Therrell, M. D., & Gay, D. A. (1998). 잃어버린 식민지와 제임스타운 가뭄The Lost Colony and Jamestown droughts. *Science*, 280, 564-567.

3　Stahle et al., 1998, p. 566.

4　Jones, E. E., & Harris, V. A. (1967). 태도의 귀인The attribution of attitudes. *Journal of Experimental Social Psychology*, 3, 1-24.

5　Stahle et al., 1998.

6　West, M. J., & King, A. P. (1987). 개체발생 환경 중 본성과 양육이 차지하는 적소 밝히기Settling nature and nurture into an ontogenetic niche. *Developmental Psychobiology*, 20, 549-562.

7　Schneider, S. M. (2012). 《결과의 과학: 결과가 유전자에 영향을 미치고, 뇌를 변화시키고, 우리의 세계에 효과를 남기는 방식The science of consequences: How they affect genes, change the brain, and impact our world》. Amherst, NY: Prometheus Books.

8　Needham, B. L., Epel, E. S., Adler, N. E., & Kiefe, C. (2010). 비만과 우울증 증상의 변화 경로Trajectories of change in obesity and symptoms of depression: The CARDIA study. *American Journal of Public Health*, 100, 1040-1046.

9　Dimsdale, J. E. (2008). 심리적 스트레스와 심혈관 질환Psychological stress and cardiovascular disease. *Journal of the American College of Cardiology*, 51, 1237-1246.

10   Dewsbury, D. A. (1991). 심리생물학Psychobiology. *American Psychologist*, 46, 198-205.

11   더 자세한 정보는 다음에서 찾아볼 수 있다. Rice, W. R., Friberg, U., & Gavrilets, S. (2012). 후성유전에 의해 수로화된 성적 발달의 결과로서 동성애 Homosexuality as a consequence of epigenetically canalized sexual development. *Quarterly Review of Biology*, 87, 343-368. 지금 여기서 이 논문을 언급하는 이유는 여기 함께 열거한 다른 주제들과 달리, 동성애에 관해서는 이 책에서 더 다루지 않을 것이기 때문이다. 후성유전과 성적 지향의 관계를 다룬 다른 과학 논문이 있는지는 모르겠다.

12   Lester, B. M., Tronick, E., Nestler, E., Abel, T., Kosofsky, B., Kuzawa, C. W., ... Wood, M. A. (2011). 행동 후성유전학Behavioral epigenetics. *Annals of the New York Academy of Sciences*, 1226, 14-33.

13   예컨대 Maderspacher, F. (2010). 리젠코의 부상Lysenko rising. *Current Biology*, 20, R835-R837.

14   Miller, G. (2010). 행동 후성유전학의 유혹적 매력The seductive allure of behavioral epigenetics. *Science*, 329, p. 24.

15   15a. Albert, P. R. (2010). 정신질환에서 후성유전, 희망인가 과대광고인가? Epigenetics in mental illness: Hope or hype? *Journal of Psychiatry and Neuroscience*, 35, 366-368.

      15b. Buchen, L. (2010). 그들의 양육 속에In their nurture. *Nature*, 467, 146-148.

16   Ptashne, M. (2010). 후성유전체 프로젝트의 과학적 근거에 관한 질문들 Questions over the scientific basis of epigenome project. *Nature*, 464, p. 487.

2장   DNA는 그런 식으로 작동하지 않는다

1   Jolie, A. (2013, May 14). 나의 의학적 선택My medical choice. *New York Times*.

2   Dowd, M. (2013, May 14). 쏟아지는 고백들Cascading confessions. *New York Times*.

3   National Cancer Institute. (2009, May 29). BRCA1과 BRCA1: 암 발병 위험과 유전자 검사BRCA1 and BRCA2: Cancer risk and genetic testing. *National Cancer Institute Fact Sheet*. Retrieved July 13, 2013, from http://www.cancer.gov/

cancertopics/factsheet/Risk/BRCA.

4   Grady, D., Parker-Pope, T., & Belluck, P. (2013, May 14). 예방적 유방절제
        술에 대한 졸리의 공개로 부각된 딜레마Jolie's disclosure of preventive mastectomy
        highlights dilemma. *New York Times*.

5   Grady et al., 2013.

6   **6a.** Castéra, J., Abrougui, M., Nisiforou, O., Turcinaviciene, J., Sarapuu, T.,
        Agorram, B., ... Carvalho, G. (2008). 학교 교과서 속 유전자 결정론: 16개 국
        에서 실시한 비교 연구Genetic determinism in school textbooks: A comparative study
        conducted among sixteen countries. *Science Education International*, 19, 163-184.

        6b. dos Santos, V. C., Joaquim, L. M., & El-Hani, C. N. (2012). 생물학 교과
        서 속 혼성 유전자 결정론적 관점Hybrid deterministic views about genes in biology
        textbooks: A key problem in genetics teaching. *Science and Education*, 21, 543-578.
        doi:10.1007/s11191-011-9348-1

        6c. Gericke, N. M., & Hagberg, M. (2010). 상위 중등 교육 교과서 속 유
        전자 기능에 관한 기술에서 나타나는 개념적 차이들Conceptual variation
        in the depiction of gene function in upper secondary school textbooks. Science and
        Education, 19, 963-994.

7   Kolata, G. (2013, July 18, 2:02 p.m. ET). 당신은 과체중인가? 잘못은 당신의 유
        전자에 있을지도 모른다Overweight? Maybe your genes really are at fault. *New York
        Times*.

8   **8a.** 홍채의 색깔을 만들어내는 복잡한 상호작용에 관한 정보를 알고 싶으면
        다음을 보라. Sturm, R. A., & Frudakis, T. N. (2004). 눈 색깔: 색소 유전자
        와 가계를 들여다보게 해주는 입구Eye colour: Portals into pigmentation genes and
        ancestry. *Trends in Genetics*, 20, 327-332.

        8b. 뼈를 형성하는 복잡한 상호작용에 관한 정보를 알고 싶으면 다음을 보라.
        Hall, B. K. (1988). 배아기의 뼈 발달The embryonic development of bone. *American
        Scientist*, 76(2), 174-181, or Gilbert, S. F. (2001). 생태발달생물학: 발달생물
        학과 현실 세계의 만남Ecological developmental biology: Developmental biology meets
        the real world. *Developmental Biology*, 233, 1-12.

        8c. 우리의 뇌를 만드는 복잡한 상호작용에 관한 정보를 알고 싶으면 다음
        을 보라. Johnson, M. H. (2010).《발달 인지 뇌과학(3판)*Developmental Cognitive*

Neuroscience (3rd ed,)》. Malden, MA: Wiley-Blackwell.

9   **9a.** Bateson, P., & Gluckman, P. (2011).《가소성, 강건성, 발달 그리고 진화 *Plasticity, robustness, development and evolution*》. Cambridge, England: Cambridge University Press.

9b. Blumberg, M. S. (2005).《기본적 본능: 행동의 발생*Basic instinct: The genesis of behavior*》. New York: Thunder's Mouth Press.

9c. Gottlieb, G. (2007). 확률적 후성Probabilistic epigenesis. *Developmental Science*, 10, 1-11.

9d. Jablonka, E., & Lamb, M. J. (2005).《사차원으로 보는 진화: 생명의 역사 속 유전적, 후성유전적, 행동적, 상징적 변화*Evolution in four dimensions: Genetic, epigenetic, behavioral, and symbolic variation in the history of life*》. Cambridge, MA: The MIT Press.

9e. Lewkowicz, D. J. (2011). 본성-양육 이분법의 생물학적 비현실성과 그것이 유아기 연구에 의미하는 바The biological implausibility of the nature-nurture dichotomy and what it means for the study of infancy. *Infancy*, 16, 331-367.

9f. Lewontin, R. C. (2000).《삼중나선: 유전자, 유기체, 환경*The triple helix: Gene, organism, and environment*》. Cambridge, MA: Harvard University Press.

9g. Lickliter, R. (2008). 발달에 관한 사고의 성장: 새로운 진화심리학에 대한 함의The growth of developmental thought: Implications for a new evolutionary psychology. *New Ideas in Psychology*, 26, 353-369.

9h. Lickliter, R. (2009). 구획화의 오류: 유기체-환경 시스템에 대한 후성유전학의 입증The fallacy of partitioning: Epigenetics' validation of the organism-environment system. *Ecological Psychology*, 21, 138-146.

9i. Meaney, M. J. (2010). 후성유전학 및 유전자와 환경의 상호작용에 대한 생물학적 정의Epigenetics and the biological definition of gene×environment interactions. *Child Development*, 81, 41-79.

9j. Moore, D. S. (2008a). 상호작용을 지지하고 반응에 대처하기: 유전자 결정론에 대한 일반인들의 믿음 해결하기Espousing interactions and fielding reactions: Addressing laypeople's beliefs about genetic determinism. *Philosophical Psychology*, 21, 331-348.

9k. 데니스 노블 지음,《생명의 음악》, 이정모, 염재범 옮김, 열린과학, 2009년.

9l. Oyama, S. (2000).《정보의 개체발생*The ontogeny of information*》. Durham, NC: Duke University Press.

9m. Robert, J. S. (2004).《발생학, 후성, 진화: 진지하게 바라본 발달*Embryology, epigenesis, and evolution: Taking development seriously*》. New York: Cambridge University Press.

9n. Spencer, J. P., Blumberg, M. S., McMurray, B., Robinson, S. R., Samuelson, L. K., & Tomblin, J. B. (2009). 짧은 팔과 말하는 알: 우리가 생득론-경험론 논쟁을 더 이상 봐주지 말아야 하는 이유Short arms and talking eggs: Why we should no longer abide the nativist-empiricist debate. *Child Development Perspectives*, 3, 79-87.

10a-10e. 20세기에 처음 등장했을 때부터 현재까지 이 관념의 기원을 추적하려면 다음 저작들을 보라.

10a. Driesch, H. A. E. (1910).《발달의 생리학*Physiology of development. In The Encyclopaedia Britannica*》(11th ed., Vol. 9, pp. 329-331). London, England: Cambridge University Press.

10b. Beach, F. A. (1955). 본능의 유래The descent of instinct. *Psychological Review*, 62, 401-410.

10c. Lehrman, D. S. (1953). 콘라드 로렌츠의 본능적 행동 이론에 대한 비평A critique of Konrad Lorenz's theory of instinctive behavior. *Quarterly Review of Biology*, 28, 337-363.

10d. Gottlieb, G. (1991). 행동 발달의 실험적 수로화: 이론Experiential canalization of behavioral development: Theory. *Developmental Psychology*, 27, 4-13.

10e. Lickliter, R., & Honeycutt, H. (2010). 발달과학의 관점에서 후성설과 진화에 대한 재고Rethinking epigenesis and evolution in light of developmental science. In M. S. Blumberg, J. H. Freeman, & S. R. Robinson (Eds.),《옥스퍼드 발달 행동 신경과학*Oxford handbook of developmental behavioral neuroscience*》(pp. 30-47). New York: Oxford University Press.

11   National Cancer Institute, 2009.

12   Lichtenstein, P., Holm, N. V., Verkasalo, P. K., Iliadou, A., Kaprio, J., Koskenvuo, M., ... Hemminki, K. (2000). 암 유발의 환경 및 유전 요인-스웨덴, 덴마크 및 핀란드의 쌍둥이 코호트 분석Environmental and heritable factors in

the causation of cancer—Analyses of cohorts of twins from Sweden, Denmark, and Finland. *New England Journal of Medicine*, 343, 78-85.

13   Anand, P., Kunnumakara, A. B., Sundaram, C., Harikumar, K. B., Tharakan, S. T., Lai, O. S., ... Aggarwal, B. B. (2008). 암은 생활방식을 대대적으로 바꾸어야 하는, 예방할 수 있는 병이다Cancer is a preventable disease that requires major life-style changes. *Pharmaceutical Research*, 25, 2097-2116.

14   Feinberg, A. P., Ohlsson, R., & Henikoff, S. (2006). 인간 암의 후성유전적 전구 기점The epigenetic progenitor origin of human cancer. *Nature Reviews: Genetics*, 7, p. 24.

15   Mack, G. S. (2010). 선별성과 그 너머로To selectivity and beyond. *Nature Biotechnology*, 28, p. 1262.

16   16a-16c. "후성유전(학)epigenetics"은 '후성epigenesis'이라는 단어에서 파생되었는데, 이 단어의 역사에 관해 더 알고 싶으면 다음 세 저작을 보라.

       16a. Gottlieb, G. (1992).《개체의 발달과 진화: 새로운 행동의 발생Individual development and evolution: The genesis of novel behavior》. New York: Oxford University Press.

       16b. Gould, S. J. (1977).《개체발생과 계통발생Ontogeny and phylogeny》. Cambridge, MA: The Belknap Press of Harvard University Press.

       16c. Robert, 2004.

17   Meaney, 2010.

18   Anand et al., 2008.

19   Waddington, C. H. (1968). 생물학의 기본 개념The basic ideas of biology. In C. H. Waddington (Ed.),《이론 생물학을 향하여 Towards a Theoretical Biology》(Vol. 1: Prolegomena, pp. 1-32). Edinburgh: Edinburgh University Press.

20   Sweatt, J. D. (2009). 중추신경계의 경험 의존적 후성유전적 변형Experience-dependent epigenetic modifications in the central nervous system. *Biological Psychiatry*, 65, p. 192.

21   Dawkins, R. (1987).《눈먼 시계공The Blind Watchmaker》. New York: Norton.

22   Keller, E. F. (2014). 유전자의 작용에서 반응하는 유전체로From gene action to reactive genomes. *Journal of Physiology*, 592, p. 2423.

3장 발달, 세포와 맥락의 상호작용

1   van Gorp, S., Leerink, M., Kakinohana, O., Platoshyn, O., Santucci, C., Galik, J., ... Marsala, M. (2013). 급성 요추 척수 손상의 쥐 모델에서 인간 신경줄 기세포 이식을 통한 운동/감각 기능장애 및 경련 개선Amelioration of motor/ sensory dysfunction and spasticity in a rat model of acute lumbar spinal cord injury by human neural stem cell transplantation. *Stem Cell Research and Therapy*, 4(3), 57.

2   Wilmut, I., Schnieke, A. E., McWhir, J., Kind, A. J., & Campbell, K. H. S. (1997). 포유류 태아 세포 및 성체 세포에서 유래한 생존 가능한 자손Viable offspring derived from fetal and adult mammalian cells. *Nature*, 385, 810-813.

3   Levenberg, S., Golub, J. S., Amit, M., Itskovitz-Eldor, J., & Langer, R. (2002). 인간 배아줄기세포에서 유래한 내피세포Endothelial cells derived from human embryonic stem cells. *Proceedings of the National Academy of Sciences USA*, 99, 4391-4396.

4   Gilbert, S. F. (2000). 《발달생물학*Developmental Biology (6th ed.)*》. Sunderland, MA: Sinauer Associates.

5   크리스티아네 뉘슬라인 폴하르트 지음, 《살아있는 유전자》, 김기은 옮김, 이치, 2006년.

6   **6a.** Jablonka, E., & Lamb, M. J. (2002). 후성유전학 개념의 변천The changing concept of epigenetics. *Annals of the New York Academy of Science*, 981, 82-96.

    6b. Richards, E. J. (2006). 유전된 후성유전적 변화―연성 유전에 대한 재고 Inherited epigenetic variation―Revisiting soft inheritance. *Nature Reviews: Genetics*, 7, 395-401.

    6c. Van Speybroeck, L. (2002). 후성설에서 후성유전학으로: C. H. 워딩턴의 경우From epigenesis to epigenetics: The case of C. H. Waddington. *Annals of the New York Academy of Science*, 981, 61-81.

7   Waddington, C. H. (1968). 생물학의 기본 개념The basic ideas of biology. In C. H. Waddington (Ed.), 《이론 생물학을 향하여*Towards a Theoretical Biology*》 (Vol. 1: Prolegomena, pp. 1-32). Edinburgh: Edinburgh University Press, pp. 9-10.

8   Waddington, 1968, p. 11.

9   리처드 도킨스 지음, 《확장된 표현형》, 홍영남, 장대익, 권오현 옮김, 을유문화사, 2016년.

10   **10a.** Gottlieb, G. (1991). 경험에 의한 행동 발달의 수로화: 이론Experiential canalization of behavioral development: Theory. *Developmental Psychology*, 27, 4-13.

10b. Gottlieb, G. (1992). *개체의 발달과 진화: 새로운 행동의 발생Individual development and evolution: The genesis of novel behavior*. New York: Oxford University Press.

10c. Gottlieb, G. (1997). 본성-양육의 종합: 본능적 행동의 출생 전 근원 Synthesizing nature-nurture: Prenatal roots of instinctive behavior. Mahwah, NJ: Erlbaum.

10d. Gottlieb, G. (1998). 일반적으로 발생하는 환경 및 행동이 유전자 활동에 미치는 영향: 중심 원리에서 확률적 후성발생으로Normally occurring environmental and behavioral influences on gene activity: From central dogma to probabilistic epigenesis. *Psychological Review*, 105, 792-802.

11   Robert, J. S. (2008). 오래된 관념 진지하게 다시 보기: 진화, 발달, 인간 행동 Taking old ideas seriously: Evolution, development and human behavior. *New Ideas in Psychology*, 26, 387-404.

12   **12a.** Jablonka & Lamb, 2002.

12b. Jablonka, E., & Lamb, M. J. (2005). 《*사차원으로 보는 진화: 생명의 역사 속 유전적, 후성유전적, 행동적, 상징적 변화Evolution in four dimensions: Genetic, epigenetic, behavioral, and symbolic variation in the history of life*》. Cambridge, MA: MIT Press.

12c. Jablonka, E., & Lamb, M. J. (2007). 사차원으로 보는 진화 간단 요약Précis of evolution in four dimensions. *Behavioral and Brain Sciences*, 30, 353-392.

13   Canli, T., Qiu, M., Omura, K., Congdon, E., Haas, B. W., Amin, Z., ... Lesch, K. P. (2006). 후성발생의 신경 상관물Neural correlates of epigenesis. *Proceedings of the National Academy of Sciences USA*, 103, 16033-16038.

14   **14a.** Lickliter, R. (2008). 발달에 관한 사유의 성장: 새로운 진화심리학을 위한 함의The growth of developmental thought: Implications for a new evolutionary psychology. *New Ideas in Psychology*, 26, 353-369.

14b. Lickliter, R., & Honeycutt, H. (2013). 심리학을 위한 발달 및 진화의 틀A developmental evolutionary framework for psychology. *Review of General Psychology*, 17, 184-189.

15   Wu, C.-T., & Morris, J. R. (2001). 유전자, 유전학, 후성유전학Genes, genetics, and epigenetics: A correspondence. *Science*, 293, p. 1104.

16   Day, J. J., & Sweatt, J. D. (2010). DNA 메틸화와 기억 형성DNA methylation and memory formation. *Nature Neuroscience*, 13, p. 1321.

17   Jablonka & Lamb, 2002, pp. 88-89.

18   Richards, 2006.

19   네사 캐리 지음,《유전자는 네가 한 일을 알고 있다》, 이충호 옮김, 해나무, 2015년.

20   Lehrman, D. S. (1953). 콘라트 로렌츠의 본능적 행동 이론에 대한 비평A critique of Konrad Lorenz's theory of instinctive behavior. *Quarterly Review of Biology*, 28, p. 359.

21   Moore, D. S. (2013c). 생물학에서 발달심리학으로 상동성 개념 가져오기 Importing the homology concept from biology into developmental psychology. *Developmental Psychobiology*, 55, 13-21.

4장   DNA란 무엇인가

1   1a. Gericke, N. M., & Hagberg, M. (2010). 고등학교 교과서들에서 나타나는 유전자 기능 묘사에 관한 개념적 차이들Conceptual variation in the depiction of gene function in upper secondary school textbooks. *Science and Education*, 19, 963-994.

1b. Griffiths, P. E., & Neumann-Held, E. M. (1999). 유전자의 여러 얼굴The many faces of the gene. *BioScience*, 49, 656-662.

1c. Keller, E. F. (2000). 《유전자의 세기 The century of the gene》. Cambridge: Harvard University Press.

1d. Keller, E. F. (2014). 유전자의 작용에서 반응하는 유전체로From gene action to reactive genomes. *Journal of Physiology*, 592, 2423-2429.

2   Griffiths & Neumann-Held, 1999.

3   Watson, J. D., & Crick, F. H. C. (1953). 핵산의 분자 구조: 디옥시리보핵산의 구조Molecular structure of nucleic acids: A structure for deoxyribose nucleic acid. *Nature*, 171, 737-738.

4   Noble, D. (2008). 유전자와 인과관계Genes and causation. *Philosophical Tran-*

sactions of the Royal Society A, 366, 3001-3015.

5   Griffiths & Neumann-Held, 1999.

6   Oyama, S. (1992). 전달과 구축: 유전의 단계와 문제Transmission and construction: Levels and the problem of heredity. In E. Tobach & G. Greenberg (Eds.), 《*사회적 행동 수준: 진화적 및 유전적 측면: 제3회 TC 슈네랄라 컨퍼런스에서 수상한 논문: 사회적 행동의 진화와 통합적 수준Levels of social behavior: Evolutionary and genetic aspects: Award winning papers from the Third T. C. Schneirla Conference: Evolution of social behavior and integrative levels*》. Wichita, KS: T.C. Schneirla Research Fund, p. 57.

7   고전적 분자 유전자 개념 이전에 구상되었던 유전자 개념들과 더 최근에 구상된 개념들을 다 포함하여, 생명과학 분야의 이론가들이 구상한 다른 모든 유전자 개념에 관해서도 비슷한 말을 할 수 있다.

8   ENCODE는 DNA 요소들의 백과사전ENCyclopedia Of DNA Elements의 머리 글자를 딴 두문자어다.

9   Gerstein, M. B., Bruce, C., Rozowsky, J. S., Zheng, D., Du, J., Korbel, J. O., ... Snyder, M. (2007). ENCODE 이후, 유전자란 무엇인가? 역사와 업데이트된 정의What is a gene, post-ENCODE? History and updated definition. *Genome Research*, 17, 669-681.

10   Griffiths & Neumann-Held, 1999.

11   Gerstein et al., 2007, p. 669.

12   Keller, 2000, p. 69.

13   Quoted in Pennisi, E. (2007). DNA 연구는 유전자가 의미하는 바를 재고하게 한다DNA study forces rethink of what it means to be a gene. *Science*, 316, p. 1557.

14   14a. Jablonka, E., & Lamb, M. J. (2005). 《*사차원으로 보는 진화: 생명의 역사 속 유전적, 후성유전적, 행동적, 상징적 변화Evolution in four dimensions: Genetic, epigenetic, behavioral, and symbolic variation in the history of life*》. Cambridge, MA: MIT Press.
   14b. Nijhout, H. F. (1990). 은유와 발달에서 유전자의 역할Metaphors and the role of genes in development. *BioEssays*, 12, 441-446.
   14c. 데니스 노블 지음, 《*생명의 음악*》, 이정모, 염재범 옮김, 열린과학, 2009년.
   14d. Pigliucci, M. (2010). 유전자형-표현형 매핑과 '청사진으로서의 유전

자' 은유의 종말Genotype-phenotype mapping and the end of the "genes as blueprint" metaphor. *Philosophical Transactions of the Royal Society B*, 365, 557-566.

15   예컨대, 한 유전자가 특정 종류의 경험을 한 뒤에는 어떤 특정 종류의 분자를 만드는 데 사용될 수 있지만, 바로 그 동일한 DNA 분절이 다른 종류의 경험을 한 뒤에는 다른 형태의 분자를 만드는 데 사용될 수 있는 경우들이 있다 (Lubin, Roth, & Sweatt, 2008). 당연히 이 유전자 속의 정보는 단 한 가지만을 '의미'하지 않는다.

5장   심층 탐구: DNA

1   Watson, J. D., & Crick, F. H. C. (1953). 핵산의 분자구조: 디옥시리보핵산의 구조Molecular structure of nucleic acids: A structure for deoxyribose nucleic acid. *Nature*, 171, p. 737.

2   Gerstein, M. B., Bruce, C., Rozowsky, J. S., Zheng, D., Du, J., Korbel, J. O., ... Snyder, M. (2007). ENCODE 이후, 유전자란 무엇인가? 역사와 업데이트된 정의What is a gene, post-ENCODE? History and updated definition. *Genome Research*, 17, 669-681.

3   Mattick, J. S., & Makunin, I. V. (2006). 비부호화 RNANon-coding RNA. *Human Molecular Genetics*, 15, R17-R29.

4   Ohno, S. (1972). 우리 유전체 속 너무 많은 '정크' DNA So much "junk" DNA in our genome. In H. H. Smith (Ed.), 《유전 시스템의 진화*Evolution of genetic systems*》. Vol. 23. Brookhaven Symposia in Biology (pp. 366-370). New York: Gordon & Breach.

5   Maher, B. (2012). ENCODE: 인간 백과사전ENCODE: The human encyclopaedia. *Nature*, 489, p. 46.

6   **6a.** Jacob, F., & Monod, J. (1961). 단백질 합성의 유전적 조절 메커니즘Genetic regulatory mechanisms in the synthesis of proteins. *Journal of Molecular Biology*, 3, 318-356.

     6b. Jacob, F., Perrin, D., Sanchez, C., & Monod, J. (1960). 오페론: 작동유전자(오퍼레이터)가 발현을 조절하는 유전자군Operon: A group of genes with the expression coordinated by an operator. *Comptes Rendus Hebdomadaires des Séances de l'Académie des Sciences*, 250, 1727-1729.

7   Mattick & Makunin, 2006.

8   Mattick, J. S. (2005). 비부호화 RNA의 기능에 관한 유전체학The functional
     genomics of noncoding RNA. *Science*, 309, p. 1527.

9   Dinger, M. E., Pang, K. C., Mercer, T. R., & Mattick, J. S. (2008). 단백질 부호
     화 RNA와 비부호화 RNA의 구별: 도전과 모호성Differentiating protein-coding
     and noncoding RNA: Challenges and ambiguities. *PLoS Computational Biology*, 4,
     1-5 (e1000176).

10   Mattick & Makunin, 2006.

11   Faghihi, M. A., Modarresi, F., Khalil, A. M., Wood, D. E., Sahagan, B. G.,
     Morgan, T., ... Wahlestedt, C. (2008). 알츠하이머병에서 비부호화RNA의 발
     현이 증가하여 베타세크레타제의 빠른 피드포워드 조절을 유도한다Expression
     of a noncoding RNA is elevated in Alzheimer's disease and drives rapid feed-forward
     regulation of β-secretase. *Nature Medicine*, 14, 723-730.

12   Sahoo, T., del Gaudio, D., German, J. R., Shinawi, M., Peters, S. U., Person,
     R. E., ... Beaudet, A. L. (2008). HBII-85 C/D/box 작은 핵소체 RNA 클러
     스터의 부계 결핍이 초래하는 프래더윌리 표현형Prader-Willi phenotype caused
     by paternal deficiency for the HBII-85 C/D/box small nucleolar RNA cluster. *Nature
     Genetics*, 40, 719-721.

13   Mattick & Makunin, 2006.

14   **14a.** Berget, S. M., Moore, C., & Sharp, P. A. (1977). 아데노바이러스2 후
     기 mRNA 5′ 말단에서 스플라이싱된 분절Spliced segments at the 5′ terminus of
     adenovirus 2 late mRNA. *Proceedings of the National Academy of Sciences USA*,
     74, 3171-3175.

     14b. Chow, L. T., Gelinas, R. E., Broker, T. R., & Roberts, R. J. (1977). 아데
     노바이러스2 전령 RNA의 5′ 말단에서 서열의 놀라운 배열An amazing sequence
     arrangement at the 5′ ends of adenovirus 2 messenger RNA. *Cell*, 12, 1-8.

15   Gilbert, W. (1978). 유전자는 왜 조각나 있는가?Why genes in pieces? *Nature*,
     271, 501.

16   데니스 노블 지음,《생명의 음악》, 이정모, 염재범 옮김, 열린과학, 2009년.

17   Wang, E. T., Sandberg, R., Luo, S., Khrebtukova, I., Zhang, L., Mayr, C., ...
     Burge, C. B. (2008). 인간 조직 전사체에서 선택적 동형 조절Alternative isoform

regulation in human tissue transcriptomes. *Nature*, 456, p. 470.

18   Amara, S. G., Jonas, V., Rosenfeld, M. B., Ong, E. S., & Evans, R. M. (1982). 칼시토닌 유전자 발현에서 선택적 RNA 처리는 다른 폴리펩타이드 산물을 부호화하는 mRNA를 생성할 수 있다Alternative RNA processing in calcitonin gene expression generates mRNAs encoding different polypeptide products. *Nature*, 298, 240-244.

19   E. T. Wang et al., 2008.

20   Lubin, F. D., Roth, T. L., & Sweatt, J. D. (2008). 공포 기억 응고화에서 bdnf 유전자 전사의 후성유전적 조절Epigenetic regulation of bdnf gene transcription in the consolidation of fear memory. *Journal of Neuroscience*, 28, 10576-10586.

21   Johnson, J. M., Castle, J., Garrett-Engele, P., Kan, Z., Loerch, P. M., Armour, C. D., ... Shoemaker, D. D. (2003). 엑손 접합부 마이크로어레이를 사용한, 인간의 선택적 pre-mRNA 스플라이싱에 대한 전장 유전체 조사Genome-wide survey of human alternative pre-mRNA splicing with exon junction microarrays. *Science*, 302, p. 2141.

22   Christopher Burge, quoted in Trafton, A. (2008). 인간 유전자는 다른 조직에서는 다른 곡조를 부른다Human genes sing different tunes in different tissues. *MIT Tech Talk*, 53(8), p. 6.

23   E. T. Wang et al., 2008.

24   Pan, Q., Shai, O., Lee, L. J., Frey, B. J., & Blencowe, B. J. (2008). 고속대량 서열분석을 통한 인간 전사체에서 선택적 스플라이싱의 복잡성에 대한 심층 조사Deep surveying of alternative splicing complexity in the human transcriptome by high-throughput sequencing. *Nature Genetics*, 40, 1413-1415.

25   Gerstein et al., 2007, p. 671.

26   Noble, 2006.

27   Jablonka, E., & Lamb, M. J. (2007). 사차원으로 보는 진화 간단 요약Précis of evolution in four dimensions. *Behavioral and Brain Sciences*, 30, 353-392.

28   Gerstein et al., 2007, p. 671.

29   Gerstein et al., 2007, p. 677.

6장   조절, 스위치를 켜거나 끄는 일

1   리처드 C. 프랜시스 지음, 《쉽게 쓴 후성유전학》, 김명남 옮김, 시공사, 2013년.

2   Karp, G. (2008). 《세포와 분자생물학: 개념과 실험Cell and molecular biology: Concepts and experiments (5th ed.)》. New York: Wiley.

3   Beutler, E., Yeh, M., & Fairbanks, V. F. (1962). X염색체 활성의 모자이크로서 정상적 인간 여성: G-6-PD 결핍 유전자를 표지로 사용한 연구The normal human female as a mosaic of X-chromosome activity: Studies using the gene for G-6-PD deficiency as a marker. *Proceedings of the National Academy of Sciences of the USA*, 48, 9-16.

4   Lyon, M. F. (1961). 생쥐 X염색체의 유전자 활동Gene action in the X-chromosome of the mouse (Mus musculus L.). *Nature*, 190, 372-373.

5   van den Berg, I. M., Laven, J. S. E., Stevens, M., Jonkers, I., Galjaard, R., Gribnau, J., & van Doorninck, J. H. (2009). X염색체 비활성화는 인간의 착상전 배아에서 시작된다X chromosome inactivation is initiated in human preimplantation embryos. *American Journal of Human Genetics*, 84, 771-779.

6   Waddington, C. H. (1968). The basic ideas of biology. In C. H. Waddington (Ed.), 《이론 생물학을 향하여Towards a theoretical biology》 (Vol. 1: Prolegomena, pp. 1-32). Edinburgh: Edinburgh University Press.

7   Karp, 2008.

8   Redon, C., Pilch, D., Rogakou, E., Sedelnikova, O., Newrock, K., & Bonner, W. (2002). 히스톤 H2A의 변이체H2AX와 H2AZ. Histone H2A variants H2AX and H2AZ. *Current Opinion in Genetics and Development*, 12, 162-169.

9   Gibbs, W. W. (2003). 보이지 않는 유전체: DNA를 넘어서The unseen genome: Beyond DNA. *Scientific American*, 289(6), 106-113.

10   다능성-분화 문제와 '이 엄청나게 긴 분자를 이렇게 작은 세포 속에 어떻게 집어넣을 수 있을까'라는 문제 둘 다를 풀기 위해 우리가 진화를 통해 갖추게 된 후성유전적 시스템에는 다세포 생물에게 유용한 또 하나의 특성이 갖춰져 있다. 그것은 바로 '모'세포가 분열하여 만들어진 '딸'세포들이 모세포의 후성유전적 정보를 물려받는다는 점이다. 이 특성을 쉽게 이해할 수 있도록 간을 생각해보자. 간은 우리가 자궁 속에 있을 때, 미성숙한 줄기세포가 분화하여 간세포 특유의 특징들을 갖게 되면서 발달한다. 이 과정은 하

나의 세포가 간세포로 발달하기 위해서는 활성화되거나 억제되어야만 하는 특정 DNA 분절들을 후성유전적으로 활성화하거나 억제하는 일에서부터 시작된다. 그렇다면 이런 의문이 생긴다. 성인이 손상된 간세포를 대체해야 할 때, 그는 먼저 미성숙한 세포를 만들고 그런 다음 그 세포가 동일한 분화과정을 다시 거치기를 기다려야 하는 걸까? 아니면 간세포가 직접 새로운 간세포를 만들 수 있는 어떤 방법이 있는 것일까? 사실 간세포는 직접 새로운 간세포들을 만들 수 있다(Otu et al., 2007). 분화가 끝난 세포의 후성유전 상태는 모세포가 분열할 때 생겨나는 딸세포에게 전달되기 때문이다. 즉, 전형적으로 하나의 세포가 분열하면 딸세포들이 모세포의 후성유전적 상태를 물려받기 때문에, 이 딸세포들은 후성유전적으로 모세포와 동일하다(Reik, Dean, & Walter, 2001). 발달 초기에 설정된 후성유전적 상태가 이후로도 안정적으로 유지되게 해주는 것이 바로 이러한 유형의 후성유전적 계승epigenetic inheritance이다. 예컨대 피부세포가 항상 피부세포로 남을 뿐 저절로 뇌세포로 바뀌는 일은 결코 없는 것은 바로 이 때문이다. (딸세포가 모세포의 특징을 물려받는 후성유전적 계승은, 자식이 부모에게서 후성유전적 상태를 물려받는 후성유전적 대물림epigenetic inheritance과는 종류가 다르다. 후성유전적 대물림에 관해서는 이 책의 3부에서 집중적으로 다룰 것이다.)

11   Martin, C., & Zhang, Y. (2007). 후성유전적 계승의 메커니즘Mechanisms of epigenetic inheritance. *Current Opinion in Cell Biology*, 19, 266-272.

12   Razin, A. (1998). CpG 메틸화, 염색질 구조, 유전자 침묵화—3단 연결CpG methylation, chromatin structure, and gene silencing—a three-way connection. *EMBO Journal*, 17, 4905-4908.

13   Daxinger, L., & Whitelaw, E. (2012). 포유류에서 생식자를 통한 세대 간 후성유전적 대물림 이해하기Understanding transgenerational epigenetic inheritance via the gametes in mammals. *Nature Reviews: Genetics*, 13, 153-162.

14   14a. Borrelli, E., Nestler, E. J., Allis, C. D., & Sassone-Corsi, P. (2008). 뉴런 가소성의 후성유전 언어 해독하기Decoding the epigenetic language of neuronal plasticity. *Neuron*, 60, 961-974.

       14b. Day, J. J., & Sweatt, J. D. (2011). 인지의 후성유전적 메커니즘Epigenetic mechanisms in cognition. *Neuron*, 70, 813 -829.

15   Martin & Zhang, 2007.

16   Myzak, M. C., & Dashwood, R. H. (2006). 식이성 암 예방제의 표적으로서 히스톤 탈아세틸화효소: 부티르산, 디알릴 디설파이드, 설포라판으로 얻은 교훈Histone deacetylases as targets for dietary cancer preventive agents: Lessons learned with butyrate, diallyl disulfide, and sulforaphane. *Current Drug Targets*, 7, 443-452.

17   Gibbs, 2003.

18   Day, J. J., & Sweatt, J. D. (2010). DNA 메틸화와 기억 형성DNA methylation and memory formation. *Nature Neuroscience*, 13, 1319-1323.

19   Santos, K. F., Mazzola, T. N., & Carvalho, H. F. (2005). 후성유전의 프리마 돈나: DNA 메틸화에 의한 유전자 발현 조절The prima donna of epigenetics: The regulation of gene expression by DNA methylation. *Brazilian Journal of Medical and Biological Research*, 38, 1531-1541.

20   20a. Daxinger & Whitelaw, 2012.

      20b. González-Pardo, H., & Álvarez, M. P. (2013). 후성유전학, 그리고 그것이 심리학에 미칠 영향들Epigenetics and its implications for psychology. *Psicothema*, 25, 3-12.

21   McDaniel, I. E., Lee, J. M., Berger, M. S., Hanagami, C. K., & Armstrong, J. A. (2008). 노랑초파리의 전사와 발달에서 CHD1의 기능에 대한 연구Investigations of CHD1 function in transcription and development of Drosophila melanogaster. *Genetics*, 178, 583-587.

22   Borrelli et al., 2008, p. 964.

23   Berger, S. L. (2007). 전사 도중 염색질 조절의 복잡한 언어The complex language of chromatin regulation during transcription. *Nature*, 447, 407-412.

24   Fiering, S., Whitelaw, E., & Martin, D. I. K. (2000). 활성화될 것인가 비활성화될 것인가: 인핸서 작용의 확률적 성질To be or not to be active: The stochastic nature of enhancer action. *BioEssays*, 22, 381-387.

25   25a. Pandya, K., Cowhig, J., Brackhan, J., Kim, H. S., Hagaman, J., Rojas, M., . . . mithies, O.(2008). 생체 내 심장비대 동안 근육세포에서 유전자 발현의 불일치성 온/오프 스위치전환Discordant on/off switching of gene expression in myocytes during cardiac hypertrophy in vivo. *Proceedings of the National Academy of Sciences USA*, 105, 13063-13068.

      25b. Zhang, Q., Andersen, M. E., & Conolly, R. B. (2006). 개별 세포

에서 이원적 유전자 유도와 단백질 발현Binary gene induction and protein expression in individual cells. *Theoretical Biology and Medical Modelling*, 3(18). doi:10.1186/1742-4682-3-18.

26 Pirone, J. R., & Elston, T. C. (2004). 유전자 유도 발현에서 관찰되는 단계적 반응과 이원적 반응은 전사인자 결합에서 나타나는 변동들로 설명할 수 있다Fluctuations in transcription factor binding can explain the graded and binary responses observed in inducible gene expression. *Journal of Theoretical Biology*, 226, 111-121.

27 놀랍게도 이렇게 미세하게 표현한 예로도 그 섬세함을 충분히 다 담아내지는 못하는데, 어떤 경우에는 염색질의 활성화 상태와 비활성화 상태를 명확히 정의할 수 없을 때도 있기 때문이다. 실제로 때로 후성유전적 변형들은 염색질에 아주 복잡한 효과들을 발휘하고, 이 때문에 어떤 이론가들은 "특정 변형들의 존재가 단일한 조절 상태(즉, '켜진' 상태인지 '꺼진' 상태인지)를 암시하는 게 아닐 수도 있다"고 생각한다(Berger, 2007, p. 407). 바꿔 말하면, 후성유전적 표지 중에는 유전자 발현의 증가와 유전자 발현의 감소 둘 다와 연관된 것도 있다는 말이다. 그야말로 아주 복잡한 시스템인 것이다.

28 Pirone & Elston, 2004.

29 Lickliter, R. (2009). 구획화의 오류: 유기체-환경 시스템에 대한 후성유전학의 입증The fallacy of partitioning: Epigenetics' validation of the organism-environment system. *Ecological Psychology*, 21, p. 140, 강조 표시는 내가 한 것이다.

7장   심층 탐구: 조절

1 Gurdon, J. B., Laskey, R. A., & Reeves, O. R. (1975). 성체 개구리의 각질화된 피부세포에서 이식한 핵의 발달 능력The developmental capacity of nuclei transplanted from keratinized skin cells of adult frogs. *Journal of Embryology and Experimental Morphology*, 34, p. 93.

2 Wilmut, I., Schnieke, A. E., McWhir, J., Kind, A. J., & Campbell, K. H. S. (1997). 포유류 태아 세포 및 성체 세포에서 유래한 생존 가능한 자손Viable offspring derived from fetal and adult mammalian cells. *Nature*, 385, 810-813.

3 Wilmut et al., 1997.

4 Wilmut et al., 1997, p. 812.

5 Baron, D. (2000, February 11). 클론은 동일하지 않을 수도 있다Clones may not

be identical [Audio podcast]. Retrieved from http://www.npr.org/templates/
story/story.php?storyId=1070242

6   Holden, C. (2002). 이제 카본 카피 클론은 현실이다Carbon-Copy clone is the
    real thing. *Science*, 295, 1443-1444.

7   Takahashi, K., & Yamanaka, S. (2006). 정의된 인자에 의한 생쥐 배아 및 성
    체 섬유아세포 배양으로부터 다능성줄기세포 유도Induction of pluripotent stem
    cells from mouse embryonic and adult fibroblast cultures by defined factors. *Cell*, 126,
    663-676.

8   다카하시와 야마나카의 방법에는 유전자 산물 4개가 필요했지만, 2008년에
    김정범과 동료들은 다른 종류의 성체 세포로 시작했기 때문에 유전자 산물
    2개로 성공했다. 다음을 보라. Kim, J. B., Zaehres, H., Wu, G., Gentile, L., Ko,
    K., Sebastiano, V., ... Schöler, H. R. (2008). 두 가지 인자에 의한 리프로그래
    밍으로 성체 신경 줄기세포로부터 다능성 줄기세포 유도Pluripotent stem cells
    induced from adult neural stem cells by reprogramming with two factors. *Nature*, 454,
    646-650.

9   Gallagher, J. (2013. July 19). 선구적인 성체 줄기세포 실험 일본에서 승인
    Pioneering adult stem cell trial approved by Japan. *BBC News*. Retrieved from http://
    www.bbc.co.uk/news/health-23374622.

10 네사 캐리 지음,《유전자는 네가 한 일을 알고 있다》, 이충호 옮김, 해나무,
    2015년.

11 Cassidy, S. B. (1997). 프래더윌리증후군Prader-Willi syndrome. *Journal of
    Medical Genetics*, 34, 917-923.

12 12a. Holm, V. A., Cassidy, S. B., Butler, M. G., Hanchett, J. M., Greenswag, L.
    R., Whitman, B. Y., & Greenberg, F. (1993). 프래더윌리증후군: 합의된 진단
    기준Prader-Willi syndrome: Consensus diagnostic criteria. *Pediatrics*, 91, 398-402.
    12b. Wadsworth, J. S., McBrien, D. M., & Harper, D. C. (2003). 프래더윌리
    증후군 진단을 받은 사람의 취업지도와 고용Vocational guidance and employment
    of persons with a diagnosis of Prader-Willi syndrome. *Journal of Rehabilitation*, 69,
    15-21.

13 13a. Nicholls, R. D., Knoll, J. H. M., Butler, M. G., Karam, S., & Lalande,
    M. (1989). 비결실 프래더윌리증후군에서 모계 이형이염색체성이 제시하

는 유전자 각인Genetic imprinting suggested by maternal heterodisomy in non-deletion Prader-Willi syndrome. *Nature*, 342, 281-285.

13b. Sahoo, T., del Gaudio, D., German, J. R., Shinawi, M., Peters, S. U., Person, R. E., ... Beaudet, A. L. (2008). HBII-85 C/D/box 작은핵 RNA 클러스터의 부계 결실로 인한 프래더윌리 표현형Prader-Willi phenotype caused by paternal deficiency for the HBII-85 C/D/box small nucleolar RNA cluster. *Nature Genetics*, 40, 719-721.

14   Knoll, J. H. M., Nicholls, R. D., Magenis, R. E., Graham, J. M., Lalande, M., Latt, S. A., ... Reynolds, J. F. (1989). 엔젤만증후군과 프래더윌리증후군은 15번 염색체가 결실된 점은 같으나 결실의 기원이 부계인지 모계인지에서 차이가 난다Angelman and Prader-Willi syndromes share a common chromosome 15 deletion but differ in parental origin of the deletion. *American Journal of Medical Genetics*, 32, 285-290.

15   리처드 C. 프랜시스 지음, 《쉽게 쓴 후성유전학》, 김명남 옮김, 시공사, 2013년.

16   **16a.** Li, E., Beard, C., & Jaenisch, R. (1993). 유전체 각인에서 DNA 메틸화의 역할Role for DNA methylation in genomic imprinting. *Nature*, 366, 362-365.

      16b. Sapienza, C., Peterson, A. C., Rossant, J., & Balling, R. (1987). 도입유전자의 메틸화 정도는 기원 생식자에 따라 결정된다Degree of methylation of transgenes is dependent on gamete of origin. *Nature*, 328, 251-254.

17   Surani, M. A. H., Barton, S. C., & Norris, M. L. (1987). 수 단위생식 ⟷ 암 단위생식 유전자혼재 생쥐에서 공간 특이성에 대한 부모 염색체의 영향 Influence of parental chromosomes on spatial specificity in androgenetic ⟷ parthenogenetic chimaeras in the mouse. *Nature*, 326, 395-397.

18   Cassidy, 1997.

19   Cassidy, 1997.

20   Nicholls et al., 1989.

21   Holm et al., 1993.

22   Williams, C. A., Beaudet, A. L., Clayton-Smith, J., Knoll, J. H., Kyllerman, M., Laan, L. A., ... Wagstaff, J. (2006). 엔젤만증후군 2005: 진단기준에 대한 업데이트된 합의Angelman syndrome 2005: Updated consensus for diagnostic criteria. *American Journal of Medical Genetics*, 140A, 413-418.

23   Feinberg, A. P. (2007). 표현형 가소성과 인간 질병의 후성유전Phenotypic plasticity and the epigenetics of human disease. *Nature*, 447, 433-440.

24   van den Berg, I. M., Laven, J. S. E., Stevens, M., Jonkers, I., Galjaard, R., Gribnau, J., & van Doorninck, J. H. (2009). 착상 전 인간 배아에서 시작되는 X염색체 비활성화X chromosome inactivation is initiated in human preimplantation embryos. *American Journal of Human Genetics*, 84, 771-779.

25   Reik, W., Dean, W., & Walter, J. (2001). 포유류 발달에서 후성유전적 재프로그래밍Epigenetic reprogramming in mammalian development. *Science*, 293, 1089-1093.

26   Francis, 2011.

27   Carey, 2011.

28   초기에 연구자들은 우리 유전자 중 약 130개(Wilkinson, 2010) 내지 230개(Carey, 2011; Francis, 2011)가 각인된다고 추정했다. 하지만 포유류 뇌세포의 유전자 발현에 관한 최근 연구에서는 각인된 것처럼 행동하는 유전자가 1300개 이상 발견되었고(Gregg et al., 2010), 따라서 인간 유전체의 각인 빈도에 대한 우리의 이해는 현재 계속 변하는 중이다.

29   무척 흥미롭게도 암컷 배아 자체의 세포들만이 X염색체의 기원 부모가 어느 쪽인지 개의치 않는다. 암컷 배아에서 태반이 될 세포들에서는 항상 부계에서 온 X염색체가 비활성화된다(Cheng & Disteche, 2004; van den Berg, et al., 2009).

30   Lyon, M. F. (1962). 포유류 X염색체에서 성 염색질과 유전자 활동Sex chromatin and gene action in the mammalian X-chromosome. *American Journal of Human Genetics*, 14, 135-148.

31   Travis, J. (2000). X들의 침묵: 정크DNA는 여성이 X염색체 하나를 침묵시키는 일을 도울까?Silence of the Xs: Does junk DNA help women muffle one X chromosome?, *Science News*, 158, 92-94.

32   Carey, 2011.

33   제럴드 카프 지음,《*Karp's 세포 생물학(8판)*》, 고용 옮김, 월드사이언스, 2019년.

34   Holden, 2002.

35   35a. Cattanach, B. M., & Isaacson, J. H. (1967). 생쥐 X염색체의 요소들 통제Controlling elements in the mouse X chromosome. *Genetics*, 57, 331-346.

35b. Russell, L. B. (1963). 포유류의 X염색체 행동: 확산과 기원 지역이 제한된 비활성화Mammalian X-chromosome action: Inactivation limited in spread and in region of origin. *Science*, 140, 976-978.

36   Rastan, S., & Robertson, E. J. (1985). X염색체 비활성 결여와 관련된 배아유래 세포주에서 X염색체 결실X-chromosome deletions in embryo-derived (EK) cell lines associated with lack of X-chromosome inactivation. *Journal of Embryology and Experimental Morphology*, 90, 379-388.

37   Brown, C. J., Ballabio, A., Rupert, J. L., Lafreniere, R. G., Grompe, M., Tonlorenzi, R., & Willard, H. F. (1991). 인간 X-비활성화 센터 영역의 한 유전자는 비활성화된 X염색체에서만 발현된다A gene from the region of the human X inactivation centre is expressed exclusively from the inactive X chromosome. *Nature*, 349, 38-44.

38   38a. Carey, 2011.

      38b. Francis, 2011.

39   Popova, B. C., Tada, T., Takagi, N., Brockdorff, N., & Nesterova, T. B. (2006). X;상염색체 전좌에서 X-비활성화의 약화된 확산Attenuated spread of X-inactivation in an X;autosome translocation. *Proceedings of the National Academy of Sciences USA*, 103, 7706-7711.

40   Popova et al., 2006, p. 7706.

41   Zhang, T.-Y., & Meaney, M. J. (2010). 후성유전학 그리고 유전체와 그 기능에 대한 환경의 조절Epigenetics and the environmental regulation of the genome and its function. *Annual Review of Psychology*, 61, 439-466.

42   Karp, 2008.

43   Cropley, J. E., Suter, C. M., Beckman, K. B., & Martin, D. I. I. (2006). 쥐의 *A^vy* 대립유전자 생식계열의 영양 보충에 의한 후성유전학적 변형Germ-line epigenetic modification of the murine *A^vy* allele by nutritional supplementation. *Proceedings of the National Academy of Sciences of the USA*, 103, 17308-17312.

44   McCarthy, M. M., Auger, A. P., Bale, T. L., De Vries, G. J., Dunn, G. A., Forger, N. G., ... Wilson, M. E. (2009). 뇌의 성별 차이의 후성유전학The epigenetics of sex differences in the brain. *Journal of Neuroscience*, 29, 12815-12823.

8장   몸과 행동을 바꾸는 후성유전

1   Fraga, M. F., Ballestar, E., Paz, M. F., Ropero, S., Setien, F., Ballestar, M. L., ... Esteller, M. (2005). 일란성 쌍둥이들의 생애 동안 발생하는 후성유전적 차이들 Epigenetic differences arise during the lifetime of monozygotic twins. *Proceedings of the National Academy of Sciences of the USA*, 102, 10604-10609.

2   Fraga et al., 2005, p. 10608.

3   **3a.** Masterpasqua, F. (2009). 심리학과 후성유전학 Psychology and epigenetics. *Review of General Psychology*, 13, 194-201.

3b. Roth, T. L. (2012). 발달기 및 성인기의 신경생물학 및 행동의 후성유전학 Epigenetics of neurobiology and behavior during development and adulthood. *Developmental Psychobiology*, 54, 590-597.

3c. Szyf, M., McGowan, P., & Meaney, M. J. (2008). 사회적 환경과 후성유전체 The social environment and the epigenome. *Environmental and Molecular Mutagenesis*, 49, 46-60.

4   **4a.** Gordon, L., Joo, J. E., Powell, J. E., Ollikainen, M., Novakovic, B., Li, X., ... Saffery, R. (2012). 사람 쌍둥이의 신생아 DNA 메틸화 프로필은 자궁 내 환경과 유전 인자들 사이의 복잡한 상호작용으로 구체화되며, 조직 특이적 영향을 받기 쉽다 Neonatal DNA methylation profile in human twins is specified by a complex interplay between intrauterine environmental and genetic factors, subject to tissue-specific influence. *Genome Research*, 22, 1395-1406.

4b. Ollikainen, M., Smith, K. R., Joo, E. J., Ng, H. K., Andronikos, R., Novakovic, B., ... Craig, J. M. (2010). 신생아 쌍둥이의 여러 조직에 대한 DNA 메틸화 분석은 인간 신생아 후성유전체의 변이에 대한 유전적 요인과 자궁 내 요인을 드러낸다 DNA methylation analysis of multiple tissues from newborn twins reveals both genetic and intrauterine components to variation in the human neonatal epigenome. *Human Molecular Genetics*, 19, 4176-4188.

5   **5a.** Bjornsson, H. T., Sigurdsson, M. I., Fallin, M. D., Irizarry, R. A., Aspelund, T., Cui, H., ... Feinberg, A. P. (2008). 가족집적성이 있는 DNA 메틸화에서 시간 흐름에 따른 개인 내 변화 Intra-individual change over time in DNA methylation with familial clustering. *Journal of the American Medical Association*, 299, 2877-2883.

5b. Boks, M. P., Derks, E. M., Weisenberger, D. J., Strengman, E., Janson, E., Sommer, I. E., ... Ophoff, R. A. (2009). 쌍둥이군과 건강한 대조군에서 DNA 메틸화와 연령, 성별, 유전의 관계The relationship of DNA methylation with age, gender and genotype in twins and healthy controls. *PLoS ONE*, 4(8), e6767. doi:10.1371/journal.pone.0006767

5c. Christensen, B. C., Houseman, E. A., Marsit, C. J., Zheng, S., Wrensch, M. R., Wiemels, J. L., ... Kelsey, K. T. (2009). 노화와 환경 노출은 CpG 섬 맥락에 따른 조직 특이적 DNA 메틸화를 변화시킨다Aging and environmental exposures alter tissue-specific DNA methylation dependent upon CpG island context. *PLoS Genetics*, 5(8), e1000602. doi:10.1371/journal.pgen.1000602

5d. Rakyan, V. K., Down, T. A., Maslau, S., Andrew, T., Yang, T.-P., Beyan, H., ... Spector, T. D. (2010). 인간 노화 관련 DNA 과메틸화는 2가 염색질 영역에서 우선적으로 발생한다Human aging-associated DNA hypermethylation occurs preferentially at bivalent chromatin domains. *Genome Research*, 20, 434-439.

5e. Wong, C. C. Y., Caspi, A., Williams, B., Craig, I. W., Houts, R., Ambler, A., ... Mill, J. (2010). 쌍둥이의 후성유전적 변화에 대한 종단연구A longitudinal study of epigenetic variation in twins. *Epigenetics*, 5, 516-526.

6 Petronis, A., Gottesman, I. I., Kan, P., Kennedy, J. L., Basile, V. S., Paterson, A. D., & Popendikyte, V. (2003). 일란성 쌍둥이는 다수의 후성유전적 차이를 보인다: 쌍둥이의 불일치에 대한 실마리일까?Monozygotic twins exhibit numerous epigenetic differences: Clues to twin discordance? *Schizophrenia Bulletin*, 29, 169-178.

7 후성유전적 차이가 일부 불일치 사례를 설명해주는 듯 보이기는 하지만, 예컨대 다발경화증 같은 다른 병들에 관한 연구에서는 항상 후성유전적 차이가 원인인 것은 아님을 보여준다. 다음을 보라. Baranzini, S. E., Mudge, J., van Velkinburgh, J. C., Khankhanian, P., Khrebtukova, I., Miller, N. A., ... Kingsmore, S. F. (2010). 다발경화증에서 불일치하는 일란성 쌍둥이들의 유전체, 후성유전체 그리고 RNA 서열Genome, epigenome and RNA sequences of monozygotic twins discordant for multiple sclerosis. *Nature*, 464, 1351-1356.

8 Cubas, P., Vincent, C., & Coen, E. (1999). 꽃의 대칭성에 나타난 자연적 변형의 원인으로서 후성유전적 변이An epigenetic mutation responsible for natural

variation in floral symmetry. *Nature*, 401, 157-161.

9   Gokhman, D., Lavi, E., Prüfer, K., Fraga, M. F., Riancho, J. A., Kelso, J., ...
     Carmel, L. (2014). 네안데르탈인과 데니소바인의 DNA 메틸화 지도 복원
     Reconstructing the DNA methylation maps of the Neandertal and the Denisovan. *Science*,
     344, 523-527.

10   네사 캐리 지음, 《유전자는 네가 한 일을 알고 있다》, 이충호 옮김, 해나무,
     2015년.

11   Shuel, R. W., & Dixon, S. E. (1960). 양봉 꿀벌 암컷에서 이형성의 초기 확
     립The early establishment of dimorphism in the female honeybee, Apis mellifera, L.
     Insectes Sociaux, 7, 265-282.

12   Carey, 2011.

13   Kamakura, M. (2011). 로열락틴이 꿀벌의 여왕벌 분화를 유도한다Royalactin
     induces queen differentiation in honeybees. *Nature*, 473, 478-483.

14   Evans, J. D., & Wheeler, D. E. (2001). 유전자 발현과 곤충의 다면발현성의
     진화Gene expression and the evolution of insect poly-phenisms. *BioEssays*, 23, 62-68.

15   Kucharski, R., Maleszka, J., Foret, S., & Maleszka, R. (2008). DNA 메틸화를
     통한 꿀벌의 생식상태에 대한 영양적 통제Nutritional control of reproductive status
     in honeybees via DNA methylation. *Science*, 319, 1827-1830.

16   Carey, 2011.

17   17a. Duhl, D. M. J., Vrieling, H., Miller, K. A., Wolff, G. L., & Barsh, G. S.
     (1994). 비만인 노란 생쥐에서 신형태 아구티 변이Neomorphic agouti mutations
     in obese yellow mice. *Nature Genetics*, 8, 59-65.

     17b. Waterland, R. A., & Jirtle, R. L. (2003). 전이인자: 후성유전적 유전자 조
     절에 초기 영양이 미치는 영향에 대한 표적Transposable elements: Targets for early
     nutritional effects on epigenetic gene regulation. *Molecular and Cellular Biology*, 23,
     5293-5300.

18   18a. Crews, D. (2010). 후성유전, 뇌, 행동, 그리고 환경Epigenetics, brain, behavior,
     and the environment. *Hormones*, 9, 41-50.

     18b. Yokota, S., Hori, H., Umezawa, M., Kubota, N., Niki, R., Yanagita, S., &
     Takeda, K. (2013). 디젤 배기가스 노출로 유도한 생쥐 후신경구의 유전자 발
     현 변화는 동물의 양육 환경에 좌우된다Gene expression changes in the olfactory

bulb of mice induced by exposure to diesel exhaust are dependent on animal rearing environment. *PLoS ONE*, 8(8), e70145. doi:10.1371/journal.pone.0070145

19   Maze, I., & Nestler, E. J. (2011). 중독의 후성유전적 풍경The epigenetic landscape of addiction. *Annals of the New York Academy of Sciences*, 1216, 99-113.

20   **20a.** Abel, J. L., & Rissman, E. F. (2013). 달리기로 유도한 청소년 뇌의 유전자 발현 변화Running-induced epigenetic and gene expression changes in the adolescent brain. *International Journal of Developmental Neuroscience*, 31, 382-390.

20b. Gomez-Pinilla, F., Zhuang, Y., Feng, J., Ying, Z., & Fan, G. (2011). 운동은 후성유전적 조절 메커니즘을 통해 뇌유래영양인자의 가소성에 영향을 미친다Exercise impacts brain-derived neurotrophic factor plasticity by engaging mechanisms of epigenetic regulation. *European Journal of Neuroscience*, 33, 383-390.

20c. Lovatel, G. A., Elsner, V. R., Bertoldi, K., Vanzella, C., Moysés, F. D. S., Vizuete, A., ... Siqueira, I. R. (2013). 트레드밀 운동은 쥐의 해마 내 혐오 기억, 신경염증 및 후성유전 과정에 연령 관련 변화를 유도한다Treadmill exercise induces age-related changes in aversive memory, neuroinflammatory and epigenetic processes in the rat hippocampus. *Neurobiology of Learning and Memory*, 101, 94-102.

20d. McGee, S. L., Fairlie, E., Garnham, A. P., & Hargreaves, M. (2009). 운동으로 유도한 인간 골격근의 히스톤 변형Exercise-induced histone modifications in human skeletal muscle. *Journal of Physiology*, 587, 5951-5958.

21   Meaney, M. J. (2010). 후성유전학 및 유전자와 환경의 상호작용에 대한 생물학적 정의Epigenetics and the biological definition of gene×environment interactions. *Child Development*, 81, 41-79.

22   Jaenisch, R., & Bird, A. (2003). 유전자 발현의 후성유전적 조절: 유전체는 내재 신호와 환경 신호를 어떻게 통합하는가Epigenetic regulation of gene expression: How the genome integrates intrinsic and environmental signals. *Nature Genetics Supplement*, 33, p. 245.

23   Jaenisch & Bird, 2003, p. 251.

24   Katada, S., & Sassone-Corsi, P. (2010). 히스톤 메틸전이효소 MLL1가 하루 주기 유전자 발현의 진동을 가능하게 한다The histone methyltransferase MLL1 permits the oscillation of circadian gene expression. *Nature Structural and Molecular*

Biology, 17, p. 1414-1421.

25   Katada & Sassone-Corsi, 2010.

26   Konopka, R. J., & Benzer, S. (1971). 노랑초파리의 시계 돌연변이Clock mutants
      of Drosophila melanogaster. *Proceedings of the National Academy of Sciences USA*,
      68, 2112-2116.

27   Nakahata, Y., Kaluzova, M., Grimaldi, B., Sahar, S., Hirayama, J., Chen, D., ...
      Sassone-Corsi, P. (2008). NAD+ 의존성 탈아세틸화효소 SIRT1가 CLOCK
      단백질 매개 염색질 리모델링과 하루주기 통제를 조절한다The NAD+-
      dependent deacetylase SIRT1 modulates CLOCK-mediated chromatin remodeling and
      circadian control. *Cell*, 134, 329-340.

28   Nagoshi, E., Saini, C., Bauer, C., Laroche, T., Naef, F., & Schibler, U. (2004).
      개별 섬유아세포에서 하루주기 유전자 발현: 세포자율적 자기유지적 진
      동자들이 딸세포들에게 시간도 넘겨준다Circadian gene expression in individual
      fibroblasts: Cell-autonomous and self-sustained oscillators pass time to daughter cells.
      Cell, 119, 693-705.

29   세포는 단백질 합성에 필요한 염기서열 정보의 전달을 RNA에게 의지하고
      있으므로, 이 뉴런들속 관련 RNA의 양 역시 하루주기에 따라 달라지며, 이
      RNA 농도는 해당 단백질의 농도가 최고치에 달하기 몇 시간 전에 정점에
      달한다. Hardin, P. E., Hall, J. C., & Rosbash, M. (1990). 초파리 피리어드 유
      전자 메신저 RNA 농도의 하루주기 순환에 대한 그 유전자 산물의 피드백
      Feedback of the Drosophila period gene product on circadian cycling of its messenger RNA
      levels. *Nature*, 343, 536-540.

30   Reppert, S. M., & Weaver, D. R. (2002). 포유류의 하루주기 타이밍 조정
      Coordination of circadian timing in mammals. *Nature*, 418, 935-941.

31   Rusak, B., Robertson, H. A., Wisden, W., & Hunt, S. P. (1990). 리듬을 바꾸는
      광펄스는 시사교차상핵의 유전자 발현을 유도한다Light pulses that shift rhythms
      induce gene expression in the suprachiasmatic nucleus. *Science*, 248, 1237-1240.

32   Naruse, Y., Oh-hashi, K., Iijima, N., Naruse, M., Yoshioka, H., & Tanaka,
      M. (2004). 시계 유전자 Per1의 하루주기성 전사 및 빛으로 유도되는 전사
      는 히스톤의 아세틸화와 탈아세틸화에 달려 있다Circadian and light-induced
      transcription of clock gene Per1 depends on histone acetylation and deacetylation.

후주

Molecular and Cellular Biology, 24, 6278-6287.

33   Naruse et al., 2004, p. 6278.

34   Katada & Sassone-Corsi, 2010.

35   Orozco-Solis, R., & Sassone-Corsi, P. (2014). 후성유전적 조절과 하루주기 시계: 신진대사와 뉴런 반응 연결하기Epigenetic control and the circadian clock: Linking metabolism to neuronal responses. *Neuroscience*, 264, 76-87.

36   Day, J. J., & Sweatt, J. D. (2010). DNA 메틸화와 기억 형성DNA methylation and memory formation. *Nature Neuroscience*, 13, 1319-1323.

37   37a. Roth, 2012.
    37b. Zhang, T.-Y., & Meaney, M. J. (2010). 후성유전, 그리고 유전체 및 그 기능에 대한 환경의 조절Epigenetics and the environmental regulation of the genome and its function. *Annual Review of Psychology*, 61, 439-466.

38   Cloud, J. (2010, January 6). 당신의 DNA가 당신의 운명이 아닌 이유Why your DNA isn't your destiny. *Time Magazine*. https://content.time.com/time/subscriber/article/0,33009,1952313,00.html.

39   Begley, S. (2010, October 30). 당신의 경험은 정자와 난자를 어떻게 변화시키는가How Your Experiences Change Your Sperm and Eggs, *Newsweek Magazine*. https://www.newsweek.com/how-your-experiences-change-your-sperm-and-eggs-73677.

40   Buchen, L. (2010). 그들의 양육 속에In their nurture. *Nature*, 467, p. 146.

41   Albert, P. R. (2010). 정신질환에 적용되는 후성유전학: 희망인가 과대광고인가?Epigenetics in mental illness: Hope or hype? *Journal of Psychiatry and Neuroscience*, 35, p. 366.

42   Miller, G. (2010). 행동 후성유전학의 유혹적 매력The seductive allure of behavioral epigenetics. *Science*, 329, p. 24.

43   Day & Sweatt, 2010.

9장   심층 탐구: 후성 유전

1   1a. Lum, T. E., & Merritt, T. J. S. (2011). 전사의 비전형적 조절: 노랑초파리의 말산 효소 자리에서 일어나는 염색체 간 상호작용Nonclassical regulation of transcription: Interchromosomal interactions at the Malic enzyme locus of Drosophila

melanogaster. *Genetics*, 189, 837–849.

1b. Spilianakis, C. G., Lalioti, M. D., Town, T., Lee, G. R., & Flavell, R. A. (2005). 선택적으로 발현되는 유전자자리들 간의 염색체 간 연관 Interchromosomal associations between alternatively expressed loci. *Nature*, 435, 637–645.

2 제럴드 카프 지음,《*Karp's 세포 생물학 (8판)*》, 고용 옮김, 월드사이언스, 2019년.

3 Karp, 2008, p. 518, 강조는 원문의 것이다.

4 See also Clayton, D. F. (2000). 유전체의 활동전위The genomic action potential. *Neurobiology of Learning and Memory*, 74, 185–216.

5 Myzak, M. C., & Dashwood, R. H. (2006). 식이성 암 예방제의 표적으로서 히스톤 탈아세틸화효소: 부티르산, 디알릴 디설파이드 및 설포라판으로 얻은 교훈Histone deacetylases as targets for dietary cancer preventive agents: Lessons learned with butyrate, diallyl disulfide, and sulforaphane. *Current Drug Targets*, 7, 443–452.

6 Zhang, T.-Y., & Meaney, M. J. (2010). 후성유전, 그리고 유전체 및 그 기능에 대한 환경의 조절Epigenetics and the environmental regulation of the genome and its function. *Annual Review of Psychology*, 61, 439–466.

7 7a. Gibbs, W. W. (2003). 보이지 않는 유전체: DNA를 넘어서The unseen genome: Beyond DNA. *Scientific American*, 289(6), 106–113.

7b. Weaver, I. C. G. (2007). 모성 행동과 약물 개입에 의한 후성유전 프로그래밍: 본성 대 양육: 이제 그만 끝내자Epigenetic programming by maternal behavior and pharmacological intervention: Nature versus nurture: Let's call the whole thing off. *Epigenetics*, 2, 22–28.

8 Zhang & Meaney, 2010.

9 Karp, 2008.

10 10a. Borrelli, E., Nestler, E. J., Allis, C. D., & Sassone-Corsi, P. (2008). 뉴런 가소성의 후성유전적 언어 해독하기Decoding the epigenetic language of neuronal plasticity. *Neuron*, 60, 961–974.

10b. 네사 캐리 지음,《*유전자는 네가 한 일을 알고 있다*》, 이충호 옮김, 해나무, 2015년.

11 Berger, S. L. (2007). 전사 중 염색질 조절의 복잡한 언어The complex language of chromatin regulation during transcription. *Nature*, 447, 407–412.

12   Lee, K. K., & Workman, J. L. (2007). 히스톤 아세틸 변이효소 복합체: 하나가 모두에게 맞는 건 아니다Histone acetyl-transferase complexes: One size doesn't fit all. *Nature Reviews: Molecular Cell Biology*, 8, 284-295.

13   Carey, 2011.

14   Zhang & Meaney, 2010.

15   Borrelli et al., 2008.

16   Day, J. J., & Sweatt, J. D. (2011). 인지의 후성유전적 메커니즘Epigenetic mechanisms in cognition. *Neuron*, 70, 813-829.

17   예를 들어 H3 꼬리의 넷째 자리에 있는 라이신의 이중메틸화 혹은 삼중메틸화는 유전자 발현을 활성화하지만, 같은 꼬리의 아홉째 자리에 있는 라이신의 이중 혹은 삼중메틸화는 억제한다. Sun, J.-M., Chen, H. Y., Espino, P. S., & Davie, J. R. (2007). H3 히스톤의 인산화된 세린 28은 전사된 염색질에서 탈안정화된 뉴클레오솜과 관련이 있다Phosphorylated serine 28 of histone H3 is associated with destabilized nucleosomes in transcribed chromatin. *Nucleic Acids Research*, 35, 6640-6647; or Mack, G. S. (2010). 선별성과 그 너머로To selectivity and beyond. *Nature Biotechnology*, 28, 1259-1266.

18   Borrelli et al., 2008.

19   Choi, S.-W., & Friso, S. (2010). 후성유전: 영양과 건강을 연결하는 새로운 다리Epigenetics: A new bridge between nutrition and health. *Advances in Nutrition*, 1, 8-16.

20   Martin, C., & Zhang, Y. (2007). 후성유전적 유전의 메커니즘Mechanisms of epigenetic inheritance. *Current Opinion in Cell Biology*, 19, 266-272.

21   Carey, 2011, p. 68.

22   Wang, Z., Zang, C., Rosenfeld, J. A., Schones, D. E., Barski, A., Cuddapah, S., ... Zhao, K. (2008). 인간 유전체에서 히스톤 아세틸화와 메틸화의 조합 패턴 Combinatorial patterns of histone acetylations and methylations in the human genome. *Nature Genetics*, 40, 897-903.

23   Carey, 2011, pp. 68-69.

24   24a. Strahl, B. D., & Allis, D. (2000). 공유결합적 히스톤 변형의 언어The language of covalent histone modifications. *Nature*, 403, 41-45.

      24b. Taverna, S. D., Li, H., Ruthenburg, A. J., Allis, C. D., & Patel, D. J. (2007).

염색질 결합 모듈은 히스톤 변형을 어떻게 판독하는가How chromatin-binding modules interpret histone modifications: Lessons from professional pocket pickers. *Nature Structural and Molecular Biology*, 14, 1025-1040.

25   Dulac, C. (2010). 뇌 기능과 염색질 가소성Brain function and chromatin plasticity. *Nature*, 465, p. 732.

26   Globisch, D., Münzel, M., Müller, M., Michalakis, S., Wagner, M., Koch, S., ... Carell, T. (2010). 5-수산화메틸사이토신의 조직 분포 및 활성 탈메틸화 중간체 추적Tissue distribution of 5-hydroxymethylcytosine and search for active demethylation intermediates. *PLoS ONE*, 5(12), e15367. doi:10.1371/journal.pone.0015367

27   Eckhardt, F., Lewin, J., Cortese, R., Rakyan, V. K., Attwood, J., Burger, M., ... Beck, S. (2006). 인간의 6번, 20번, 22번 염색체의 DNA 메틸화 프로파일링 DNA methylation profiling of human chromosomes 6, 20 and 22. *Nature Genetics*, 38, 1378-1385.

28   28a. McGowan, P. O., Sasaki, A., D'Alessio, A. C., Dymov, S., Labonté, B., Szyf, M., ... Meaney, M. J. (2009). 인간 뇌의 글루코코르티코이드 수용체의 후성유전적 조절은 아동기 학대와 관련이 있다Epigenetic regulation of the glucocorticoid receptor in human brain associates with childhood abuse. *Nature Neuroscience*, 12, 342-348.

28b. Provençal, N., Suderman, M. J., Guillemin, C., Massart, R., Ruggiero, A., Wang, D., ... Szyf, M. (2012). 붉은털원숭이의 전전두피질과 T세포의 메틸롬에 있는 어미 양육의 흔적The signature of maternal rearing in the methylome in rhesus macaque prefrontal cortex and T cells. *Journal of Neuroscience*, 32, 15626-15642.

29   Richards, E. J. (2006). 유전된 후성유전적 변화 — 연성 유전에 대한 재고 Inherited epigenetic variation — Revisiting soft inheritance. *Nature Reviews: Genetics*, 7, 395-401.

30   Choi, J. D., & Lee, J.-S. (2013). 암에서 후성유전과 유전의 상호작용Interplay between epigenetics and genetics in cancer. *Genomics and Informatics*, 11, 164-173.

31   31a. Kerkel, K., Spadola, A., Yuan, E., Kosek, J., Jiang, L., Hod, E., ... Tycko, B. (2008). 메틸화 민감 단일염기다형성 분석에 의한 유전체 조사로 서열 의존적 대립유전자 특이적 DNA 메틸화를 식별한다Genomic surveys by methylation-

sensitive SNP analysis identify sequence-dependent allele-specific DNA methylation. *Nature Genetics*, 40, 904-908.

31b. Klengel, T., Pape, J., Binder, E. B., & Mehta, D. (2014). 스트레스 관련 정신 장애에서 DNA 메틸화의 역할The role of DNA methylation in stress-related psychiatric disorders. *Neuropharmacology*, 80, 115-132.

32   **32a.** Choi & Lee, 2013.

       32b. Klengel et al., 2014.

33   Karp, 2008.

34   Heard, E. (2004). X염색체 비활성화에 대한 최근의 진보Recent advances in X-chromosome inactivation. *Current Opinion in Cell Biology*, 16, 247-255.

35   Carey, 2011.

36   Popova, B. C., Tada, T., Takagi, N., Brockdorff, N., & Nesterova, T. B. (2006). X;상염색체 전좌에서 X-비활성화의 약화된 확산Attenuated spread of X-inactivation in an X;autosome translocation. *Proceedings of the National Academy of Sciences USA*, 103, 7706-7711.

37   이러한 사건의 순서 때문에 일부 연구자들은 DNA 메틸화의 주요 기능 중 하나가 히스톤에 일어나는 추가적 후성유전 활동을 조정하는 것이라는 결론을 내렸다. 다시 말해, 이 다른 활동이 유전체 내의 적합한 장소에서 일어나도록 효과적으로 안내한다는 것이다. Karp (2008); Richards (2006); Carey (2011); Mattick (2010).

38   Zhang & Meaney, 2010.

39   Carey, 2011, p. 253.

40   Zhang & Meaney, 2010.

41   Zhang & Meaney, 2010.

42   예컨대, Buchen, L. (2010). 그들의 양육 속에In their nurture. *Nature*, 467, 146-148.

43   Mayer, W., Niveleau, A., Walter, J., Fundele, R., & Haaf, T. (2000). 접합자에서 부계 유전체의 탈메틸화Demethylation of the zygotic paternal genome. *Nature*, 403, 501-502.

44   Ooi, S. K. T., & Bestor, T. H. (2008). 능동적 DNA 메틸화의 다채로운 역사 The colorful history of active DNA demethylation. *Cell*, 133, 1145-1148.

45   Day, J. J., & Sweatt, J. D. (2010). DNA 메틸화와 기억 형성DNA methylation and memory formation. *Nature Neuroscience*, 13, p. 1321.

46   Sweatt, J. D. (2009). 중추신경계의 경험의존성 후성유전적 변형Experience-dependent epigenetic modifications in the central nervous system. *Biological Psychiatry*, 65, 191-197.

47   Anway, M. D., Cupp, A. S., Uzumcu, M., & Skinner, M. K. (2005). 세대를 넘어 작용하는 내분비 교란 물질과 수컷 번식력Epigenetic transgenerational actions of endocrine disruptors and male fertility. *Science*, 308, 1466-1469.

48   Weaver, 2007.

49   몇몇 연구팀이 척추동물의 분열하지 않는 세포에서 일어난 능동적 DNA 탈메틸화에 대해 보고한 바 있다. Carey (2011); Ooi & Bestor(2008)를 보라. 이러한 실례들에서도 추정상의 탈메틸화 효소에 대한 성격 규명은 내놓지 못했다. Ooi & Bestor(2008)를 보라.

50   50a. Kriaucionis, S., & Heintz, N. (2009). 세포핵 DNA 염기 5-수산화메틸사이토신은 조롱박 뉴런과 뇌에 존재한다The nuclear DNA base 5-hydroxymethylcytosine is present in Purkinje neurons and the brain. *Science*, 324, 929-930.

  50b. Lister, R., Mukamel, E. A., Nery, J. R., Urich, M., Puddifoot, C. A., Johnson, N. D., … Ecker, J. R. (2013). 포유류 뇌 발달기의 전반적인 후성유전적 재구성Global epigenomic reconfiguration during mammalian brain development. *Science*, 341, 1237905. doi:10.1126/science.1237905

  50c. Klengel et al., 2014.

51   Szyf, M., & Bick, J. (2013). DNA 메틸화: 초기 생애 경험을 유전체에 새기는 메커니즘DNA methylation: A mechanism for embedding early life experiences in the genome. *Child Development*, 84, 49-57.

52   52a. Li, W., & Liu, M. (2011). 다양한 인간 조직 속 5-수산화메틸사이토신의 분포Distribution of 5-hydroxymethylcytosine in different human tissues. *Journal of Nucleic Acids*, 2011, 870726. doi:10.4061/2011/870726

  52b. Globisch et al., 2010.

53   Klengel et al., 2014.

54   Skinner, M. K. (2011). 발달생물학과 세대 간 유전에서 후성유전의 역할Role of epigenetics in developmental biology and transgenerational inheritance. *Birth Defects*

Research (Part C), 93, 51–55.

55   **55a.** Kriaucionis & Heintz, 2009.

       55b. Day & Sweatt, 2011.

       55c. Shen, L., & Zhang, Y. (2012). Tet 단백질의 효소 분석: DNA 메틸화 대사의 핵심 효소들Enzymatic analysis of Tet proteins: Key enzymes in the metabolism of DNA methylation. *Methods in Enzymology*, 512, 93–105.

       55d. Alvarado, S., Fernald, R. D., Storey, K. B., & Szyf, M. (2014). DNA 메틸화의 역동적 성격: 사회 및 계절적 변화에 대한 반응 역할The dynamic nature of DNA methylation: A role in response to social and seasonal variation. *Integrative and Comparative Biology*, 54, 68–76.

       55e. Guo, J. U., Su, Y., Zhong, C., Ming, G.-L., & Song, H. (2011). 능동적 DNA 메틸화 등에서 TET 단백질과 5-수산화메틸사이토신의 새롭게 발견되는 역할들Emerging roles of TET proteins and 5-Hydroxymethylcytosines in active DNA demethylation and beyond. *Cell Cycle*, 10, 2662–2668.

56   Guo, J. U., Su, Y., Zhong, C., Ming, G.-L., & Song, H. (2011). 성인 뇌에서 Tet1에 의한 5-메틸사이토신의 수산화는 능동적 DNA 탈메틸화를 촉진한다Hydroxylation of 5-methylcytosine by Tet1 promotes active DNA demethylation in the adult brain. *Cell*, 145, 423–434.

57   Lister et al., 2013.

58   Massart, R., Suderman, M., Provençal, N., Yi, C., Bennett, A. J., Suomi, S., & Szyf, M. (2014). 비인간 영장류 붉은털원숭이 원숭이의 전전두피질에서 수산화메틸화 및 DNA 메틸화 프로필, 그리고 모성 결핍이 수산화메틸화에 미치는 영향Hydroxymethylation and DNA methylation profiles in the prefrontal cortex of the non-human primate rhesus macaque and the impact of maternal deprivation on hydroxymethylation. *Neuroscience*, 268, 139–148.

59   Buchen, 2010, p. 148.

10장   경험은 어떻게 뇌를 바꾸는가

1   Masten, A. S. (2001). 평범한 마법: 발달기의 회복탄력적 과정Ordinary magic: Resilience processes in development. *American Psychologist*, 56, 227–238.

2   **2a.** Neigh, G. N., Gillespie, C. F., & Nemeroff, C. B. (2009). 아동 학대와 방

임의 신경생물학적 피해The neurobiological toll of child abuse and neglect. *Trauma, Violence, and Abuse*, 10, 389-410.

2b. Lutz, P.-E., & Turecki, G. (2014). DNA 메틸화와 아동학대: 동물 모델부터 인간 연구까지DNA methylation and childhood maltreatment: From animal models to human studies. *Neuroscience*, 264, 142-156.

3   Harlow, H. F., Dodsworth, R. O., & Harlow, M. K. (1965). 원숭이의 완전한 사회적 고립Total social isolation in monkeys. *Proceedings of the National Academy of Sciences USA*, 54, p. 90.

4   Harlow, H. F. (1958). 사랑의 본성The nature of love. *American Psychologist*, 13, p. 675.

5   Scafidi, F. A., Field, T. M., Schanberg, S. M., Bauer, C. R., Tucci, K., Roberts, J., ... & Kuhn, C.M. (1990). 마사지는 조산아의 성장을 촉진한다: 반복 연구Massage stimulates growth in preterm infants: A replication. *Infant Behavior and Development*, 13, 167-188.

6   Hernandez-Reif, M., Diego, M., & Field, T. (2007). 5일간 마사지 치료 후 조산아의 스트레스 행동과 활동이 감소했다Preterm infants show reduced stress behaviors and activity after 5 days of massage therapy. *Infant Behavior and Development*, 30, 557-561.

7   Diego, M. A., Field, T., & Hernandez-Reif, M. (2009). 마사지를 받은 조산아의 시술 시 통증 심박수 반응Procedural pain heart rate responses in massaged preterm infants. *Infant Behavior and Development*, 32, 226-229.

8   Borghol, N., Suderman, M., McArdle, W., Racine, A., Hallett, M., Pembrey, M., ... Szyf, M. (2012). 생애 초기 사회경제적 지위와 성인기 DNA 메틸화의 연관 관계Associations with early-life socio-economic position in adult DNA methylation. *International Journal of Epidemiology*, 41, 62-74.

9   Hackman, D. A., Farah, M. J., & Meaney, M. J. (2010). 사회경제적 지위와 뇌: 인간 및 동물 연구에서 얻은 기계론적 통찰Socioeconomic status and the brain: Mechanistic insights from human and animal research. *Nature Reviews: Neuroscience*, 11, 651-659.

10   Smith, L. B. (1999). 유아는 선천적 지식 구조를 갖고 있는가? 반대 입장Do infants possess innate knowledge structures? The con side. *Developmental Science*, 2, p.

140.

11   **11a.** Meaney, M. J. (2010). 후성유전학 및 유전자와 환경의 상호작용에 대한 생물학적 정의Epigenetics and the biological definition of gene ×environment interactions. *Child Development*, 81, 41-79.

11b. Meaney, M. J., & Szyf, M. (2005). 경험의존적 염색질 가소성의 모델로서 어머니의 보살핌Maternal care as a model for experience-dependent chromatin plasticity? *Trends in Neurosciences*, 28, 456-463.

12   Curley, J. P., Jensen, C. L., Mashoodh, R., & Champagne, F. A. (2011). 신경생물학과 행동에 대한 사회적 영향: 발달기의 후성유전적 영향Social influences on neurobiology and behavior: Epigenetic effects during development. *Psychoneuroendocrinology*, 36, 352-371.

13   **13a.** Coplan, J. D., Andrews, M. W., Rosenblum, L. A., Owens, M. J., Friedman, S., Gorman, J. M., & Nemeroff, C. B. (1996). 생애 초기 스트레스 요인에 노출된 비인간 영장류 성체 뇌척수액에서 코르티코트로핀 방출인자 농도의 지속적 상승: 기분 및 불안장애의 병태생리에 대한 함의Persistent elevations of cerebrospinal fluid concentrations of corticotropin-releasing factor in adult nonhuman primates exposed to early-life stressors: Implications for the pathophysiology of mood and anxiety disorders. *Proceedings of the National Academy of Sciences of the USA*, 93, 1619-1623.

13b. Francis, D. D., Caldji, C., Champagne, F., Plotsky, P. M., & Meaney, M. J. (1999a). 스트레스에 대한 행동 및 내분비 반응의 발달에 초기 경험이 영향을 미치도록 하는 코르티코트로핀 방출인자 ─ 노르에피네프린 시스템의 역할The role of corticotropin-releasing factor ─ norepinephrine systems in mediating the effects of early experience on the development of behavioral and endocrine responses to stress. *Biological Psychiatry*, 46, 1153-1166.

13c. Lee, R., Geracioti, T. D., Kasckow, J. W., & Coccaro, E. F. (2005). 아동기 트라우마와 성격 장애: 성인 뇌척수액 내 코르티코트로핀 방출인자 농도와의 상관관계Childhood trauma and personality disorder: Positive correlation with adult CSF corticotropin-releasing factor concentrations. *American Journal of Psychiatry*, 162, 995-997.

14   Francis et al., 1999a.

15   Francis et al., 1999a.

16   **16a.** Caldji, C., Tannenbaum, B., Sharma, S., Francis, D., Plotsky, P. M., & Meaney, M. J. (1998). 유아기 새끼 쥐에 대한 어미의 돌봄이 쥐의 공포 표현을 매개하는 신경 시스템 발달을 조절한다Maternal care during infancy regulates the development of neural systems mediating the expression of fearfulness in the rat. *Proceedings of the National Academy of Sciences of the USA*, 95, 5335-5340.

          16b. Francis et al., 1999a.

17   Francis, D., Diorio, J., Liu, D., & Meaney, M. J. (1999b). 어미 쥐 행동의 비유전체적 대물림과 스트레스 반응Nongenomic transmission across generations of maternal behavior and stress responses in the rat. *Science*, 286, 1155-1158.

18   예컨대 다음을 보라. Champagne, F. A., Weaver, I. C. G., Diorio, J., Dymov, S., Szyf, M., & Meaney, M. J. (2006). 암컷 자손의 시신경 내측 영역에서 에스트로겐 수용체-α1b 촉진유전자의 메틸화 및 에스트로겐 수용체-α 발현과 관련된 어미의 보살핌Maternal care associated with methylation of the estrogen receptor-α1b promoter and estrogen receptor-α expression in the medial preoptic area of female offspring. *Endocrinology*, 147, 2909-2915.

19   Meaney, 2010, p. 63.

20   **20a.** Ho, M. (1984). Environment and heredity in development and evolution. In M. Ho & P. T. Saunders (Eds.), 《신다윈주의를 넘어서: 새로운 진화 패러다임에 대한 소개Beyond neo-Darwinism: An introduction to the new evolutionary paradigm》 (pp. 267-289). London: Academic Press.

          20b. Lickliter, R., & Honeycutt, H. (2003). 발달의 역학: 생물학적 개연성이 있는 진화심리학Developmental dynamics: Toward a biologically plausible evolutionary psychology. *Psychological Bulletin*, 129, 819-835.

21   이외에도 세대 간 전달의 또 다른 비유전체적 방식들도 발견되었다. 이 책의 3부에서는 세대 간 전달이라는 주제를 살펴볼 것이다. 다음은 이 문제에 관심이 있는 사람들이 읽어보기에 좋은 참고 도서다. Jablonka, E., & Lamb, M. J. (2005). 《사차원으로 보는 진화: 생명의 역사 속 유전적, 후성유전적, 행동적, 상징적 변화Evolution in four dimensions: Genetic, epigenetic, behavioral, and symbolic variation in the history of life》. Cambridge, MA: MIT Press.

22   Weaver, I. C. G., Cervoni, N., Champagne, F. A., D'Alessio, A. C., Sharma, S.,

Seckl, J. R., ... Meaney, M. J. (2004a). 어미의 행동에 의한 후성유전 프로그래밍Epigenetic programming by maternal behavior. *Nature Neuroscience*, 7, 847-854.

23 Curley et al., 2011.

24 Weaver et al., 2004a.

25 Zhang, T.-Y., Bagot, R., Parent, C., Nesbitt, C., Bredy, T. W., Caldji, C., ... Meaney, M. J. (2006). 유전자 발현에 대한 지속적인 효과를 통한 방어 반응의 모성 프로그래밍Maternal programming of defensive responses through sustained effects on gene expression. *Biological Psychology*, 73, 72-89.

26 Liu, D., Diorio, J., Day, J. C., Francis, D. D., & Meaney, M. J. (2000). 쥐의 경우, 어미의 돌봄과 해마의 시냅스 생성 및 인지 발달Maternal care, hippocampal synaptogenesis and cognitive development in rats. *Nature Neuroscience*, 3, 799-806.

27 Liu et al., 2000.

28 Day, J. J., & Sweatt, J. D. (2010). DNA 메틸화와 기억 형성DNA methylation and memory formation. *Nature Neuroscience*, 13, p. 1321.

29 Szyf, M., & Bick, J. (2013). DNA 메틸화: 생애 초기 경험을 유전체에 새기는 메커니즘DNA methylation: A mechanism for embedding early life experiences in the genome. *Child Development*, 84, 49-57.

11장 심층 탐구: 경험

1 Olshansky, S. J. (2011). 미국 대통령들의 노화Aging of US presidents. *Journal of the American Medical Association*, 306, 2328-2329.

2 **2a.** Ballantyne, C. (2007, October 24). 사실인가 허구인가? 스트레스가 흰머리를 만든다는 것Fact or fiction? Stress causes gray hair. *Scientific American*. https://www.scientificamerican.com/article/fact-or-fiction-stress-causes-gray-hair/=
2b. Parker-Pope, T. (2009, March 9). 흰머리의 비밀을 풀다Unlocking the secrets of gray hair. *New York Times*.

3 McEwen, B. S. (2008). 건강과 질병에서 스트레스 호르몬의 중심적 효과: 스트레스 및 스트레스 매개 인자의 보호 및 손상 효과 이해하기Central effects of stress hormones in health and disease: Understanding the protective and damaging effects of stress and stress mediators. *European Journal of Pharmacology*, 583, 174-185.

4   Chrousos, G. P. (2009). 스트레스와 스트레스 시스템 장애Stress and disorders of
     the stress system. *Nature Reviews: Endocrinology*, 5, 374-381.

5   McEwen, 2008.

6   Chrousos, 2009.

7   McEwen, 2008.

8   Chrousos, 2009.

9   McEwen, 2008.

10   Neigh, G. N., Gillespie, C. F., & Nemeroff, C. B. (2009). 아동기 학대와 방
     임의 신경생물학적 피해The neurobiological toll of child abuse and neglect. *Trauma,
     Violence, and Abuse* 10, 389-410.

11   Vale, W., Spiess, J., Rivier, C., & Rivier, J. (1981). 코르티코트로핀 및 β-
     엔돌핀의 분비를 자극하는 41-잔기 양의 시상하부 펩타이드의 성격 규정
     Characterization of a 41-residue ovine hypothalamic peptide that stimulates secretion of
     corticotropin and β-endorphin. *Science*, 213, 1394-1397.

12   Chrousos, 2009.

13   Francis, D. D., Caldji, C., Champagne, F., Plotsky, P. M., & Meaney, M. J.
     (1999a). 초기 경험이 스트레스에 대한 행동 반응 및 내분비 반응에 영향을
     미치도록 하는 코르티코트로핀 방출 인자—노르에피네프린 시스템의 역할
     The role of corticotropin-releasing factor—norepinephrine systems in mediating the effects
     of early experience on the development of behavioral and endocrine responses to stress.
     Biological Psychiatry, 46, 1153-1155.

14   Liu, D., Diorio, J., Tannenbaum, B., Caldji, C., Francis, D., Freedman, A.,
     ... Meaney, M. J. (1997). 엄마의 보살핌, 해마의 글루코코르티코이드 수용
     체, 스트레스에 대한 시상하부-뇌하수체-부신 반응Maternal care, hippocampal
     glucocorticoid receptors, and hypothalamic-pituitary-adrenal responses to stress. *Science*,
     277, 1659-1662.

15   15a. Francis et al., 1999a.

     15b. Meaney, M. J. (2001). 엄마의 보살핌, 유전자 발현, 그리고 스트레스 반응
     개인차의 세대 간 전달Maternal care, gene expression, and the transmission of individual
     differences in stress reactivity across generations. *Annual Review of Neuroscience*, 24,
     1161-1192.

15c. Weaver, I. C. G., Cervoni, N., Champagne, F. A., D'Alessio, A. C., Sharma, S., Seckl, J. R., ... Meaney, M. J. (2004a). 어미의 행동에 의한 후성유전 프로그래밍Epigenetic programming by maternal behavior. *Nature Neuroscience*, 7, 847-854.

16   Liu et al., 1997, p. 1660.

17   Chrousos, 2009.

18   Buckingham, J. C. (2006). 글루코코르티코이드: 멀티태스킹의 본보기 Glucocorticoids: Exemplars of multi-tasking. *British Journal of Pharmacology*, 147, S258-S268.

19   제럴드 카프 지음,《*Karp's 세포 생물학(8판)*》, 고용 옮김, 월드사이언스, 2019년.

20   Buckingham, 2006.

21   Reddy, T. E., Pauli, F., Sprouse, R. O., Neff, N. F., Newberry, K. M., Garabedian, M. J., & Myers, R. M. (2009). 글루코코르티코이드 반응의 유전체 확인으로 유전자 조절의 예상하지 못한 메커니즘이 드러나다Genomic determination of the glucocorticoid response reveals unexpected mechanisms of gene regulation. *Genome Research*, 19, 2163-2171.

22   Buckingham, 2006.

23   Buckingham, 2006, p. S264.

24   24a. Weaver et al., 2004a.
      24b. Weaver, I. C. G., Diorio, J., Seckl, J. R., Szyf, M., & Meaney, M. J. (2004b). 해마의 글루코코르티코이드 수용체 유전자 발현을 조절하는 초기 경험: 세포 내 매개자들과 잠재적 유전체 표적 위치들의 성격 규정Early environmental regulation of hippocampal glucocorticoid receptor gene expression: Characterization of intracellular mediators and potential genomic target sites. *Annals of the New York Academy of Science*, 1024, 182-212.

25   Weaver et al., 2004a.

26   Weaver et al., 2004a.

27   Weaver et al., 2004a.

28   28a. Radiolab (Producer). (2012a, November 19). 라마르크를 떠나다Leaving your Lamarck [Audio podcast]. http://www.radiolab.org/2012/nov/19/leaving-lamarck/.

28b. Weaver, I. C. G., D'Alessio, A. C., Brown, S. E., Hellstron, I. C., Dymov, S., Sharma, S., ... Meaney, M. J. (2007). 전사인자 신경성장인자 유도 단백질 A는 후성유전 프로그래밍을 매개한다: 조기반응 유전자에 의한 후성유전 표지의 변경The transcription factor nerve growth factor-inducible protein A mediates epigenetic programming: Altering epigenetic marks by immediate-early genes. *Journal of Neuroscience*, 27, 1756-1768.

29 **29a.** Kandel, E. R. (2001). 기억 저장의 분자생물학: 유전자와 시냅스의 대화The molecular biology of memory storage: A dialogue between genes and synapses. *Science*, 294, 1030-1038.

29b. Zhang, T.-Y., & Meaney, M. J. (2010). 후성유전과 유전체, 그리고 그 기능에 대한 환경의 조절Epigenetics and the environmental regulation of the genome and its function. *Annual Review of Psychology*, 61, 439-466.

30 Weaver et al., 2004a, p. 849.

31 Murgatroyd, C., Patchev, A. V., Wu, Y., Micale, V., Bockmühl, Y., Fischer, D., ... Spengler, D. (2009). 역동적 DNA 메틸화가 생애 초기 스트레스의 불리한 효과 지속을 프로그래밍한다Dynamic DNA methylation programs persistent adverse effects of early-life stress. *Nature Neuroscience*, 12, 1559-1566.

32 Harlow, H. F., Dodsworth, R. O., & Harlow, M. K. (1965). 원숭이의 완전한 사회적 고립Total social isolation in monkeys. *Proceedings of the National Academy of Sciences USA*, 54, 90-97.

33 Lee, R., Geracioti, T. D., Kasckow, J. W., & Coccaro, E. F. (2005). 아동기 트라우마와 성격 장애: 성인 뇌척수액 내 코르티코트로핀 방출 인자 농도와의 상관관계Childhood trauma and personality disorder: Positive correlation with adult CSF corticotropin-releasing factor concentrations. *American Journal of Psychiatry*, 162, 995-997.

34 Murgatroyd et al., 2009.

35 Murgatroyd et al., 2009, p. 1559.

36 Mueller, B. R., & Bale, T. L. (2008). 임신 초기 스트레스 이후 자손의 감정에 대한 성별 특이적 프로그래밍Sex-specific programming of offspring emotionality after stress early in pregnancy. *Journal of Neuroscience*, 28, 9055-9065.

37 네사 캐리 지음, 《유전자는 네가 한 일을 알고 있다》, 이충호 옮김, 해나무,

2015년.

Roth, T. L., Lubin, F. D., Funk, A. J., & Sweatt, J. D. (2009). 생애 초기 역경이 BDNF 유전자에 미치는 후성유전의 지속적 영향Lasting epigenetic influence of early-life adversity on the BDNF gene. *Biological Psychiatry*, 65, 760-769.

39 Roth et al., 2009.

40 Heijmans, B. T., Tobi, E. W., Lumey, L. H., & Slagboom, P. E. (2009). 후성유전체: 태아기 환경의 기록 보관소The epigenome: Archive of the prenatal environment. *Epigenetics*, 4, 526-531.

12장 영장류 연구

1 Keeley, B. L. (2004). 의인화, 영장류화, 포유류화: 종간 비교의 이해Anthropomorphism, primatomorphism, mammalomorphism: Understanding cross-species comparisons. *Biology and Philosophy*, 19, p. 523.

2 Gottlieb, G., & Lickliter, R. (2004). 인간 발달을 이해하는 일에서 동물 모델의 다양한 역할The various roles of animal models in understanding human development. *Social Development*, 13, p. 312, 강조 표시 추가함.

3 Chrousos, G. P., Schuermeyer, T. H., Doppman, J., Oldfield, E. H., Schulte, H. M., Gold, P. W., & Loriaux, D. L. (1985). 국립보건원 콘퍼런스: 방출인자 방출인자의 임상 적용NIH conference: Clinical applications of corticotropin-releasing factor. *Annals of Internal Medicine*, 102, 344-358.

4 리처드 도킨스 지음, 《조상 이야기》, 이한음 옮김, 까치, 2018년.

5 Gottlieb & Lickliter, 2004, p. 312.

6 6a. Keller, S., Sarchiapone, M., Zarrilli, F., Videtič, A., Ferraro, A., Carli, V., ... Chiariotti, L. (2010). 자살자들의 베르니케 영역 BDNF 촉진유전자의 메틸화 증가Increased BDNF promoter methylation in the Wernicke area of suicide subjects. *Archives of General Psychiatry*, 67, 258-267.

6b. Poulter, M. O., Du, L., Weaver, I. C. G., Palkovits, M., Faludi, G., Merali, Z., ... Anisman, H. (2008). 자살자 뇌의 A형 가바수용체 촉진유전자의 과메틸화: 후성유전적 과정의 관여에 대한 함의GABAA receptor promoter hypermethylation in suicide brain: Implications for the involvement of epigenetic processes. *Biological Psychiatry*, 64, 645-652.

7   Poulter et al., 2008, p. 651.

8   Keller et al., 2010, p. 266.

9   McGowan, P. O., Sasaki, A., D'Alessio, A. C., Dymov, S., Labonté, B., Szyf, M., ... Meaney, M. J. (2009). 사람의 뇌에서 아동기 학대와 관련된 글루코코르티코이드 수용체의 후성유전적 조절Epigenetic regulation of the glucocorticoid receptor in human brain associates with childhood abuse. *Nature Neuroscience*, 12, p. 342.

10   McGowan et al., 2009.

11   Weaver, I. C. G., Cervoni, N., Champagne, F. A., D'Alessio, A. C., Sharma, S., Seckl, J. R., ... Meaney, M. J. (2004a). 어미의 행동에 의한 후성유전 프로그래밍Epigenetic programming by maternal behavior. *Nature Neuroscience*, 7, 847–854.

12   McGowan et al., 2009, p. 342.

13   McGowan et al., 2009, p. 346.

14   예컨대 다음을 보라. Kasl, S. V., Evans, A. S., & Niederman, J. C. (1979). 감염성 단핵구증 발발의 심리사회적 위험요인Psychosocial risk factors in the development of infectious mononucleosis. *Psychosomatic Medicine*, 41, 445–466.

15   Glaser, R., Rice, J., Sheridan, J., Fertel, R., Stout, J., Speicher, C., ... Kiecolt-Glaser, J. (1987). 스트레스와 관련된 면역억제: 건강에 대한 함의Stress-related immune suppression: Health implications. *Brain, Behavior, and Immunity*, 1, 7–20.

16   Glaser, R., Kennedy, S., Lafuse, W. P., Bonneau, R. H., Speicher, C., Hillhouse, J., & Kiecolt-Glaser, J. K. (1990). 말초 혈액 백혈구에서 인터루킨 2 수용체 유전자 발현 및 인터루킨2 생성에 대해 심리적 스트레스가 유도하는 조절Psychological stress-induced modulation of interleukin 2 receptor gene expression and interleukin 2 production in peripheral blood leukocytes. *Archives of General Psychiatry*, 47, p. 707.

17   17a. Tylee, D. S., Kawaguchi, D. M., & Glatt, S. J. (2013). 밖에서 안을 들여다보다: 혈액과 뇌의 "-체"의 비교가능성에 대한 리뷰와 평가On the outside, looking in: A review and evaluation of the comparability of blood and brain "-omes." *American Journal of Medical Genetics Part B: Neuropsychiatric Genetics*, 162B, 595–603. [여기서 -omes는 후성유전체epigenome, 유전체genome, 총단백질proteome, 전사체transcriptome 등을 아우른다.]

17b. Nikolova, Y. S., Koenen, K. C., Galea, S., Wang, C.-M., Seney, M. L., Sibille, E., ... Hariri, A. R. (2014). 유전형을 넘어서: 세로토닌 수송체의 후성 유전적 변형이 사람 뇌의 기능을 예측하게 해준다Beyond genotype: Serotonin transporter epigenetic modification predicts human brain function. *Nature Neuroscience*. Advance online publication. doi:10.1038/nn.3778

18 **18a.** Van IJzendoorn, M. H., Bakermans-Kranenburg, M. J., & Ebstein, R. P. (2011). 메틸화는 아동 발달에서 중요하다: 발달 행동 후성유전학을 향하여 Methylation matters in child development: Toward developmental behavioral epigenetics. *Child Development Perspectives*, 5, 305-310.

18b. Provençal, N., Suderman, M. J., Guillemin, C., Massart, R., Ruggiero, A., Wang, D., ... Szyf, M. (2012). 붉은털원숭이의 전전두피질과 T세포 내 메틸롬 에 남은 어미 양육의 흔적The signature of maternal rearing in the methylome in rhesus macaque prefrontal cortex and T cells. *Journal of Neuroscience*, 32, 15626-15642.

19 Provençal et al., 2012.

20 Provençal et al., 2012, p. 15626.

21 Provençal et al., 2012.

22 또 다른 연구들은 뇌세포의 메틸화와 혈액세포의 메틸화 사이의 일치를 탐색했는데, Provençal et al. (2012) 연구과 다른 접근법을 사용한 이 연구들은 뇌와 혈액의 메틸화 사이에서 높은 상관성을 발견했다. 다음을 보라. Tylee et al., 2013.

23 Tung, J., Barreiro, L. B., Johnson, Z. P., Hansen, K. D., Michopoulos, V., Toufexis, D., ... Gilad, Y. (2012). 붉은털원숭이의 면역계에 나타나는 유전자 조절 변이와 사회환경의 연관성Social environment is associated with gene regulatory variation in the rhesus macaque immune system. *Proceedings of the National Academy of Sciences USA*, 109, 6490-6495.

24 Sapolsky, R. M. (2005). 사회적 위계가 영장류의 건강에 미치는 영향The influence of social hierarchy on primate health. *Science*, 308, 648-652.

25 Tung et al., 2012.

26 Tung et al., 2012, p. 6494.

27 Tung et al., 2012, p. 6494.

28 Fredrickson, B. L., Grewen, K. M., Coffey, K. A., Algoe, S. B., Firestine, A. M.,

Arevalo, J. M. G., … Cole, S. W. (2013). 기능적 유전체의 관점에서 바라보는 인간의 안녕A functional genomic perspective on human well-being. *Proceedings of the National Academy of Sciences USA*, 110, 13684-13689.

29   Fraga, M. F., Ballestar, E., Paz, M. F., Ropero, S., Setien, F., Ballestar, M. L., … Esteller, M. (2005). 후성유전적 차이는 일란성 쌍둥이의 생애 내내 발생한다 Epigenetic differences arise during the lifetime of monozygotic twins. *Proceedings of the National Academy of Sciences of the USA*, 102, 10604-10609.

30   **30a.** Gordon, L., Joo, J. E., Powell, J. E., Ollikainen, M., Novakovic, B., Li, X., … Saffery, R. (2012). 사람 쌍둥이 신생아의 DNA 메틸화 프로필은 태내 환경과 유전 요인의 복잡한 상호작용으로 구체화되며, 조직 특이적 영향을 받는다Neonatal DNA methylation profile in human twins is specified by a complex interplay between intrauterine environmental and genetic factors, subject to tissue-specific influence. *Genome Research*, 22, 1395-1406.

30b. Ollikainen, M., Smith, K. R., Joo, E. J., Ng, H. K., Andronikos, R., Novakovic, B., … Craig, J. M. (2010). 신생아 쌍둥이의 여러 조직에 대한 DNA 메틸화 분석은 인간 신생아 유전체의 차이에 대한 유전적 요소와 태내 요소 둘 다를 드러낸다DNA methylation analysis of multiple tissues from newborn twins reveals both genetic and intrauterine components to variation in the human neonatal epigenome. *Human Molecular Genetics*, 19, 4176-4188.

30c. Wong, C. C. Y., Caspi, A., Williams, B., Craig, I. W., Houts, R., Ambler, A., … Mill, J. (2010). 쌍둥이의 후성유전적 차이에 대한 종단연구A longitudinal study of epigenetic variation in twins. *Epigenetics*, 5, 516-526.

31   Ollikainen et al., 2010.

32   더 새로운 연구[Gordon and colleagues (2012)]에서는 유전체 수준에서 약 2만 군데의 DNA 분절을 검토하는 쌍둥이 연구로 비슷한 결과를 얻었다.

33   Van IJzendoorn et al., 2011.

34   Oberlander, T. F., Weinberg, J., Papsdorf, M., Grunau, R., Misri, S., & Devlin, A. M. (2008). 산모의 우울증에 대한 태아기 노출, 신생아의 인간 글루코코르티코이드 수용체 유전자(NR3C1)의 메틸화, 그리고 영아의 코르티솔 스트레스 반응Prenatal exposure to maternal depression, neonatal methylation of human glucocorticoid receptor gene (NR3C1) and infant cortisol stress responses. *Epigenetics*, 3,

97-106.

35 예를 들어 다음을 보라. Ansorge, M. S., Zhou, M., Lira, A., Hen, R., & Gingrich, J. A. (2004). 생애 초기 5-HT 수송체 차단은 성체 생쥐의 감정적 행동에 변화를 일으킨다Early-life blockade of the 5-HT transporter alters emotional behavior in adult mice. *Science*, 306, 879-881.

36 Devlin, A. M., Brain, U., Austin, J., & Oberlander, T. F. (2010). 산모의 우울한 기분에 대한 태아기 노출과 MTHFR C677T 변이는 출생 시 영아의 SLC6A4 메틸화에 영향을 미친다Prenatal exposure to maternal depressed mood and the MTHFR C677T variant affect SLC6A4 methylation in infants at birth. *PLoS ONE*, 5(8), e12201. doi:10.1371/journal.pone.0012201

37 Devlin et al., 2010, p. 6.

38 Beach, S. R. H., Brody, G. H., Todorov, A. A., Gunter, T. D., & Philibert, R. A. (2010). SLC6A4의 메틸화는 아동 학대 가족력과 관련이 있다: 아이오와 입양인 표본 조사Methylation at SLC6A4 is linked to family history of child abuse: An examination of the Iowa adoptee sample. *American Journal of Medical Genetics Part B*, 153B, 710-713.

39 Perroud, N., Paoloni-Giacobino, A., Prada, P. Olié, E., Salzmann, A., Nicastro, R., ... Malafosse, A. (2011). 아동기 학대 이력이 있는 성인의 글루코코르티코이드 수용체 유전자(NR3C1)증가: 트라우마의 심각도 및 유형과의 관계 Increased methylation of glucocorticoid receptor gene (NR3C1) in adults with a history of childhood maltreatment: A link with the severity and type of trauma. *Translational Psychiatry*, 1, e59. doi:10.1038/tp.2011.60

40 40a. Labonté, B., Suderman, M., Maussion, G., Navaro, L., Yerko, V., Mahar, I., ... Turecki, G. (2012). 생애 초기 트라우마의 전체 유전체에 대한 후성유전적 조절Genome-wide epigenetic regulation by early-life trauma. *Archives of General Psychiatry*, 69, 722-731.

40b. Suderman, M., Borghol, N., Pappas, J. J., Pereira, S. M. P., Pembrey, M., Hertzman, C., ... Szyf, M. (2014). 아동기 학대는 성인 DNA에서 다수 유전자 자리의 메틸화와 연관된다Childhood abuse is associated with methylation of multiple loci in adult DNA. *BMC Medical Genomics*, 7, 13. doi:10.1186/1755-8794-7-13.

41   Lutz, P.-E., & Turecki, G. (2014). DNA 메틸화와 아동기 학대: 동물 모델에
      서 사람 연구로DNA methylation and childhood maltreatment: From animal models to
      human studies. *Neuroscience*, 264, 142–156.

42   Nikolova et al., 2014.

43   Beach et al., 2010.

44   Radtke, K. M., Ruf, M., Gunter, H. M., Dohrmann, K., Schauer, M., Meyer,
      A., & Elbert, T. (2011). 친밀한 파트너 폭력이 글루코코르티코이드 수용체
      촉진유전자의 메틸화에 미치는 세대를 넘은 영향Transgenerational impact of
      intimate partner violence on methylation in the promoter of the glucocorticoid receptor.
      Translational Psychiatry, 1, e21. doi:10.1038/tp.2011.21

45   연구팀은 이 연구의 목적에 맞추어 폭력을 "친밀한 관계 안에서 관계에 속
      한 사람에게 신체적, 심리적, 성적 해를 초래하는 모든 행동"으로 정의했
      다.(Radtke et al., 2011, p. 4).

46   Radtke et al., 2011, p. 4.

47   Alvarado, S., Fernald, R. D., Storey, K. B., & Szyf, M. (2014). DNA 메틸화의
      역동적 성격: 사회적 계절 변화에 반응하는 메틸화의 역할The dynamic nature
      of DNA methylation: A role in response to social and seasonal variation. *Integrative and
      Comparative Biology*, 54, 68–76.

48   For example, see Essex, M. J., Boyce, W. T., Hertzman, C., Lam, L. L.,
      Armstrong, J. M., Neumann, S. M. A., & Kobor, M. S. (2013). 초기 발달기
      역경의 후성유전적 흔적: 아동기 스트레스 노출과 청소년기의 DNA 메틸화
      Epigenetic vestiges of early developmental adversity: Childhood stress exposure and DNA
      methylation in adolescence. *Child Development*, 84, 58–75.

49   House, J. S., Landis, K. R., & Umberson, D. (1988). 사회적 관계와 건강Social
      relationships and health. *Science*, 241, p. 541.

50   Cole, S. W., Hawkley, L. C., Arevalo, J. M., Sung, C. Y., Rose, R. M., &
      Cacioppo, J. T. (2007). 인간 백혈구에서 유전자 발현의 사회적 조절Social
      regulation of gene expression in human leukocytes. *Genome Biology*, 8, R189.

51   Miller, G. E., Chen, E., Fok, A. K., Walker, H., Lim, A., Nicholls, E. F., …
      Kobor, M. S. (2009). 생애 초기 낮은 사회경제적 지위는 글루코코르티코이드
      감소와 친염증성 신호 증가로 나타나는 생물학적 흔적을 남긴다Low early-life

social class leaves a biological residue manifested by decreased glucocorticoid and increased proinflammatory signaling. *Proceedings of the National Academy of Sciences USA*, 106, 14716-14721.

52   여기서 밀러의 연구실에서 후성유전적 증거가 나오지 않았다는 것이 그들이 그런 증거를 찾으려 하지 않았다는 말은 아니란 걸 짚고 넘어가야겠다. 그들은 그 증거를 찾았지만 단지 아직 발견하지 못했을 뿐이다. 이 연구에 관한 인터뷰에서 밀러는 연구팀이 생애 초기 사회경제적 지위의 영향에 대한 후성유전적 변형 원인을 찾으려 노력한 일에 관해 추가적 정보를 제공했다. "우리는 지난 몇 년 동안 면역계에서 생애 초기 경험과 관련된 후성유전적 변형의 증거를 찾을 수 있을지 알아보려 시도했다. (…) 이 연구는 여전히 진행 중이므로 그 무엇도 결정적으로 결론을 내리는 건 시기상조라고 생각하지만, 아직 큰 성공을 거두지는 못했어도 우리는 더 큰 희망과 상상을 품고 있다."(Miller, 2010, p. 27). 연구를 더 해야 하는 건 분명하다. 관찰된 GR 활동 감소에 무언가는 원인을 제공했으니 말이다!

[옮긴이: 밀러 연구팀이 그 증거를 어느 정도 찾았음을 보여주는 2017년 논문이 있다. "우리는 유아기와 아동기에 노출된 영양, 미생물, 심리사회적 요인으로, 염증을 조절하는 유전자들의 DNA 메틸화 수준(유전자 발현에 영향을 주는, 유전체에 남은 생화학적 표지)을 예측할 수 있다는 증거를 제시한다. 또한 이 유전자들의 DNA 메틸화가 심혈관계 및 기타 질환에서 나타나는 염증성 생체지표 수준과도 관계가 있음을 보인다. 이 결과들은 염증 및 염증성 질환에 초기 경험의 지속적 영향을 부분적으로라도 후성유전 메커니즘으로 설명할 수 있음을 시사한다." McDAde, T. E., Ryan, C., Jones, M. J., MacIsaac, J. L., Morin, A. M., Meyer, J. M., Borja, J. B., Miller, G. M., Kobor, M. S., Kuzawa, C. W. (2017), 발달 초기의 사회 및 물리적 환경은 청년기 염증 유전자의 DNA 메틸화를 예측하게 한다Social and physical environments early in development predict DNA methylation of inflammatory genes in young adulthood, *Proceedings Of The National Academy Of Sciences*, 114, 7611-7616. https://www.pnas.org/doi/full/10.1073/pnas.1620661114.

53   Borghol, N., Suderman, M., McArdle, W., Racine, A., Hallett, M., Pembrey, M., ... Szyf, M. (2012). 성인기 DNA 메틸화에서 보이는 생애 초기 사회경제적 지위와의 연관성Associations with early-life socio-economic position in adult DNA

methylation. *International Journal of Epidemiology*, 41, 62-74.

54   Borghol et al., 2012, p. 71.

55   Hackman, D. A., Farah, M. J., & Meaney, M. J. (2010). 사회경제적 지위와 뇌: 인간 및 동물 연구에서 얻은 기계론적 통찰Socioeconomic status and the brain: Mechanistic insights from human and animal research. *Nature Reviews: Neuroscience*, 11, 651-659.

56   Kuzawa, C. W., & Sweet, E. (2009). 후성유전학과 인종의 구현: 미국 심혈관 건강의 인종 격차의 발달적 기원Epigenetics and the embodiment of race: Developmental origins of US racial disparities in cardiovascular health. *American Journal of Human Biology*, 21, 2-15.

57   Terry, M. B., Ferris, J. S., Pilsner, R., Flom, J. D., Tehranifar, P., Santella, R. M., ... Susser, E. (2008). 다민족 뉴욕시에서 태어난 코호트 내 여성들의 유전체 DNA 메틸화Genomic DNA methylation among women in a multiethnic New York City birth cohort. *Cancer Epidemiology, Biomarkers and Prevention*, 17, 2306-2310.

58   Kuzawa & Sweet, 2009.

59   Kuzawa & Sweet, 2009.

60   Kuzawa & Sweet, 2009, p. 3-4.

61   Curley, J. P., Jensen, C. L., Mashoodh, R., & Champagne, F. A. (2011). 신경생물학과 행동에 관한 사회적 영향력: 발달기의 후성유전적 영향Social influences on neurobiology and behavior: Epigenetic effects during development. *Psychoneuroendocrinology*, 36, 352-371.

62   Brena, R. M., Huang, T. H-M., & Plass, C. (2006). 인간 후성유전체를 향하여Toward a human epigenome. *Nature Genetics*, 38, 1359-1360.

63   Human Epigenome Consortium (2013). 인간 유전체 프로젝트The human epigenome project. http://www.epigenome.org/index.php?page=project.

64   Gomase, V. S., & Tagore, S. (2008). 후성유전체학Epigenomics. *Current Drug Metabolism*, 9, 232-237.

65   Maher, B. (2012). ENCODE: 인간 백과사전ENCODE: The human encyclopaedia *Nature*, 489, p. 46.

13장 기억의 과학

1   Miller, C. A., & Sweatt, J. D. (2006). 기억상실인가 기억인출결손인가? 재
응고화 문제에 대한 분자적 접근법이 갖는 함의Amnesia or retrieval deficit?
Implications of a molecular approach to the question of reconsolidation. *Learning and
Memory*, 13, 498-505.

2   2a. Dębiec, J., Doyère, V., Nader, K., & LeDoux, J. E. (2006). 간접적으로
재활성화한 것은 아니고, 직접적으로 재활성화한 기억은 해마에서 재응
고화를 겪는다Directly reactivated, but not indirectly reactivated, memories undergo
reconsolidation in the amygdala. *Proceedings of the National Academy of Sciences of
the USA*, 102, 3428-3433.

       2b. Doyère, V., Dębiec, J., Monfils, M., Schafe, G. E., & LeDoux, J. E. (2007).
측면 편도체에서 특정 공포 기억의 시냅스 특이적 재응고화Synapse-specific
reconsolidation of distinct fear memories in the lateral amygdala. *Nature Neuroscience*,
10, 414-416.

3   Kandel, E. R. (2001). 기억 저장의 분자생물학: 유전자와 시냅스의 대화The
molecular biology of memory storage: A dialogue between genes and synapses. *Science*,
294, p. 1030.

4   Kandel, 2001, pp. 1030-1031.

5   Kandel, 2001, p. 1038.

6   Kandel, 2001, p. 1030.

7   Kandel, 2001, p. 1030.

8   Pinsker, H. M., Hening, W. A., Carew, T. J., & Kandel, E. R. (1973). 군소에서
방어적 수축 반사의 장기 민감화Long-term sensitization of a defensive withdrawal
reflex in Aplysia. *Science*, 182, 1039-1042.

9   Castellucci, V. F., Blumenfeld, H., Goelet, P., & Kandel, E. R. (1989). 단백질
합성 억제제는 군소의 일회성(드문) 아가미 수축 반사에서 장기적 행동의 민
감화를 차단한다Inhibitor of protein synthesis blocks longterm behavioral sensitization
in the isolated gill-withdrawal reflex of Aplysia. *Journal of Neurobiology*, 20, 1-9.

10   Atkinson, R. C., & Shiffrin, R. M. (1968). 인간의 기억: 그 체계와 통제 절차
에 관한 제안Human memory: A proposed system and its control processes. In K. W.
Spence, Ed., 《학습과 동기부여의 심리학: 연구와 이론의 발전*The psychology of*

learning and motivation: Advances in research and theory》 (pp. 89-195). New York, NY: Academic Press.

11 Flexner, L. B., & Flexner, J. B. (1966). 아세톡시시클로헥시미드 및 아세톡시 시클로헥시미드-퓨로마이신 홉합물이 생쥐의 대뇌 단백질 합성과 기억에 미치는 영향Effect of acetoxycycloheximide and of an acetoxycycloheximide-puromycin mixture on cerebral protein synthesis and memory in mice. *Proceedings of the National Academy of Sciences of the USA*, 55, 369-374.

12 Bailey, C. H., & Chen, M. (1988). 군소의 장기기억은 식별된 단일 감각 뉴 런들의 시냅스 이전 염주의 총수를 조절한다Long-term memory in Aplysia modulates the total number of varicosities of single identified sensory neurons. *Proceedings of the National Academy of Sciences USA*, 85, 2373-2377.

13 Zhang, T.-Y., & Meaney, M. J. (2010). 후성유전학 그리고 유전체와 그 기능 에 대한 환경의 조절Epigenetics and the environmental regulation of the genome and its function. *Annual Review of Psychology*, 61, 439-466.

14 Kandel, E. R. (2001). 기억 저장의 분자생물학: 유전자와 시냅스의 대화The molecular biology of memory storage: A dialogue between genes and synapses. *Science*, 294, 1030-1038.

15 Mattick, J. S. (2010). 후성유전체-환경 상호작용의 기질로서 RNARNA as the substrate for epigenome-environment interactions. *BioEssays*, 32, 548-552.

16 Jacob, F. (1977). 진화와 변통Evolution and tinkering. *Science*, 196, 1163-1164.

17 Levenson, J. M., & Sweatt, J. D. (2005). 기억 형성의 후성유전 메커니즘 Epigenetic mechanisms in memory formation. *Nature Reviews: Neuroscience*, 6, 108-118.

18 Feinberg, A. P. (2008). 현대 의학의 진앙에 자리한 후성유전학Epigenetics at the epicenter of modern medicine. *Journal of the American Medical Association*, 299, 1345-1350.

19 Gould, S. J., & Vrba, E. S. (1982). 굴절적응—형태의 과학에서 빠져 있는 용 어 하나Exaptation—A missing term in the science of form. *Paleobiology*, 8, p. 4.

20 Day, J. J., & Sweatt, J. D. (2011). 인지의 후성유전 메커니즘Epigenetic mechanisms in cognition. *Neuron*, 70, 813-829.

21 Levenson & Sweatt, 2005, p. 116.

22   Levenson & Sweatt, 2005, p. 109.

23   Guan, Z., Giustetto, M., Lomvardas, S., Kim, J.-H., Miniaci, M. C., Schwartz, J. H., ... Kandel, E. R. (2002). 장기기억 관련 시냅스 가소성의 통합에는 유전자 발현과 염색질 구조의 양방향 조절이 관여한다Integration of long-term-memory-related synaptic plasticity involves bidirectional regulation of gene expression and chromatin structure. *Cell*, 111, 483-493.

24   Alarcón, J. M., Malleret, G., Touzani, K., Vronskaya, S., Ishii, S., Kandel, E. R., & Barco, A. (2004). CBP+/- 생쥐는 염색질 아세틸화, 기억, 장기강화가 손상된다 : 루빈스타인-테이비 증후군의 인지 결손과 그 개선을 위한 모델 Chromatin acetylation, memory, and LTP are impaired in CBP+/- mice: A model for the cognitive deficit in Rubinstein-Taybi syndrome and its amelioration. *Neuron*, 42, 947-959.

25   Levenson, J. M., O'Riordan, K. J., Brown, K. D., Trinh, M. A., Molfese, D. L., & Sweatt, J. D. (2004). 해마 속 기억 형성 도중 히스톤 아세틸화의 조절 Regulation of histone acetylation during memory formation in the hippocampus. *Journal of Biological Chemistry*, 279, 40545-40559.

26   Scoville, W. B., & Milner, B. (1957). 양쪽 해마 병변 이후 최근 기억 상실Loss of recent memory after bilateral hippocampal lesions. *Journal of Neurology, Neurosurgery, and Psychiatry*, 20, 11-21.

27   Scoville & Milner, 1957.

28   Scoville & Milner, 1957, p. 14.

29   Scoville & Milner, 1957, p. 14

30   Miller, C. A., Gavin, C. F., White, J. A., Parrish, R. R., Honasoge, A., Yancey, C. R., ... Sweatt, J. D. (2010). 피질 DNA 메틸화가 옛 기억을 유지한다Cortical DNA methylation maintains remote memory. *Nature Neuroscience*, 13, 664-666.

31   Levenson et al., 2004.

32   Levenson et al., 2004.

33   Levenson & Sweatt, 2005, p. 113.

34   Gupta, S., Kim, S. Y., Artis, S., Molfese, D. L., Schumacher, A., Sweatt, J. D., ... Lubin, F. D. (2010). 히스톤 메틸화가 기억 형성을 조절한다Histone methylation regulates memory formation. *Journal of Neuroscience*, 30, 3589-3599.

35   Day & Sweatt, 2011, p. 815.

36   Sweatt, J. D. (2009). 중추신경계에서의 경험의존적 후성유전적 변형
      Experience-dependent epigenetic modifications in the central nervous system. *Biological
      Psychiatry*, 65, 191-197.

37   **37a.** Borrelli, E., Nestler, E. J., Allis, C. D., & Sassone-Corsi, P. (2008). 신경
      가소성의 후성유전적 언어 해독하기Decoding the epigenetic language of neuronal
      plasticity. *Neuron*, 60, 961-974.
      37b. Levenson, J. M., Roth, T. L., Lubin, F. D., Miller, C. A., Huang, I.-C.,
      Desai, P., ... Sweatt, J. D. (2006). DNA (사이토신-5) 메틸전이효소가 해마의
      시냅스 가소성을 조절한다는 증거Evidence that DNA (cytosine-5) methyltransferase
      regulates synaptic plasticity in the hippocampus. Journal of Biological *Chemistry*,
      281, 15763-15773.
      37c. Lubin, F. D., Roth, T. L., & Sweatt, J. D. (2008). 공포 기억의 응고화
      과정 중 BDNF 유전자 전사의 후성유전적 조절Epigenetic regulation of bdnf
      gene transcription in the consolidation of fear memory. *Journal of Neuroscience*, 28,
      10576-10586.

38   Miller et al., 2010.

39   Lubin et al., 2008.

40   Day, J. J., & Sweatt, J. D. (2010). DNA 메틸화와 기억 형성DNA methylation
      and memory formation. *Nature Neuroscience*, 13, p. 1322, 강조 표시 추가함.

41   Day & Sweatt, 2010, p. 1322.

42   Levenson et al., 2006.

43   Day & Sweatt, 2011, p. 816.

44   Day & Sweatt, 2011, p. 813.

45   Levenson & Sweatt, 2005, p. 114.

46   Levenson & Sweatt, 2005.

47   Rudenko, A., & Tsai, L.-H. (2014). 기억 및 인지 장애의 후성유전적 조절
      Epigenetic regulation in memory and cognitive disorders. *Neuroscience*, 264, 51-63.

48   Levenson et al., 2004.

49   Gräff, J., Rei, D., Guan, J.-S., Wang, W.-Y., Seo, J., Hennig, K. M., ... Tsai,
      L.-H. (2012). 신경 퇴행 뇌에서 인지 기능의 후성유전적 차단An epigenetic

blockade of cognitive functions in the neurodegenerating brain. *Nature*, 483, 222-226.

50   Fischer, A., Sananbenesi, F., Wang, X., Dobbin, M., & Tsai, L.-H. (2007). 학습과 기억의 회복은 염색질 리모델링과 연관된다Recovery of learning and memory is associated with chromatin remodeling. *Nature*, 447, 178-182.

14장   심층 탐구: 기억

1   Gräff, J., Rei, D., Guan, J.-S., Wang, W.-Y., Seo, J., Hennig, K. M., ... Tsai, L.-H. (2012). 신경 퇴행 뇌에서 인지 기능의 후성유전적 차단An epigenetic blockade of cognitive functions in the neurodegenerating brain. *Nature*, 483, p. 222.

2   Kandel, E. R. (2001). 기억 저장의 분자생물학: 유전자와 시냅스의 대화The molecular biology of memory storage: A dialogue between genes and synapses. *Science*, 294, 1030-1038.

3   Dulac, C. (2010). 뇌 기능과 염색질 가소성Brain function and chromatin plasticity. *Nature*, 465, 728-735.

4   Alarcón, J. M., Malleret, G., Touzani, K., Vronskaya, S., Ishii, S., Kandel, E. R., & Barco, A. (2004). CBP 이형접합 돌연변이형 생쥐는 염색질 아세틸화, 기억, 장기강화에 결함이 발생한다: 루빈스타인-테이비 증후군과 그 개선을 위한 생쥐 모델Chromatin acetylation, memory, and LTP are impaired in CBP+/- mice: A model for the cognitive deficit in Rubinstein-Taybi syndrome and its amelioration. *Neuron*, 42, 947-959.

5   5a. Borrelli, E., Nestler, E. J., Allis, C. D., & Sassone-Corsi, P. (2008). 뉴런 가소성의 후성유전 언어 해독하기Decoding the epigenetic language of neuronal plasticity. *Neuron*, 60, 961-974.

     5b. Dulac, 2010.

     5c. Zhang, T.-Y., & Meaney, M. J. (2010). 후성유전과 유전체, 그리고 그 기능에 대한 환경의 조절Epigenetics and the environmental regulation of the genome and its function. *Annual Review of Psychology*, 61, 439-466.

6   Alarcón et al., 2004.

7   Tanaka, Y., Naruse, I., Maekawa, T., Masuya, H., Shiroishi, T., & Ishii, S. (1997). Cbp 대립 유전자 하나가 결여된 배아의 비정상적 골격 패턴: 루빈스타인-테이비 증후군과의 부분적 유사성Abnormal skeletal patterning in

embryos lacking a single Cbp allele: A partial similarity with Rubinstein-Taybi syndrome. *Proceedings of the National Academy of Sciences USA*, 94, 10215-10220.

8 Tanaka et al., 1997.

9 Alarcón et al., 2004.

10 Alarcón et al., 2004.

11 Alarcón et al., 2004, p. 947.

12 Alvarez-Breckenridge, C. A., Yu, J., Price, R., Wei, M., Wang, Y., Nowicki, M. O., ... Chiocca, E. A. (2012). 히스톤 탈아세틸화 효소 억제제 발프로산은 STAT5/T-BET 신호전달을 억제하고 감마 인터페론 생성을 억제함으로써 종양 용해성 바이러스에 감염된 교모세포종 세포에 대한 NK 세포 작용을 감소시킨다The histone deacetylase inhibitor valproic acid lessens NK cell action against oncolytic virus-infected glioblastoma cells by inhibition of STAT5/T-BET signaling and generation of gamma interferon. *Journal of Virology*, 86, 4566-4577.

13 Alarcón et al., 2004.

14 Alarcón et al., 2004.

15 15a. Borrelli et al., 2008.

15b. Guan, J.-S., Haggarty, S. J., Giacometti, E., Dannenberg, J.-H., Joseph, N., Gao, J., ... Tsai, L.-H. (2009). HDAC2는 기억 형성과 시냅스 가소성을 부정적으로 조절한다HDAC2 negatively regulates memory formation and synaptic plasticity. *Nature*, 459, 55-60.

15c. Levenson, J. M., O'Riordan, K. J., Brown, K. D., Trinh, M. A., Molfese, D. L., & Sweatt, J. D. (2004). 기억 형성 중 해마에서 히스톤 아세틸화의 조절 Regulation of histone acetylation during memory formation in the hippocampus. *Journal of Biological Chemistry*, 279, 40545-40559.

15d. Levenson, J. M., & Sweatt, J. D. (2005). 기억 형성의 후성유전 메커니즘 Epigenetic mechanisms in memory formation. *Nature Reviews: Neuroscience*, 6, 108-118.

16 Guan et al., 2009, p. 55.

17 네사 캐리 지음, 《유전자는 네가 한 일을 알고 있다》, 이충호 옮김, 해나무, 2015년.

18 Bredy, T. W., Wu, H., Crego, C., Zellhoefer, J., Sun, Y. E., & Barad, M. (2007).

전전두피질의 개별 BDNF 유전자 프로모터 주변의 히스톤 변형은 조건화된 공포의 소거와 관련이 있다Histone modifications around individual BDNF gene promoters in prefrontal cortex are associated with extinction of conditioned fear. *Learning and Memory*, 14, 268-276.

19   19a. Carey, 2011.

19b. Guan et al., 2009.

20   Alarcón et al., 2004.

21   Dulac, 2010.

22   Guan et al., 2009.

23   Carey, 2011.

24   Gräff et al., 2012, p. 222.

25   Cruz, J. C., Tseng, H.-C., Goldman, J. A., Shih, H., & Tsai, L.-H. (2003). p25에 의한 비정상적 Cdk5 활성화는 신경 퇴행 및 신경원섬유 매듭으로 이어지는 병리적 사건을 유발한다Aberrant Cdk5 activation by p25 triggers pathological events leading to neurodegeneration and neurofibrillary tangles. *Neuron*, 40, 471-483.

26   Fischer, A., Sananbenesi, F., Wang, X., Dobbin, M., & Tsai, L.-H. (2007). 학습과 기억의 회복은 염색질 재구성과 연관된다Recovery of learning and memory is associated with chromatin remodeling. *Nature*, 447, 178-182.

27   27a. Branchi, I., D'Andrea, I., Fiore, M., Di Fausto, V., Aloe, L., & Alleva, E. (2006). 초기의 질 좋은 사회적 환경이 성체 생쥐의 사회적 행동, 신경성장인자, 뇌유래신경영양인자를 결정한다Early social enrichment shapes social behavior and nerve growth factor and brain-derived neurotrophic factor levels in the adult mouse brain. *Biological Psychiatry*, 60, 690-696.

27b. Branchi, I., Karpova, N. N., D'Andrea, I., Castrén, E., & Alleva, E. (2011). 초기 질 좋은 환경으로 유도한 후성유전적 변형은 BDNF 발현 유도 타이밍의 변화와 연관된다Epigenetic modifications induced by early enrichment are associated with changes in timing of induction of BDNF expression. *Neuroscience Letters*, 495, 168-172.

28   Fischer et al., 2007.

29   이 결과는 맥락적 공포 조건화 동안 형성된 기억에만 국한되지 않았다. 공간 학습 과제를 사용하여 기억 테스트를 했을 때도 비슷한 결과가 나왔다(Fischer

et al., 2007).

30 Fischer et al., 2007, p. 180, 강조는 필자가 추가함.

31 Fischer et al., 2007, p. 178.

32 Fischer et al., 2007.

33 Sweatt, J. D. (2009). 중추신경계의 경험의존성 후성유전적 변형Experience-dependent epigenetic modifications in the central nervous system. *Biological Psychiatry*, 65, p. 195.

34 여기서도 피셔와 동료들(2007)이 보고한 효과는 맥락적 공포 조건화 동안 형성된 기억에만 국한되지 않고, 장기 공간 기억 역시 HDAC 억제제 치료 이후 회복되었다. 질 좋은 환경에 노출된 후 그랬던 것과 비슷한 결과였다.

35 Fischer et al., 2007, p. 182.

36 Fischer et al., 2007, p. 182.

37 Gräff et al., 2012.

38 Gräff et al., 2012.

39 Gräff et al., 2012, p. 222.

40 Gräff et al., 2012.

41 Gräff et al., 2012. P. 226.

42 이는 복잡한 시스템의 전형적인 특징이다. 작동하는 부분이 몇 개뿐인 시스템의 기능에 영향을 주는 것보다는, 100개의 부분으로 작동하는 시스템의 기능에 영향을 줄 방법이 항상 더 많다.

43 Friedman, R. A. (2002, August 27). 약물처럼 대화 치료도 당신의 뇌 화학을 바꿀 수 있다Like drugs, talk therapy can change brain chemistry. *New York Times*.

44 Kandel, E. R. (2013, September 5). 새로운 정신과학The new science of mind. *New York Times*.

45 Wilson, R. S., Mendes de Leon, C. F., Barnes, L. L., Schneider, J. A., Bienias, J. L., Evans, D. A., & Bennett, D. A. (2002). 인지를 자극하는 활동 참여와 알츠하이머병 발생 위험Participation in cognitively stimulating activities and risk of incident Alzheimer disease. *Journal of the American Medical Association*, 287, 742-748.

46 46a. Geda, Y. E., Roberts, R. O., Knopman, D. S., Christianson, T. J. H., Pankratz, V. S., Ivnik, R. J., . . . Rocca, W. A. (2010). 신체 운동과 경도인지장애: 인구기반 연구Physical exercise and mild cognitive impairment: A population-based

study. *Archives of Neurology*, 67, 80-86.

46b. Larson, E. B., Wang, L., Bowen, J. D., McCormick, W. C., Teri, L., Crane, P., & Kukull, W. (2006). 운동은 65세 이상인 사람들의 치매 발병 위험 감소와 연관된다Exercise is associated with reduced risk for incident dementia among persons 65 years of age and older. *Annals of Internal Medicine*, 144, 73-81.

47   Yaffe, K., Barnes, D., Nevitt, M., Lui, L.-Y., & Covinsky, K. (2001). 여성 노인의 신체 활동과 인지 저하에 대한 전향 연구: 걷는 여자들A prospective study of physical activity and cognitive decline in elderly women: Women who walk. *Archives of Internal Medicine*, 161, 1703-1708.

48   이 표제의 인용 출처: Cary, J. (1944). 《말의 입 *The horse's mouth*》. New York: Harper & Brothers.

49   Day, J. J., & Sweatt, J. D. (2010). DNA 메틸화와 기억 형성DNA methylation and memory formation. *Nature Neuroscience*, 13, p. 1320.

50   Bredy et al., 2007.

51   Bredy et al., 2007, p. 271.

52   Levenson et al., 2004.

53   Bredy et al., 2007, p. 268.

54   Bredy et al., 2007.

55   **55a.** Day, J. J., & Sweatt, J. D. (2011). 인지의 후성유전 메커니즘Epigenetic mechanisms in cognition. *Neuron*, 70, 813-829.

55b. Hyman, S. E., Malenka, R. C., & Nestler, E. J. (2006). 중독의 신경 메커니즘: 보상 관련 학습과 기억의 역할Neural mechanisms of addiction: The role of reward-related learning and memory. *Annual Review of Neuroscience*, 29, 565-598.

56   Zovkic, I. B., & Sweatt, J. D. (2012). 학습된 공포에서 후성유전 메커니즘: 외상 후 스트레스 장애에 대한 함의Epigenetic mechanisms in learned fear: Implications for PTSD. *Neuropsychopharmacology Reviews*. Advance online publication. doi:10.1038/npp.2012.79

57   Campbell, I. C., Mill, J., Uher, R., & Schmidt, U. (2011). 식사장애, 유전자-환경 상호작용, 후성유전Eating disorders, gene-environment interactions and epigenetics. *Neuroscience and Biobehavioral Reviews*, 35, 784-793.

58   **58a.** Mill, J., & Petronis, A. (2007). 주요우울장애에 대한 분자 연구: 후성유

전의 관점Molecular studies of major depressive disorder: The epigenetic perspective. *Molecular Psychiatry*, 12, 799-814.

58b. Poulter, M. O., Du, L., Weaver, I. C. G., Palkovits, M., Faludi, G., Merali, Z., … Anisman, H. (2008). 자살자 뇌의 A형 가바수용체 촉진유전자의 과메틸화: 후성유전적 과정의 관여에 대한 함의GABAA receptor promoter hypermethylation in suicide brain: Implications for the involvement of epigenetic processes. *Biological Psychiatry*, 64, 645-652.

59a. Dempster, E. L., Pidsley, R., Schalkwyk, L. C., Owens, S., Georgiades, A., Kane, F., … Mill, J. (2011). 조현병과 양극성장애에서 불일치하는 일란성 쌍둥이에서 나타난 질병 관련 후성유전적 변화Disease-associated epigenetic changes in monozygotic twins discordant for schizophrenia and bipolar disorder. *Human Molecular Genetics*, 20, 4786-4796.

59b. Labrie, V., Pai, S., & Petronis, A. (2012). 주요 정신증의 후성유전학: 진행, 문제점, 관점Epigenetics of major psychosis: Progress, problems and perspectives. *Trends in Genetics*, 28, 427-435.

15장 우리가 먹는 것이 우리다

1 Jones, A. P., & Friedman, M. I. (1982). 임신 중 영양부족을 겪은 쥐의 자손에서 나타나는 비만과 지방세포 이상Obesity and adipocyte abnormalities in offspring of rats undernourished during pregnancy. *Science*, 215, 1518-1519.

2 네사 캐리 지음, 《유전자는 네가 한 일을 알고 있다》, 이충호 옮김, 해나무, 2015년.

3 **3a.** Hoek, H. W., Brown, A. S., & Susser, E. (1998). 네덜란드 기근과 조현 스펙트럼 장애The Dutch Famine and schizophrenia spectrum disorders. *Social Psychiatry and Psychiatric Epidemiology*, 33, 373-379.

3b. Susser, E. S., & Lin, S. P. (1992). 태아기에 1944~1945년 겨울 네덜란드 기근에 노출된 이들의 조현병Schizophrenia after prenatal exposure to the Dutch Hunger Winter of 1944-1945. *Archives of General Psychiatry*, 49, 983-988.

4 Ravelli, G. P., Stein, Z. A., & Susser, M. W. (1976). 자궁 속에서 초기 임신기 시절 기근에 노출된 젊은 남성의 비만Obesity in young men after famine exposure in utero and early pregnancy. *New England Journal of Medicine*, 295, 349-353.

5   Jones, A. P., & Dayries, M. (1990). 어미 쥐의 호르몬 조작과 비만의 발생 Maternal hormone manipulations and the development of obesity in rats. *Physiology and Behavior*, 47, 1107-1110.

6   **6a.** Barker, D. J. P. (1992). 노년기 질병의 태아기 기원The fetal origins of diseases of old age. *European Journal of Clinical Nutrition*, 46, S3-S9.

       6b. Barker, D. J. P. (2004). 성인기 질병의 발달상 기원The developmental origins of adult disease. *Journal of the American College of Nutrition*, 23, 588S-595S.

7   이 분야의 출현과 역사를 더 꼼꼼히 알고 싶으면 다음을 보라. Gluckman, P. D., Hanson, M. A., & Buklijas, T. (2010). 건강과 질병의 발달상 기원에 대한 개념틀A conceptual framework for the developmental origins of health and disease. *Journal of Developmental Origins of Health and Disease*, 1, 6-18.

8   Barker, 2004, p. 588S.

9   Barker, 2004, p. 589S.

10   Ravelli et al., 1976.

11   **11a.** Davenport, M. H., & Cabrero, M. R. (2009). 어머니의 과거 영양 상태는 생후 식생활과 무관하게 성인 자녀의 비만을 예측하게 한다Maternal nutritional history predicts obesity in adult offspring independent of postnatal diet. *Journal of Physiology*, 587, issue 14, 3423-3424.

       11b. Howie, G. J., Sloboda, D. M., Kamal, T., & Vickers, M. H. (2009). 어머니의 과거 영양 상태는 생후 식생활과 무관하게 성인 자녀의 비만을 예측하게 한다Maternal nutritional history predicts obesity in adult offspring independent of postnatal diet. *Journal of Physiology*, 587, issue 4, 905-915.

12   **12a.** Barker, 2004.

       12b. Junien, C. (2006). 섭식과 영양/약물이 초기 후성유전 프로그래밍에 미치는 영향Impact of diets and nutrients/drugs on early epigenetic programming. *Journal of Inherited Metabolic Disease*, 29, 359-365.

13   **13a.** Hanson, M. A., Low, F. M., & Gluckman, P. D. (2011). 후성유전적 역학: 연성 유전의 부활Epigenetic epidemiology: The rebirth of soft inheritance. *Annals of Nutrition and Metabolism*, 58 (suppl 2), 8-15.

       13b. Lillycrop, K. A., & Burdge, G. C. (2011). 생애 초기 영양이 후성유전적 전사 조절에 미치는 영향과 인간의 질병에 대해 갖는 함의The effect of nutrition during early life on the epigenetic regulation of transcription and implications for human diseases. *Journal of Nutrigenetics and Nutrigenomics*, 4, 248-260.

14   Hanson et al., 2011, p. 10.

15   **15a.** Barker, D. J. P., & Clark, P. M. (1997). 태아의 영양부족과 이후 삶에서 나타나는 질병Fetal undernutrition and disease in later life. *Reviews of Reproduction*, 2, 105-112.

15b. Junien, 2006.

15c. Kzawa, C. W., & Sweet, E. (2009). 후성유전과 인종의 구체화: 관상동맥 건강의 미국 인종 간 격차의 발달상 기원Epigenetics and the embodiment of race: Developmental origins of US racial disparities in cardiovascular health. *American Journal of Human Biology*, 21, 2-15.

16   Hanson et al., 2011, p. 9.

17   Gluckman et al., 2010, p. 6.

18   Gluckman et al., 2010, p. 12; see also Lillycrop & Burdge, 2011.

19   Zeisel, S. H. (2009). 생식 중 메틸 공여체의 중요성Importance of methyl donors during reproduction. *American Journal of Clinical Nutrition*, 89, 673S-677S.

20   Singh, S. M., Murphy, B., & O'Reilly, R. L. (2003). 유전자-섭식/약물 상호 작용의 DNA 메틸화에 대한 관여 및 암부터 조현병까지 복잡한 질병에 대한 원인 제공Involvement of gene-diet/drug interaction in DNA methylation and its contribution to complex diseases: From cancer to schizophrenia. *Clinical Genetics*, 64, 451-460.

21   Zeisel, 2009.

22   Zeisel, 2009.

23   Cropley, J. E., Suter, C. M., Beckman, K. B., & Martin, D. I. I. (2006). 영양 보충에 의한 쥐 *A^{vy}* 대립유전자의 생식계열 후성유전적 변형Germ-line epigenetic modification of the murine *A^{vy}* allele by nutritional supplementation. *Proceedings of the National Academy of Sciences of the USA*, 103, 17308-17312.

24   Lillycrop, K. A., Phillips, E. S., Jackson, A. A., Hanson, M. A., & Burdge, G. C. (2005). 임신한 쥐의 식이 단백질 제한은 자손의 간 유전자 발현의 후성유전적 변형을 유도하고, 엽산 보충은 이 변형을 방해한다Dietary protein restriction of pregnant rats induces and folic acid supplementation prevents epigenetic modification of

hepatic gene expression in the offspring. *Journal of Nutrition*, 135, 1382-1386.

25   Sinclair, K. D., Allegrucci, C., Singh, R., Gardner, D. S., Sebastian, S., Bispham, J., ... Young, L. E. (2007). 임신을 전후한 엄마의 비타민 B와 메티오닌 상태가 자손의 DNA 메틸화, 인슐린 저항, 혈압을 결정한다DNA methylation, insulin resistance, and blood pressure in offspring determined by maternal periconceptional B vitamin and methionine status. *Proceedings of the National Academy of Sciences USA*, 104, 19351-19356.

26   Sinclair et al., 2007.

27   Sinclair et al., 2007, p. 19354.

28   See page 13 in Gluckman et al., 2010.

29   Zeisel, 2009.

30   Meck, W. H., & Williams, C. L. (1999). 태아 발달기 동안의 콜린 보충은 공간 기억의 순행 간섭을 감소시킨다Choline supplementation during prenatal development reduces proactive interference in spatial memory. *Developmental Brain Research*, 118, 51-59.

31   Albright, C. D., Tsai, A. Y., Friedrich, C. B., Mar, M.-H., & Zeisel, S. H. (1999). 콜린 가용성은 쥐의 배아기 해마와 중격의 발달에 변화를 일으킨다 Choline availability alters embryonic development of the hippocampus and septum in the rat. *Developmental Brain Research*, 113, 13-20.

32   Craciunescu, C. N., Albright, C. D., Mar, M.-H., Song, J., & Zeisel, S. H. (2003). 배아 발달기의 콜린 가용성은 발달 중인 생쥐 해마에서 전구세포의 유사분열에 변화를 일으킨다Choline availability during embryonic development alters progenitor cell mitosis in developing mouse hippocampus. *Journal of Nutrition*, 133, 3614-3618.

33   McGowan, P. O., Meaney, M. J., & Szyf, M. (2008). 섭식과 행동 표현형 차이의 후성유전적 (재)프로그래밍Diet and the epigenetic (re)programming of phenotypic differences in behavior. *Brain Research*, 1237, 12-24.

34   태아기의 콜린이 유아의 기억에 영향을 준다는 가설을 검토해왔던 연구자들 중에는 이 주제가 매우 복잡하다고 여기는 이들이 있음을 언급하는 것이 좋겠다. 예를 들어 다음을 보라. Cheatham, C. L., Goldman, B. D., Fischer, L. M., do Costa, K-A., Reznick, J. S., & Zeisel, S. H. (2012). 적당량의 콜린을

식품으로 소비하는 임신부는 포스파티딜콜린 보충제를 복용해도 유아의 인지 기능이 향상되지 않는다: 무작위, 이중맹검, 위약대조 시험supplementation in pregnant women consuming moderate-choline diets does not enhance infant cognitive function: A randomized, double-blind, placebo-controlled trial. *American Journal of Clinical Nutrition*, 96, 1465-1472.

35   Heijmans, B. T., Tobi, E. W., Stein, A. D., Putter, H., Blauw, G. J., Susser, E. S., ... Lumey, L. H. (2008). 인간의 태아기 기근 노출과 연관된 지속적 후성유전적 차이Persistent epigenetic differences associated with prenatal exposure to famine in humans. *Proceedings of the National Academy of Sciences USA*, 105, 17046-17049.

36   Heijmans et al., 2008, p. 17047-17048.

37   Tobi, E. W., Lumey, L. H., Talens, R. P., Kremer, D., Putter, H., Stein, A. D., ... Heijmans, B. T. (2009). 태아기 기근 노출 이후 DNA 메틸화의 차이는 흔하며 시기와 성별의 영향을 받는다DNA methylation differences after exposure to prenatal famine are common and timing- and sex-specific. *Human Molecular Genetics*, 18, 4046-4053.

38   Junien, C., & Nathanielsz, P. (2007). 2006 국제비만학회 콘퍼런스 보고서: 대사 증후군, 비만 및 2형 당뇨병에 대한 초기 환경 및 평생 환경의 후성유전적 프로그래밍Report on the IASO Stock Conference 2006: Early and lifelong environmental epigenomic programming of metabolic syndrome, obesity and type II diabetes. *Obesity Reviews*, 8, p. 487.

39   Lumey, L. H., Stein, A. D., & Susser, E. (2011). 태아기의 기근과 성인기 건강 Prenatal famine and adult health. *Annual Review of Public Health*, 32, 237-262.

40   Szyf, M., & Bick, J. (2013). DNA 메틸화: 초기 삶의 경험을 유전체에 심는 메커니즘DNA methylation: A mechanism for embedding early life experiences in the genome. *Child Development*, 84, 49-57.

41   Heijmans, B. T., Tobi, E. W., Lumey, L. H., & Slagboom, P. E. (2009). 후성유전체: 태아기 환경의 기록 보관소The epigenome: Archive of the prenatal environment. *Epigenetics*, 4, 526-531.

42   Landecker, H. (2011). 환경 노출로서의 음식: 영양 후성유전학과 새로운 대사 Food as exposure: Nutritional epigenetics and the new metabolism. *BioSocieties*, 6, 167-

194.

43   Choi, S.-W., & Friso, S. (2010). 후성유전: 영양과 건강을 연결하는 새로운 다리Epigenetics: A new bridge between nutrition and health. Advances in *Nutrition*, 1, 8-16.

44   McGowan et al., 2008.

45   Kaminen-Ahola, N., Ahola, A., Maga, M., Mallitt, K.-A., Fahey, P., Cox, T. C., ... Chong, S. (2010). 생쥐 모델에서 어미의 에탄올 섭취는 새끼의 후성유전형과 표현형을 변화시킨다Maternal ethanol consumption alters the epigenotype and the phenotype of offspring in a mouse model. *PLoS Genetics*, 6(1), e1000811. doi:10.1371/journal.pgen.1000811.

46   Gallou-Kabani, C., Vigé, A., Gross, M.-S., & Junien, C. (2007). 영양-후성유전체학: 영양 및 대사 요인 등을 통해 평생 이루어지는 후성유전체 리모델링 Lifelong remodelling of our epigenomes by nutritional and metabolic factors and beyond. *Clinical Chemistry and Laboratory Medicine*, 45, 321-327.

47   Anderson, O. S., Sant, K. E., & Dolinoy, D. C. (2012). 영양과 후성유전: 식품 메틸 공여체, 일탄소 대사, DNA 메틸화의 상호작용Nutrition and epigenetics: An interplay of dietary methyl donors, one-carbon metabolism and DNA methylation. *Journal of Nutritional Biochemistry*, 23, 853-859.

48   또 다른 연구 계열은 호르몬 치료의 효과를 검토했다. 예를 들어, 쥐의 태아기 영양부족에 관한 연구에서는 그러한 태아기 경험의 결과로 성장 후에 생기는 비만은 쥐가 태어난 후 금방 호르몬 치료제를 투여하면 제거할 수 있음을 발견했다(Vickers, M. H., Gluckman, P. D., Coveny, A. H., ... Harris, M. (2005). 신생아 렙틴 치료는 발달 프로그래밍을 뒤집는다Neonatal leptin treatment reverses developmental programming. *Endocrinology*, 146, 4211-4216). 연구자들은 영양부족 상태의 새끼 쥐에게 생후 3일부터 10일 동안 하루에 한 번씩 렙틴 호르몬을 주사하여 이 쥐들이 자라면서 더 적게 먹도록 유도했고 결국 그 치료가 없었다면 발생했을 비만을 피했다(이 연구도 보라. Granado, M., Fuente-Martín, E., García-Cáceres, C., Argente, J., & Chowen, J. A. (2012). 생애 초의 렙틴: 성인 신진대사 프로필 발달의 핵심 요인Leptin in early life: A key factor for the development of the adult metabolic profile. *Obesity Facts*, 5, 138-150.) 이후 이 효과의 기반이 되는 후성유전에 대한 연구(Gluckman, P. D., Lillycrop, K. A., Vickers,

... Hanson, M. A. (2007). 포유류 발달기의 신진대사 가소성은 생애 초 영양 상태에 지향적으로 의존한다Metabolic plasticity during mammalian development is directionally dependent on early nutritional status. *Proceedings of the National Academy of Sciences USA*, 104, 12796-12800.)에서 신생아 렙틴 치료가 태아기 영양부족과 관련하여 "[유전자] 발현과 메틸화에 일어난 변화 모두를" 정상화한다는 것이 드러났다(Gluckman, P. D., Hanson, M. A., & Buklijas, T. (2010). 건강과 질병의 발달적 기원의 개념틀A conceptual framework for the developmental origins of health and disease. *Journal of Developmental Origins of Health and Disease*, 1, 6-18. p. 12). 그러므로 이 경우에는 "되돌릴 수 없다고 (…) 일반적으로 간주해왔던"(Vickers et al., 2005, p. 4211) 효과가 이제는, 특히 그 치료를 발달 초기에 실시한다면 치료가 가능하다는 것이 밝혀진 것이다.

49   Choi & Friso, 2010.

50   Dashwood, R. H., & Ho, E. (2007). 히스톤 탈아세틸화 억제 식품: 세포에서 생쥐를 거쳐 사람까지Dietary histone deacetylase inhibitors: From cells to mice to man. *Seminars in Cancer Biology*, 17, 363-369.

51   Dashwood & Ho, 2007.

52   McGowan et al., 2008, p. 18.

53   Carey, 2011, p. 310.

54   McGowan et al., 2008.

55   **55a.** Papakostas, G. I., Alpert, J. E., & Fava, M. (2003). 우울증에 쓰인 S-아데노실-메티오닌: 포괄적 연구문헌 리뷰S-adenosyl-methionine in depression: A comprehensive review of the literature. *Current Psychiatry Reports*, 5, 460-466.
55b. Papakostas, G. I., Mischoulon, D., Shyu, I., Alpert, J. E., & Fava, M. (2010). 주요우울장애가 있으나 항우울제에 무반응인 이들에 대해 S-아데노실-메티오닌(SAMe)에 의한 세로토닌재흡수억제제 보강: 이중맹검 무작위 임상시험S-adenosyl-methionine (SAMe) augmentation of serotonin reuptake inhibitors for antidepressant nonresponders with major depressive disorder: A double-blind, randomized clinical trial. *American Journal of Psychiatry*, 167, 942-948.

56   Najm, W. I., Reinsch, S., Hoehler, F., Tobis, J. S., & Harvey, P. W. (2004). 골관절염 증상 치료를 위한 S-아데노실 메티오닌 대 셀레콕시브: 이중맹검 교차 시험S-adenosyl methionine (SAMe) versus celecoxib for the treatment of osteoarthritis

symptoms: A double-blind cross-over trial. *BMC Musculoskeletal Disorders*, 5, 6-20.

57   McGowan et al., 2008, p. 13.

58   Anderson et al., 2012.

59   **59a.** Anderson, L. M., Riffle, L., Wilson, R., Travlos, G. S., Lubomirski, M. S., & Alvord, W. G. (2006). 수정 이전 아비 생쥐의 굶주림은 새끼 생쥐의 혈청 포도당을 변화시킨다Preconceptional fasting of fathers alters serum glucose in offspring of mice. *Nutrition*, 22, 327-331.

　　　59b. Chen, T. H.-H., Chiu, Y.-H., & Boucher, B. J. (2006). 지룽 지역 기반 통합 검진 프로그램에서 빈랑 씹기가 대사증후군 발병에 미치는 세대 간 영향Transgenerational effects of betel-quid chewing on the development of the metabolic syndrome in the Keelung Community-based Integrated Screening Program. *American Journal of Clinical Nutrition*, 83, 688-692.

　　　59c. Kaati, G., Bygren, L. O., & Edvinsson, S. (2002). 부모와 조부모의 느린 성장기 동안 영양에 의해 결정되는 관상동맥질환 및 당뇨병 사망률Cardiovascular and diabetes mortality determined by nutrition during parents' and grandparents' slow growth period. *European Journal of Human Genetics*, 10, 682-688.

　　　59d. Ng, S.-F., Lin, R. C. Y., Laybutt, D. R., Barres, R., Owens, J. A., & Morris, M. J. (2010). 아비 쥐의 만성적 고지방 섭식은 암 새끼 쥐의 베타세포 기능장애를 프로그래밍한다Chronic high-fat diet in fathers programs β-cell dysfunction in female rat offspring. *Nature*, 467, 963-966.

16장   심층탐구: 영양

1   Moore, D. S. (2013c). 본성과 양육에 관한 현재의 사고Current thinking about nature and nurture. In K. Kampourakis (Ed.), 《생물학의 철학: 교육자를 위한 동행 *The philosophy of biology: A companion for educators*》 (pp. 629-652). New York: Springer.

2   Clayman, C. B. (Ed.). (1989). 《미국의학협회 의학백과사전*American Medical Association Encyclopedia of Medicine*》. New York: Random House.

3   Moore, D. S. (2002). 《의존하는 유전자: 본성 대 양육의 오류 *The dependent gene: The fallacy of nature vs. nurture*》. New York: W.H. Freeman.

4   Petris, M. J., Strausak, D., & Mercer, J. F. B. (2000). 티로시네이스 활성화에

는 멘케스 구리 수송체가 필요하다The Menkes copper transporter is required for the activation of tyrosinase. *Human Molecular Genetics*, 9, 2845-2851.

5   McKenzie, C. A., Wakamatsu, K., Hanchard, N. A., Forrester, T., & Ito, S. (2007). 아동기 영양실조는 두피 모발의 멜라닌 총 함량 감소와 관련이 있다 Childhood malnutrition is associated with a reduction in the total melanin content of scalp hair. *British Journal of Nutrition*, 98, 159-164.

6   McKenzie et al., 2007.

7   Cole, M., & Cole, S. R. (1993). 《아동 발달 *The development of children*》 (2nd ed.). New York: Freeman.

8   Duhl, D. M. J., Vrieling, H., Miller, K. A., Wolff, G. L., & Barsh, G. S. (1994). 비만한 황색 생쥐의 신형 아구티 돌연변이Neomorphic agouti mutations in obese yellow mice. *Nature Genetics*, 8, 59-65.

9   9a. Cropley, J. E., Suter, C. M., Beckman, K. B., & Martin, D. I. I. (2006). 영양 보충제에 의한 쥐 생식계열의 후성유전적 변형Germ-line epigenetic modification of the murine A^{vy} allele by nutritional supplementation. *Proceedings of the National Academy of Sciences of the USA*, 103, 17308-17312.

    9b. Cropley, J. E., Dang, T. H. Y., Martin, D. I. K., & Suter, C. M. (2012). 생쥐에서 후성유전적 형질의 침투성은 선택과 환경에 의해 점진적이지만 가역적으로 증가한다The penetrance of an epigenetic trait in mice is progressively yet reversibly increased by selection and environment. *Proceedings of the Royal Society B*, 279, 2347-2353.

    9c. Martin, D. I. K., Cropley, J. E., & Suter, C. M. (2008). A^{vy} 대립유전자의 후성유전적 대물림에 미치는 환경의 영향Environmental influence on epigenetic inheritance at the A^{vy} allele. *Nutrition Reviews*, 66, S12-S14.

10 10a. Heijmans, B. T., Tobi, E. W., Stein, A. D., Putter, H., Blauw, G. J., Susser, E. S., ... Lumey, L. H. (2008). 사람의 태아기 기근 노출과 계속 연관되는 후성유전적 차이Persistent epigenetic differences associated with prenatal exposure to famine in humans. *Proceedings of the National Academy of Sciences USA*, 105, 17046-17049.

    10b. Heijmans, B. T., Tobi, E. W., Lumey, L. H., & Slagboom, P. E. (2009). 후성유전체: 태아기 환경의 기록 보관소The epigenome: Archive of the prenatal environment. *Epigenetics*, 4, 526-531.

10c. Junien, C., & Nathanielsz, P. (2007). 2006 국제비만학회 콘퍼런스 보
고서: 대사 증후군, 비만 및 2형 당뇨병에 대한 초기 환경 및 평생 환경의 후
성유전적 프로그래밍Report on the IASO Stock Conference 2006: Early and lifelong
environmental epigenomic programming of metabolic syndrome, obesity and type II
diabetes. *Obesity Reviews*, 8, 487-502.

10d. Tobi, E. W., Lumey, L. H., Talens, R. P., Kremer, D., Putter, H., Stein, A.
D., ... Heijmans, B. T. (2009). 태아기 기근 노출 이후 DNA 메틸화의 차이는
흔하며 시기와 성별의 영향을 받는다DNA methylation differences after exposure
to prenatal famine are common and timing- and sex-specific. *Human Molecular
Genetics*, 18, 4046-4053.

11 Carey, N. (2011). The epigenetics revolution. London, England: Icon Books.

12 **12a.** Morgan, H. D., Sutherland, H. G. E., Martin, D. I. K., & Whitelaw, E.
(1999). 생쥐의 아구티 유전자좌에서 일어난 후성유전적 대물림Epigenetic
inheritance at the agouti locus in the mouse. *Nature Genetics*, 23, 314-318.

12b. Waterland, R. A., & Jirtle, R. L. (2003). 전이인자: 후성유전적 유전자
조절에 초기 영양이 미치는 영향의 표적Transposable elements: Targets for early
nutritional effects on epigenetic gene regulation. *Molecular and Cellular Biology*, 23,
5293-5300.

13 Morgan et al., 1999.

14 멘델이 생각하는 유전자는 내가 이 책에서 사용한 고전적 분자 유전자 개
념과는 현격히 차이가 난다는 점을 짚고 넘어가는 것이 좋겠다(Griffiths &
Neumann-Held, 1999). 사실 멘델이 구상한 유전자는 DNA 속에 존재하지 않
는 것으로 밝혀졌다. 노이만-헬트가 쓴 것처럼 "근본적으로 고전적 (…) 유
전자 개념을 DNA 분절에 적용할 수 있는 방식은 존재하지 않는다." (1998, p.
125). 그러므로 우리 DNA 속의 분자 수준 유전자는 멘델 유전학자들이 의미
하는 순전하게 이론적인 '유전자'와 부합하지 않는다(Moore, 2013b).

15 아구티 유전자는 대부분의 포유류에게 존재하지만(Francis, 2011), 사람에게
서는 찾기가 어려웠다(Carey, 2011). 이 유전자의 활동은 야생 생쥐의 아구티
색에 기여할 뿐 아니라, '베이bay'라는 단어로 묘사하는 말의 색[몸은 적갈색이
고, 갈기, 꼬리, 다리 끝은 검은색]과 '세이블sable'이라 묘사하는 개의 색[옅은 색 털

에 끝부분만 검은색]에도 기여한다.

16   이름 속의 '생존 가능한'이라는 단어는, 유전체의 같은 자리에 노란 털을 지
      닌 자손을 만드는 또 다른 대립유전자도 존재하지만, 이 대립유전자와 관련
      된 돌연변이는 죽음을 부른다는 사실을 반영하고 있다. 즉 그 돌연변이가 있
      는 생쥐는 노란 털을 지니지만 '생존할 수'는 없다.

17   Duhl et al., 1994.

18   Rakyan, V. K., & Beck, S. (2006). 포유류의 후성유전적 변이와 대물림
      Epigenetic variation and inheritance in mammals. *Current Opinion in Genetics and
      Development*, 16, 573-577.

19   Waterland & Jirtle, 2003.

20   이런 생쥐들을 유전적으로 동일하다고 간주할 수 있는 이유는 30세대 동안
      동기간 근친교배를 통해 만들어졌기 때문이다(Morgan et al., 1999).

21   Morgan et al., 1999.

22   Carey, 2011.

23   이 중 얼룩덜룩한 생쥐들은 7장에서 다룬 캘리코 고양이와 같은 모자이크들
      이다. 어떤 세포들에서는 레트로트랜스포손이 심하게 메틸화되어 있고, 또
      다른 세포들에서는 비교적 덜 메틸화돼 있어서 노란 털들 사이로 갈색 털들
      이 섞인 부분들이 나타나는 것이다.

24   Rakyan & Beck, 2006.

25   Daxinger, L., & Whitelaw, E. (2012). 포유류의 생식자를 통한 세대 간 후생
      유전적 대물림 이해하기Understanding transgenerational epigenetic inheritance via the
      gametes in mammals. *Nature Reviews: Genetics*, 13, 153-162.

26   Richards, E. J. (2006). 대물림된 후성유전적 변이—연성 유전 다시 보기
      Inherited epigenetic variation—Revisiting soft inheritance. *Nature Reviews: Genetics*, 7,
      395-401.

27   실제로 이 책의 이전 부분에서 논의한 후성유전의 효과 중 일부는 무작위적
      과정에서 원인을 찾을 수 있을 것이다. 예를 들어 일란성 쌍둥이의 후성유전
      체는 나이가 들어감에 따라 이러한 무작위성의 작용에 의해 차이가 생길 거
      라 예상할 수 있다. 그러므로 경험의 후성유전적 효과를 이야기하려면 그 효
      과가 무작위성을 뛰어넘어서도 존재한다는 것을 증명해야만 한다. 일란성
      쌍둥이들의 일생에 걸친 후성유전적 변화를 연구한 스페인 국립암센터의 연

구자들(Fraga et al., 2005)이, 생의 대부분을 서로 떨어져 살아간 일란성 쌍둥이들에게서 대부분을 함께 보낸 일란성 쌍둥이들보다 더 많은 후성유전적 차이가 나타났음을 보여준 것이 중요한 이유도 바로 이 때문이다.

28   Waterland & Jirtle, 2003.

29   Waterland & Jirtle, 2003.

30   Waterland & Jirtle, 2003, p. 5297.

31   Waterland & Jirtle, 2003.

32   레트로트랜스포손은 관련된 DNA 분절인 트랜스포손과 함께 우리 유전체에서 많게는 35퍼센트까지 차지한다(Waterland & Jirtle, 2003).

33   Kaminen-Ahola, N., Ahola, A., Maga, M., Mallitt, K.-A., Fahey, P., Cox, T. C., … Chong, S. (2010). 생쥐 모델에서 어미의 에탄올 섭취는 새끼의 후성유전형과 표현형을 변화시킨다Maternal ethanol consumption alters the epigenotype and the phenotype of offspring in a mouse model. *PLoS Genetics*, 6(1), e1000811. doi:10.1371/journal.pgen.1000811

34   McGowan, P. O., Meaney, M. J., & Szyf, M. (2008). 섭식과 행동 표현형 차이의 후성유전적 (재)프로그래밍Diet and the epigenetic (re)programming of phenotypic differences in behavior. *Brain Research*, 1237, 12-24.

35   Kaminen-Ahola et al., 2010, p. e1000811.

36   Calafat, A. M., Kuklenyik, Z., Reidy, J. A., Caudill, S. P., Ekong, J., & Needham, L. L. (2005). 인간 기준집단에서 소변 내 비스페놀A와 4-노닐페놀 농도Urinary concentrations of bisphenol A and 4-nonylphenol in a human reference population. *Environmental Health Perspectives*, 113, 391-395.

37   Dolinoy, D. C., Huang, D., & Jirtle, R. L. (2007). 모체 영양 보충은 초기 발달에서 비스페놀A로 유도된 DNA 저메틸화를 상쇄한다Maternal nutrient supplementation counteracts bisphenol A-induced DNA hypomethylation in early development. *Proceedings of the National Academy of Sciences of the USA*, 104, p. 13056.

38   Dolinoy et al., 2007.

39   Bernal, A. J., & Jirtle, R. L. (2010). 후성유전체의 교란: 발달 초기 노출의 효과Epigenomic disruption: The effects of early developmental exposures. *Birth Defects Research* (Part A), 88, p. 942.

40   Waterland & Jirtle, 2003.

41   41a. Cropley et al., 2006.

      41b. Cropley et al., 2012.

      41c. Martin et al., 2008.

42   42a. Anderson, L. M., Riffle, L., Wilson, R., Travlos, G. S., Lubomirski, M. S., & Alvord, W. G. (2006). 수정 이전 아비 생쥐의 굶주림은 새끼 생쥐의 혈청 포도당을 변화시킨다Preconceptional fasting of fathers alters serum glucose in offspring of mice. *Nutrition*, 22, 327‑331.

      42b. Chen, T. H.‑H., Chiu, Y.‑H., & Boucher, B. J. (2006). 지룽 지역 기반 통합 검진 프로그램에서 빈랑 씹기가 대사증후군 발병에 미치는 세대 간 영향Transgenerational effects of betel‑quid chewing on the development of the metabolic syndrome in the Keelung Community‑based Integrated Screening Program. *American Journal of Clinical Nutrition*, 83, 688‑692.

      42c. Kaati, G., Bygren, L. O., & Edvinsson, S. (2002). 부모와 조부모의 느린 성장기 동안 영양에 의해 결정되는 관상동맥질환 및 당뇨병 사망률 Cardiovascular and diabetes mortality determined by nutrition during parents' and grandparents' slow growth period. *European Journal of Human Genetics*, 10, 682‑688.

      42d. Ng, S.‑F., Lin, R. C. Y., Laybutt, D. R., Barres, R., Owens, J. A., & Morris, M. J. (2010). 아비 쥐의 만성적 고지방 섭식은 암 새끼 쥐의 베타세포 기능장애를 프로그래밍한다Chronic high‑fat diet in fathers programs β‑cell dysfunction in female rat offspring. *Nature*, 467, 963‑966.

43   43a. É., Charmantier, A., Champagne, F. A., Mesoudi, A., Pujol, B., & Blanchet, S. (2011). DNA를 넘어서: 포괄적 대물림을 포함하여 진화론 확장하기Beyond DNA: Integrating inclusive inheritance into an extended theory of evolution. *Nature Reviews: Genetics*, 12, 475‑486.

      43b. Jablonka, E., & Lamb, M. J. (2005). 《사차원으로 보는 진화: 생명의 역사 속 유전적, 후성유전적, 행동적, 상징적 변화Evolution in four dimensions: Genetic, epigenetic, behavioral, and symbolic variation in the history of life》. Cambridge, MA: MIT Press.

      43c. Jablonka, E., & Lamb, M. J. (2007). 사차원으로 보는 진화 간단 요약Précis of evolution in four dimensions. *Behavioral and Brain Sciences*, 30, 353-392.

43d. Moore, D. S. (2008b). 개체와 개체군: 생물학의 이론과 데이터는 발달과 진화의 통합을 어떻게 방해해왔는가Individuals and populations: How biology's theory and data have interfered with the integration of development and evolution. *New Ideas in Psychology*, 26, 370-386.

43e. Varmuza, S. (2003). 후성유전학과 이단의 부흥Epigenetics and the renaissance of heresy. *Genome*, 46, 963-967.

17장   후성유전의 효과는 대물림된다

1   Mayr, E. (1980). 프롤로그: 진화 종합설의 역사에 관한 몇 가지 생각Prologue: Some thoughts on the history of the evolutionary synthesis. In E. Mayr & W. B. Provine (Eds.), 《진화 종합설: 생물학의 통일에 관한 견해들The evolutionary synthesis: Perspectives on the unification of biology》 (pp. 1-48). Cambridge, MA: Harvard University Press.

2   **2a.** Maderspacher, F. (2010). 리젠코의 부상Lysenko rising. *Current Biology*, 20, R835-R837.

         2b. Madhani, H. D., Francis, N. J., Kingston, R. E., Kornberg, R. D., Moazed, D., Narlikar, G. J., ... Struhl, K. (2008). 후성유전체학: 하나의 도로 지도, 그런데 어디로 가는 도로일까?Epigenomics: A roadmap, but to where? *Science*, 322, 43-44.

         2c. Miller, G. (2010). 행동 후성유전학의 유혹적 매력The seductive allure of behavioral epigenetics. *Science*, 329, 24-27.

         2d. Ptashne, M. (2010). 후성유전체 프로젝트의 과학적 토대에 대한 질문들Questions over the scientific basis of epigenome project. *Nature*, 464, 487.

3   Johannsen, W. (1911). 유전에서 유전형의 개념The genotype conception of heredity. *American Naturalist*, 45, 129-159.

4   Johannsen, 1911, p. 129.

5   Johannsen, 1911, p. 129.

6   Johannsen, 1911, p. 130.

7   스티븐 제이 굴드 지음, 《판다의 엄지》, 김동광 옮김, 사이언스북스, 2016년.

8   Barker, G. (1993). 생물학적 변화의 모델들: '라마르크식' 변화에 관한 세

연구가 지닌 함의들Models of biological change: Implications of three studies of "Lamarckian" change. In P. P. G. Bateson, P. H. Klopfer, & N. S. Thompson (Eds.), Perspectives in ethology (Vol. 10): *Behavior and evolution*. New York: Plenum Press.

9   Weismann, A. '라마르크식' 변화"Lamarckian" change. In P. P. G. Bateson, P. H. Klopfer, & N. S. Thompson (Eds.), 《행동학의 관점*Perspectives in ethology (Vol. 10): Behavior and evolution*》. New York: Plenum Press. (1889). 《유전과 친족 생물학적 문제에 관한 에세이*Essays upon heredity and kindred biological problems*》. London: Frowde.

10   Weismann, 1889.

11   Robert, J. S. (2002). 진화발달생물학은 발달과 얼마나 관련된 것일까?How developmental is evolutionary developmental biology? *Biology and Philosophy*, 17, 591-611.

12   Weismann, 1889, p. 422.

13   Wei, G., & Mahowald, A. P. (1994). 생식계열: 잘 알려진 속성과 새로 발견된 속성The germline: Familiar and newly uncovered properties. *Annual Review of Genetics*, 28, 309-324.

14   Richards, E. J. (2006). 유전된 후성유전적 변이―연성 유전에 대한 재고 Inherited epigenetic variation―Revisiting soft inheritance. *Nature Reviews: Genetics*, 7, 395-401.

15   Pigliucci, M. (2010). 유전형-표현형 매핑과 '유전자는 청사진'이라는 은유의 종말Genotype-phenotype mapping and the end of the "genes as blue print" metaphor. *Philosophical Transactions of the Royal Society B*, 365, 557-566.

16   16a. Danchin, É., Charmantier, A., Champagne, F. A., Mesoudi, A., Pujol, B., & Blanchet, S. (2011). DNA를 넘어서: 포괄적 대물림을 포함하여 진화론 확장하기Beyond DNA: Integrating inclusive inheritance into an extended theory of evolution. *Nature Reviews: Genetics*, 12, 475-486.

16b. Lickliter, R. (2009) 구획화의 오류: 유기체-환경 시스템에 대한 후성유전학의 입증The fallacy of partitioning: Epigenetics' validation of the organism-environment system. *Ecological Psychology*, 21, 138-146.

16c. Lickliter, R., & Honeycutt, H. (2013). 심리학을 위한 발달진화 프레

임워크A developmental evolutionary framework for psychology. *Review of General Psychology*, 17, 184-189.

17 17a. Coyne, J. A. (2009). 유전학에 대한 진화의 도전Evolution's challenge to genetics. *Nature*, 457, 382-383.

17b. 에른스트 마이어 지음, 《진화란 무엇인가》, 임지원 옮김, 사이언스북스, 2008년.

18 Ellegren, H., & Sheldon, B. C. (2008). 자연집단에서 적합성 차이에 대한 유전적 기반Genetic basis of fitness differences in natural populations. *Nature*, 452, 169-175.

19 여기서 (그리고 앞으로도) 나는 '유전(대물림)될 수 있는'이라는 의미를 표현할 때 'inheritable'이란 단어를 사용한다. 이와 달리 'heritable'이란 단어는 한 개체군 안에서 유전적 차이가 그 개체군의 표현형 차이를 어느 정도나 초래하는지를 가늠하는 통계치를 가리키는 기술적 용어다. 이 수치는 19세기에 한 표현형이 유전될 수 있는 정도(유전율)를 측정하려는 시도로 개발되었고, 그래서 그런 이름을 갖게 되었다. 하지만 유전율은 그것이 측정하고자 의도한 것을 실제로 측정하지는 않기 때문에, 그 이름이 혼동을 초래할 수 있다. 이런 이유로 나는 세대를 건너 확실히 대물림될 수 있는 능력을 논할 때 'inheritable'이라는 단어를 쓰는 것을 선호한다. 다른 저자들은 이 두 단어를 혼용할 때가 있고, 그래서 이 책의 몇몇 인용문에서 'heritable'이라는 단어가 보일 때도 있을 것이다. '유전율heritability'과 '유전가능성inheritability'의 차이(그리고 유전율 개념의 단점)에 관한 더 많은 정보는 다음 세 출판물 중 어느 것에서나 찾아볼 수 있다. Moore, D. S. (2002). 《의존하는 유전자: 본성 대 양육 대결의 오류 The dependent gene: The fallacy of nature vs. nurture》. New York: W.H. Freeman; Moore, D. S. (2006). 아주 작은 지식 한 조각: IQ 유전율의 의미 재평가A very little bit of knowledge: Re-evaluating the meaning of the heritability of IQ. *Human Development*, 49, 347-353; or Moore, D. S. (2013c). 본성과 양육에 대한 요즘 생각Current thinking about nature and nurture. In K. Kampourakis (Ed.), 《생물학의 철학: 교육자를 위한 동행 The philosophy of biology: A companion for educators》(pp. 629-652). New York: Springer.

20 20a. Anway, M. D., Cupp, A. S., Uzumcu, M., & Skinner, M. K. (2005). 내분비교란물질의 세대 간 후성유전적 작용과 수컷의 번식력Epigenetic

transgenerational actions of endocrine disruptors and male fertility. *Science*, 308, 1466-1469.

20b. Franklin, T. B., Russig, H., Weiss, I. C., Graff, J., Linder, N., Michalon, A., ... Mansuy, I. M. (2010). 초기 스트레스 영향의 세대 간 후성유전적 전달Epigenetic transmission of the impact of early stress across generations. *Biological Psychiatry*, 68, 408-415.

20c. Rakyan, V. K., Chong, S., Champ, M. E., Cuthbert, P. C., Morgan, H. D., Luu, K. V. K., & Whitelaw, E. (2003). 쥐의 *Axin(Fu)* 대립유전자에 나타난 후성유전적 상태의 세대 간 유전은 모계 전달과 부계 전달 두 경우 모두 일어난다Transgenerational inheritance of epigenetic states at the murine *AxinFu* allele occurs after maternal and paternal transmission. *Proceedings of the National Academy of Sciences USA*, 100, 2538-2543.

21a. Bateson, P., & Gluckman, P. (2011). 가소성, 강건성, 발달 그리고 진화*Plasticity, robustness, development and evolution*. Cambridge, England: Cambridge University Press.

21b. Blumberg, M. S. (2005). 기본적 본능: 행동의 발생*Basic instinct: The genesis of behavior*. New York: Thunder's Mouth Press.

21c. Gottlieb, G. (2007). 확률적 후성Probabilistic epigenesis. Developmental Science, 10, 1-11.

21d. Jablonka, E., & Lamb, M. J. (2005). 사차원으로 보는 진화: 생명의 역사에서 유전적, 후성유전적, 행동적, 상징적 차이*Evolution in four dimensions: Genetic, epigenetic, behavioral, and symbolic variation in the history of life*. Cambridge, MA: The MIT Press.

21e. Lewkowicz, D. J. (2011). 본성-양육 이분법의 생물학적 비현실성과 그것이 유아기 연구에 의미하는 바The biological implausibility of the nature-nurture dichotomy and what it means for the study of infancy. *Infancy*, 16, 331-367.

21f. Lewontin, R. C. (2000). 《삼중나선: 유전자, 유기체, 환경*The triple helix: Gene, organism, and environment*》. Cambridge, MA: Harvard University Press.

21g. Lickliter, R. (2008). 발달에 관한 사고의 성장: 새로운 진화심리학에 대한 함의The growth of developmental thought: Implications for a new evolutionary psychology. *New Ideas in Psychology*, 26, 353-369.

21h. Lickliter, 2009.

21i. Meaney, M. J. (2010). 후성유전학 및 유전자와 환경의 상호작용에 대한 생물학적 정의Epigenetics and the biological definition of gene × environment interactions. *Child Development*, 81, 41-79.

21j. Moore, 2002.

21k. 데니스 노블 지음, 《생명의 음악》, 이정모, 염재범 옮김, 열린과학, 2009년.

21l. Oyama, S. (1985/2000). 《정보의 개체발생*The ontogeny of information*》. Durham, NC: Duke University Press.

21m. Robert, J. S. (2004). 《발생학, 후성, 진화: 진지하게 바라본 발달*Embryology, epigenesis, and evolution: Taking development seriously*》. New York: Cambridge University Press.

21n. Spencer, J. P., Blumberg, M. S., McMurray, B., Robinson, S. R., Samuelson, L. K., & Tomblin, J. B. (2009). 짧은 팔과 말하는 알: 우리가 생득론-경험론 논쟁을 더 이상 봐주지 말아야 하는 이유Short arms and talking eggs: Why we should no longer abide the nativist-empiricist debate. *Child Development Perspectives*, 3, 79-87.

22   Gilbert, S. F. (2005). 환경의 유전자 발현 조절 메커니즘: 동물 발달의 생태적 측면Mechanisms for the environmental regulation of gene expression: Ecological aspects of animal development. *Journal of Biosciences*, 30, p. 65.

23   때로는 발달이 극도로 특수한 환경에서 전개되는 일도 있으며, 그 환경에서만 자식이 부모와 같은 특징을 발달시킬 수 있는 경우도 있다. 일부 생물의 정상적 발달 맥락의 극단적 특수성을 보여주는 예를 하나만 살펴보자. 어떤 종류의 파리는 카리브해의 어느 한 섬에만 존재하는 특정 종류의 참게의 입 안에서만 발달할 수 있다! 더 자세한 내용은 다음에서 볼 수 있다. Stensmyr, M. C., Stieber, R., & Hansson, B. S. (2008). 케이먼 참게 파리 재검토—엔도브란키아(기관지내) 초파리The Cayman crab fly revisited—Phylogeny and biology of Drosophila endobranchia. *PLoS ONE*, 3(4), e1942. doi:10.1371/journal.pone.0001942.

24   Gottlieb, 2007.

25   Laland, K. N., Odling-Smee, J., & Myles, S. (2010). 문화는 인간의 유전체를 어떻게 형성하는가: 유전학과 인간 과학의 결합How culture shaped the human

genome: Bringing genetics and the human sciences together. *Nature Reviews: Genetics*, 11, 137-148.

26 Xu, J., & Gordon, J. I. (2003). 당신의 공생자들에게 경의를 표하라Honor thy symbionts. *Proceedings of the National Academy of Sciences USA*, 100, 10452-10459.

27 이블린 폭스 켈러는 발달심리학, 생물철학, 발달심리생물학 문헌들에서 쓰인 '발달 체계 이론DST'의 몇 가지 다른 의미들의 모호함을 명확히 정리함으로써 이론가들에게 도움을 주었다. 내가 이 책에서 사용하는 발달 체계 이론의 의미는 켈러의 명명법에 따라 말하자면 DST-1, 즉 "유전, 발달, 진화에 사용되는 자원들의 다수성을 강조하는" 의미이다. 다음을 보라. Keller, E. F. (2005). DDS: 발달 체계의 역학DDS: Dynamics of developmental systems. *Biology and Philosophy*, 20, p. 412.

28 물론 오야마는 1985년에 출간한 책을 쓸 때 이전에 나온 중요한 이론적 작업들을 참고했다(예를 들어 궈런유안(郭任遠)Zing-Yang Kuo, 길버트 고틀립Gilbert Gottlieb, T. C. 슈네일라T. C. Schneirla, 패트릭 베이트슨Patrick Bateson, 등). 마찬가지로 오야마의 책과 그리피스와 그레이의 논문의 출간 사이에도 도널드 포드와 리처드 러너(1992)를 비롯한 이들의 이론적 연구가 계속되었다.

29 Griffiths, P. E., & Gray, R. D. (1994). 발달 체계와 진화적 설명Developmental systems and evolutionary explanation. *Journal of Philosophy*, 91, p. 283.

30 Lickliter, R., & Honeycutt, H. (2003). 발달의 역학: 생물학적으로 타당한 진화심리학을 향하여Developmental dynamics: Toward a biologically plausible evolutionary psychology. *Psychological Bulletin*, 129, 819-835.

31 Griffiths & Gray, 1994.

32 Oyama, S., Griffiths, P. E., & Gray, R. D. (2001). 《우연의 순환: 발달 체계와 진화Cycles of contingency: Developmental systems and evolution》. Cambridge, MA: MIT Press.

33 33a. Itard, J. G. (1962). 《아베롱의 야생 소년The wild boy of Aveyron》. Norwalk, CT: Appleton & Lange.
    33b. Curtiss, S. (1977). 《지니: 현대판 '야생 아이'에 대한 심리언어학 연구Genie: A psycholinguistic study of a modern-day "wild child"》. Boston, MA: Academic Press.

34 Mayr, 1980, p. 4.

35   위의 주 21번을 보라.

36   **36a.** Hanson, M. A., Low, F. M., & Gluckman, P. D. (2011). 후성유전적 역학:
연성 유전의 재탄생Epigenetic epidemiology: The rebirth of soft inheritance. *Annals of
Nutrition and Metabolism*, 58 (suppl 2), 8-15.

36b. Petronis, A. (2010). 복잡한 형질 및 질병에 대한 병인학의 통합 원리로
서 후성유전학Epigenetics as a unifying principle in the aetiology of complex traits and
diseases. *Nature*, 465, 721-727.

36c. Richards, 2006.

37   Richards, 2006.

38   Hanson et al., 2011, p. 12.

39   Lickliter, R., & Berry, T. D. (1990). 계통발생론의 오류: 발달심리학의 잘못
된 진화 이론 적용The phylogeny fallacy: Developmental psychology's misapplication of
evolutionary theory. *Developmental Review*, 10, 348-364.

40   물론 획득 형질이 유전될 수 있다고 결론 내린다고 해서 현대의 다윈주의자
들이 자연선택의 중요성을 지나치게 크게 본 것이라는 의미는 아니다. 지난
50년 동안 생물학자들이 깨달아왔듯이 자연선택은 극도로 중요한 진화의
메커니즘이다. 자연선택은 현재 우리가 이 세상에서 발견하고 있는 유사-
라마르크적 체계의 진화에 대해서도 중요하게 남아 있을 가능성이 크다. 다
음을 보라. Haig, D. (2007). 바이스만이 지배한다! 그걸로 됐을까? 후성유
전학과 라마르크주의의 유혹Weismann rules! OK? Epigenetics and the Lamarckian
temptation. *Biology and Philosophy*, 22, 415-428.

41   생물학자들이 획득 형질이 유전될 수 있다는 개념을 거부해온 주된 이유 중
하나는 그 현상이 진화가 엄밀히 우리의 형질에 무작위적으로 일어나는 변
이에 대한 자연선택에 의해서만 결정되는 것이 아니라, 진화의 방향을 유도
할 수도 있음을 암시하기 때문이었다(Mayr, 1980). 또한 일부 생물학자들이
문화와 같은 환경 요인에 의존하는 형질들이 생물학적 진화와 관련된다는
생각을 질색했기 때문이다. 왜냐하면 그런 형질들은 (그들의 조상들이 발달해
온 환경에 비해; Haig, 2007) 새로운 환경들에서 발달한 개체군들에게서 재빨
리 사라질 수 있기 때문이다. 물론 이런 질문들은 여전히 중요하지만, 이 책
의 범위에서는 벗어나 있다. 야블론카와 램의 훌륭한 책《*사차원으로 보는
진화: 생명의 역사 속 유전적, 후성유전적, 행동적, 상징적 변화Evolution in four*

dimensions: Genetic, epigenetic, behavioral, and symbolic variation in the history of life》(2005)
은 이 질문들을 상세히 검토한다.

42   42a. Anway et al., 2005.

        42b. Franklin et al., 2010.

        42c. Rakyan et al., 2003.

18장   다양성의 바다에서

1   Gilbert, S. F. (2005). 유전자 발현의 환경 조절 메커니즘: 동물 발달의 생태적
        측면들Mechanisms for the environmental regulation of gene expression: Ecological aspects
        of animal development. *Journal of Biosciences*, 30, 65-74.

2   Xu, J., & Gordon, J. I. (2003). 당신의 공생자들에게 경의를 표하라Honor thy
        symbionts. *Proceedings of the National Academy of Sciences USA*, 100, 10452-
        10459.

3   Turnbaugh, P. J., Ley, R. E., Hamady, M., Fraser-Liggett, C. M., Knight, R.,
        & Gordon, J. I. (2007). 인간 미생물군유전체 프로젝트The human microbiome
        project. *Nature*, 449, 804-810.

4   Frank, D. N., & Pace, N. R. (2008). 위장관 미생물학, 군유전체학의 시대에
        들어서다Gastrointestinal microbiology enters the metagenomics era. *Current Opinion
        in Gastroenterology*, 24, 4-10.

5   Mullard, A. (2008). 내부 이야기The inside story. *Nature*, 453, 578-580.

6   Xu & Gordon, 2003.

7   Mullard, 2008, p. 578.

8   8a. Gilbert, 2005.

        8b. Xu & Gordon, 2003.

9   9a. Gilbert, 2005.

        9b. Xu & Gordon, 2003.

10   Gilbert, 2005, p. 69.

11   Jablonka, E., & Lamb, M. J. (2005).《사차원으로 보는 진화: 생명의 역사 속 유
        전적, 후성유전적, 행동적, 상징적 변화Evolution in four dimensions: Genetic, epigenetic,
        behavioral, and symbolic variation in the history of life》. Cambridge, MA: MIT Press.

12   Jablonka, E., & Lamb, M. J. (2007). 사차원으로 보는 진화 간단 요약Précis of

evolution in four dimensions. *Behavioral and Brain Sciences*, 30, p. 362.

13   Jablonka & Lamb, 2005, p. 161.

14   Jablonka & Lamb, 2007.

15   Hirata, S., Watanabe, K., & Kawai, M. (2001). '고구마 씻기' 재검토"Sweet-potato washing" revisited. In T. Matsuzawa (Ed.), 《*인간의 인지와 행동의 영장류 기원Primate origins of human cognition and behavior*》 (pp. 487-508). Tokyo: Springer-Verlag.

16   Hirata et al., 2001, p. 502 and p. 507.

17   Avital, E., & Jablonka, E. (2000). 《*동물의 전통: 진화에서 행동의 유전 Animal traditions: Behavioural inheritance in evolution*》. New Cambridge, England: Cambridge University Press, p. 355.

18   18. Mennella, J. A., Jagnow, C. P., & Beauchamp, G. K. (2001). 인간 유아의 태아기와 생후의 맛 학습Prenatal and postnatal flavor learning by human infants. *Pediatrics*, 107(6), e88.

19   **19a.** Jablonka & Lamb, 2005.

       19b. Jablonka & Lamb, 2007.

20   Mennella et al., 2001.

21   Hoek, H. W., Brown, A. S., & Susser, E. (1998). 네덜란드 기근과 조현 스펙트럼 장애The Dutch Famine and schizophrenia spectrum disorders. *Social Psychiatry and Psychiatric Epidemiology*, 33, 373-379.

22   Ravelli, G. P., Stein, Z. A., & Susser, M. W. (1976). 임신 초기 자궁 안에서 기근에 노출됐던 젊은 남성들의 비만Obesity in young men after famine exposure in utero and early pregnancy. *New England Journal of Medicine*, 295, 349-353.

23   **23a.** DeCasper, A. J., & Fifer, W. P. (1980). 인간의 유대 형성에 관하여: 신생아는 자기 엄마 목소리를 선호한다Of human bonding: Newborns prefer their mothers' voices. *Science*, 208, 1174-1176.

       23b. DeCasper, A. J., & Spence, M. J. (1986). 출생 전 엄마의 말은 신생아의 발성음 지각에 영향을 미친다Prenatal maternal speech influences newborns' perception of speech sound. *Infant Behavior and Development*, 9, 133-150.

24   Francis, D., Diorio, J., Liu, D., & Meaney, M. J. (1999b). 어미 쥐 행동의 비유전체적 대물림과 스트레스 반응Nongenomic transmission across generations of

maternal behavior and stress responses in the rat. *Science*, 286, 1155-1158.

25   Meaney, M. J. (2010). 후성유전학 및 유전자와 환경의 상호작용에 대한 생물학적 정의Epigenetics and the biological definition of gene×environment interactions. *Child Development*, 81, 41-79.

26   Champagne, F. A., Weaver, I. C. G., Diorio, J., Dymov, S., Szyf, M., & Meaney, M. J. (2006). 암컷 자손의 시신경 내측 영역에서 에스트로겐 수용체-α1b 촉진유전자의 메틸화 및 에스트로겐 수용체-α 발현과 관련된 어미의 보살핌Maternal care associated with methylation of the estrogen receptor-α1b promoter and estrogen receptor-α expression in the medial preoptic area of female offspring. *Endocrinology*, 147, 2909-2915.

27   Danchin, É., Charmantier, A., Champagne, F. A., Mesoudi, A., Pujol, B., & Blanchet, S. (2011). DNA를 넘어서: 포괄적 대물림을 포함하여 진화론 확장하기Beyond DNA: Integrating inclusive inheritance into an extended theory of evolution. *Nature Reviews: Genetics*, 12, 475-486.

28   Champagne et al., 2006.

29   Pedersen, C. A. (1997). 옥시토신의 모성 행동 조절: 성 스테로이드 및 자손 자극에 의한 조절Oxytocin control of maternal behavior: Regulation by sex steroids and offspring stimuli. *Annals of the New York Academy of Sciences*, 807, 126-145.

30   **30a.** Champagne et al., 2006.
       30b. Champagne, F. A. (2013). 후성유전학과 종간 발달 가소성Epigenetics and developmental plasticity across species. *Developmental Psychobiology*, 55, 31-41.

31   Champagne et al., 2006.

32   Daxinger, L., & Whitelaw, E. (2012). Daxinger, L., & Whitelaw, E. (2012). 포유류의 생식자를 통한 세대 간 후성유전적 대물림 이해하기Understanding transgenerational epigenetic inheritance via the gametes in mammals. *Nature Reviews: Genetics*, 13, 153-162.

33   Roth, T. L., Lubin, F. D., Funk, A. J., & Sweatt, J. D. (2009). 생애 초기 역경이 BDNF 유전자에 미치는 지속적인 후성유전적 영향Lasting epigenetic influence of early-life adversity on the BDNF gene. *Biological Psychiatry*, 65, 760-769.

34   Roth et al., 2009.

35 그다음 세대의 손주 쥐들을 정상적인 수양 어미 쥐에게 양육을 맡겼는데도 손주 쥐들의 뇌에 생긴 메틸화 패턴 변화가 완전히 제거되지 않은 것으로 보아, 그 후성유전적 효과는 생후의 학대 경험과 비정상적으로 불안한 어미의 자궁 속에서 태아로 발달하던 출생 전 경험 둘 다에서 영향을 받은 것으로 보인다(Roth et al., 2009).

36 Champagne, F. A. (2008). 후성유전 메커니즘과 어미 돌봄의 세대 간 효과 Epigenetic mechanisms and the transgenerational effects of maternal care. *Frontiers in Neuroendocrinology*, 29, 386-397.

37 몇몇 다른 영장류 종들에 대해서도 같은 말을 할 수 있다. 원숭이의 세대 간 영향에 관한 연구의 데이터는 다음 논문에서 볼 수 있다. Maestripieri, D. (2005). 붉은털원숭이의 초기 경험은 유아 학대의 세대 간 대물림에 영향을 미친다Early experience affects the intergenerational transmission of infant abuse in rhesus monkeys. *Proceedings of the National Academy of Sciences USA*, 102, 9726-9729.

38 Champagne, 2008, p. 387.

39 Weaver, I. C. G., Meaney, M. J., & Szyf, M. (2006). 모성 돌봄이 해마 전사체 및 (성숙기에 뒤집을 수 있는) 자식의 불안 매개 행동에 미치는 영향Maternal care effects on the hippocampal transcriptome and anxiety-mediated behaviors in the offspring that are reversible in adulthood. *Proceedings of the National Academy of Sciences USA*, 103, 3480-3485.

40 40a. Fischer, A., Sananbenesi, F., Wang, X., Dobbin, M., & Tsai, L.-H. (2007). 학습 및 기억의 회복과 연관된 염색질 리모델링Recovery of learning and memory is associated with chromatin remodeling. *Nature*, 447, 178-182.

40b. Peña, C. L. J., & Champagne, F. A. (2012). 양육 행동의 차이를 바라보는 후성유전 및 신경발달의 관점Epigenetic and neurodevelopmental perspectives on variation in parenting behavior. *Parenting: Science and Practice*, 12, 202-211.

41 Peña & Champagne, 2012, p. 209.

42 Jablonka & Lamb, 2005.

43 Jablonka & Lamb, 2007.

44 포유류의 난자에는 DNA와 세포질 외에도 RNA, 단백질, 기타 다른 세포 구조물들이 들어 있다. 근래에 연구자들은 유전된 RNA가 배아 발달 초창기

에 하는 역할에 점점 더 많은 관심을 기울이고 있으며, 지금은 포유류의 성숙한 정자도 난자와 마찬가지로 RNA를 포함하고 있으며 이 RNA는 수정 이후 새롭게 형성된 접합자에서도 감지할 수 있다는 것이 분명해졌다(Daxinger & Whitelaw, 2012). 또한 그런 분자들이 표현형 발달에 중요한 영향을 미칠 수 있으며, 이 효과들이 세대를 넘어 대물림될 수 있다는 사실 역시 분명하다. 더 많은 정보는 다음 논문에서 볼 수 있다. Franklin, T. B., & Mansuy, I. M. (2010). 포유류의 후성유전적 대물림: 부정적 환경 효과의 영향에 대한 증거 Epigenetic inheritance in mammals: Evidence for the impact of adverse environmental effects. *Neurobiology of Disease*, 39, 61-65.

45   Daxinger & Whitelaw, 2012.

46   Roemer, I., Reik, W., Dean, W., & Klose, J. (1997). 생쥐의 후성유전적 대물림 Epigenetic inheritance in the mouse. *Current Biology*, 7, 277-280.

47   Roemer et al., 1997, p. 277.

48   하지만 어머니의 유전체에는 어떤 염색체를 할머니와 할아버지 중 누가 제공한 것인지를 구체적으로 표시하는 후성유전적 표지가 존재하며, 이 표지들은 리프로그래밍 과정 이후에도 남아 있다. 이 표지들이 '말소'에서 면제됨으로써 배아는 어느 염색체가 남성 부모에게서 온 것이고, 또 여성 부모에게서 온 것인지를 추적할 수 있다.

49   원시생식세포에서 일어나는 후성유전적 리프로그래밍은 애초에 부모 중 어느 쪽에서 온 것인지를 표시하는 표지까지 포함해 모든 후성유전적 표지를 제거한다. 이 과정은 매우 중요하다. 접합자가 받은 어떤 염색체가, 어머니가 그 아버지(외할아버지)에게서 받은 염색체일 때, 이 염색체는 접합자의 여성 부모에게서 온 것이므로, 그 염색체가 원래는 남성 부모에게서 온 것임을 표시하는 후성유전적 표지는 모두 제거해야만 하기 때문이다.

50   Roemer et al., 1997.

51   Daxinger & Whitelaw, 2012.

52   52a. Blewitt, M. E., Vickaryous, N. K., Paldi, A., Koseki, H., & Whitelaw, E. (2006). 후성유전적 민감성을 지닌 생쥐의 한 대립유전자에서 DNA 메틸화의 역동적 리프로그래밍 Dynamic reprogramming of DNA methylation at an epigenetically sensitive allele in mice. *PLoS Genetics* 2(4), e49. doi:10.1371/journal. pgen.0020049

52b. Daxinger & Whitelaw, 2012.

53 Daxinger & Whitelaw, 2012, p. 160.

54 Jablonka & Lamb, 2005, p. 359.

55 Jablonka, E., & Raz, G. (2009). 세대 간 후성유전적 대물림: 발생률, 메커니즘, 그리고 유전 및 진화 연구에 대한 함의Transgenerational epigenetic inheritance: Prevalence, mechanisms, and implications for the study of heredity and evolution. *Quarterly Review of Biology*, 84, p. 131.

56 Waterland, R. A., & Jirtle, R. L. (2003). 전이인자: 후성유전적 유전자 조절에 미치는 초기 영향 효과의 표적Transposable elements: Targets for early nutritional effects on epigenetic gene regulation. *Molecular and Cellular Biology*, 23, 5293–5300.

57 **57a.** Morgan, H. D., Sutherland, H. G. E., Martin, D. I. K., & Whitelaw, E. (1999). 생쥐의 아구티 유전자좌에 일어난 후성유전의 대물림Epigenetic inheritance at the agouti locus in the mouse. *Nature Genetics*, 23, 314–318.

57b. Rakyan, V. K., Chong, S., Champ, M. E., Cuthbert, P. C., Morgan, H. D., Luu, K. V. K., & Whitelaw, E. (2003). 쥐의 *Axin(Fu)* 대립유전자에 나타난 후성유전적 상태의 세대 간 유전은 모계 전달과 부계 전달 두 경우 모두 일어난다Transgenerational inheritance of epigenetic states at the murine *AxinFu* allele occurs after maternal and paternal transmission. *Proceedings of the National Academy of Sciences USA*, 100, 2538–2543.

58 **58a.** Hanson, M. A., Low, F. M., & Gluckman, P. D. (2011). 후성유전적 역학: 연성 유전의 부활Epigenetic epidemiology: The rebirth of soft inheritance. *Annals of Nutrition and Metabolism*, 58(suppl 2), 8–15.

58b. Richards, E. J. (2006). 대물림된 후성유전적 변이—연성 유전 다시 보기Inherited epigenetic variation—Revisiting soft inheritance. *Nature Reviews: Genetics*, 7, 395–401.

59 리처드 도킨스 지음, 《눈먼 시계공》, 이용철 옮김, 사이언스북스, 2004년.

60 Haig, D. (2007). 바이스만이 지배한다! 그걸로 됐을까? 후성유전학과 라마르크주의의 유혹Weismann rules! OK? Epigenetics and the Lamarckian temptation. *Biology and Philosophy*, 22, 415–428.

61 **61a.** Haig, 2007.

61b. Jablonka & Lamb, 2007.

62   **62a.** Haig, 2007.

62b. Jablonka & Lamb, 2005.

62c. Maderspacher, F. (2010). 리젠코의 부상Lysenko rising. *Current Biology*, 20, R835–R837.

62d. Varmuza, S. (2003). 후성유전학과 이단의 부흥Epigenetics and the renaissance of heresy. *Genome*, 46, 963–967.

19장   경험이 유전된다는 증거

1   아트 슈피겔만 지음,《쥐》, 권희종, 권희섭 옮김, 아름드리미디어, 2014년.

2   Waterland, R. A., & Jirtle, R. L. (2003). 전이인자: 후성유전적 유전자 조절에 초기 영양이 미치는 영향의 표적Transposable elements: Targets for early nutritional effects on epigenetic gene regulation. *Molecular and Cellular Biology*, 23, 5293–5300.

3   Wolff, G. L. (1978). 생쥐의 아구티 유전자좌 돌연변이의 대사적 차이에 어미의 표현형이 미치는 영향Influence of maternal phenotype on metabolic differentiation of agouti locus mutants in the mouse. *Genetics*, 88, 529–539.

4   Morgan, H. D., Sutherland, H. G. E., Martin, D. I. K., & Whitelaw, E. (1999). 생쥐의 아구티 유전자좌에 일어난 후성유전적 대물림Epigenetic inheritance at the agouti locus in the mouse. *Nature Genetics*, 23, 314–318.

5   Wolff, 1978.

6   Morgan et al., 1999.

7   Morgan et al., 1999, p. 316.

8   Morgan et al., 1999.

9   Morgan et al., 1999, p. 316.

10   Rakyan, V. K., Chong, S., Champ, M. E., Cuthbert, P. C., Morgan, H. D., Luu, K. V. K., & Whitelaw, E. (2003). 쥐의 *Axin(Fu)* 대립유전자에 나타난 후성유전적 상태의 세대 간 유전은 모계 전달과 부계 전달 두 경우 모두 일어난다Transgenerational inheritance of epigenetic states at the murine *AxinFu* allele occurs after maternal and paternal transmission. *Proceedings of the National Academy of Sciences USA*, 100, 2538–2543.

11   Rakyan et al., 2003, p. 2538.

12   12a. Morgan et al., 1999.

      12b. Rakyan et al., 2003.

13   예를 들자면, Waterland & Jirtle, 2003.

14   Waterland & Jirtle, 2003.

15   15a. Daxinger, L., & Whitelaw, E. (2012). 포유류의 생식자를 통한 세대 간 후
      성유전적 대물림 이해하기Understanding transgenerational epigenetic inheritance via
      the gametes in mammals. *Nature Reviews: Genetics*, 13, 153-162.

      15b. Rakyan et al., 2003.

16   Anderson, L. M., Riffle, L., Wilson, R., Travlos, G. S., Lubomirski, M. S., &
      Alvord, W. G. (2006). 수정 전 아비의 단식은 새끼 생쥐의 혈청 포도당에 변
      화를 일으킨다Preconceptional fasting of fathers alters serum glucose in offspring of mice.
      Nutrition, 22, 327-331.

17   Ng, S.-F., Lin, R. C. Y., Laybutt, D. R., Barres, R., Owens, J. A., & Morris, M.
      J. (2010). 아비 쥐의 만성적 고지방 섭식은 암컷 새끼의 베타세포 기능장애를
      프로그래밍한다Chronic high-fat diet in fathers programs β-cell dysfunction in female
      rat offspring. *Nature*, 467, 963-966.

18   Carone, B. R., Fauquier, L., Habib, N., Shea, J. M., Hart, C. E., Li, R., ...
      Rando, O. J. (2010). 포유류의 대사 유전자 발현에 대한 부계를 통해 유도
      된 세대 간 환경적 리프로그래밍Paternally induced transgenerational environmental
      reprogramming of metabolic gene expression in mammals. *Cell*, 143, 1084-1096.

19   Cropley, J. E., Suter, C. M., Beckman, K. B., & Martin, D. I. I. (2006). 영
      양 보충제에 의한 생쥐 *A^vy* 대립유전자의 생식계열 후성유전적 변형Germ-
      line epigenetic modification of the murine *A^vy* allele by nutritional supplementation.
      Proceedings of the National Academy of Sciences of the USA, 103, 17308-
      17312.

20   Cropley et al., 2006.

21   Cropley et al., 2006, p. 17310.

22   Martin, D. I. K., Cropley, J. E., & Suter, C. M. (2008). *A^vy* 대립유전자의 후
      성유전적 대물림에 환경이 미치는 영향Environmental influence on epigenetic
      inheritance at the *A^vy* allele. *Nutrition Reviews*, 66, p. S13.

23   이 현상을 더 탐구하기 위해 설계된 또 다른 연구의 결과도 중요하니 살펴보자. Waterland, R. A., Travisano, M., & Tahiliani, K. G. (2007). 생존 가능한 노란색 아구티 유전자에 섭식으로 유도한 과메틸화는 암컷을 통해 세대 간에 대물림되는 것이 아니다Diet-induced hypermethylation at agouti viable yellow is not inherited transgenerationally through the female. *FASEB Journal*, 21, 3380-3385. 이 연구의 결과는 딸 생쥐들의 갈색이 도는 털은 획득 형질로 간주해서는 안 된다는 것을 시사한다. 딸들의 털색이 그들이 한 경험을 반영한다고 해도, 그들의 어미도 갈색 털을 갖고 있었고, 또한 그것은 딸들이 특별한 종류의 먹이를 먹었기 때문도 아니다. 그러므로 보충제 먹이가 새로운 후성유전적 정보를 추가한 것이라고 이해하기보다, 어쩌면 섭식 조작이 이미 존재하고 있었으나 그 조작이 없었다면 후손 세대에서는 사라졌을 수도 있는 정보를 단순히 유지만 해준 것으로 이해해야 한다는 것이다. 하지만 우리가 이를 진정한 획득 형질의 유전 사례로 보든 그렇지 않게 보든 상관없이, 할미 생쥐의 경험이 그 딸 생쥐의 후성유전적 상태에 영향을 주었고 그 영향이 손녀 생쥐에게서도 감지된다는 사실에는 변함이 없다. 이런 종류의 영향은, 형질들이 '경성' 유전 메커니즘을 통해서만 세대에서 세대로 전달될 수 있다는 가정을 재고해봐야 할 충분한 이유를 제공한다. (더 많은 정보는 다음 논문에서 볼 수 있다. Daxinger & Whitelaw, 2010).

24   Franklin, T. B., & Mansuy, I. M. (2010). 포유류의 후성유전적 대물림: 부정적 환경 효과의 영향에 대한 증거Epigenetic inheritance in mammals: Evidence for the impact of adverse environmental effects. *Neurobiology of Disease*, 39, p. 64.

25   Benyshek, D. C., Johnston, C. S., & Martin, J. F. (2006). 임신기와 주산기에 영양이 불량했던 쥐의 증손주(F3 세대)는 충분한 영양을 공급받아도 포도당 대사에 변화가 생긴다Glucose metabolism is altered in the adequately-nourished grand-offspring (F3 generation) of rats malnourished during gestation and perinatal life. *Dibetologia*, 49, 1117-1119.

26   Dunn, G. A., & Bale, T. L. (2011). 어미의 고지방 섭식은 부계를 통해 3세대 암컷 자손의 몸 크기에 영향을 미친다Maternal high-fat diet effects on third-generation female body size via the paternal lineage. *Endocrinology*, 152, 2228-2236.

27   Dunn & Bale, 2011, p. 2228.

28   Franklin, T. B., Russig, H., Weiss, I. C., Graff, J., Linder, N., Michalon,

A., ... Mansuy, I. M. (2010). 초기 스트레스 영향의 세대 간 후성유전적 전달Epigenetic transmission of the impact of early stress across generations. *Biological Psychiatry*, 68, 408-415.

29   Murgatroyd, C., Patchev, A. V., Wu, Y., Micale, V., Bockmühl, Y., Fischer, D., ... Spengler, D. (2009). 생애 초기 스트레스의 지속적인 악영향을 억제하는 역동적 DNA 메틸화Dynamic DNA methylation programs persistent adverse effects of early-life stress. *Nature Neuroscience*, 12, 1559-1566.

30   Franklin et al., 2010, p. 409.

31   Franklin et al., 2010.

32   일부 후성유전적 영향이 부계 생식계열을 통해 대물림될 수 있다는 발견은 계속 연구자들의 관심을 끌 것이 분명하다. 특히 지금은 한 남자의 개별 정자세포들 대부분이 각자 "고유한 DNA 메틸화 프로파일"을 갖고 있다는 사실이 알려져 있기 때문이다(Flanagan et al., 2006, p. 67). 이 발견이 의미하는 바는, 서로 다른 정자세포 속 서로 다른 유전정보가 그런 것처럼, 각자 다른 정자세포들 속의 서로 다른 후성유전적 정보도 자손들에게 나타나는 다양한 차이에 기여할 수 있는 잠재력을 지녔다는 말이다.

33   Gottlieb, G. (1992).《개체의 발달과 진화: 새로운 행동의 발생Individual development and evolution: The genesis of novel behavior》. New York: Oxford University Press.

34   Cropley, J. E., Dang, T. H. Y., Martin, D. I. K., & Suter, C. M. (2012). 생쥐에서 후성유전적 형질의 침투는 선택과 환경에 의해 점진적이지만 가역적으로 증가한다The penetrance of an epigenetic trait in mice is progressively yet reversibly increased by selection and environment. *Proceedings of the Royal Society B*, 279, 2347-2353.

35   Cropley et al., 2012, p. 2351.

36   Anway, M. D., Cupp, A. S., Uzumcu, M., & Skinner, M. K. (2005). 세대를 너머 작용하는 내분비 교란 물질과 수컷 번식력Epigenetic transgenerational actions of endocrine disruptors and male fertility. *Science*, 308, 1466-1469.

37   Jablonka, E., & Raz, G. (2009). 세대 간 후성유전적 대물림: 발생률, 메커니즘, 그리고 유전 및 진화 연구에 대한 함의Transgenerational epigenetic inheritance: Prevalence, mechanisms, and implications for the study of heredity and evolution. *Quarterly Review of Biology*, 84, 131-176.

38   Skinner, M. K. (2011). 발달생물학과 세대 간 유전에서 후성유전의 역할Role of epigenetics in developmental biology and transgenerational inheritance. *Birth Defects Research* (Part C), 93, 51-55.

39   Jablonka & Raz, 2009.

40   Daxinger & Whitelaw, 2012.

41   Crews, D., Gore, A. C., Hsu, T. S., Dangleben, N. L., Spinetta, M., Schallert, T., ... Skinner, M. K. (2007). 짝 선호에 대한 세대 간 후성유전적 각인Transgenerational epigenetic imprints on mate preference. *Proceedings of the National Academy of Sciences of the USA*, 104, 5942-5946.

42   Crews et al., 2007, p. 5945.

43   Crews et al., 2007, p. 5942.

44   Kaiser, J. (2014). 후성유전적 이단The epigenetics heretic. *Science*, 343, 361-363.

45   Skinner, M. K., Savenkova, M. I., Zhang, B., Gore, A. C., & Crews, D. (2014). 변화된 짝 선호의 세대 간 후성유전적 대물림에 관여하는 유전자 생체네트워크: 환경적 후성유전학과 진화생물학Gene bionetworks involved in the epigenetic transgenerational inheritance of altered mate preference: Environmental epigenetics and evolutionary biology. *BMC Genomics*, 15, 377. doi:10.1186/1471-2164-15-377

46   Franklin & Mansuy, 2010.

47   생쥐에게서 DES가 세대 간 영향을 낳는 메커니즘을 탐구하는 실험 데이터는 다음 논문에서 볼 수 있다. Newbold, R. R., Padilla-Banks, E., & Jefferson, W. N. (2006). 환경 에스트로겐 모델 디에틸스틸베스트롤의 부정적 영향은 다음 세대들로 전달된다Adverse effects of the model environmental estrogen diethylstilbestrol are transmitted to subsequent generations. *Endocrinology*, 147, S11-S17.

20장 조부모 효과

1   Ellis, E. C. (2013, September 13). 문제는 인구과잉이 아니다Overpopulation is not the problem. *New York Times*.

2   2a. Hoek, H. W., Brown, A. S., & Susser, E. (1998). 네덜란드 기근과 조현 스펙트럼 장애The Dutch Famine and schizophrenia spectrum disorders. *Social Psychiatry and Psychiatric Epidemiology*, 33, 373-379.

2b. Lumey, L. H., Stein, A. D., & Susser, E. (2011). 출생 전 기근과 성인기 건강Prenatal famine and adult health. *Annual Review of Public Health*, 32, 237‑262.

2c. Susser, M., & Stein, Z. (1994). 출생 전 영양의 타이밍: 다시 보는 네덜란드 기근 연구Timing in prenatal nutrition: A reprise of the Dutch famine study. *Nutrition Reviews*, 52, 84‑94.

3 Ravelli, G. P., Stein, Z. A., & Susser, M. W. (1976). 임신 초기 자궁 내에서 기근에 노출되었던 젊은 남성의 비만Obesity in young men after famine exposure in utero and early pregnancy. *New England Journal of Medicine*, 295, 349‑353.

4 **4a.** Lumey, L. H., Stein, A. D., Kahn, H. S., & Romijn, J. A. (2009). 자궁 내 발달기에 기근에 노출된 중년 남녀의 지질 프로필: 네덜란드 겨울 기근 가족 연구Lipid profiles in middle‑aged men and women after famine exposure during gestation: The Dutch Hunger Winter Families Study. *American Journal of Clinical Nutrition*, 89, 1737‑1743.

4b. Lumey et al., 2011.

5 Heijmans, B. T., Tobi, E. W., Stein, A. D., Putter, H., Blauw, G. J., Susser, E. S., ... Lumey, L. H. (2008). 사람이 태내에서 기근에 노출된 일과 일관적으로 연관되는 후성유전적 차이들Persistent epigenetic differences associated with prenatal exposure to famine in humans. *Proceedings of the National Academy of Sciences USA*, 105, 17046‑17049.

6 Tobi, E. W., Lumey, L. H., Talens, R. P., Kremer, D., Putter, H., Stein, A. D., ... Heijmans, B. T. (2009). 태아기 기근 노출 이후 DNA 메틸화의 차이는 흔하며 시기와 성별의 영향을 받는다DNA methylation differences after exposure to prenatal famine are common and timing‑ and sex‑specific. *Human Molecular Genetics*, 18, 4046‑4053.

7 이 결과가 흥미를 일으키기는 하지만, 현재 우리는 이 메틸화 패턴이 자궁 내에서 기근에 노출된 사람들에게서 나타난 종류의 표현형들을 초래한 것인지, 아니면 단순히 상관관계만 있는 것인지 정확히 알지 못한다. 이 문제에 관한 더 많은 정보는 다음 논문에서 볼 수 있다. Daxinger, L., & Whitelaw, E. (2012). 포유류의 생식자를 통한 세대 간 후성유전적 대물림 이해하기Understanding transgenerational epigenetic inheritance via the gametes in mammals. *Nature Reviews: Genetics*, 13, 153‑162.

8 **8a.** Lumey, L. H. (1992). 1944~1945년에 자궁 속에서 네덜란드 기근에 노출된 여자 태아가 이후 성장하여 낳은 아기의 낮은 출산체중Decreased birthweights in infants after maternal in utero exposure to the Dutch famine of 1944-1945. *Paediatric and Perinatal Epidemiology*, 6, 240-253.

　　8b. Susser & Stein, 1994.

9 　Franklin, T. B., & Mansuy, I. M. (2010). 포유류의 후성유전적 대물림: 부정적 환경 효과의 영향에 대한 증거Epigenetic inheritance in mammals: Evidence for the impact of adverse environmental effects. *Neurobiology of Disease*, 39, 61-65.

10 Painter, R. C., Osmond, C., Gluckman, P., Hanson, M., Phillips, D. I. W., & Roseboom, T. J. (2008). 태아기의 네덜란드 기근 노출의 세대 간 효과가 신생아의 지방증과 이후 삶의 건강에 미치는 영향Transgenerational effects of prenatal exposure to the Dutch famine on neona tal adiposity and health in later life. *BJOG*, 115, 1243-1249.

11 Lumey et al., 2011, pp. 252-256.

12 **12a.** Kaati, G., Bygren, L. O., Pembrey, M., & Sjöström, M. (2007). 영양에 대한 세대를 넘은 반응, 초기 삶의 환경과 수명Transgenerational response to nutrition, early life circumstances and longevity. *European Journal of Human Genetics*, 15, 784-790.

　　12b. Pembrey, M. E. (2002). 후성유전적 대물림을 진지하게 받아들일 때가 왔다Time to take epigenetic inheritance seriously. *European Journal of Human Genetics*, 10, 669-671.

　　12c. Rakyan, V. K., & Beck, S. (2006). 포유류의 후성유전적 변이와 대물림Epigenetic variation and inheritance in mammals. *Current Opinion in Genetics and Development*, 16, 573-577.

13 Radiolab (Producer). (2012b, November 19). 당신의 할아버지가 먹는 것이 당신이 된다You are what your grandpa eats [Audio podcast]. Retrieved from http://www.radiolab.org/2012/nov/19/you-are-what-your-grandpa-eats/

14 Pembrey, M. (2008). 인간의 유전, 차이 그리고 질병: 유전자에게 제자리 찾아주기Human inheritance, differences and diseases: Putting genes in their place. Part II. *Paediatric and Perinatal Epidemiology*, 22, 507-513.

15 Kaati, G., Bygren, L. O., & Edvinsson, S. (2002). 부모와 조부모의 느린 성장

후주

기 동안 영양에 의해 결정되는 심혈관 질환 및 당뇨병 사망률Cardiovascular and diabetes mortality determined by nutrition during parents' and grandparents' slow growth period. *European Journal of Human Genetics*, 10, p. 684.

16   Kaati et al., 2002, p. 684.

17   Radiolab, 2012b.

18   Kaati et al., 2002, p. 687.

19   Kaati et al., 2002.

20   Kaati et al., 2002.

21   Kaati et al., 2002.

22   Kaati et al., 2007.

23   Pembrey, 2002, p. 670.

24   24a. Kaati et al., 2002.

      24b. Pembrey, 2002.

      24c. Pembrey, 2008.

      24d. Pembrey, M. E. (2010). 사람의 부계 세대 간 반응Male-line transgenerational responses in humans. *Human Fertility*, 13, 268-271.

25   Pembrey, 2002, p. 670.

26   Pembrey, M. E., Bygren, L. O., Kaati, G., Edvinsson, S., Northstone, K., Sjöström, M., ... The ALSPAC study team (2006). 사람의 성별 특이적, 부계 세대 간 반응Sex-specific, male-line transgenerational responses in humans. *European Journal of Human Genetics*, 14, 159-166.

27   Pembrey, 2008.

28   Pembrey et al., 2006.

29   Radiolab, 2012b.

30   Pembrey et al., 2006.

31   Pembrey, 2010.

32   Pembrey, 2008.

33   Pembrey et al., 2006, p. 164.

34   Pembrey et al., 2006, p. 165.

35   Radiolab, 2012b.

36   World Health Organization, International Agency for Research on Cancer

(2004). 베틀넛과 빈랑 씹기, 그리고 빈랑 유래 니트로사민Betel-quid and areca-nut chewing and some areca-nut-derived nitrosamines. IARC Monographs on the Evaluation of Carcinogenic Risks to Humans, 85, p. 33.

37   World Health Organization IARC, 2004.

38   Chen, T. H.-H., Chiu, Y.-H., & Boucher, B. J. (2006). 지룽 지역 사회 기반 통합 스크리닝 프로그램에서 베틀넛 씹기가 대사증후군 발생에 미치는 세대 간 영향Transgenerational effects of betel-quid chewing on the development of the metabolic syndrome in the Keelung Community-based Integrated Screening Program. *American Journal of Clinical Nutrition*, 83, 688-692.

39   Pembrey, 2008.

40   Chen, et al., 2006, p. 688.

41   Chen, et al., 2006.

42   42a. Chen et al., 2006.

     42b. Pembrey, 2008.

43   Chen, et al., 2006, p. 692.

44   가장 최소한으로 잡더라도, 부모의 후성유전적 표지를 자녀에게서 복제할 수 있는 무언가가 생식계열을 통해 전달될 수 있다.

45   Maestripieri, D. (2005). 붉은털원숭이의 초기 경험은 유아 학대의 세대 간 대물림에 영향을 미친다Early experience affects the intergenerational transmission of infant abuse in rhesus monkeys. *Proceedings of the National Academy of Sciences USA*, 102, 9726-9729.

46   Champagne, F. A. (2008). 후성유전 메커니즘과 어미 돌봄의 세대 간 효과 Epigenetic mechanisms and the transgenerational effects of maternal care. Frontiers in *Neuroendocrinology*, 29, 386-397.

47   47a. Gottlieb, G. (1992). 《개체의 발달과 진화: 새로운 행동의 발생Individual development and evolution: The genesis of novel behavior》. New York: Oxford University Press.

     47b. Laland, K. N., Odling-Smee, J., & Myles, S. (2010). 문화는 인간의 유전체를 어떻게 형성하는가: 유전학과 인간 과학의 결합How culture shaped the human genome: Bringing genetics and the human sciences together. *Nature Reviews: Genetics*, 11, 137-148.

48   Michel, G. F., & Moore, C. L. (1995).《발달심리생물학: 어느 다학제 과학 *Developmental psychobiology: An interdisciplinary science*》. Cambridge, MA: MIT.

49   **49a.** Dobzhansky, T. (1937).《유전학과 종의 기원 *Genetics and the origin of species*》. New York: Columbia University Press.

        49b. Mayr, E. (1963).《동물 종과 진화 *Animal species and evolution*》. Cambridge, MA: Harvard University Press.

21장   경계해야 할 것들

1   Hu, V. W. (2013). 유전자에서 환경으로: 통합적 유전체학을 활용하여 자폐 스펙트럼 장애에 대한 '시스템 수준' 이해 구축하기 From genes to environment: Using integrative genomics to build a "systems level" understanding of autism spectrum disorders. *Child Development*, 84, 89-103.

2   Connolly, J. J., Glessner, J. T., & Hakonarson, H. (2013). 자폐증 진단 면담지 (ADI-R), 자폐 진단 관찰 스케줄(ADOS), 사회적 반응성 척도(SRS)를 통합한 전장유전체 연관 자폐 연구 A genome-wide association study of autism incorporating autism diagnostic interview-revised, autism diagnostic observation schedule, and social responsiveness scale. *Child Development*, 84, 17-33.

3   Joseph, J. (2006). 실종된 유전자: 정신의학, 유전, 그리고 유전자를 찾기 위한 헛된 추적 The missing gene: Psychiatry, heredity, and the fruitless search for genes. New York: Algora Publishing.

4   Cloud, J. (2010, January 6). 당신의 DNA가 당신의 운명이 아닌 이유 Why your DNA isn't your destiny. Time Magazine. https://content.time.com/time/subscriber/article/0,33009,1952313,00.html

5   Blech, J. (2010, August 9). 유전자에 대한 승리: 몸의 기억 Der sieg über die gene: Das gedächtnis des körpers. Der Spiegel. https://www.spiegel.de/spiegel/print/index-2010-32.html

6   **6a.** Lewontin, R. C. (2000).《삼중나선: 유전자, 유기체, 환경 *The triple helix: Gene, organism, and environment*》. Cambridge, MA: Harvard University Press.

        6b. Moore, D. S. (2002).《의존하는 유전자: 본성 대 양육의 오류 *The dependent gene: The fallacy of nature vs. nurture*》. New York: W.H. Freeman.

        6c. Robert, J. S. (2004).《발생학, 후성, 진화: 진지하게 바라본 발달 *Embryology,* *epigenesis, and evolution: Taking development seriously*》. New York: Cambridge University Press.

7   Moore, 2002.

8   Weaver, I. C. G., Cervoni, N., Champagne, F. A., D'Alessio, A. C., Sharma, S., Seckl, J. R., ... Meaney, M. J. (2004a). 어미의 행동에 의한 후성유전 프로그래밍Epigenetic programming by maternal behavior. *Nature Neuroscience*, 7, 847-854.

9   9a. Vickers, M. H., Gluckman, P. D., Coveny, A. H., Hofman, P. L., Cutfield, W. S., Gertler, A., ... Harris, M. (2005). 신생아 렙틴 치료는 발달 프로그래밍을 뒤집는다Neonatal leptin treatment reverses developmental programming. *Endocrinology*, 146, 4211-4216.

    9b. Weaver, I. C. G., Champagne, F. A., Brown, S. E., Dymov, S., Sharma, S., Meaney, M. J., & Szyf, M. (2005). 모성 프로그래밍에 의한 성체 새끼의 스트레스 반응은 메틸 보충을 통해 뒤집힌다: 삶의 이후 단계에서 후성유전적 표지 바꾸기Reversal of maternal programming of stress responses in adult off-spring through methyl supplementation: Altering epigenetic marking later in life. *Journal of Neuroscience*, 25, 11045-11054.

    9c. Weaver, I. C. G., Meaney, M. J., & Szyf, M. (2006). 새끼의 해마 전사체와 불안-매개 행동에 어미 돌봄이 미치는 영향은 성체기에 뒤집힐 수 있다 Maternal care effects on the hippocampal transcriptome and anxiety-mediated behaviors in the offspring that are reversible in adulthood. *Proceedings of the National Academy of Sciences USA*, 103, 3480-3485.

10 기억의 후성유전에 관한 연구가 미래 PTSD 치료법 개발에 어떻게 기여할 수 있을지 알아보려면 다음 논문을 보라. Bredy, T. W., Wu, H., Crego, C., Zellhoefer, J., Sun, Y. E., & Barad, M. (2007). 전전두피질의 개별 BDNF 촉진유전자의 히스톤 변형은 조건화된 공포의 소멸과 관련이 있다Histone modifications around individual BDNF gene promoters in prefrontal cortex are associated with extinction of conditioned fear. *Learning and Memory*, 14, 268-276.

11 Murgatroyd, C., Patchev, A. V., Wu, Y., Micale, V., Bockmühl, Y., Fischer, D., ... Spengler, D. (2009). 역동적 DNA 메틸화는 생애 초기 스트레스의 지속적 부정적 영향을 프로그래밍한다Dynamic DNA methylation programs persistent adverse effects of early-life stress. *Nature Neuroscience*, 12, 1559-1566.

12   Eyer, D. E. (1992). 《엄마–아기 유대: 과학적 허구Mother-infant bonding: A scientific fiction》. New Haven, CT: Yale University Press.

13   Mack, G. S. (2010). 선별성과 그 너머로To selectivity and beyond. *Nature Biotechnology*, 28, p. 1262.

14   Shulevitz, J. (2012, September 8). 왜 아버지가 진짜 문제인가Why fathers really matter. *New York Times*. Retrieved from http://www.nytimes.com/2012/09/09/opinion/sunday/why-fathers-really-matter.html?pagewanted=all&_r=0.

15   15a. Carvajal, D. (2012, August 17). 대물림된 기억을 찾아서On the trail of inherited memories. *New York Times*. https://www.nytimes.com/2012/08/21/science/in-andalusia-searching-for-inherited-memories.html.

      15b. Kellermann, N. P. F. (2013). 홀로코스트 트라우마의 후성유전적 전달: 악몽은 대물림될 수 있는가? Epigenetic transmission of holocaust trauma: Can nightmares be inherited? *Israel Journal of Psychiatry and Related Sciences*, 50, 33-39.

16   Dias, B. G., & Ressler, K. J. (2014). 부모의 후각 경험은 이후 세대들의 행동과 신경 구조에 영향을 준다Parental olfactory experience influences behavior and neural structure in subsequent generations. *Nature Neuroscience*, 17, 89-96.

17   Levenson, J. M., & Sweatt, J. D. (2005). 기억 형성의 후성유전 메커니즘Epigenetic mechanisms in memory formation. *Nature Reviews: Neuroscience*, 6, 108-118.

22장   근거 있는 희망

1   1a. Rothstein, M. A., Cai, Y., & Marchant, G. E. (2009). 우리 유전자 속 유령: 후성유전학의 법적 윤리적 함의들The ghost in our genes: Legal and ethical implications of epigenetics. *Health Matrix*, 19, 1-62.

      1b. Gore, A. C., Balthazart, J., Bikle, D. D., Carpenter, D. O., Crews, D., Czernichow, P., ... Watson, C. S. (2013). 내분비 교란물질에 대한 정책 결정은 여러 학제를 아우르는 과학을 토대로 해야 한다: 디트리히 등의 논문에 대한 응답Policy decisions on endocrine disruptors should be based on science across disciplines: A response to Dietrich et al. *Endocrine Disruptors*, 1, e26644. doi:10.4161/endo.26644

2 Rothstein et al., 2009.

3 Lester, B. M., Tronick, E., Nestler, E., Abel, T., Kosofsky, B., Kuzawa, C. W., ... Wood, M. A. (2011). 행동 후성유전학Behavioral epigenetics. *Annals of the New York Academy of Sciences*, 1226, 14–33.

4 Lester et al., 2011.

5 포괄적인 개관은 다음 논문에서 볼 수 있다. Feinberg, A. P. (2007). 표현형 가소성과 인간 질병의 후성유전학henotypic plasticity and the epigenetics of human disease. *Nature*, 447, 433–440.

6 Gaudet, F., Hodgson, J. G., Eden, A., Jackson–Grusby, L., Dausman, J., Gray, J. W., ... Jaenisch, R. (2003). 유전체 저메틸화에 의한 생쥐의 종양 유도Induction of tumors in mice by genomic hypomethylation. *Science*, 300, 489–492.

7 Feinberg, A. P., Ohlsson, R., & Henikoff, S. (2006). 인간 암의 후성유전적 전구 근원The epigenetic progenitor origin of human cancer. *Nature Reviews: Genetics*, 7, p. 22.

8 Feinberg, 2007.

9 Feinberg et al., 2006.

10 리처드 C. 프랜시스 지음, 《쉽게 쓴 후성유전학》, 김명남 옮김, 시공사, 2013년.

11 네사 캐리 지음, 《유전자는 네가 한 일을 알고 있다》, 이충호 옮김, 해나무, 2015년.

12 Anand, P., Kunnumakara, A. B., Sundaram, C., Harikumar, K. B., Tharakan, S. T., Lai, O. S., ... Aggarwal, B. B. (2008). 암은 대대적 생활방식의 변화를 요구하는, 예방 가능한 병이다Cancer is a preventable disease that requires major life–style changes. *Pharmaceutical Research*, 25, 2097–2116.

13 Bjornsson, H. T., Sigurdsson, M. I., Fallin, M. D., Irizarry, R. A., Aspelund, T., Cui, H., ... Feinberg, A. P. (2008). 시간의 흐름에 따른 개인 내 DNA 메틸화 변화와 가족 직접성Intra–individual change over time in DNA methylation with familial clustering. *Journal of the American Medical Association*, 299, 2877–2883.

14 Bjornsson et al., 2008.

15 예를 들면 De Grey, A., & Rae, M. (2007). 《노화 끝내기: 우리 생애 안에 인간의 노화를 뒤집을 수 있는 회춘의 돌파구 Ending aging: The rejuvenation breakthroughs

that could reverse human aging in our lifetime》. New York: St. Martin's Press.

16   물론 이게 꼭 이상적인 일은 아니지만, 이 문제에 관해서는 다른 저자들에게
      맡기겠다. 예를 들면 Illes, J. (2007). 우리의 가장자리 흐리기Blurring our edges.
      Nature, 450, 351–352.

17   네사 캐리 지음, 《유전자는 네가 한 일을 알고 있다》, 이충호 옮김, 해나무,
      2015년.

18   18a. 네사 캐리 지음, 《유전자는 네가 한 일을 알고 있다》, 이충호 옮김, 해나무,
      2015년.

      18b. Kanfi, Y., Naiman, S., Amir, G., Peshti, V., Zinman, G., Nahum, L., ...
      Cohen, H. Y. (2012). 시르투인6은 수컷 생쥐의 수명을 조절한다The sirtuin
      SIRT6 regulates lifespan in male mice. *Nature*, 483, 218–221.

      18c. Mostoslavsky, R., Chua, K. F., Lombard, D. B., Pang, W. W., Fischer, M.
      R., Gellon, L., ... Alt, F. W. (2006). 포유류에서 시르투인6 결핍 시 유전체
      불안정성과 노화 유사 표현형Genomic instability and aging-like phenotype in the
      absence of mammalian SIRT6. *Cell*, 124, 315–329.

19   Genetic Science Learning Center (2012, August 6). 텔로미어는 노화와 암에
      서 핵심인가?Are telomeres the key to aging and cancer? Learn.Genetics. Retrieved
      January 9, 2013, from https://learn.genetics.utah.edu/content/basics/telo-
      meres.

20   물론 텔로미어의 길이 하나만으로 수명이 결정되는 것은 아니다. 실제로 사
      람보다 더 긴 텔로미어를 갖고 있는데도 수명은 짧은 종들도 있다(Genetic
      Science Learning Center, 2012). 그뿐 아니라 암세포들은 더 이상 분열할 수 없
      을 만큼 텔로미어가 짧아지는 단계에 도달하지 않으면서도 무한히 분열하게
      해주는 단백질을 생산한다. 그런 암세포는 불멸의 세포이겠지만, 그런 세포
      를 갖고 있는 몸은 결코 건강한 몸이라 할 수 없다!

21   Genetic Science Learning Center, 2012.

22   텔로미어는 메틸화될 수 없지만, 텔로미어 근처의 DNA 지역은 메틸화될 수
      있으며, 최근의 연구로 그 지역의 DNA 메틸화 정도가 사람의 백혈구 속 텔
      로미어의 길이와 연관이 있음이 밝혀졌다. 더 자세한 정보는 다음 논문에서
      볼 수 있다. Buxton, J. L., Suderman, M., Pappas, J. J., Borghol, N., McArdle,
      W., Blakemore, A. I. F., ... Pembrey, M. (2014). 인간 백혈구 텔로미어 길이는

다수의 서브텔로미어 유전자좌와 각인 유전자좌의 DNA 메틸화 수준과 관련이 있다Human leukocyte telomere length is associated with DNA methylation levels in multiple subtelomeric and imprinted loci. *Scientific Reports*, 4, 4954. doi:10.1038/srep04954

23   Carey, 2011.

24   Carey, 2011.

25   Michishita, E., McCord, R. A., Berber, E., Kioi, M., Padilla-Nash, H., Damian, M., ... Chua, K. F. (2008). SIRT6은 텔로미어 염색질을 조절하는 히스톤 H3 라이신9 탈아세틸화효소다SIRT6 is a histone H3 lysine 9 deacetylase that modulates telomeric chromatin. *Nature*, 452, 492-496.

26   Mostoslavsky et al., 2006.

27   Kanfi et al., 2012, p. 218.

28   중요하게 짚고 넘어가야 할 점이 있다. 일부 연구자들이 "예컨대 1형 당뇨병 환자에게 인슐린을 주입하는 것처럼 노화와 무관한 개입들도 수명을 (…) 연장할 수 있기 [때문에]" 이 연구에서 수명이 연장된 것을 반드시 "노화 [자체]에 대한 영향을 암시하는 것"으로 이해해서는 안 된다고 주의를 주었다는 점이다(Lombard & Miller, 2012, p. 166).

29   Michishita et al., 2008.

30   30a. Gluckman, P. D., Hanson, M. A., & Beedle, A. S. (2007). 질병 위험의 비유전체적 세대 간 대물림Non-genomic transgenerational inheritance of disease risk. *BioEssays*, 29, 145-154.

      30b. Rothstein et al., 2009.

31   Gluckman, P. D., Hanson, M. A., & Buklijas, T. (2010). 건강과 질병의 발달적 기원에 대한 개념틀A conceptual framework for the developmental origins of health and disease. *Journal of Developmental Origins of Health and Disease*, 1, 6-18.

32   Gluckman et al., 2010, p. 14.

33   예를 들어, Nestler, E. J. (2009). 정신의학에서 후성유전 메커니즘Epigenetic mechanisms in psychiatry. *Biological Psychiatry*, 65, 189-190.

34   Akbarian, S., & Nestler, E. J. (Eds.). (2013). 정신의학에서 후성유전 메커니즘[특집호]Epigenetic mechanisms in psychiatry [Special issue]. *Neuropsychopharmacology*, 38(1).

35   Groleau, P., Joober, R., Israel, M., Zeramdini, N., DeGuzman, R., & Steiger, H. (2014). 폭식증 스펙트럼 장애가 있는 여성의 도파민 D2 수용체(DRD2) 촉진유전자의 메틸화: 경계선 성격 장애와 아동 학대 노출의 연관성Methylation of the dopamine D2 receptor (DRD2) gene promoter in women with a bulimia-spectrum disorder: Associations with borderline personality disorder and exposure to childhood abuse. *Journal of Psychiatric Research*, 48, 121-127.

36   **36a.** Provençal, N., Suderman, M. J., Caramaschi, D., Wang, D., Hallett, M., Vitaro, F., ... Szyf, M. (2013). 사이토카인 및 전사인자의 유전체 위치에 남다른 DNA 메틸화가 일어난 지역들은 아동기 신체적 공격성과 연관된다 Differential DNA methylation regions in cytokine and transcription factor genomic loci associate with childhood physical aggression. *PLoS ONE*, 8(8), e71691. doi:10.1371/journal.pone.0071691

36b. Guillemin, C., Provençal, N., Suderman, M., Côte, S. M., Vitaro, F., Hallett, M., ... Szyf, M. (2014). 남녀 모두의 T세포에서 아동기 만성 신체적 공격성을 나타나는 DNA 메틸화 특징DNA methylation signature of childhood chronic physical aggression in T cells of both men and women. *PLoS ONE*, 9(1), e86822. doi:10.1371/journal.pone.0086822

36c. Provençal, N., Suderman, M. J., Guillemin, C., Vitaro, F., Côte, S. M., Hallett, M., ... Szyf, M. (2014). 성인의 T세포에서 보이는 DNA 메틸화 특징과 아동기 만성 신체적 공격성의 연관성Association of childhood chronic physical aggression with a DNA methylation signature in adult human T cells. *PLoS ONE*, 9(4), e89839. doi:10.1371/journal.pone.0089839

37   Tsankova, N., Renthal, W., Kumar, A., & Nestler, E. J. (2007). 정신질환의 후성유전적 조절Epigenetic regulation in psychiatric disorders. *Nature Reviews: Neuroscience*, 8, 355-367.

38   정신병리의 후성유전학에 관한 최신 과학 문헌을 읽어보면, 비정상적 행동을 유전자와 환경의 관점에서만 설명하는 이론은 실패할 수밖에 없다는 것이 무척 대단한 새 소식인 것처럼 느껴질 수도 있다(예컨대 Nestler, 2009). 예를 들어 한 연구팀이 내린 결론을 살펴보자. "G[유전자]×E[환경] 등식에 메틸화를 더하는 것은 가치 있는 일로 보인다. (…) 우리 [연구의] 발견은 G×M×E의 관점으로 보는 것이 [가장 좋은 것 같고] 여기서 M은 메틸화 상태를

나타낸다."(Van IJzendoorn et al., 2011, p. 308). 그러나 사실 "G×E" 식의 등식, 그러니까 유전자와 환경만을 고려하는 것으로는 정신병리를 설명할 수 없다는 것은 새로운 이야기가 아니다. 정상적 발달에 관한 연구가 이미 수년 전에 그러한 등식의 가치는 제한적임을 분명히 보여주었다(Moore, 2013a). 그리고 단순히 그 등식에 새로운 용어를 하나 더하는 것(그것이 메틸화의 M이든 더 넓게 후성유전적 요인의 E이든)으로는 그 한계들을 극복할 수 없다. 이런 종류의 등식들은 잘해봐야 요인들 간의 통계적 상호작용을 드러낼 뿐, 실제로 표현형을 만들어내는 유전자와 환경 간 진짜 "인과-메커니즘적"(Griffiths & Tabery, 2008, p. 341) 상호작용은 드러내지 못한다(Moore, 2013c도 보라). 일부 연구자들이 이런 단순한 '모델들'을 계속 쓰고 있기는 하지만(예컨대 Danchin et al., 2011; van IJzendoorn et al., 2011), 후성유전학에 대한 인식 향상은 정신건강 전문가들이, 비정상적 행동에 영향을 주는 유전자, 환경, 후성유전 요인 간 상호작용의 특징인 복잡성을 인지하는 데 도움을 줄 것은 거의 확실하다.

39   Labrie, V., Pai, S., & Petronis, A. (2012). 주요 정신증의 후성유전학: 진보, 문제와 전망Epigenetics of major psychosis: Progress, problems and perspectives. *Trends in Genetics*, 28, 427-435.

40   40a. Keller, S., Sarchiapone, M., Zarrilli, F., Videtič, A., Ferraro, A., Carli, V., ... Chiariotti, L. (2010). 자살자들의 베르니케 영역 BDNF 촉진유전자의 메틸화 증가Increased BDNF promoter methylation in the Wernicke area of suicide subjects. *Archives of General Psychiatry*, 67, 258-267.

      40b. Poulter, M. O., Du, L., Weaver, I. C. G., Palkovits, M., Faludi, G., Merali, Z., ... Anisman, H. (2008). 자살자 뇌의 A형 가바수용체 촉진유전자의 과메틸화: 후성유전적 과정의 관여에 대한 함의GABAA receptor promoter hypermethylation in suicide brain: Implications for the involvement of epigenetic processes. *Biological Psychiatry*, 64, 645-652.

41   41a. Alarcón, J. M., Malleret, G., Touzani, K., Vronskaya, S., Ishii, S., Kandel, E. R., & Barco, A. (2004). CBP+/- 생쥐는 염색질 아세틸화, 기억, 장기강화LTP가 손상된다: 루빈스타인-테이비증후군의 인지 결손과 그 개선을 위한 모델 Chromatin acetylation, memory, and LTP are impaired in CBP+/- mice: A model for the cognitive deficit in Rubinstein-Taybi syndrome and its amelioration. *Neuron*, 42, 947-959.

41b. Borrelli, E., Nestler, E. J., Allis, C. D., & Sassone-Corsi, P. (2008). 뉴런 가소성의 후성유전 언어 해독하기Decoding the epigenetic language of neuronal plasticity. *Neuron*, 60, 961-974.

41c. Guan, J.-S., Haggarty, S. J., Giacometti, E., Dannenberg, J.-H., Joseph, N., Gao, J., ... Tsai, L.-H. (2009). HDAC2는 기억 형성과 시냅스 가소성을 음성 조절한다HDAC2 negatively regulates memory formation and synaptic plasticity. *Nature*, 459, 55-60.

41d. Levenson, J. M., O'Riordan, K. J., Brown, K. D., Trinh, M. A., Molfese, D. L., & Sweatt, J. D. (2004). 해마 속 기억 형성 도중 히스톤 아세틸화의 조절 Regulation of histone acetylation during memory formation in the hippocampus. *Journal of Biological Chemistry*, 279, 40545-40559.

41e. Levenson, J. M., & Sweatt, J. D. (2005). 기억 형성의 후성유전 메커니즘 Epigenetic mechanisms in memory formation. *Nature Reviews: Neuroscience*, 6, 108-118.

42   Fischer, A., Sananbenesi, F., Wang, X., Dobbin, M., & Tsai, L.-H. (2007). 학습과 기억의 회복은 염색질 리모델링과 연관된다Recovery of learning and memory is associated with chromatin remodeling. *Nature*, 447, 178-182.

43   Gräff, J., Rei, D., Guan, J.-S., Wang, W.-Y., Seo, J., Hennig, K. M., ... Tsai, L.-H. (2012). 신경 퇴행 뇌에서 인지 기능의 후성유전적 차단An epigenetic blockade of cognitive functions in the neurodegenerating brain. *Nature*, 483, 222-226.

44   Zovkic, I. B., & Sweatt, J. D. (2012). 학습된 공포의 후성유전 메커니즘: PTSD에 대한 함의Epigenetic mechanisms in learned fear: Implications for PTSD. Neuropsychopharmacology Reviews. Advance online publication. doi:10.1038/npp.2012.79, p. 1.

45   Yehuda, R., & Bierer, L. M. (2009). PTSD에 대한 후성유전의 관련성: DSM-V에 대한 시사점The relevance of epigenetics to PTSD: Implications for the DSM-V. *Journal of Traumatic Stress*, 22, p. 427.

46   **46a.** Maze, I., & Nestler, E. J. (2011). 중독의 후성유전적 풍경The epigenetic landscape of addiction. *Annals of the New York Academy of Sciences*, 1216, 99-113.

46b. Tsankova et al., 2007.

46c. Wong, C. C. Y., Mill, J., & Fernandes, C. (2011). 약물과 중독: 후성유전에 대한 소개Drugs and addiction: An introduction to epigenetics. *Addiction*, 106, 480-489.

47   Bönsch, D., Lenz, B., Reulbach, U., Kornhuber, J., & Bleich, S. (2004). 만성 알코올중독 환자들에게서 호모시스테인과 관련된 유전체DNA 메틸화Homocysteine associated genomic DNA hypermethylation in patients with chronic alcoholism. *Journal of Neural Transmission*, 111, 1611-1616.

48   Launay, J.-M., Del Pino, M., Chironi, G., Callebert, J., Peoc'h, K., Mégnien, J., ... Rendu, F. (2009). 흡연은 모노아민 산화효소의 후성유전적 조절을 통해 장기적 영향을 유발한다Smoking induces long-lasting effects through a monoamine-oxidase epigenetic regulation. *PLoS ONE*, 4(11), e7959. doi:10.1371/journal.pone.0007959

49   49a. Maze, I., Covington, H. E. III, Dietz, D. M., LaPlant, Q., Renthal, W., Russo, S. J., ... Nestler, E. J. (2010). 코카인 유도 가소성에서 히스톤 메틸전이효소 G9a의 핵심적 역할Essential role of the histone methyltransferase G9a in cocaine-induced plasticity. *Science*, 327, 213-216.

      49b. Vassoler, F. M., White, S. L., Schmidt, H. D., Sadri-Vakili, G., & Pierce, R. C. (2013). 코카인 저항성 표현형의 후성유전적 대물림Epigenetic inheritance of a cocaine-resistance phenotype. *Nature Neuroscience*, 16, 42-47.

50   Wong et al., 2011.

51   Byrnes, J. J., Johnson, N. L., Carini, L. M., & Byrnes, E. M. (2013). 청소년기 모르핀 노출이 도파민 D2 수용체의 기능에 미치는 다세대 영향Multigenerational effects of adolescent morphine exposure on dopamine D2 receptor function. *Psychopharmacology*, 227, 263-272.

52   52a. Hyman, S. E., Malenka, R. C., & Nestler, E. J. (2006). 중독의 신경 메커니즘: 보상 관련 학습 및 기억의 역할Neural mechanisms of addiction: The role of reward-related learning and memory. *Annual Review of Neuroscience*, 29, 565-598.

      52b. Day, J. J., & Sweatt, J. D. (2011). 인지의 후성유전 메커니즘Epigenetic mechanisms in cognition. *Neuron*, 70, 813-829.

53   Carey, 2011, p. 259.

54   54a. Dulac, C. (2010). 뇌 기능과 염색질 가소성Brain function and chromatin

plasticity. *Nature*, 465, 728–735.

54b. Tsankova et al., 2007.

55   Maze et al., 2010, p. 213.

56   Maze & Nestler, 2011, p. 111.

57   Wong et al., 2011.

58   **58a.** Abdolmaleky, H. M., Cheng, K., Faraone, S. V., Wilcox, M., Glatt, S. J., Gao, F., ... Thiagalingam, S. (2006). MB-COMT 촉진유전자의 저메틸화는 조현병과 양극성장애의 주요 위험 요인이다Hypomethylation of MB-COMT promoter is a major risk factor for schizophrenia and bipolar disorder. *Human Molecular Genetics*, 15, 3132–3145.

58b. Mill, J., Tang, T., Kaminsky, Z., Khare, T., Yazdanpanah, S., Bouchard, L., ... Petronis, A. (2008). 후성유전 프로파일링으로 드러난 주요 정신증 관련 DNA 메틸화의 변화Epigenomic profiling reveals DNA-methylation changes associated with major psychosis. *American Journal of Human Genetics*, 82, 696–711.

58c. Tsankova et al., 2007.

58d. Veldic, M., Guidotti, A., Maloku, E., Davis, J. M., & Costa, E. (2005). 정신증에서는 피질의 사이뉴런들이 DNA-메틸전이효소 1을 과발현한다In psychosis, cortical interneurons overexpress DNA-methyltransferase 1. *Proceedings of the National Academy of Sciences USA*, 102, 2152–2157.

59   Labrie et al., 2012.

60   Nestler, 2009.

61   Cardno, A. G., & Gottesman, I. I. (2000). 조현병의 쌍둥이 연구Twin studies of schizophrenia: From bow-and-arrow concordances to star wars Mx and functional genomics. *American Journal of Medical Genetics*, 97, 12–17.

62   Feinberg, 2007.

63   Petronis, A., Gottesman, I. I., Kan, P., Kennedy, J. L., Basile, V. S., Paterson, A. D., & Popendikyte, V. (2003). 일란성 쌍둥이들은 수많은 후성유전적 차이를 보인다: 쌍둥이의 불일치에 대한 실마리일까?Monozygotic twins exhibit numerous epigenetic differences: Clues to twin discordance? *Schizophrenia Bulletin*, 29, 169–178.

64   Dempster, E. L., Pidsley, R., Schalkwyk, L. C., Owens, S., Georgiades, A.,

Kane, F., ... Mill, J. (2011). 조현병과 양극성장애에서 불일치하는 일란성 쌍둥이들에게 나타나는 질병 연관 후성유전적 변화Disease-associated epigenetic changes in monozygotic twins discordant for schizophrenia and bipolar disorder. *Human Molecular Genetics*, 20, 4786-4796.

65 Labrie et al., 2012.

66 Masterpasqua, F. (2009). 심리학과 후성유전학Psychology and epigenetics. *Review of General Psychology*, 13, 194-201.

67 Rutten, B. P. F., & Mill, J. (2009). 주요 정신증적 장애에서 후성유전의 환경 영향 매개Epigenetic mediation of environmental influences in major psychotic disorders. *Schizophrenia Bulletin*, 35, p. 1051.

68 Rutten & Mill, 2009, p. 1045.

69 Labrie et al., 2012.

70 Labrie et al., 2012, p. 431.

71 Persico, A. M., & Bourgeron, T. (2006). 자폐의 미로에서 탈출할 방법을 찾아서: 유전, 후성유전, 그리고 환경의 실마리들Searching for ways out of the autism maze: Genetic, epigenetic and environmental clues. Trends in *Neurosciences*, 29, 349-358.

72 Persico & Bourgeron, 2006, p. 350.

73 Voineagu, I., Wang, X., Johnston, P., Lowe, J. K., Tian, Y., Horvath, S., ... Geschwind, D. H. (2011). 자폐 뇌의 유전체 분석으로 공통된 분자적 병리를 드러낸다Transcriptomic analysis of autistic brain reveals convergent molecular pathology. *Nature*, 474, 380-384.

74 예를 들면, Asprey, L., & Asprey, D. (2013).《더 건강한 아기를 위한 책: 더 건강하고 똑똑하고 행복한 아기를 갖는 방법The better baby book: How to have a healthier, smarter, happier baby》. New York: Wiley.

75 Miyake, K., Hirasawa, T., Koide, T., & Kubota, T. (2012). 자폐 및 기타 신경발달질환들에서 후성유전Epigenetics in autism and other neurodevelopmental diseases. In S. I. Ahmad (Ed.),《신경 퇴행성 질환Neurodegenerative diseases》(pp. 91-98). New York: Springer Science+Business Media, p. 95.

76 Korade, Ž., & Mirnics, K. (2011). 자폐의 불일치The autism disconnect. *Nature*, 474, 294-295.

77   **77a.** Keller et al., 2010.

          77b. Poulter et al., 2008.

78   Neigh, G. N., Gillespie, C. F., & Nemeroff, C. B. (2009). 아동 학대와 방임의 신경생리학적 피해The neurobiological toll of child abuse and neglect. *Trauma, Violence, and Abuse* 10, 389-410.

79   **79a.** Beach, S. R. H., Brody, G. H., Todorov, A. A., Gunter, T. D., & Philibert, R. A. (2010). SLC6A4(세로토닌 수송체 부호화하는 유전자)의 메틸화는 아동 학대의 가족사와 관련된다: 아이오와 입양아 표본 검토Methylation at SLC6A4 is linked to family history of child abuse: An examination of the Iowa adoptee sample. *American Journal of Medical Genetics Part B*, 153B, 710-713.

          79b. McGowan, P. O., Sasaki, A., D'Alessio, A. C., Dymov, S., Labonté, B., Szyf, M., ... Meaney, M. J. (2009). 사람 뇌의 글루코코르티코이드 수용체의 후성유전적 조절은 아동 학대와 관련이 있다Epigenetic regulation of the glucocorticoid receptor in human brain associates with childhood abuse. *Nature Neuroscience*, 12, 342-348.

          79c. Labonté, B., Suderman, M., Maussion, G., Navaro, L., Yerko, V., Mahar, I., ... Turecki, G. (2012). 생애 초기 트라우마에 의한 전장유전체 후성유전 조절Genome-wide epigenetic regulation by early-life trauma. *Archives of General Psychiatry*, 69, 722-731.

          79d. Suderman, M., Borghol, N., Pappas, J. J., Pereira, S. M. P., Pembrey, M., Hertzman, C., ... Szyf, M. (2014). 아동 학대는 성인 DNA의 다수 유전자좌의 메틸화와 관련이 있다Childhood abuse is associated with methylation of multiple loci in adult DNA. *BMC Medical Genomics*, 7, 13. doi:10.1186/1755-8794-7-13

80   **80a.** Tsankova, N. M., Berton, O., Renthal, W., Kumar, A., Neve, R. L., & Nestler, E. J. (2006). 생쥐 우울증 모델의 지속적 해마 염색질 조절과 항우울 작용Sustained hippocampal chromatin regulation in a mouse model of depression and antidepressant action. *Nature Neuroscience*, 9, 519-525.

          80b. Tsankova et al., 2007.

81   Tsankova et al., 2006.

82   Tsankova et al., 2006, p. 523.

83   Elliott, E., Ezra-Nevo, G., Regev, L., Neufeld-Cohen, A., & Chen, A. (2010).

사회적 스트레스에 대한 회복탄력성은 성체 생쥐에서 Crf 유전자의 기능적 DNA 메틸화와 부합한다Resilience to social stress coincides with functional DNA methylation of the Crf gene in adult mice. *Nature Neuroscience*, 13, 1351-1353.

84   여기서 영향을 받은 그 호르몬은 CRH, 즉 코르티코트로핀 방출호르몬이다.

85   Elliott et al., 2010, p. 1353.

86   **86a.** Elliott et al., 2010.

     86b. Tsankova et al., 2006.

87   Elliott et al., 2010.

88   Tsankova et al., 2006, p. 519.

89   **89a.** Curley, J. P., Jensen, C. L., Mashoodh, R., & Champagne, F. A. (2011). 신경생물학과 행동에 대한 사회적 영향: 발달기의 후성유전적 영향Social influences on neurobiology and behavior: Epigenetic effects during development. *Psychoneuroendocrinology*, 36, 352-371.

     89b. Kenworthy, C. A., Sengupta, A., Luz, S. M., Ver Hoeve, E. S., Meda, K., Bhatnagar, S., & Abel, T. (2014). 사회적 패배는 복측 해마, 전전두피질, 배측 솔기핵에서 히스톤 아세틸화 및 히스톤 변형 효소 발현에서 변화를 유도한다Social defeat induces changes in histone acetylation and expression of histone modifying enzymes in the ventral hippocampus, prefrontal cortex, and dorsal raphe nucleus. *Neuroscience*, 264, 88-98.

90   **90a.** Berger, S. L. (2007). 전사 시 염색질 조절의 복잡한 언어The complex language of chromatin regulation during transcription. *Nature*, 447, 407-412.

     90b. Wang, Z., Zang, C., Rosenfeld, J. A., Schones, D. E., Barski, A., Cuddapah, S., . . . Zhao, K. (2008). 인간 유전체에서 히스톤 아세틸화와 메틸화의 조합 패턴Combinatorial patterns of histone acetylations and methylations in the human genome. *Nature Genetics*, 40, 897-903.

91   **91a.** Fischer et al., 2007.

     91b. Gräff et al., 2012.

     91c. Levenson et al., 2004.

92   Mack, G. S. (2010). 선별성과 그 너머로To selectivity and beyond. *Nature Biotechnology*, 28, 1259-1266.

93   Carey, 2011.

94   94a. Grayson, D. R., Kundakovic, M., & Sharma, R. P. (2010). 정신질환 약물치료에서 히스톤 탈아세틸화효소 억제제에는 미래가 있을까? Is there a future for histone deacetylase inhibitors in the pharmacotherapy of psychiatric disorders? *Molecular Pharmacology*, 77, 126–135.

94b. Gräff, J., & Tsai, L.-H. (2013). 인지 증강제로서 히스톤 탈아세틸화효소 억제제의 잠재력 The potential of HDAC inhibitors as cognitive enhancers. *Annual Review of Pharmacology and Toxicology*, 53, 311–330.

95   Feinberg, A. P. (2008). 현대 의학의 진앙, 후성유전학 Epigenetics at the epicenter of modern medicine. *Journal of the American Medical Association*, 299, 1345–1350.

96   Day & Sweatt, 2011.

97   Mack, 2010.

98   예컨대 Gräff et al., 2012.

99   Grayson et al., 2010.

100   Grayson et al., 2010.

101   Carey, 2011.

102   Gräff & Tsai, 2013.

103   Guan et al., 2009.

104   Alarcón et al., 2004.

105   Peleg, S., Sananbenesi, F., Zovoilis, A., Burhardt, S., Bahari-Javan, S., Agis-Balboa, R. C., ... Fischer, A. (2010). 히스톤 아세틸화의 변화는 생쥐의 연령에 따른 기억 손상과 관련이 있다 Altered histone acetylation is associated with age-dependent memory impairment in mice. *Science*, 328, 753–756.

106   Peleg et al., 2010.

107   Bredy, T. W., Wu, H., Crego, C., Zellhoefer, J., Sun, Y. E., & Barad, M. (2007). 전전두피질의 개별 BDNF 촉진유전자들 주변의 히스톤 변형이 조건화된 공포의 소멸과 관련된다 Histone modifications around individual BDNF gene promoters in prefrontal cortex are associated with extinction of conditioned fear. *Learning and Memory*, 14, 268–276.

108   Day & Sweatt, 2011.

109   109a. Weaver, I. C. G., Champagne, F. A., Brown, S. E., Dymov, S., Sharma,

S., Meaney, M. J., & Szyf, M. (2005). 모성 프로그래밍에 의한 성체 새끼의 스트레스 반응은 메틸 보충을 통해 뒤집힌다: 삶의 이후 단계에서 후성유전적 표지 바꾸기Reversal of maternal programming of stress responses in adult off-spring through methyl supplementation: Altering epigenetic marking later in life. *Journal of Neuroscience*, 25, 11045-11054.

109b. Weaver, I. C. G., Meaney, M. J., & Szyf, M. (2006). 새끼의 해마 전사체와 불안-매개 행동에 어미 돌봄이 미치는 영향은 성체기에 뒤집힐 수 있다 Maternal care effects on the hippocampal transcriptome and anxiety-mediated behaviors in the offspring that are reversible in adulthood. *Proceedings of the National Academy of Sciences USA*, 103, 3480-3485.

110   Weaver et al., 2006.

111   Weaver, I. C. G., Cervoni, N., Champagne, F. A., D'Alessio, A. C., Sharma, S., Seckl, J. R., ... Meaney, M. J. (2004a). 어미의 행동에 의한 후성유전 프로그래밍Epigenetic programming by maternal behavior. *Nature Neuroscience*, 7, 847-854.

112   Covington, H. E. III, Maze, I., LaPlant, Q. C., Vialou, V. F., Ohnishi, Y. N., Berton, O., ... Nestler, E. J. (2009). 히스톤 탈에세틸화효소 억제제의 항우울 작용Antidepressant actions of histone deacetylase inhibitors. *Journal of Neuroscience*, 29, 11451-11460.

113   Covington et al., 2009.

114   Uchida, S., Hara, K., Kobayashi, A., Otsuki, K., Yamagata, H., Hobara, T., ... Watanabe, Y. (2011). 복측 선조체의 교세포신경성장인자의 후성유전적 상태가 일상적 스트레스 사건에 대한 감수성과 적응을 결정한다Epigenetic status of Gdnf in the ventral striatum determines susceptibility and adaptation to daily stressful events. *Neuron*, 69, 359-372.

115   **115a.** Covington et al., 2009.
115b. Elliott et al., 2010.
115c. Tsankova et al., 2006.
115d. Uchida et al., 2011.

116   Dulac 2010, p. 730.

117   Labrie et al., 2012.

118   Uchida et al., 2011.

119   119a. Cropley, J. E., Suter, C. M., Beckman, K. B., & Martin, D. I. I. (2006). 영양 보충에 의한 쥐 *A*^{vy} 대립유전자의 생식계열 후성유전적 변형Germ-line epigenetic modification of the murine *A*^{vy} allele by nutritional supplementation. *Proceedings of the National Academy of Sciences of the USA*, 103, 17308-17312.

119b. Waterland, R. A., & Jirtle, R. L. (2003). 전이인자: 후성유전적 유전자 조절에 초기 영양이 미치는 영향의 표적Transposable elements: Targets for early nutritional effects on epigenetic gene regulation. *Molecular and Cellular Biology*, 23, 5293-5300.

120   120a. Papakostas, G. I., Alpert, J. E., & Fava, M. (2003). 우울증에 쓰인 S-아데노실메티오닌: 포괄적 연구문헌 리뷰S-adenosyl-methionine in depression: A comprehensive review of the literature. *Current Psychiatry Reports*, 5, 460-466.

120b. Papakostas, G. I., Mischoulon, D., Shyu, I., Alpert, J. E., & Fava, M. (2010). 주요우울장애가 있으나 항우울제에 무반응인 이들에 대해 S-아데노실-메티오닌(SAMe)에 의한 세로토닌재흡수억제제 보강: 이중맹검 무작위 임상 시험S-adenosyl-methionine (SAMe) augmentation of serotonin reuptake inhibitors for antidepressant nonresponders with major depressive disorder: A double-blind, randomized clinical trial. *American Journal of Psychiatry*, 167, 942-948.

121   121a. Weaver et al., 2005.

121b. Weaver et al., 2006.

122   Sweatt, J. D. (2009). 중추신경계의 경험의존성 후성유전적 변형Experience-dependent epigenetic modifications in the central nervous system. *Biological Psychiatry*, 65, 191-197.

123   Fischer et al., 2007.

124   Rothstein et al., 2009.

125   Rothstein et al., 2009.

126   Rothstein et al., 2009, pp. 61-62.

127   Loi, M., Del Savio, L., & Stupka, E. (2013). 사회적 후성유전학과 기회의 균등Social epigenetics and equality of opportunity. *Public Health Ethics*, 6, 142-153.

23장   행동 후성유전학의 핵심 교훈

1   Lewontin, R. C. (2000).《삼중나선:유전자, 유기체, 환경The triple helix: Gene, organism, and environment》. Cambridge, MA: Harvard University Press.

2   예컨대 다음을 보라. Moore, D. S. (2002).《의존하는 유전자: 본성 대 양육의 오류The dependent gene: The fallacy of nature vs. nurture》. New York: W.H. Freeman.

3   Zhang, T.-Y., & Meaney, M. J. (2010). 후성유전과 유전체 및 그 기능에 대한 환경의 조절Epigenetics and the environmental regulation of the genome and its function. Annual Review of Psychology, 61, 439-466.

4   Weaver, I. C. G., Cervoni, N., Champagne, F. A., D'Alessio, A. C., Sharma, S., Seckl, J. R., ... Meaney, M. J. (2004a). 어미의 행동에 의한 후성유전 프로그래밍Epigenetic programming by maternal behavior. Nature Neuroscience, 7, 847-854.

5   5a. Weaver, I. C. G., Champagne, F. A., Brown, S. E., Dymov, S., Sharma, S., Meaney, M. J., & Szyf, M. (2005). 모성 프로그래밍에 의한 성체 새끼의 스트레스 반응은 메틸 보충을 통해 뒤집힌다: 삶의 이후 단계에서 후성유전적 표지 바꾸기Reversal of maternal programming of stress responses in adult off-spring through methyl supplementation: Altering epigenetic marking later in life. Journal of Neuroscience, 25, 11045-11054.

5b. Weaver, I. C. G., Meaney, M. J., & Szyf, M. (2006). 새끼의 해마 전사체와 불안-매개 행동에 어미 돌봄이 미치는 영향은 성체기에 뒤집힐 수 있다 Maternal care effects on the hippocampal transcriptome and anxiety-mediated behaviors in the offspring that are reversible in adulthood. Proceedings of the National Academy of Sciences USA, 103, 3480-3485.

5c. Peña, C. L. J., & Champagne, F. A. (2012). 양육 행동의 차이를 바라보는 후성유전 및 신경발달의 관점Epigenetic and neurodevelopmental perspectives on variation in parenting behavior. Parenting: Science and Practice, 12, 202-211.

6   6a. Weaver et al., 2005.

6b. Weaver et al., 2006.

7   7a. Peña & Champagne, 2012.

7b. Fischer, A., Sananbenesi, F., Wang, X., Dobbin, M., & Tsai, L.-H. (2007). 학습과 기억의 회복은 염색질 재구성과 연관된다Recovery of learning and memory is associated with chromatin remodeling. Nature, 447, 178-182.

8   Peña & Champagne, 2012, p. 209.

9   더 자세한 사항은 다음에서 볼 수 있다. Moore, D. S. (2008b). 개체와 개체
     군: 생물학의 이론과 데이터는 발달과 진화의 통합을 어떻게 방해해왔는가
     Individuals and populations: How biology's theory and data have interfered
     with the integration of development and evolution. *New Ideas in Psychology*,
     26, 370-386.

10   Woodward, T. E., & Gills, J. P. (2012). 《신비로운 후성유전체: DNA 뒤에 있
     는 것*The mysterious epigenome: What lies beyond DNA*》. Grand Rapids, MI: Kregel
     Publications.

11   사실 행동 후성유전학의 연구 데이터는 그 반대의 주장을 뒷받침한다. 사람
     은 다른 영장류와 공통 조상을 공유하고 있다는 다윈의 결론은 옳았다.

12   Behe, M. J. (1996). 《다윈의 블랙박스*Darwin's black box*》. New York: Free Press.
     20. Zhang & Meaney, 2010, p. 440.

13   13a. Moore, 2002.
     13b. Pigliucci, M. (2010). 유전형-표현형 매핑과 "청사진으로서 유전자"의
     종말Genotype-phenotype mapping and the end of the "genes as blue-print" metaphor.
     Philosophical Transactions of the Royal Society B, 365, 557-566.

14   Jablonka, E., & Lamb, M. J. (2002). 후성유전학 개념의 변천The changing
     concept of epigenetics. *Annals of the New York Academy of Science*, 981, p. 93.

15   Jablonka & Lamb, 2002, p. 95.

16   Zhang & Meaney, 2010.

17   Roth, T. L. (2012). 발달기 및 성인기의 신경생물학과 행동을 아우르는 후
     성유전학Epigenetics of neurobiology and behavior during development and adulthood.
     Developmental Psychobiology, 54, 590-597.

18   Roth, 2012, p. 595.

19   Van IJzendoorn, M. H., Bakermans-Kranenburg, M. J., & Ebstein, R. P.
     (2011). 메틸화는 아동 발달에서 중요하다: 발달 행동 후성유전학을 향하여
     Methylation matters in child development: Toward developmental behavioral epigenetics.
     Child Development Perspectives, 5, p. 308.

20   Zhang & Meaney, 2010.

21   Zhang & Meaney, 2010, p. 440.

22   Zhang & Meaney, 2010, p. 441.

23   Jirtle, R. L., & Skinner, M. K. (2007). 환경 유전체학과 질병 감수성 Environmental epigenomics and disease susceptibility. *Nature Reviews: Genetics*, 8, p. 260.

24   Johnston, T. D. (1987). 행동 발달 연구에 끈질기게 남아 있는 이분법들 The persistence of dichotomies in the study of behavioral development. *Developmental Review*, 7, p. 150.

25   Johnston, 1987, p. 160.

26   Johnston, 1987, p. 160.

27   과학자들이 청사진 은유를 사용한 최근의 (그리고 전형적인) 예들은 쇼구치 Shoguchi와 동료들의 2008년 논문과, 라센Larsen의 2008년 심포지움, 네사 캐리의 2011년 저서에서 찾아볼 수 있다.

28   **28a.** Jablonka, E., & Lamb, M. J. (2005). 《*사차원으로 보는 진화: 생명의 역사 속 유전적, 후성유전적, 행동적, 상징적 변화Evolution in four dimensions: Genetic, epigenetic, behavioral, and symbolic variation in the history of life*》. Cambridge, MA: MIT Press.
       28b. Nijhout, H. F. (1990). 은유, 그리고 발달에서 유전자의 역할Metaphors and the role of genes in development. *BioEssays*, 12, 441–446.
       28c. 데니스 노블 지음, 《*생명의 음악*》, 이정모, 염재범 옮김, 열린과학, 2009년.

29   데니스 노블 지음, 《*생명의 음악*》, 이정모, 염재범 옮김, 열린과학, 2009년.

30   Fisher, S. E. (2006). 얽힌 그물: 유전자와 인지 사이의 연결들을 추적하며 Tangled webs: Tracing the connections between genes and cognition. *Cognition*, 101, p. 273

31   **31a.** Lickliter, R., & Berry, T. D. (1990). 계통발생론의 오류: 발달심리학의 잘못된 진화론 적용The phylogeny fallacy: Developmental psychology's misapplication of evolutionary theory. *Developmental Review*, 10, 348–364.
       31b. Lickliter, R. (2008). 발달에 관한 사유의 성장: 새로운 진화심리학을 위한 함의The growth of developmental thought: Implications for a new evolutionary psychology. *New Ideas in Psychology*, 26, 353–369.

32   **32a.** Nijhout, 1990.
       32b. Noble, D. (2008). 유전자와 인과관계Genes and causation. *Philosophical*

Transactions of the Royal Society A, 366, 3001-3015.

32c. Pigliucci, M., & Boudry, M. (2011). 기계-정보 은유가 과학과 과학 교육에 해로운 이유Why machine-information metaphors are bad for science and science education. *Science and Education*, 20, 453-471.

33   Gerstein, M. B., Bruce, C., Rozowsky, J. S., Zheng, D., Du, J., Korbel, J. O., … Snyder, M. (2007). ENCODE 이후, 유전자란 무엇인가? 역사와 업데이트된 정의What is a gene, post-ENCODE? History and updated definition. *Genome Research*, 17, p. 671.

34   Gerstein et al., 2007, p. 675.

35   네사 캐리 지음,《유전자는 네가 한 일을 알고 있다》, 이충호 옮김, 해나무, 2015년.

36   네사 캐리 지음,《유전자는 네가 한 일을 알고 있다》, 이충호 옮김, 해나무, 2015년.

37   **37a.** Johnston, 1987.

37b. Oyama, S. (1985/2000).《정보의 개체발생*The ontogeny of information*》. Durham, NC: Duke University Press.

37c. Pigliucci & Boudry, 2011.

38   Van IJzendoorn et al., 2011, p. 305.

39   Kolata, G. (2012, September 5). 수수께끼 같은 DNA 조각들, '쓰레기'이기는 커녕 결정적인 역할을 수행하다Bits of mystery DNA, far from "junk," play crucial role. *New York Times*.

40   Noble, 2006.

41   Noble, 2006, pp. 14-15.

42   Noble, 2008, p. 3012.

43   Moore, D. S. (2013a). 행동 유전학, 유전학, 후성유전학Behavioral genetics, genetics, and epigenetics. In P. D. Zelazo (Ed.),《옥스퍼드 발달심리학 핸드북*Oxford handbook of developmental psychology*》(pp. 91-128). New York: Oxford University Press.

44   Powledge, T. M. (2011). 행동 후성유전학: 양육이 본성을 형성하는 방식 Behavioral epigenetics: How nurture shapes nature. *BioScience*, 61, p. 588, 강조는 내가 추가한 것이다.

45   Aspinwall, L. G., Brown, T. R., & Tabery, J. (2012). 양날의 검: 생물학적 메커니즘은 사이코패스에 대한 판사의 선고 형량을 증가시킬까, 감소시킬까? The double-edged sword: Does biomechanism increase or decrease judges' sentencing of psychopaths? *Science*, 337, 846-849.

옮긴이 정지인

번역하는 사람. 《우울할 땐 뇌과학》, 《물고기는 존재하지 않는다》, 《욕구들》, 《마음의
중심이 무너지다》, 《불행은 어떻게 질병으로 이어지는가》, 《내 아들은 조현병입니다》
등을 번역했다.

경험은 어떻게 유전자에 새겨지는가

초판 1쇄 펴낸날 2023년 9월 18일
　　5쇄 펴낸날 2024년 7월 31일

지은이 데이비드 무어
옮긴이 정지인
펴낸이 이은정

제작 제이오
디자인 피포엘
조판 김경진
교정교열 백도라지

펴낸곳 도서출판 아몬드
출판등록 2021년 2월 23일 제2021-000045호
주소 (우 10416) 경기도 고양시 일산동구 강송로 156
전화 031-922-2103 팩스 031-5176-0311
전자우편 almondbook@naver.com
페이스북 /almondbook2021 인스타그램 @almondbook

ⓒ아몬드 2023
ISBN 979-11-92465-11-1 (03470)